智能制造技术专业"十三五"规划教材
产 教 融 合 系 列 教 程
应 用 型 人 才 终 身 学 习 计 划

ZSY TECHENOLOGY　EduBot 哈工海渡教育集团　JJZ技皆知

智能制造与PLC技术应用初级教程

总主编　张明文
主　编　李金亮　刘克桓
副主编　廖振勇　黄建华　何定阳

"六六六"教学法
- 六个典型项目
- 六个鲜明主题
- 六个关键步骤

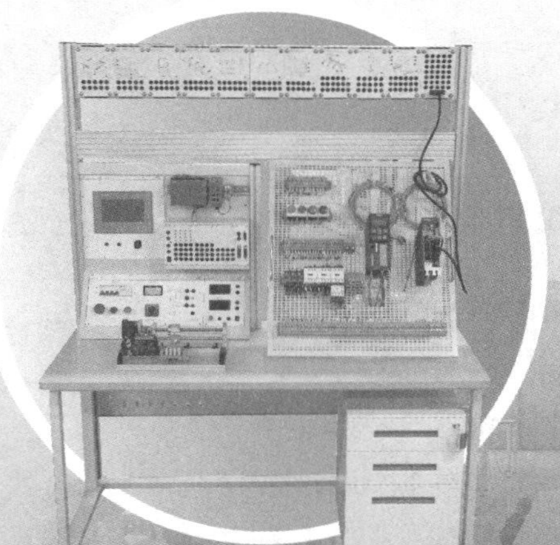

www.jijiezhi.com
教学视频+电子课件+技术交流

哈爾濱工業大學出版社
HARBIN INSTITUTE OF TECHNOLOGY PRESS

内容简介

本书基于中双元（杭州）科技有限公司的机电一体化实训装备，从 PLC 编程应用过程中需要掌握的技能出发，由浅入深、循序渐进地介绍了西门子 S7-1200 系列 PLC 的编程技术初级知识。全书分为两部分：第一部分为基础理论，系统地介绍了智能制造的相关知识、机电一体化产教应用系统、PLC 系统编程基础、变频器技术基础、步进控制系统和伺服控制系统等内容；第二部分为项目应用，基于六六六教学法，即六个核心案例、六个项目主题、六个项目步骤，讲解了西门子 S7-1200 系列 PLC 的编程、调试、自动生产的过程。通过学习本书，读者可对西门子 S7-1200 系列 PLC 的使用有一个全面、清晰的认识。

本书可作为电子电工技术、机电一体化及自动化等相关专业的教材，也可供从事相关行业的技术人员参考使用。

图书在版编目（CIP）数据

智能制造与 PLC 技术应用初级教程 / 李金亮，刘克桓主编. —哈尔滨：哈尔滨工业大学出版社，2021.4（2024.3 重印）
产教融合系列教程 / 张明文总主编
ISBN 978-7-5603-9397-1

Ⅰ. ①智… Ⅱ. ①李… ②刘… Ⅲ. ①智能制造系统—教材②PLC 技术—教材Ⅳ. ①TH166②TM571.61

中国版本图书馆 CIP 数据核字（2021）第 068135 号

策划编辑 王桂芝 张 荣
责任编辑 陈雪巍
出版发行 哈尔滨工业大学出版社
社 址 哈尔滨市南岗区复华四道街 10 号 邮编 150006
传 真 0451-86414749
网 址 http://hitpress.hit.edu.cn
印 刷 哈尔滨市石桥印务有限公司
开 本 787mm×1092mm 1/16 印张 18.25 字数 440 千字
版 次 2021 年 4 月第 1 版 2024 年 3 月第 2 次印刷
书 号 ISBN 978-7-5603-9397-1
定 价 56.00 元

编审委员会

前　　言

自“中国制造 2025”战略提出到发展至今，中国工业自动化已经进入快速发展阶段。生产制造无论是对产品质量、性能、外观，还是对产品综合性价比方面都提出了更高层次的要求，装备制造业整体产业升级开始加速，对新技术、新产品和新解决方案的需求持续上升。此时，先进的自动化企业为行业带来的先进 PLC 技术，成为各大制造业的一大制胜法宝。随着 PLC 技术的不断进步和完善，PLC 作为工业自动化控制器中的典型产品，在自动化产业中将越来越重要。

当前，随着我国劳动力成本上涨，人口红利逐渐消失，生产方式向柔性、智能、精细转变，构建新型智能制造体系迫在眉睫，对机电一体化改造的需求呈现大幅增长。大力发展智能制造相关应用，对于打造我国制造业新优势、推动工业转型升级、加快制造强国建设、改善人民生活水平具有深远意义。然而，我国现阶段智能制造领域人才供需失衡，缺乏经过系统培训的、能够全面掌握智能制造关键技术的专业人才。针对以上现状，为了更好地推广智能制造相关技术的运用，亟需编写一本系统、全面的智能制造与 PLC 技术应用教程。

本书基于西门子 PLC，从 PLC 应用过程中需掌握的技能出发，通过项目式教学法由浅入深、循序渐进地介绍了 PLC 的基础知识和基本指令。从安全操作注意事项切入，配合丰富的实物图片，系统地介绍了 PLC 逻辑控制、PROFINET 通信、变频器的应用、步进电机的定位、伺服电机的定位等实用内容。基于具体案例，讲解了 PLC 的编程、调试、自动生产的过程。通过学习本书，读者对 PLC 的实际使用过程将有一个全面、清晰的认识。

本书图文并茂，通俗易懂，实用性强，既可作为高职高专电子电工技术、机电一体化和电气自动化等相关专业的教材，也可供从事相关行业的技术人员参考使用。为了提高教学效果，在教学方法上，建议采用启发式教学，开放性学习，重视小组讨论；在学习过程中，建议结合本书配套的教学辅助资源，如教学课件及视频素材、教学参考与拓展资料等。

限于编者水平，书中难免存在疏漏以及不足之处，敬请读者批评指正。任何意见和建议可反馈至E-mail:market@jijiezhi.com。

编　者

2021年1月

目　　录

第一部分　基础理论

第一部分　基础理论

第1章　智能制造概述

1.1　智能制造发展背景

※ 智能制造背景

目前，全球制造业格局正在重塑，新一代信息技术与制造业不断交叉与融合，引领了以智能化为特征的制造业变革浪潮。为走出经济发展困境，德国、美国、法国、英国、日本等工业发达国家纷纷提出了智能制造国家发展战略，力图掌握新一轮技术革命的主导权，重振制造业，推进产业升级，营造经济新时代。其中比较有代表性的是德国所提出的工业4.0战略。

1.1.1　工业4.0

1. 背景

德国制造业在全球是最具有竞争力的行业之一，特别是在装备制造领域，拥有专业、创新的工业科技产品、科研开发，以及复杂工业过程的管理体系；在信息技术方面，其以嵌入式系统和自动化为代表的技术处于世界领先水平。为了稳固其工业强国的地位，德国开始对本国工业产业链进行反思与探索，“工业4.0”构想由此产生。

（1）工业1.0时代。

18世纪60年代，随着蒸汽机的诞生，英国发起第一次工业革命，开创了以机器代替手工劳动的时代，蒸汽机带动机械化生产，纺织、冶铁、交通运输等行业快速发展，人类社会进入工业1.0时代，即“机械化”时代，如图1.1所示。

（a）纺织机

（b）蒸汽机车

图 1.1　工业 1.0 时代——“机械化”时代

（2）工业 2.0 时代。

19 世纪六七十年代，电灯、电报、电话、发电机、内燃机等一系列电气发明相继问世，电气动力带动自动化生产，出现第二次工业革命，汽车、石油、钢铁等重化工行业得到迅速发展。人类历史进入工业 2.0 时代，即“电气化”时代，如图 1.2 所示。

（a）电灯

（b）电话

图 1.2　工业 2.0 时代——“电气化”时代

（3）工业 3.0 时代。

20 世纪四五十年代以来，人类在原子能、电子计算机、空间技术和生物工程等领域取得的重大突破，标志着第三次工业革命的到来。这次工业革命推动了电子信息、医药、材料、航空航天等行业发展，开启了工业 3.0 时代，即“自动化”时代，如图 1.3 所示。

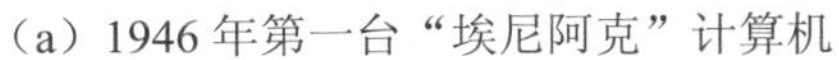

（a）1946 年第一台“埃尼阿克”计算机

（b）1964 年中国原子弹成功爆炸

图 1.3　工业 3.0 时代——“自动化”时代

（4）工业 4.0 时代。

在 2013 年 4 月的汉诺威工业博览会上，德国联邦教研部与联邦经济技术部正式推出以智能制造为主导的第四次工业革命，即工业 4.0 时代，并将其纳入国家战略。其内容是指将互联网、大数据、云计算、物联网等新技术与工业生产相结合，最终实现工厂智能化生产，让工厂直接与消费需求对接。

四次工业革命发展的四个阶段的主要特征见表 1.1。

表 1.1　四次工业革命特征及联系

工业革命	工业 1.0 时代	工业 2.0 时代	工业 3.0 时代	工业 4.0 时代
时间	18 世纪 60 年代	19 世纪六七十年代	20 世纪四五十年代	现在
领域	纺织、冶铁等	汽车、石油等	电子信息、医药等	互联网、大数据等
代表产物	蒸汽机	电灯、电话、内燃机	原子能、电子计算机	物联网、服务网
主导国家	英国	美国	日本、德国	德国
特点	机械化	电气化	自动化	智能化

2. 概念

工业 4.0 的核心是通过信息物理融合系统（Cyber-Physical System，CPS）将生产过程中的供应、制造、销售信息进行数据化、智能化，达到快速、有效、个性化的产品供应目的。

CPS 是一个综合了计算、通信、控制技术的多维复杂系统，其组成如图 1.4 所示。CPS 将物理设备连接到互联网上，让物理设备具有计算、通信、精确控制、远程协调和自治五大功能，从而实现虚拟网络世界与现实物理世界的融合。CPS 可将资源、信息、物体及人紧密联系在一起，从而将生产工厂转变为一个智能环境，信息物理融合系统网络如图 1.5 所示。

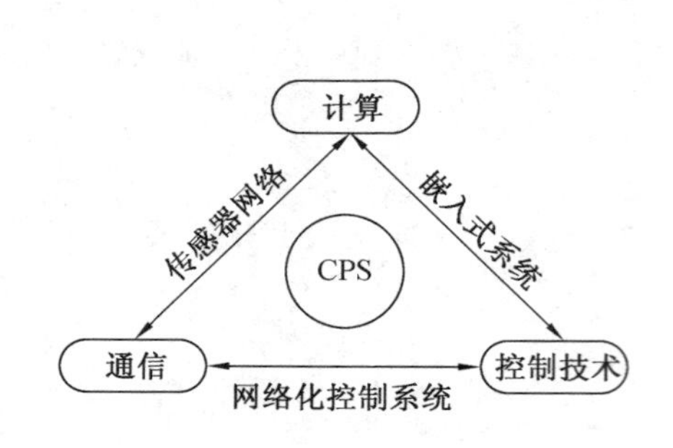

图 1.4　信息物理融合系统组成

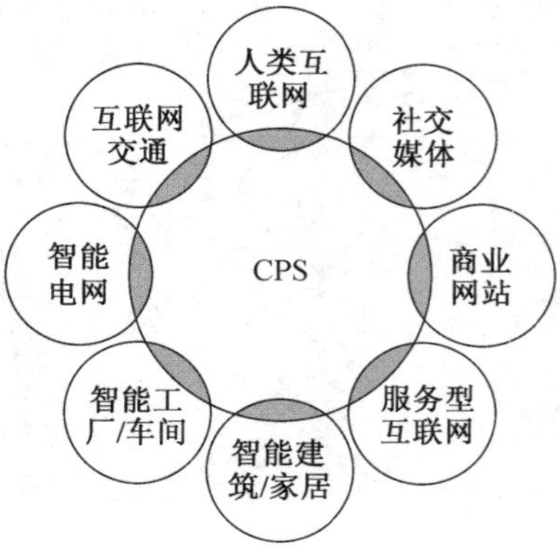

人类互联网
社交媒体
商业网站
服务型互联网
智能建筑/家居
智能工厂/车间
智能电网
互联网交通
CPS

图 1.5　信息物理融合系统网络

工业 4.0 的本质是基于“信息物理融合系统”实现“智能工厂”，是以动态配置的生产方式为核心的智能制造，是未来信息技术与工业融合发展到新的深度而产生的工业发展模式。通过工业 4.0 可以大幅提高生产率，加快产品创新速度，满足个性化定制需求，减少生产能耗，提高资源配置效率，解决能源消费等社会问题。

3. 四大主题

工业 4.0 的四大主题是智能工厂、智能生产、智能物流和智能服务。

（1）智能工厂。

智能工厂重点研究智能化生产系统与过程，以及网络化分布式生产设施的实现。

（2）智能生产。

智能生产主要涉及整个企业的生产物流管理、人机互动以及 3D 技术在工业生产过程中的应用等。

（3）智能物流。

智能物流主要通过互联网、物联网、物流网来整合物流资源，充分提高现有物流资源供应方的效率，而需求方则能够快速获得服务匹配，得到物流支持。

（4）智能服务。

智能服务是应用多方面信息技术，以客户需求为目的，跨平台、多元化的集成服务。

4. 三大集成

工业 4.0 将无处不在的传感器、嵌入式终端系统、智能控制系统、通信设施通过 CPS 形成智能网络，使人与人、人与机器、机器与机器以及服务与服务之间能够互联，从而实现纵向集成、数字化集成和横向集成。

（1）纵向集成。

纵向集成关注产品的生产过程，力求在智能工厂内通过联网实现生产的纵向集成。

（2）数字化集成。

数字化集成关注产品整个生命周期的不同阶段，包括设计与开发、安排生产计划、管控生产过程，以及产品的售后维护等，实现各个阶段之间的信息共享，从而达成工程数字化集成。

（3）横向集成。

横向集成关注全社会价值网络的实现，从产品的研究、开发与应用拓展至建立标准化策略、提高社会分工合作的有效性、探索新的商业模式，以及考虑社会的可持续发展等，从而达成德国制造业的横向集成。

1.1.2 中国制造 2025

1. 背景

中国制造业规模位列世界第一，门类齐全，体系完整，在支撑中国经济社会发展方面发挥着重要作用。在制造业重新成为全球经济竞争制高点，中国经济逐渐步入中高速增长新常态，中国制造业亟待突破旧格局的背景下，“中国制造 2025”战略应运而生。

2014 年 10 月，中国和德国联合发表了中德合作行动纲领：共塑创新，重点突出了双方在制造业就“工业 4.0”计划的携手合作。双方将以中国担任 2015 年德国汉诺威消费电子、信息及通信博览会合作伙伴国为契机，推进两国在移动互联网、物联网、云计算、大数据等领域的合作。

借鉴德国的“工业 4.0”计划，我国主动应对新一轮科技革命和产业变革，在 2015 年出台“中国制造 2025”战略，并在部分地区已经展开了试点工作。

2. 主要内容

（1）“三步走”战略。

“中国制造 2025”提出中国从制造业大国向制造业强国转变的战略目标，通过信息化和工业化深度融合来引领和带动整个制造业的发展。通过“三步走”实现我国的战略目标：

第一步，力争用十年时间，迈入制造强国行列。到 2025 年，制造业整体素质大幅提升，创新能力显著增强，全员劳动生产率明显提高，工业化和信息化融合迈上新台阶。

第二步，到 2035 年，我国制造业整体达到世界制造强国阵营中等水平。创新能力大幅提升，重点领域发展取得重大突破，整体竞争力明显增强，优势行业形成全球创新引领能力，全面实现工业化。

第三步，中华人民共和国成立一百年时，制造业大国地位更加巩固，综合实力进入世界制造强国前列。制造业主要领域具有创新引领能力和明显竞争优势，建成全球领先的技术体系和产业体系。

（2）基本原则和方针。

围绕实现制造强国的战略目标，“中国制造 2025”明确了四项基本原则和五项基本方针，如图 1.6、1.7 所示。

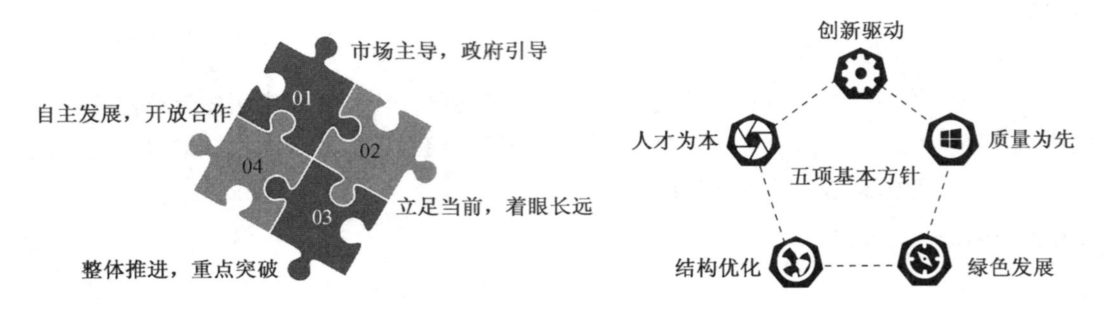

图 1.6　四项基本原则　　　　图 1.7　五项基本方针

（3）五大工程。

“中国制造 2025”提出我国将重点实施五大工程，如图 1.8 所示。

图 1.8　五大工程

① 国家制造业创新中心建设工程。

国家制造业创新中心建设工程重点开展行业基础和共性关键技术研发、成果产业化、人才培训等工作；2015 年建成 15 家，2020 年建成 40 家制造业创新中心。

② 智能制造工程。

智能制造工程开展新一代信息技术与制造装备融合的集成创新和工程应用；建立智能制造标准体系和信息安全保障系统等。

③ 工业强基工程。

工业强基工程以关键基础材料、核心基础零部件（元器件）、先进基础工艺、产业技术基础为发展重点。

④ 绿色制造工程。

绿色制造工程组织实施传统制造业能效提升、清洁生产、节水治污等专项技术改造；制定绿色产品，绿色工厂，绿色企业标准体系。

⑤ 高端装备创新工程。

高端装备创新工程组织实施大型飞机、航空发动机、智能电网、高端诊疗设备等一批创新和产业化专项、重大工程。

（4）十大重点领域。

“中国制造 2025”提出的十大重点领域如图 1.9 所示，均属于高技术产业和先进制造业领域。

图 1.9　十大重点领域

① 高档数控机床和机器人。

➢ 高档数控机床。开发一批数控机床与基础制造装备及集成制造系统，加快高档数控机床、增材制造等前沿技术和装备的研发。

➢ 机器人。围绕汽车、机械、电子、危险品制造、国防军工、化工、轻工等工业机器人、特种机器人，以及医疗健康、家庭服务、教育娱乐等服务机器人应用需求，积极研发新产品，促进机器人标准化、模块化发展，扩大市场应用。突破机器人本体、减速器、伺服电机、控制器、传感器与驱动器等关键零部件及系统集成设计制造等技术瓶颈。工业机器人示例如图 1.10 所示。

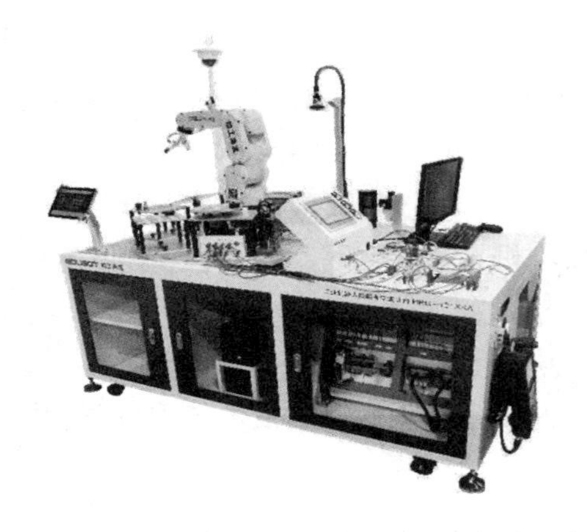

（a）哈工海渡-工业机器人技能考核实训台

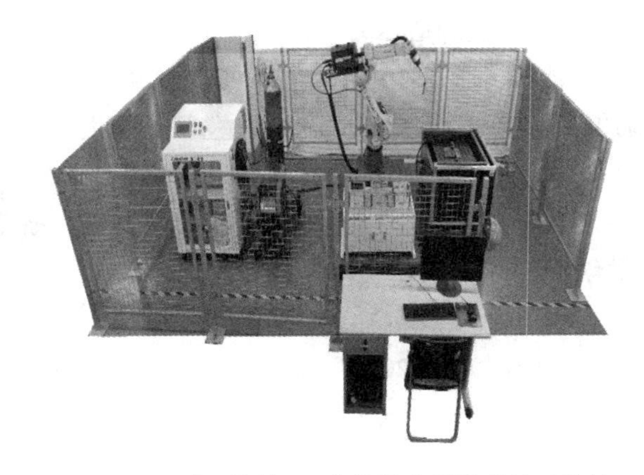

（b）哈工海渡-工业机器人焊接考核工作站

图 1.10　工业机器人示例

② 航空航天装备。

加快大型飞机研制，建立发动机自主发展工业体系，开发先进机载设备及系统，形成自主完整的航空产业链。发展新一代运载火箭和重型运载器，提升进入空间能力，推进航天技术转化与空间技术应用。

③ 海洋工程装备及高技术船舶。

大力发展深海探测、资源开发利用、海上作业保障装备及其关键系统和专用设备，掌握重点配套设备设计制造核心技术。

④ 先进轨道交通装备。

加快新材料、新技术和新工艺的应用，研制先进、可靠、适用的产品，建立世界领先的现代轨道交通产业体系。

⑤ 新一代信息技术产业。

➢ 集成电路及专用装备。着力提升集成电路设计水平，不断丰富知识产权和设计工具，提升国产芯片的应用适配能力。

➢ 信息通信设备。掌握新型计算、高速互联、先进存储、体系化安全保障等核心技术，推动核心信息通信设备体系化发展与规模化应用。

➢ 操作系统及工业软件。开发安全领域操作系统等工业基础软件，推进自主工业软件体系化发展和产业化应用。

⑥ 节能与新能源汽车。

继续支持电动汽车、燃料电池汽车发展，掌握汽车核心技术，形成从关键零部件到整车的完整工业体系和创新体系。

⑦ 电力装备。

推进新能源和可再生能源装备发展，突破关键元器件和材料的制造及应用技术，形成产业化能力。

⑧ 农机装备。

重点发展在粮食和战略性经济作物主要生产过程中使用的先进农机装备，推进形成面向农业生产的信息化整体解决方案。

⑨ 新材料。

以先进复合材料为发展重点，加快研发新材料制备关键技术和装备。

⑩ 生物医药及高性能医疗器械。

发展药物新产品，提高医疗器械的创新能力和产业化水平，重点发展影像设备、高性能诊疗设备、移动医疗产品，实现新技术的突破和应用。

1.1.3　智能制造的提出及建设意义

1. 智能制造的提出

智能制造是我国乃至世界制造业的发展方向。智能制造的提出远早于“中国制造2025”，最早是以“改造和提升制造业”的形式提出，见表 1.2。

表 1.2　智能制造的提出

时间	政策名称	内容要点
2011 年	《中华人民共和国国民经济和社会发展第十二个五年规划纲要》	明确提出要改造和提升制造业
2012 年	《智能制造科技发展“十二五”专项规划》	明确提出了“智能制造”
2012 年	《“十二五”国家战略性新兴产业发展规划》	提出要重点发展智能制造装备产业，推进制造、使用过程中的自动化、智能化和绿色化
2013 年	《工业和信息化部关于推进工业机器人产业发展的指导意见》	提出发展工业机器人的重要意义
2015 年	“中国制造 2025”	明确未来 10 年中国制造业的发展方向，将智能制造确立为“中国制造 2025”的主攻方向

2. 智能制造的建设意义

随着科学技术的飞速发展，先进制造技术正在向信息化、自动化、智能化方向发展，智能制造技术已成为世界制造业发展的客观趋势，正在被世界上主要的工业发达国家大力推广和应用。发展智能制造既符合我国制造业发展的内在要求，也是重塑我国制造业新优势、实现转型升级的必然选择。发展智能制造对于中国制造业具有重要意义。

（1）推动制造业升级。

将智能制造这一新兴技术快速应用并推广，可以通过规模化生产尽快收回技术研究开发投入，从而持续推进新一轮的技术创新，推动智能制造技术的进步，实现制造业升级。

（2）重塑制造业新优势。

当前，我国必须加快推进智能制造技术研发，提高产业化水平。此外，发展智能制造业可以应用更节能环保的先进装备和智能优化技术，有助于从根本上解决我国生产制造过程的节能减排问题。

1.2 智能制造的概念

智能制造源于对人工智能的研究。一般认为智能是知识和智力的总和，前者是智能的基础，后者是指获取和运用知识求解的能力。

智能制造应当包含智能制造技术和智能制造系统，智能制造系统不仅能够在实践中不断地充实知识库，而且具有自学习功能，还具有搜集与理解环境信息及自身信息，并进行分析判断和规划自身行为的能力。

1.2.1 智能制造的定义和特点

1. 智能制造的定义

我国《国家智能制造标准体系建设指南》定义，智能制造是基于新一代信息通信技术与先进制造技术深度融合，贯穿设计、生产、管理、服务等制造活动的各个环节，具有自感知、自学习、自决策、自执行、自适应等功能的新型生产方式。

智能制造由智能机器和人类专家共同组成，在生产过程中，通过通信技术将智能装备有机连接起来，实现生产过程自动化；并通过各类感知技术收集生产过程中的各种数据，通过工业以太网等通信手段上传至工业服务器，在工业软件系统的管理下进行数据处理分析，并与企业资源管理软件相结合，提供最优化的生产方案或者定制化生产，最终实现智能化生产。

智能制造包括以下 3 个不同层面（图 1.11）。

（1）制造对象的智能化。

制造对象的智能化，即制造出来的产品与装备是智能的，如制造出智能家电、智能汽车等智能化产品。

（2）制造过程的智能化。

制造过程的智能化，即要求产品的设计、加工、装配、检测、服务等每个环节都具有智能特性。

（3）制造工具的智能化。

制造工具的智能化，即通过智能机床、智能工业机器人等智能制造工具，帮助实现制造过程的自动化、精益化、智能化，进一步带动智能装备水平的提升。

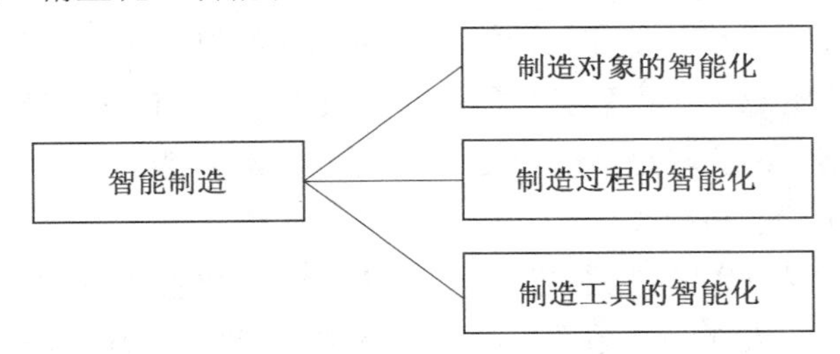

图 1.11 智能制造的 3 个层面

2. 智能制造系统的主要特点

智能制造系统（Intelligent Manufacturing System，IMS）集自动化、柔性化、集成化和智能化于一身，具有以下 6 个显著特点，如图 1.12 所示。

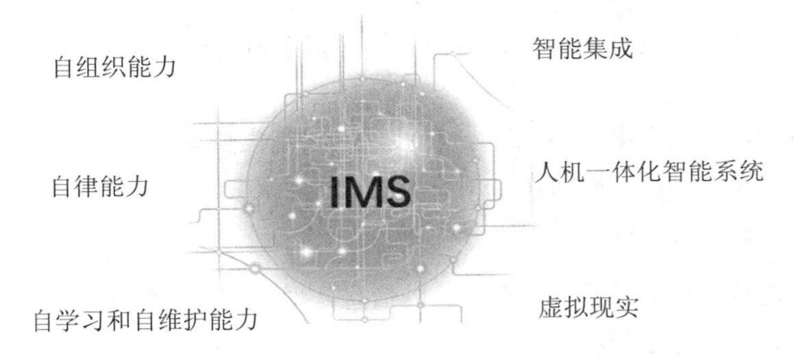

图 1.12 智能制造系统的显著特点

（1）自组织能力。

自组织能力是指 IMS 中的各种组成单元能够根据工作任务的需要，自行集结成一种超柔性最佳结构，并按照最优的方式运行。其柔性不仅表现在运行方式上，还表现在结构形式上。完成任务后，该结构自行解散，以备在下一个任务中集结成新的结构。自组织能力是 IMS 的一个重要标志。

（2）自律能力。

自律能力是指 IMS 具有搜集与理解环境和自身的信息，并进行分析判断和规划自身行为的能力。强有力的知识库和基于知识的模型是自律能力的基础。IMS 能对周围环境和自身作业状况的信息进行监测和处理，并根据处理结果自行调整控制策略，以采用最佳运行方案。这种自律能力使整个制造系统具备抗干扰自适应和容错等能力。

（3）自学习和自维护能力。

自学习和自维护能力是指 IMS 能以原有的专家知识为基础，在实践中不断进行学习，完善系统的知识库，并删除库中不适用的知识，使知识库更趋合理；同时，还能对系统故障进行自我诊断、排除及修复。这种特征使 IMS 能够自我优化并适应各种复杂的环境。

（4）智能集成。

IMS 在强调各个子系统智能化的同时，更注重整个制造系统的智能集成。这是 IMS 与面向制造过程中特定应用的“智能化孤岛”的根本区别。IMS 包括了各个子系统，并把它们集成为一个整体，实现整体的智能化。

（5）人机一体化智能系统。

IMS 不单纯是“人工智能”系统，而且是人机一体化智能系统，是一种混合智能。人机一体化一方面突出人在制造系统中的核心地位，同时在智能机器的配合下，更好地发挥了人的潜能，使人机之间表现出一种平等共事、相互“理解”、相互协作的关系，使两者在不同的层次上各显其能，相辅相成。因此，在 IMS 中，高素质、高智能的人将发挥更好的作用，机器智能和人的智能将真正地集成在一起。

（6）虚拟现实。

虚拟现实是实现虚拟制造的支持技术，也是实现高水平人机一体化的关键技术之一。人机结合的新一代智能界面，使得可用虚拟手段智能地表现现实，它是智能制造的一个显著特征。

综上所述，可以看出 IMS 作为一种模式，它是集自动化、柔性化、集成化和智能化于一身，并不断向纵深发展的先进制造系统。

1.2.2 智能制造技术体系

智能制造从本质上说是一个智能化的信息处理系统，该系统属于一种开放性的体系，原料、信息和能量都是开放的。

智能制造融合了信息技术、先进制造技术、自动化技术和人工智能技术。智能制造技术体系自下而上共分 4 层，分别为：商业模式创新，生产模式创新，运营模式创新和决策模式创新，如图 1.13 所示。

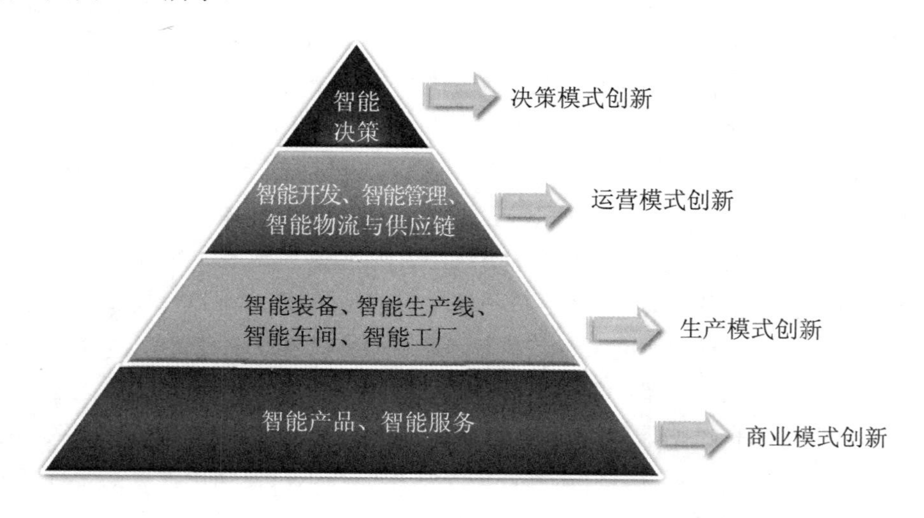

图 1.13　智能制造技术体系

其中，商业模式创新包括开发智能产品，推进智能服务；生产模式创新包括应用智能装备，建立智能生产线，构建智能车间，打造智能工厂；运营模式创新包括践行智能研发，开展智能管理，形成智能物流与供应链体系；决策模式创新指的是最终实现智能决策。

智能制造技术体系的 4 个层级之间是息息相关的，制造企业应当渐进式、理性地推进智能制造技术的应用。

1. 商业模式创新

（1）开发智能产品。

智能产品通常包括机械元件、电气元件和嵌入式软件，具有记忆、感知、计算和传输功能。典型的智能产品包括智能手机、智能可穿戴设备、无人机、智能汽车、智能家电、智能售货机等，以及很多智能硬件产品，如图 1.14、1.15 所示的智能汽车和无人机执行喷洒作业示例。

图 1.14　智能汽车示例

图 1.15　无人机执行喷洒作业示例

（2）推进智能服务。

智能服务可以通过网络感知产品的状态，从而进行预测性维修、维护，及时帮助客户更换备品、备件；可以通过了解产品运行的状态，给客户带来商业机会；还可以采集产品运营的大数据，辅助企业进行市场营销的决策。企业开发面向客户服务的 APP，也是一种智能服务，可以针对客户购买的产品提供有针对性的服务，从而锁定用户，开展服务营销。

2. 生产模式创新

（1）应用智能装备。

智能装备具有检测功能，可以实现在线检测，从而补偿加工误差，提高加工精度，还可以对热变形进行补偿。以往一些精密装备对环境的要求很高，现在由于有了闭环的检测与补偿，可以降低对环境的要求。智能装备可以提供开放的数据接口，能够支持设备联网。

（2）建立智能生产线。

钢铁、化工、制药、食品饮料、烟草、芯片制造、电子组装、汽车、轴承等行业的企业高度依赖自动化生产线，实现自动化的加工、装配和检测。很多企业的技术改造重点就是建立自动化的生产线、装配线和检测线。汽车、家电、轨道交通等行业的企业对生产和装配线进行自动化和智能化改造需求十分旺盛，很多企业将关键工位和高污染工位改造为用机器人进行加工、装配或上下料，如图 1.16 所示的某汽车智能生产线。电子工厂通过在产品的托盘上放置射频识别（RFID）芯片，识别零件的装配工艺，可以实现不同类型产品的混线装配，如图 1.17 所示的某电子工厂的智能总装线。

图 1.16　某汽车智能生产线

图 1.17　某电子工厂的智能总装线

（3）构建智能车间。

要实现车间的智能化，需要对生产状况、设备状态、能源消耗、生产质量、物料消耗等信息进行实时采集和分析，进行高效排产和合理排班，显著提高设备利用率。某智能车间的生产模型如图 1.18 所示。

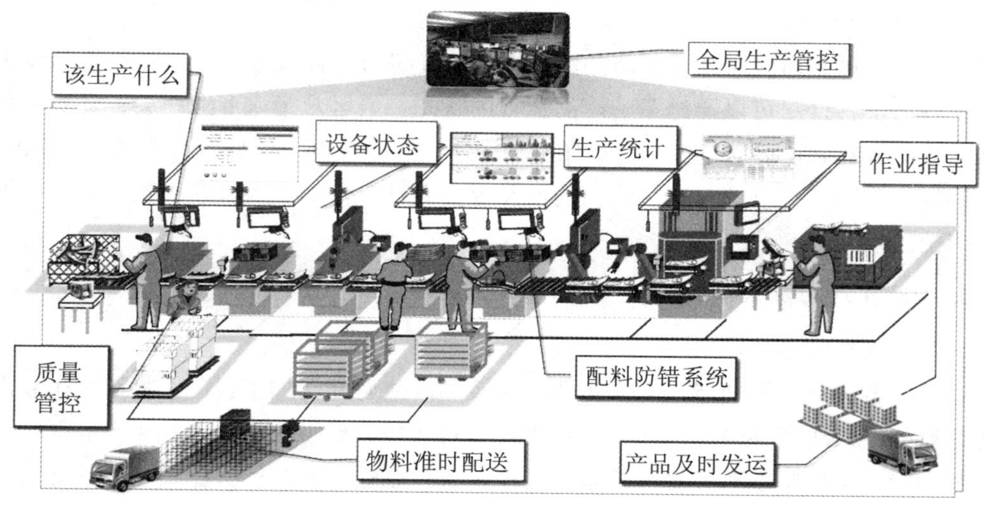

图 1.18　某智能车间的生产模型

使用制造执行系统（MES）可以帮助企业显著提升设备利用率，提高产品质量，实现生产过程追溯，提高生产效率。数字映射技术可以将 MES 系统采集到的数据在虚拟的三维车间模型中实时地展现出来，而且还可以显示设备的实际状态，实现虚实融合。

智能车间必须建立有线或无线的工厂网络，能够实现生产指令的自动下达和设备与生产线信息的自动采集。实现车间的无纸化，也是智能车间的重要标志，通过应用三维轻量化技术、工业平板和触摸屏，可以将设计和工艺文档传递到工位。

（4）打造智能工厂。

智能工厂不仅生产过程应实现自动化、透明化、可视化、精益化，产品检测、质量检验和分析、生产物流也应当与生产过程实现闭环集成，实现信息共享、准时配送、协同作业。一些离散制造企业建立了生产指挥中心，对整个工厂进行指挥和调度，及时发现和解决突发问题，这也是智能工厂的重要标志。

智能工厂需要应用企业资源计划（ERP）系统制定多个车间的生产计划，并由 MES 系统根据各个车间的生产计划进行详细排产，MES 排产的粒度是天、小时，甚至分钟。智能工厂内部各环节如图 1.19 所示。

图 1.19　智能工厂内部环节

3. 运营模式创新

（1）践行智能研发。

离散制造企业在产品智能研发方面，应用了计算机辅助设计（CAD）/计算机辅助制造（CAM）/计算机辅助工程（CAE）/计算机辅助工艺过程设计（CAPP）/电子设计自动化（EDA）等工具软件和产品数据管理（PDM）/产品周期管理（PLM）系统。

（2）开展智能管理。

实现智能管理的前提条件是基础数据的准确性和主要信息系统的无缝集成。智能管理主要体现在各类运营管理系统与移动应用、云计算、电子商务和社交网络的集成应用。企业资源计划（ERP）是制造企业现代化管理的基石。以销定产是 ERP 最基本的思想，物料需求计划（MRP）是 ERP 的核心。制造企业核心的运营管理系统还包括人力资产管理系统（HCM）、客户关系管理系统（CRM）、企业资产管理系统（EAM）、能源管理系统（EMS）、供应商关系管理系统（SRM）、企业门户（EP）和业务流程管理系统（BPM）等。

（3）形成智能物流与供应链体系。

制造企业越来越重视物流自动化，自动化立体仓库、无人引导小车（AGV）、智能吊挂系统得到了广泛应用，智能分拣系统、堆垛机器人、自动辊道系统的应用日趋普及。仓储管理系统（WMS）和运输管理系统（TMS）也受到制造企业普遍关注。其中，TMS 涉及全球定位系统（GPS）定位和地理信息系统（GIS）集成，可以实现供应商、客户和物流企业三方之间的信息共享。

4. 决策模式创新

企业在运营过程中，产生了大量来自各个业务部门和业务系统的核心数据，这些数据一般是结构化的数据，可以进行多维度分析与预测，这是智能决策的范畴。

同时，制造企业有诸多大数据，包括生产现场采集的实时生产数据、设备运行的大数据、质量的大数据、产品运营的大数据、电子商务带来的营销大数据，以及来自社交网络的与公司有关的大数据等，对工业大数据的分析需要引入新的分析工具。

智能制造系统具有数据采集、数据处理、数据分析的能力，能够准确执行指令，实现闭环反馈；而智能制造的趋势是能够实现自主学习、自主决策，并不断优化。

1.2.3 智能制造主题

“工业 4.0”是以智能制造为主导的第四次工业革命，旨在通过将信息技术和网络空间虚拟系统相结合等手段，实现制造业的智能化转型。“中国制造 2025”做出的全面提升中国制造业发展质量和水平的重大战略部署，是要强化企业主体地位，激发企业活力和创造力。在智能制造过程中，凸显工业 4.0 的 4 个主题：智能工厂、智能生产、智能物流和智能服务，如图 1.20 所示，其侧重点说明见表 1.3。

智能制造主题

智能工厂

智能生产

智能物流

智能服务

图 1.20 智能制造中凸显工业 4.0 的 4 个主题

表 1.3 智能制造主题的侧重点说明

主题	侧重点说明
智能工厂	侧重点在于企业的智能化生产系统及制造过程，对于网络化分布式生产设施的实现
智能生产	侧重点在于企业的生产物流管理、制造过程人机协同以及 3D 打印技术在企业生产过程中的协同应用
智能物流	侧重点在于通过互联网和物联网整合物流资源，充分发挥现有的资源效率
智能服务	作为制造企业的后端网络，其侧重点在于通过服务联网结合智能产品为客户提供更好的服务，发挥企业的最大价值

1. 智能工厂

（1）智能工厂的概念。

智能工厂作为未来第四次工业革命的代表，不断向实现物体、数据及服务等无缝连接的互联网（物联网、数据网和服务互联网）方向发展，智能工厂概念模型如图 1.21 所示。

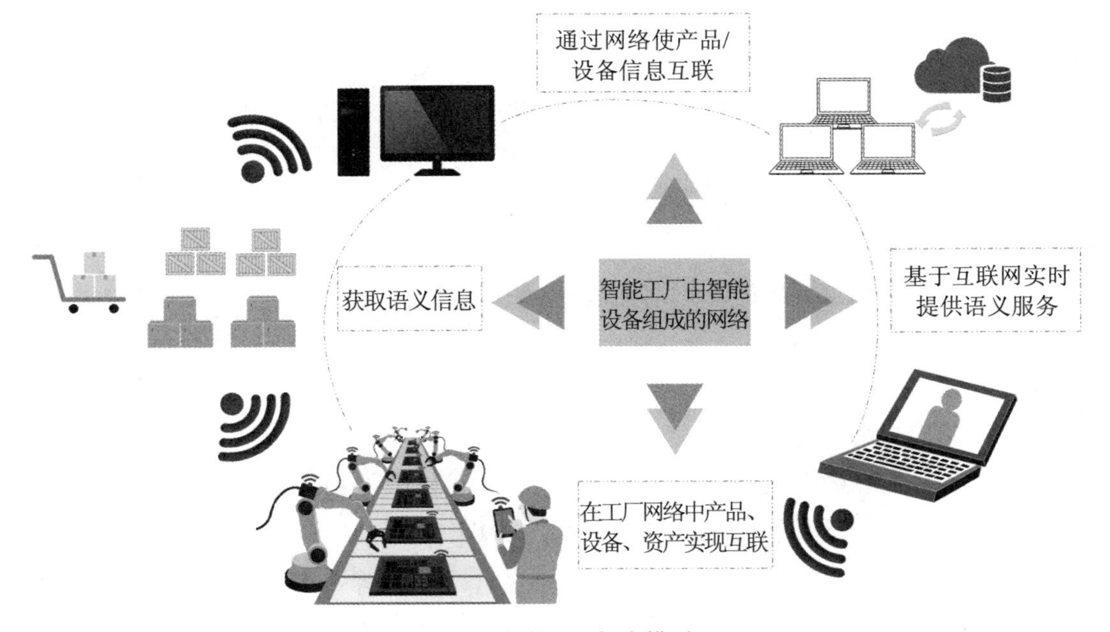

图 1.21 智能工厂概念模型

智能工厂是传统制造企业发展的一个新阶段。它是在数字化工厂的基础上，利用物联网和设备监控技术加强信息管理和服务，清楚掌握产销流程、提高生产过程的可控率、减少生产线上人工的干预、及时采集生产线数据、合理安排生产计划与生产进度；采用绿色制造手段，构建高效节能、绿色环保、环境舒适的人性化工厂。

未来各工厂将具备统一的机械、电气和通信标准。以物联网和服务互联网为基础，配备传感器、无线网络和 RFID 通信技术的智能控制设备，可对生产过程进行智能化监控。因此，智能工厂可自主运行，工厂中的机器可以自行识别零部件。

（2）智能工厂的主要特征。

智能工厂建立在工业大数据和“互联网”的基础上，需要实现设备互联、广泛应用工业软件、结合精益生产理念、实现柔性自动化、实现绿色制造、实时洞察，做到纵向、横向和端到端的集成，以实现优质、高效、低耗、清洁、灵活的生产。

① 设备互联。智能工厂应当能够实现设备与设备互联，通过与设备控制系统集成，以及外接传感器等方式，由 SCADA（数据采集与监控系统）实时采集设备的状态、生产完工的信息、质量信息，并通过应用 RFID（无线射频技术）、条码（一维和二维）等技术，实现生产过程的可追溯。

② 广泛应用工业软件。智能工厂应当广泛应用 MES（制造执行系统）、APS（先进生产排程）、能源管理、质量管理等工业软件，实现生产现场的可视化和透明化。在新建工厂时，可以通过数字化工厂仿真软件，进行设备和产线布局、工厂物流、人机工程等仿真，确保工厂结构合理。在推进数字化转型的过程中，必须确保工厂的数据安全、设备和自动化系统安全。在通过专业检测设备检出次品时，不仅要能够实现次品自动与合格品分流，而且要能够通过 SPC（统计过程控制）等软件，分析出现质量问题的原因。

③ 结合精益生产理念。智能工厂应当充分体现工业工程和精益生产的理念，能够实现按订单驱动，拉动式生产，尽量减少在制品库存，消除浪费。推进智能工厂建设要充分结合企业产品和工艺特点，在研发阶段也需要大力推进标准化、模块化和系列化，奠定推进精益生产的基础。

④ 实现柔性自动化。智能工厂应当结合企业的产品和生产特点，持续提升生产、检测和工厂物流的自动化程度。产品品种少、生产批量大的企业可以实现高度自动化，乃至建立黑灯工厂；小批量、多品种的企业则应当注重少人化、人机结合，不要盲目推进自动化，应当特别注重建立智能制造单元。

物流自动化对于实现智能工厂至关重要，企业可以通过 AGV、货物提升机、悬挂式输送链等物流设备实现工序之间的物料传递，并配置物料超市，尽量将物料配送到线边，工厂物流设备如图 1.22 所示。质量检测的自动化也非常重要，机器视觉在智能工厂中的应用将会越来越广泛。此外，还需要仔细考虑如何使用助力设备，减轻工人的劳动强度。

⑤ 注重环境友好，实现绿色制造。智能工厂应当能够及时采集设备和生产线的能源消耗，实现能源高效利用；在危险和存在污染的环节，优先用机器人替代人工，能够实现废料的回收和再利用。

⑥ 实现实时洞察。智能工厂应当从生产排产指令的下达到完工信息的反馈，实现闭环；通过建立生产指挥系统，实时洞察工厂的生产、质量、能耗和设备状态信息，避免非计划性停机；通过建立工厂的 Digital Twin（数字孪生），方便地洞察生产现场的状态，辅助各级管理人员做出正确决策。

（a）AGV

（b）货物提升机出入库

图 1.22　工厂物流设备

仅有自动化生产线和工业机器人的工厂，还不能称为智能工厂。智能工厂不仅生产过程应实现自动化、透明化、可视化、精益化，而且产品检测、质量检验和分析、生产物流等环节也应当与生产过程实现闭环集成。一个工厂的多个车间之间也要实现信息共享、准时配送和协同作业。

2. 智能生产

（1）智能生产的概念。

智能生产就是使用智能装备、传感器、过程控制、智能物流、制造执行系统、信息物理融合系统组成的人机一体化系统进行生产。智能生产从工艺设计层面来讲，要实现整个生产制造过程的智能化生产、高效排产、物料自动配送、状态跟踪、优化控制、智能调度、设备运行状态监控、质量追溯和管理、车间绩效等；对生产、设备、质量的异常做出正确的判断和处置；实现制造执行与运营管理、研发设计、智能装备的集成；实现设计制造一体化，管控一体化。

（2）智能生产系统的设计目标。

智能生产系统的设计目标如图 1.23 所示。

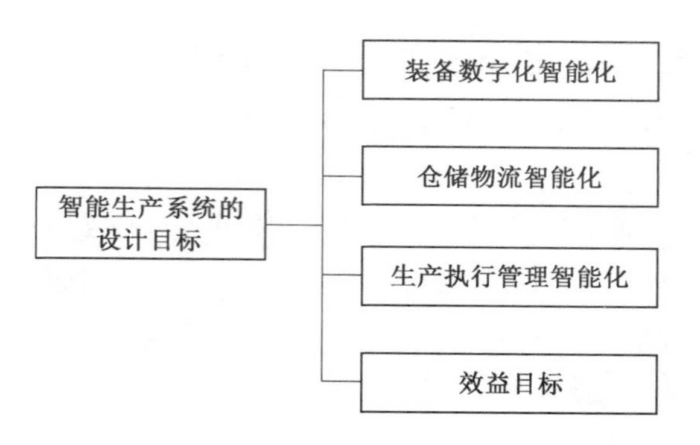

图 1.23　智能生产系统的设计目标

① 装备数字化智能化。

为了适用个性化定制的需求，制造装备必须是数字化、智能化的。根据制造工艺的要求，构建若干柔性制造系统（FMS）、柔性制造单元（FMC）和柔性生产线（FML），这若干个系统都能独立完成一类零部件的加工、装配、焊接等工艺过程。制造装备具有自动感知、自动化、智能化、柔性化的特征。

② 仓储物流智能化。

仓储是物流过程的一个环节，根据需求建设智能仓储，保证货物仓库管理各个环节数据输入的速度和准确性，确保企业及时、准确地掌握库存的真实数据，合理保持和控制企业库存。通过科学的编码，还可方便地对库存货物的批次、保质期等进行管理。

③ 生产执行管理智能化。

智能生产系统应以精益生产、约束理论为指导，建设不同生产类型的、先进的、适用的制造执行系统（MES），包括实现不同类型车间的作业计划编制、作业计划的下达和过程监控，车间在制物料的跟踪和管理、车间设备的运维和监控，生产技术准备的管理，刀具管理，制造过程质量管理和质量追溯，车间绩效管理，车间可视化管理，以实现车间全业务过程透明化、可视化的管理和控制。

④ 效益目标。

智能生产系统通过智能装备、智能物流、智能管理的集成，排除影响生产的一切不利因素，优化车间资源利用，提高设备利用率，降低车间物料在制数，提高产品质量，提高准时交货率，提高车间的生产制造能力和综合管理水平，提高企业快速响应客户需求的能力和竞争能力。

3. 智能物流

（1）智能物流的定义。

随着物联网、大数据、云计算等相关技术的深入发展与普及，日益兴起的物联网技术融入交通物流领域，有助于智能物流的跨越式发展和优化升级。物流是最能体现物联网技术优势的行业，也是物联技术的主要应用领域之一。

智能物流就是将条形码、射频识别技术、传感器、全球定位系统等先进的物联网技术通过信息处理和网络通信技术平台广泛应用于物流业运输、仓储、配送、包装、装卸等基本活动环节，实现货物运输过程的自动化运作和效率优化管理，提高物流行业的服务水平，降低成本，减少自然资源和社会资源消耗。智能物流如图 1.24 所示。

智能物流在实施过程中强调的是物流过程的数据智慧化、网络协同化和决策智慧化。智能物流在功能上要实现 6 个“正确”，即正确的货物、正确的数量、正确的地点、正确的质量、正确的时间和正确的价格；在技术上要实现物品识别、地点跟踪、物品溯源、物品监控和实时响应。

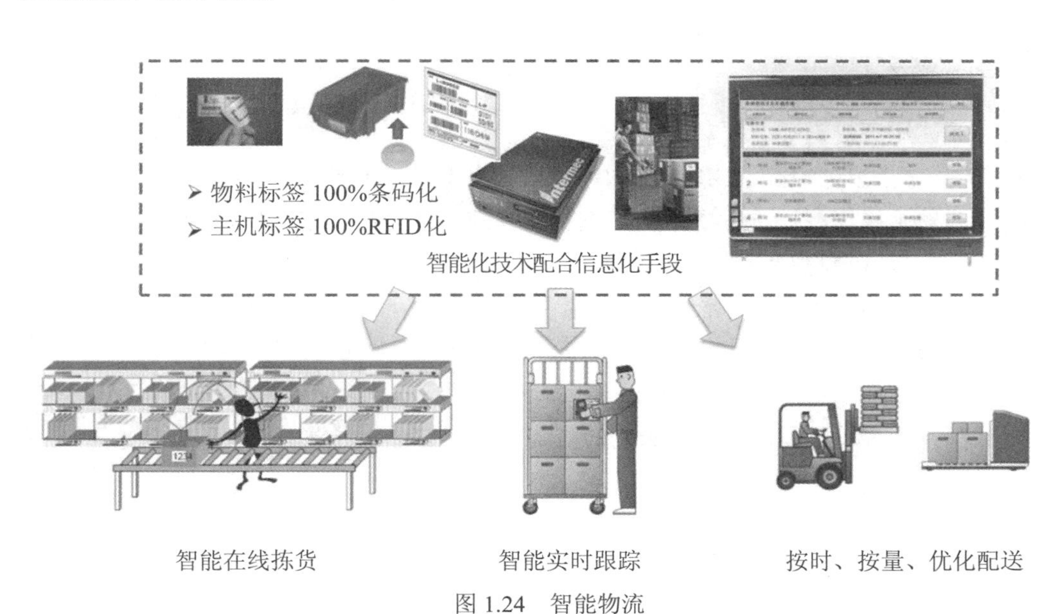

图 1.24　智能物流

（2）智能物流的特点。

智能物流的特点如图 1.25 所示。

图 1.25　智能物流的特点

① 智能化。智能物流运用数据库和数据分析，对物流具有一定反应机理，可以采取相应措施，使物流系统智能化。

② 一体化和层次化。智能物流以物流管理为中心，实现物流过程中运输、存储、包装、装卸等环节的一体化和智能物流系统的层次化。

③ 柔性化。由于电子商务的发展，智能物流使以前以生产商为中心的商业模式转换为以消费者为中心的商业模式，根据消费者需求来调节生产工艺，从而实现物流系统的柔性化。

④ 社会化。智能物流的发展会带动区域经济和互联网经济的高速发展，从而在某些方面改变人们的生活方式，从而实现社会化。

4. 智能服务

（1）智能服务的定义。

智能服务是指根据用户的需求进行主动的服务，即采集用户的原始信息，进行后台积累，构建需求结构模型，进行数据加工挖掘和商业智能分析，包括用户的系统、偏好等需求，通过分析挖掘与时间、空间、身份、生活、工作状态相关的需求，主动推送客户需求的精准高效的服务。除了传递和反馈数据，智能服务系统还需进行多维度、多层次的感知和主动深入的辨识。

（2）智能服务的特点。

智能服务具有以下不同于传统服务的显著特点，如图1.26所示。

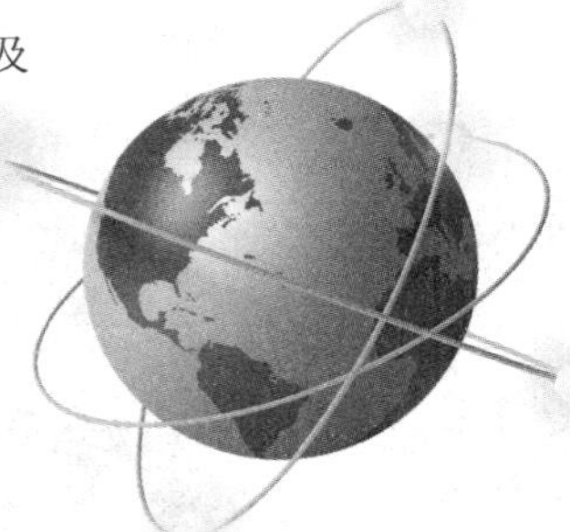

图1.26 智能服务的特点

① 服务理念以用户为中心，服务方案常横跨企业和不同产业。这里的用户既包括智能产品的购买者，也包括智能服务的使用者。智能服务期望通过产品和服务的适当组合，随时、随地满足用户不同场景下的需求。

② 服务载体聚焦于网络化、智能化的产品和设备（机器）。智能产品指安装有传感器，受软件控制并联网的物体、设备或机器，它具有采集数据、分析并与其他机、物共享和交互反馈的特点。用户使用智能产品过程中产生的大数据能被进一步分析转化为智能数据，智能数据则衍生出智能服务。

③ 服务形态体现为线下的实体服务与线上的数字化服务的融合。类似于互联网技术应用在生活消费领域所产生的O2O模式，智能服务也体现为传统实体体验服务与新兴数字化服务的有机结合。

④ 服务运营数据化驱动，通过数据、算法增加附加值。一方面，智能服务提供商需要深度了解用户的偏好和需求，需要具备对智能产品采集数据的实时分析能力，利用分析结果为用户提供高度定制化的智能服务。另一方面，智能服务提供商可以利用智能数据进行预测分析，提升服务质量，实时优化服务方式。

⑤ 服务体系注重平台化运营及生态系统的打造。智能服务的市场领先者通常是服务体系的整合者，通过构建数据驱动的商业模式，创建网络化物理平台、软件定义平台和服务平台，打造资源互补、跨业协同的数字生态系统。

智能服务促进新的商业模式的产生，促进企业向服务型制造转型。智能产品+状态感知控制+大数据处理，将改变产品的现有销售和使用模式，出现了在线租用、自动配送和返还、优化保养和设备自动预警、培训、自动维修等智能服务新模式。在全球经济一体化的今天，国际产业转移和分工日益加快，新一轮技术革命和产业变革正在兴起，客户对产品和服务的要求越来越高，智能服务领域也将随着客户需求的变化快速发展。

1.3　智能制造与机电一体化技术

❋ 智能制造技术应用

1.3.1　机电一体化技术概述

1. 机电一体化技术的概念

机械技术在人类工业生产的历史上，一直占有非常重要的地位，至今依然如此。随着现代控制技术的发展，传统的、单纯的机械技术已无法满足社会发展的需要，控制系统，尤其是计算机控制系统与机械技术的融合已是必然趋势，机电一体化技术就是在这个背景下被提出的。

机电一体化一词于20世纪70年代起源于日本，其英文名称“mechatronics”，取自“mechanics”（机械学）的前半部分和“electronics”（电子学）的后半部分，意为机械电子学或者机电一体化。目前，较为熟知的定义是由日本机械振兴协会经济研究所于1981年提出的：“机电一体化是在机械主功能、动力功能、信息功能和控制功能上引进微电子技术，并将机械装置与电子装置用相关软件有机结合而构成的系统的总称。”

目前，机电一体化已经成为一门有着自身体系的新型科学，随着生产和科学技术的发展，它还将不断被赋予更多新的内容。其基本特征可概括为：机电一体化是从系统的观点出发，综合运用机械技术、电工电子技术、微电子技术、信息技术、传感器技术、自动控制技术、计算机技术、接口技术、信号变换技术以及软件编程技术等多种技术，根据系统功能目标和优化组织结构目标，合理配置与布局各功能单元，在多功能、高质量、高可靠性、低能耗的意义上实现特定功能价值并使整个系统最优化的系统工程技术。

2. 机电一体化系统的组成

一个典型的机电一体化系统应包含以下几个基本要素：机械本体、动力驱动部分、传感检测部分、执行机构、控制及信息单元，机电一体化系统的组成如图 1.27 所示。我们将这些部分归纳为：结构组成要素、动力组成要素、运动组成要素、感知组成要素和智能组成要素；这些组成要素内部及其之间，形成一个通过接口耦合来实现运动传递、信息控制、能量转换等有机融合的完整系统。

（1）机械本体。

机电一体化系统的机械本体包括机身、框架、连接等。由于机电一体化产品的技术性能、水平和功能的提高，机械本体要在机械结构、材料、加工工艺及几何尺寸等方面适应产品高效率、多功能、高可靠性和节能、小型、轻量、美观等要求。

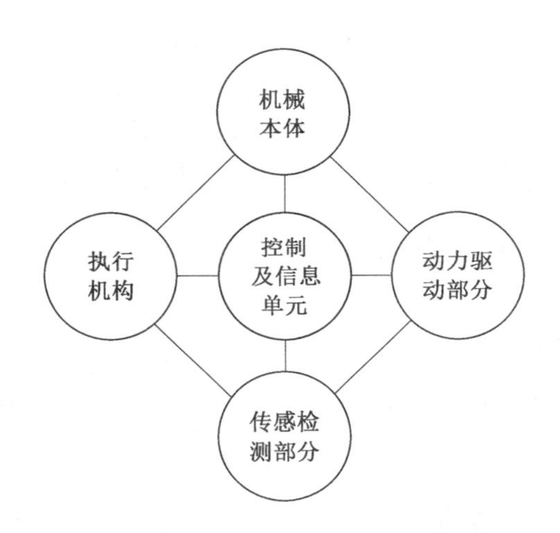

图 1.27　机电一体化系统的组成

（2）动力驱动部分。

动力部分的功能是按照系统控制要求，为系统提供能量和动力，使系统正常运行。用尽可能小的动力输入获得尽可能大的动力输出，是机电一体化产品的显著特征之一。

驱动部分的功能是在控制信息作用下提供动力，驱动各执行机构完成各种动作和功能。机电一体化系统一方面要求驱动部分具有高效率和快速响应特性，另一方面要求对水、油、温度、尘埃等外部环境具有很好的适应性和可靠性。由于电力电子技术的快速发展，高性能的步进驱动、直流伺服和交流伺服驱动方式大量应用于机电一体化系统。

（3）传感检测部分。

传感检测部分的功能是对系统运行中所需要的本身和外界环境的各种参数及状态进行检测，生成相应的可识别信号，传输到信息处理单元，经过分析、处理后产生相应的控制信息。这一功能一般由专门的传感器及转换电路完成。

（4）执行机构。

执行机构的功能是根据控制信息和指令，完成要求的动作。执行机构是运动部件，一般采用机械、电磁、电液等机构。根据机电一体化系统的匹配性要求，执行机构需要考虑改善系统的动、静态性能，如提高刚性、减小质量和保持适当的阻尼，应尽量考虑组件化、标准化和系列化，以提高系统的整体可靠性等。

（5）控制及信息单元。

控制及信息单元的功能是将来自各传感器的检测信息和外部输入命令进行集中、储存、分析和加工，根据信息处理结果，按照一定的程序和节奏发出相应的指令，控制整个系统有目的地运行。

该单元一般由计算机、可编程逻辑控制器（PLC）、数控装置及逻辑电路、A/D 与 D/A 转换、I/O（输入/输出）接口和计算机外部设备等组成。机电一体化系统对控制和信息处理单元的基本要求是提高信息处理速度和可靠性，增强抗干扰能力以及完善系统自诊断功能，实现信息处理智能化。

3. 机电一体化系统的技术组成

机电一体化系统是多学科技术的综合应用，是技术密集型的系统工程。其技术组成包括机械技术、计算机信息处理技术、自动控制技术、传感与检测技术、伺服传动技术和系统总体技术等，如图 1.28 所示。

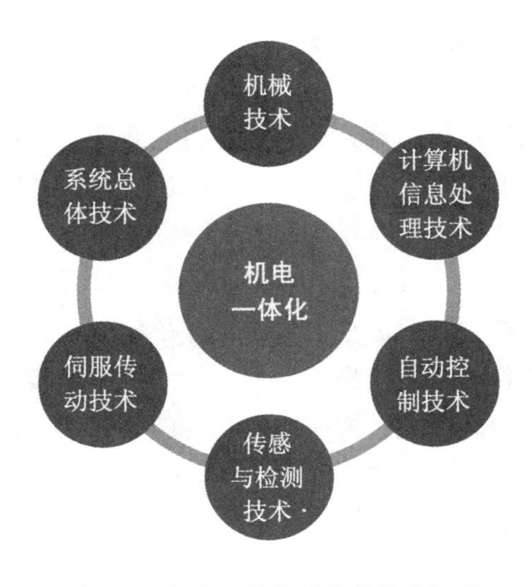

图 1.28　机电一体化系统的技术组成

（1）机械技术。

机械技术是机电一体化的基础。随着高新技术引入机械行业，机械技术面临着挑战和变革。在机电一体化产品中，机械技术不再是单一地完成系统间的连接，而是要优化设计系统的结构、质量、体积、刚性和寿命等参数对机电一体化系统的综合影响。机械技术的着眼点在于如何与机电一体化的技术相适应，利用其他高新技术来更新概念，实现结构、材料、性能及功能上的变更，以满足减少质量、缩小体积、提高精度、提高刚度、改善性能和增加功能的要求。

（2）计算机信息处理技术。

信息处理技术包括信息的交换、存取、运算、判断和决策，实现信息处理的工具是计算机，因此计算机技术与信息处理技术是密切相关的。计算机技术包括计算机的软件技术和硬件技术，网络与通信技术，数据技术等。

在机电一体化系统中，计算机信息处理部分指挥整个系统的运行。信息处理是否正确、及时，直接影响到系统工作的质量和效率。计算机应用及信息处理技术已成为促进机电一体化技术发展和变革的最活跃的因素。

（3）自动控制技术。

自动控制技术涉及的范围很广，由于机电一体化系统的控制对象种类繁多，所以控制技术的内容也很丰富，例如高精度定位控制、速度控制、自适应控制、自诊断、校正、补偿、再现、检索等。

随着微型机的广泛应用，自动控制技术越来越多地与计算机控制技术联系在一起，成为机电一体化中十分重要的关键技术。

（4）传感与检测技术。

传感与检测装置是系统的感受器官，它与信息系统的输入端相连并将检测到的信息输送到信息处理部分。传感与检测是实现自动控制、自动调节的关键环节，它的功能越强，系统的自动化程度就越高。

传感与检测的关键元件是传感器。传感器是将被测量（包括各种物理量、化学量和生物量等）转换成系统可识别的、与被测量有确定对应关系的有用电信号的一种装置。

（5）伺服传动技术。

伺服传动包括电动、气动、液压等各种类型的驱动装置，由微型计算机通过接口与这些传动装置相连接，控制它们的运动，带动工作机械做回转、直线以及其他各种复杂的运动。伺服传动技术是直接执行操作的技术，伺服系统是实现电信号到机械动作的转换装置或部件，对系统的动态性能、控制质量和功能具有决定性的影响。常见的伺服驱动有电液马达、脉冲油缸、步进电机、直流伺服电机和交流伺服电机等。

（6）系统总体技术。

系统总体技术是一种立足于整体目标，从系统的观点和全局角度，将总体分解成相互有机联系的若干单元，找出能完成各个功能的技术方案，再对技术方案进行分析、评价和优选的综合应用技术。

接口技术是系统总体技术的关键环节，主要有电气接口、机械接口和人机接口。电气接口实现系统间的信号联系；机械接口完成机械与机械部件、机械与电气装置的连接；人机接口提供人与系统间的交互界面。

1.3.2　机电一体化技术的应用

制造业作为传统工业的代表，是国民经济的重要支柱之一，如何节约成本、提高生产效率，一直是制造业在研究和解决的问题。机电一体化技术的出现和应用，使制造业的这一难题得到了明显的改善，而且减轻了劳动者的工作负担，有些工作环节由人为控制转向了自动化控制，推动了制造业的智能化发展。以下就机电一体化技术在智能制造中的应用进行简单的分析。

机电一体化技术在智能制造中的主要应用领域包括工业机器人、柔性制造系统（Flexible Manufacture System，FMS）和将设计、制造、销售、管理集于一体的计算机集成制造系统（Computer/contemporary Integrated Manufacturing Systems，CIMS）。

1. 工业机器人

机器人是先进制造业的重要支撑装备，也是未来智能制造业的关键切入点。工业机器人是在工业生产中使用的机器人的总称，主要用于完成工业生产中的某些作业。工业机器人作为机器人家族中的重要一员，是目前技术最成熟、应用最广泛的一类机器人。

工业机器人是典型的机电一体化装置，涉及机械、电气、控制、检测、通信和计算机等方面的技术。工业机器人的种类较多，常用的有：搬运机器人、焊接机器人、喷涂机器人、装配机器人、码垛机器人等。工业机器人示例如图 1.29 所示。

（a）搬运机器人

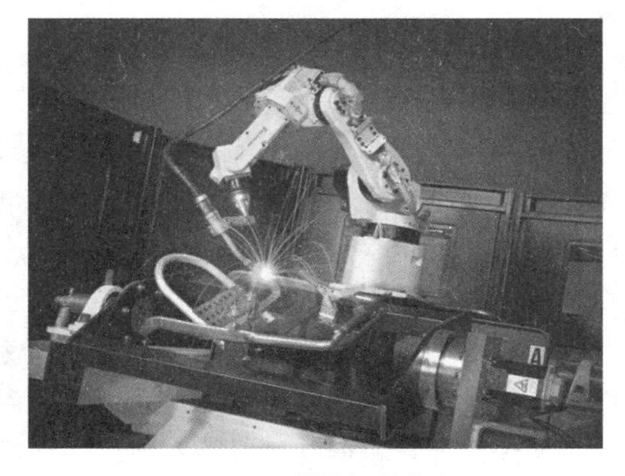

（b）焊接机器人

图 1.29　工业机器人示例

2. 柔性制造系统

柔性制造系统由统一的信息控制系统、物料储运系统和一组数字控制加工设备组成，是能适应加工对象变换的自动化机械制造系统。柔性制造系统包括中央计算机控制机床和传输系统，有时可以同时加工几种不同的零件。

在柔性制造系统中，一组按次序排列的机器，由自动装卸及传送机器连接并经计算机系统集成一体，原材料和待加工零件在零件传输系统上装卸，零件在一台机器上加工完毕后传到下一台机器，每台机器接收操作指令，自动装卸所需工具，无需人工参与。柔性制造系统示例如图 1.30 所示。

图 1.30　柔性制造系统示例

采用柔性制造系统的主要技术经济效果是：系统能按照装配作业配套需要，及时安排所需零件的加工，实现及时生产，从而减少毛坯和在制品的库存量，以及相应的流动资金占用量，缩短生产周期；提高设备的利用率，减少设备数量和厂房面积；减少直接劳动力，在少人看管条件下可实现昼夜 24 h 的连续“无人化生产”；提高产品质量的一致性。

3. 计算机集成制造系统

计算机集成制造系统是随着计算机辅助设计与制造的发展而产生的。它是在信息技术自动化技术与制造的基础上，通过计算机技术把分散在产品设计制造过程中各种孤立的自动化子系统有机地集成起来，形成适用于多品种、小批量生产，可实现整体效益的集成化和智能化制造系统。

计算机集成制造系统包括 4 个功能子系统：管理信息子系统、产品设计与制造工程自动化子系统、制造自动化或柔性制造子系统、质量保证子系统；此外，还包括 2 个辅助子系统：计算机网络子系统和数据库子系统。计算机集成制造系统通过信息集成实现现代化的生产制造，以实现企业的总体效益。

当前，机电一体化技术已经在智能制造中得到了较为广泛的应用，改变了传统制造业中生产效率低下的状况，也转变了传统制造业单一固定的生产模式，推动了制造业的自动化、智能化发展。继续扩大机电一体化技术在智能制造中的应用范围，不仅符合制造业的发展趋势，也是创新和完善新技术的需要。

1.4　智能制造人才培养

1.4.1　人才分类

人才是指具有一定的专业知识或专业技能，进行创造性劳动，并对社会做出贡献的人，是人力资源中能力和素质较高的劳动者。

具体到企业中，人才的概念是这样：指具有一定的专业知识或专业技能，能够胜任岗位能力要求，进行创造性劳动并对企业发展做出贡献的人，是人力资源中能力和素质较高的员工。

按照国际上的分法，普遍认为人才分为学术型人才、工程型人才、技术型人才、技能型人才 4 类，如图 1.31 所示，其中学术型人才单独分为一类，工程型、技术型与技能型人才统称为应用型人才。

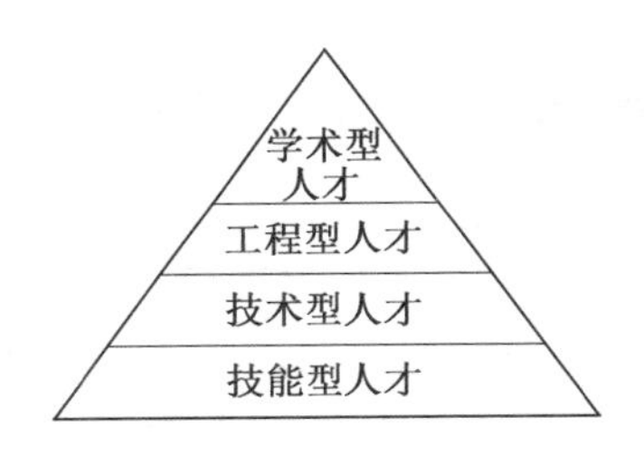

图 1.31　人才分类

- 学术型人才指发现和研究客观规律的人才，基础理论深厚，具有较高的学术修养和较强的研究能力。
- 工程型人才指将科学原理转变为工程或产品设计、工作规划和运行决策的人才，有较好的理论基础，具有较强的应用知识解决实际工程的能力。
- 技术型人才指在生产第一线或工作现场从事为社会谋取直接利益工作的人才，把工程型人才或决策者的设计、规划、决策变换成物质形态或对社会产生具体作用，有一定的理论基础，但更强调在实践中应用。
- 技能型人才指各种技艺型、操作型的技术工人，主要从事操作技能方面的工作，强调工作实践的熟练程度。

1.4.2　产业人才现状

在传统制造业转型升级的关键阶段，越来越多企业将面临“设备易得、人才难求”的尴尬局面，所以，实现智能制造，人才培育要先行。智能化制造的“智”是信息化、数字化，“能”是精益制造的能力，智能制造最核心的是智能人才的培养，从精英人才的培养到智能人才的培养，这一过渡可能也是制造企业面临的最重要问题。

2017《制造业人才发展规划指南》(以下简称《指南》)指出，要大力培养技术技能紧缺人才，鼓励企业与相关高等学校、职业学校合作，面向制造业十大重点领域建设一批紧缺人才培养培训基地，开展“订单式”培养。指南对制造业十大重点领域人才需求进行预测，如图1.32所示。

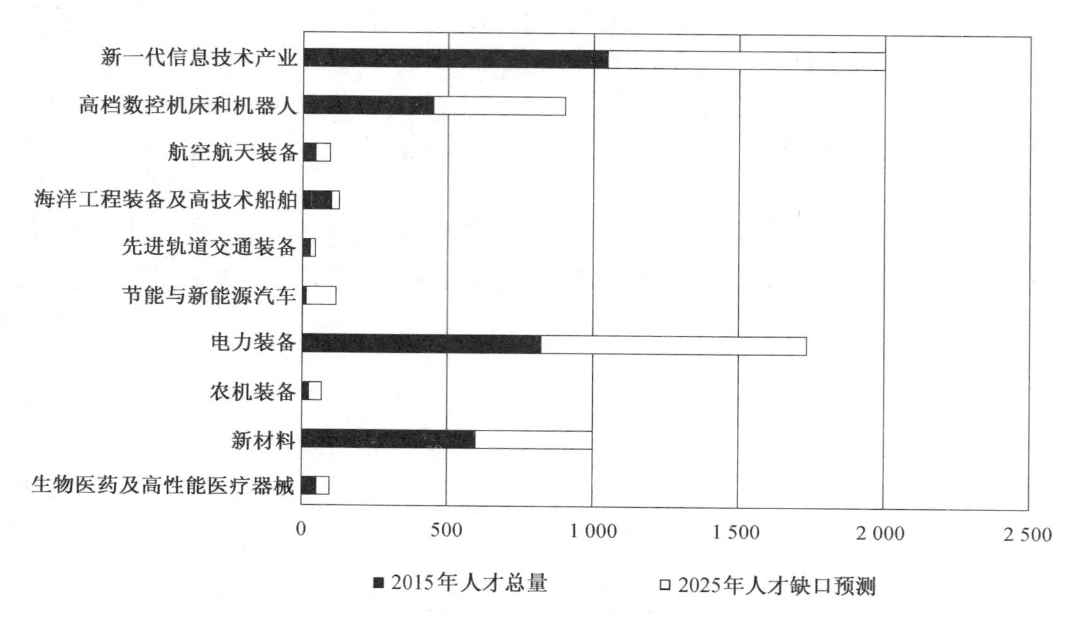

图1.32　制造业十大重点领域人才需求预测（单位：万人）

《指南》指出要支持基础制造技术领域人才培养。加强基础零部件加工制造人才培养，提高核心基础零部件的制造水平和产品性能。加大对传统制造类专业建设投入力度，改善实训条件，保证学生“真枪实练”。采取多种形式支持学校开办、引导学生学习制造加工等相关学科专业。

1.4.3　产业人才职业规划

智能制造生产线的日常维护、修理、调试操作等方面都需要各方面的专业人才来处理，目前中小型智能制造企业最缺的是具备智能设备操作、维修技能的技术人员。

按照职能划分，一般的智能制造企业内部技术员工，可分成以下4类。

1. 智能生产线操作员

智能生产线操作员的岗位职责主要包括能够独立、熟练地进行智能生产线设备操作和基本的程序编制以及基本的设备维护保养。该岗位工作人员需要具备工业机器人编程及操作、数控编程加工、智能制造系统集成等智能制造相关的理论知识和实践技能。

2. 智能生产线运维员

智能生产线运维员主要是指对智能生产线进行数据采集、状态监测、故障分析与诊断、维修及预防性维护与保养作业的人员。当生产线上的自动化设备、智能化设备出现故障时，运维人员要根据自动化设备、智能化设备发生故障的机理、故障特点、故障判断方法等迅速地找出导致故障的原因，然后依据一定的维修思路、维修步骤对设备进行快速维修。

3. 智能生产线规划工程师

智能生产线规划工程师的岗位职责主要包括产品自动化工艺路线设计规划。岗位的任职要求包括：具备生产工艺或生产流程的规划能力，能够进行生产线工艺流程编排、现场标准化作业指导书编制、生产控制计划编制；具备各类生产要求如精度、节拍、质量等的综合分析能力；熟悉各类传感器、自动识别技术（条码、RFID 等）、PLC 系统、传送装置、运动结构、通信技术与工业总线、工业机器人技术、视觉技术以及 MES、SCADA 等工业应用软件。

4. 智能生产线总体设计工程师

智能生产线总体设计工程师是企业所需要的高端人才，需要熟悉机械工程、控制科学与工程、工业工程、计算机科学与技术等多个领域的知识和技能，负责完成智能生产线总体规划，智能生产线信息化、网络化、数字化的初步设计，以及完成智能生产线实施过程的项目管理工作。

1.4.4　产教融合学习方法

产教融合学习方法主要参照国际上一种简单、易用的顶尖学习法——费曼学习法。费曼学习法由诺贝尔物理学奖得主、著名教育家理查德·费曼提出，其核心在于用自己的语言来记录或讲述要学习的概念，包括 4 个核心步骤：选择一个概念→讲授这个概念→查漏补缺→回顾并简化，费曼学习法如图 1.33 所示。

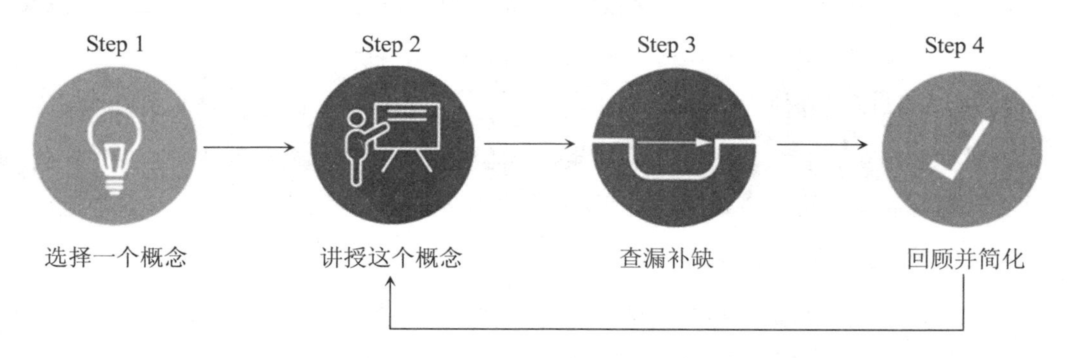

图 1.33　费曼学习法

20 世纪 60 年代，成立于美国缅因州贝瑟尔的国家培训实验室对学生在每种指导方法下学习 24 h 后的材料平均保持率进行了统计，图 1.34 所示为不同学习模式下的学习效率图。

从图 1.34 中可以看出，对于一种新知识，通过听讲只能获取 5%的知识；通过阅读可以获取 10%的知识；通过多媒体等渠道的宣传可以掌握 20%的知识；通过现场示范可以掌握 30%的知识；通过相互间的讨论可以掌握 50%的知识；通过实践可以掌握 75%的知识；最后达到能够教授他人的水平，就掌握了 90%的知识。

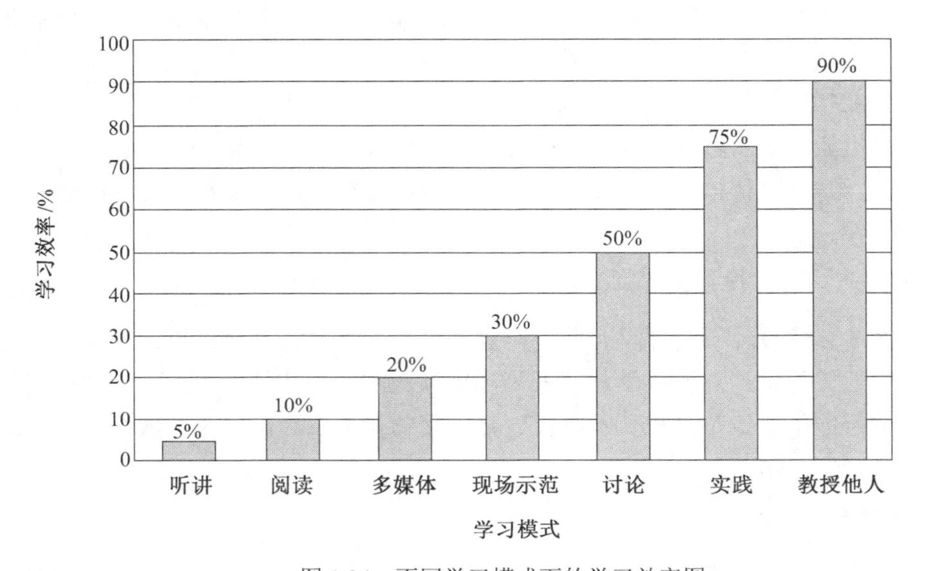

图 1.34　不同学习模式下的学习效率图

在相关知识学习中，可以通过 4 个部分进行知识体系的梳理。

1. 注重理论与实践相结合

对于技术学习来说，实践是掌握技能的最好方式，理论对实践具有重要的指导意义，两者相结合才能既了解系统原理，又掌握技术应用。

2. 通过项目案例掌握应用

在技术领域中，相关原理往往非常复杂，难以在短时间掌握，但是作为工程化的应用实践，其项目案例更为清晰明了，可以更快地掌握应用方法。

3. 进行系统化的归纳总结

任何技术的发展都是有相关技术体系的，通过个别案例很难全部了解，需要在实践中不断归纳总结，形成系统化的知识体系，才能掌握相关应用，学会举一反三。

4. 通过互相交流加深理解

个人对知识内容的理解可能存在片面性，通过多人的互相交流、合作探讨，可以碰撞出不一样的思路技巧，实现对技术的全面掌握。

第 2 章　机电一体化产教应用系统

2.1　PLC 简介

2.1.1　PLC 介绍

西门子 PLC 系列产品种类多样，用户可进行灵活配置，如图 2.1 所示。小型自动化控制系统的控制器可以采用西门子 LOGO!系列、S7-200 SMART 系列和 S7-1200 系列；中型自动化控制系统可以选择 S7-300 系列或 S7-1500 系列；大型自动化控制系统可以选择 S7-400 系列或 S7-1500 系列。本书使用 S7-1200 系列 PLC 进行讲解。

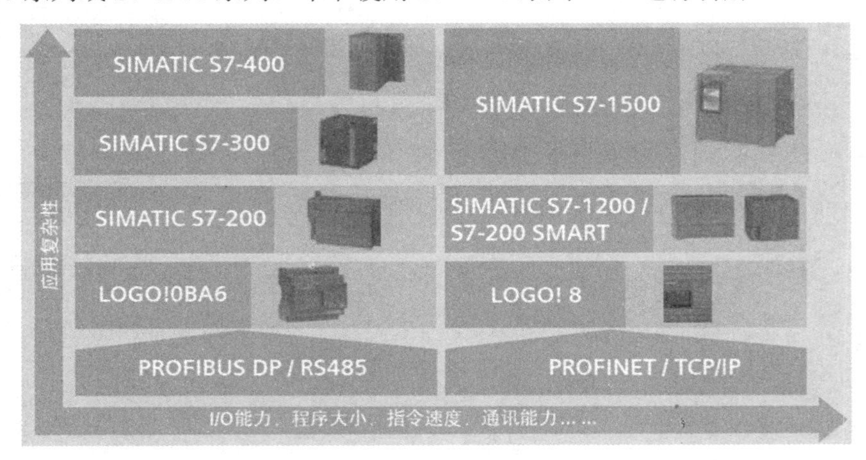

图 2.1　西门子 PLC 系列产品

西门子 PLC 是采用“顺序扫描，不断循环”的方式进行工作的。在每次扫描过程中，要完成对输入信号的采样和对输出状态的刷新等工作。PLC 的一个扫描周期必经过输入采样、程序执行和输出刷新 3 个阶段，工作方式如图 2.2 所示。

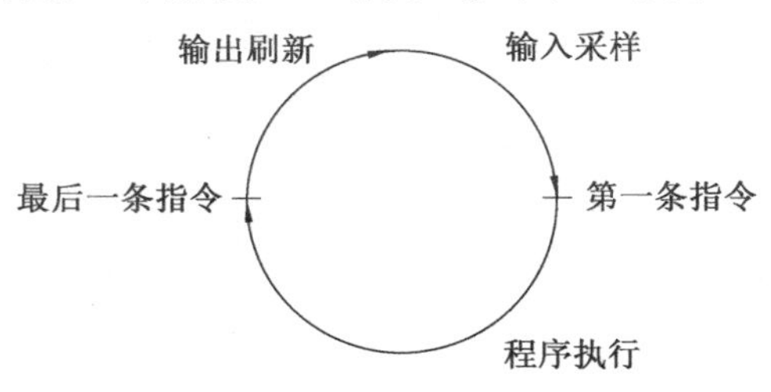

图 2.2　工作方式

2.1.2　PLC 基本组成

S7-1200 系列 PLC 主要由 CPU 模块、通信模块、信号模块、信号板组成，如图 2.3 所示，每块 CPU 内还可以安装 1 块信号板，如图 2.4 所示。各种模块安装在标准 DIN 导轨上，S7-1200 的硬件组成具有高度的灵活性。

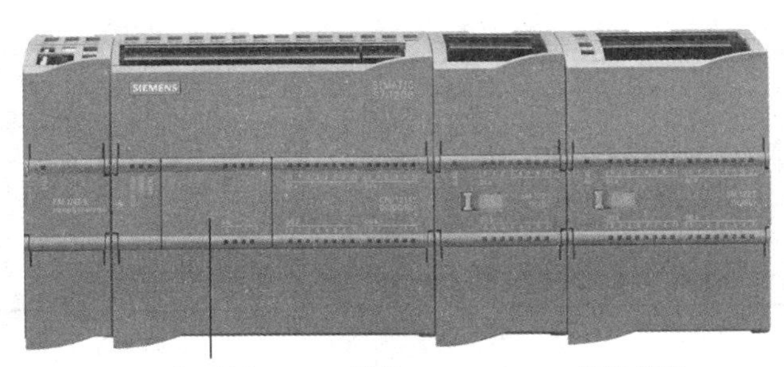

图 2.3　S7-1200 PLC 及配套模块

图 2.4　安装信号板

S7-1200 系列 PLC 现在有多种型号的模块，表 2.1 所示为典型模块的型号。其中“电源类型”分为供电电源类型、输入回路电源类型和输出回路电源类型，以“AC/DC/RLY”为例，其供电电源类型为 AC（交流），输入回路电源类型为 DC（直流），输出回路电源类型为继电器（交直流皆可）。

表 2.1　典型模块的型号

模块名称	典型模块	电源类型	外形图
CPU 模块	CPU 1211C	DC/DC/DC AC/DC/RLY DC/DC/RLY	
	CPU 1212C		
	CPU 1214C		
	CPU 1215C		
	CPU 1217C	DC/DC/DC	
通信模块	CM 1241 串口通信	DC	
	CM 1243-5 PROFIBUS DP 主站模块		
	CM 1242-5 PROFIBUS DP 从站模块		
	CP 1242-7 GPRS 模块		
信号模块	SM 1221 DI 8×24 V DC	DC	
	SM 1222 DQ 8×RLY	DC 或 AC	
	SM 1223 DI 8×24 V DC，DQ 8×RLY	DC 或 AC	
	SM 1231 AI 4×13 bit	±10 V，±5 V，±2.5 V 或 0～20 mA	
	SM 1232 AQ 2×14 bit	±10 V，0～20 mA	

续表 2.2

模块名称	典型模块	电源类型	外形图
信号板	SB 1221 DI 4×24 V DC，200 kHz	DC	
	SB 1222 DQ 4×24 V DC，200 kHz	DC	
	SB 1223 DI 2×24 V DC，DQ 2×24 V DC	DC	
	SB 1231 AI 1×12 bit	±10 V，±5 V，±2.5 V 或 0～20 mA	
	SB 1232 AQ 1×12 bit	±10 V，0～20 mA	

2.1.3 PLC 技术参数

本系统使用的 PLC 型号为 CPU 1215C DC/DC/DC，其外形与配线图如图 2.5 所示。该型号 PLC 拥有 14 路数字量输入、2 路模拟量输入和 10 路数字量输出，其电源电压、输入回路电压和输出回路电压均为 24 V 直流供电。

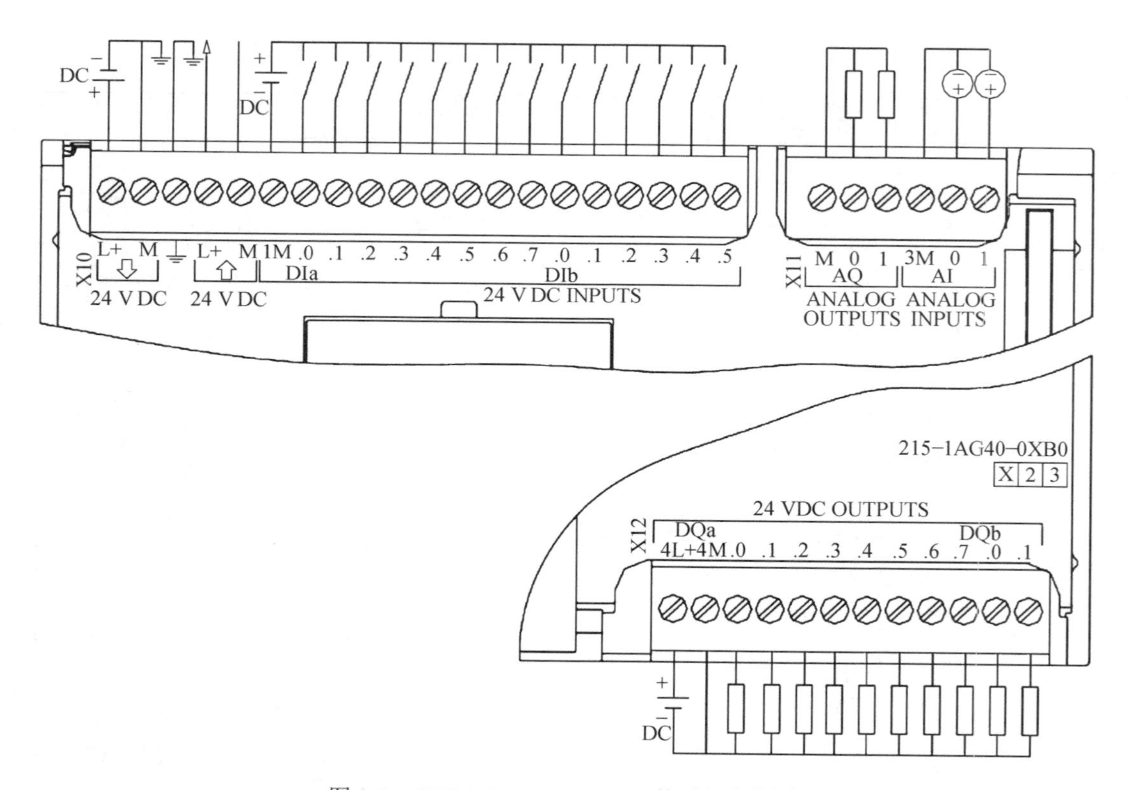

图 2.5　CPU 1215C DC/DC/DC 外形与配线图

CPU 1215C DC/DC/DC 型号 PLC 主要技术参数见表 2.2。

表 2.2　CPU 1215C DC/DC/DC 型号 PLC 主要技术参数

型号	CPU 1215C DC/DC/DC
用户存储	100 KB 工作存储器/4 MB 负载存储器，可用专用 SD 卡扩展/10 KB 保持性存储器
板载 I/O	14 路数字量输入/10 路数字量输出；2 路模拟量输入/2 路模拟量输出
过程映像大小	1 024 B 输入（I）/1 024 B 输出（Q）
高速计数器	共 6 个。单相：3 个 100 kHz 及 3 个 30 kHz 的时钟频率；正交相位：3 个 80 kHz 及 3 个 20 kHz 的时钟频率
脉冲输出	4 组脉冲发生器
脉冲捕捉输入	14 个
扩展能力	最多 8 个信号模块；最多 1 块信号板；最多 3 个通信模块
性能	布尔运算执行速度：0.08 μs/指令；移动字执行速度：1.7 μs/指令；实数数学运算执行速度：2.3 μs/指令
通信端口	1 个 10 Mb/s 或 100 Mb/s 的以太网端口
供电电源规格	电压范围：20.4～28.8V DC；输入电流：24V DC 时为 500 mA

2.2　产教应用系统简介

※ 产教应用系统简介

2.2.1　产教应用系统介绍

机电一体化产教应用系统（图 2.6）以 PLC 为核心，结合交流异步电机、变频器、步进电机、伺服电机和触摸屏等自动化设备，实现 PLC 的逻辑控制、运动控制、数据处理、网络控制的实验教学。通过该系统，读者可以掌握机电一体化的核心技术。

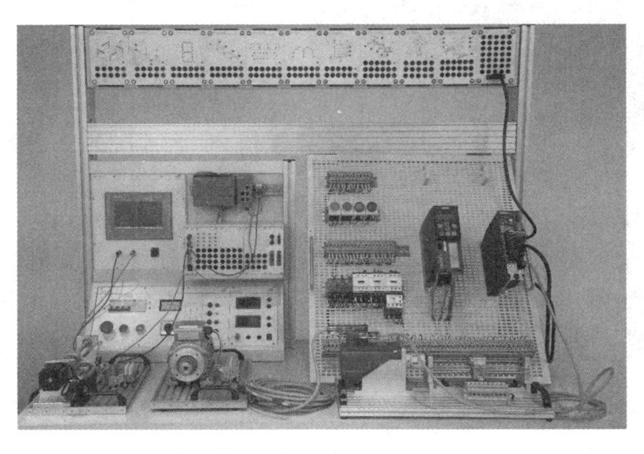

图 2.6　机电一体化产教应用系统

机电一体化产教应用系统实现产业与教育的结合，让读者通过 6 个核心案例，学习 PLC 的编程技术，了解产业实际的使用方法。本系统机构设计紧凑，系统完全开放，程序完全开源，使教学、实验过程更加容易上手。

2.2.2 基本组成

机电一体化产教应用系统由 PLC、伺服电机模块、伺服电机驱动、异步电机模块、变频器、步进电机模块、触摸屏、接线面板模块等组成，如图 2.7 所示。根据练习内容的需要，读者选择需要使用的面板模块，然后自行安装到设备上方的滑槽中。

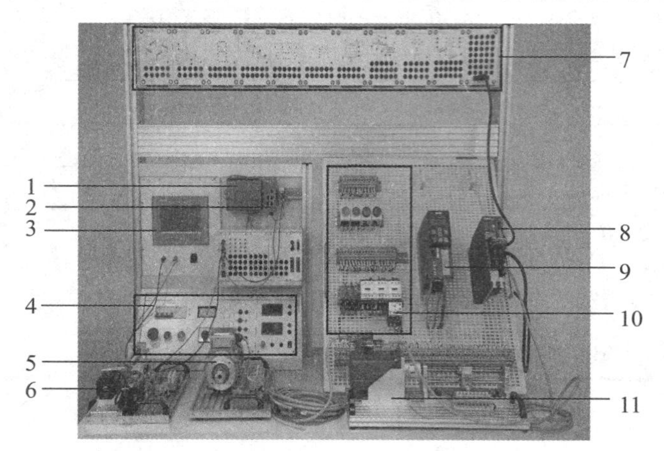

序号	说明
1	PLC
2	交换机
3	触摸屏
4	电源控制区
5	异步电机模块
6	步进电机模块
7	接线面板模块
8	伺服驱动器
9	变频器
10	控制回路接线区
11	伺服电机模块

图 2.7　机电一体化产教应用系统组成

接下来重点介绍本产教系统中的 PLC 模块。PLC 与各接线口的内部连线已完成，读者只需要根据电气接线图完成外部的接线即可。PLC 模块各接口说明如图 2.8 所示。

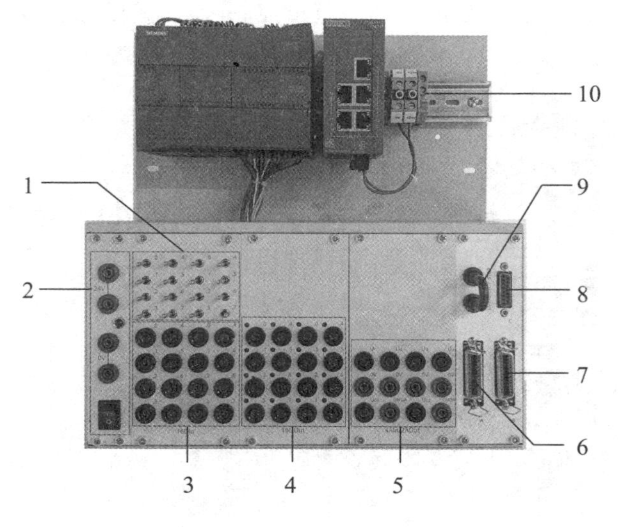

序号	说明
1	拨动开关
2	DC 24 V 输出
3	数字量输入接口
4	指示灯与数字量输出接口
5	模拟量接口
6	SysLink 接口（数字量 A）
7	SysLink 接口（数字量 B）
8	D-Sub 接口（模拟量）
9	急停信号（预留）
10	交换机电源接口

图 2.8　PLC 模块各接口说明

PLC 模块中的 SysLink 接口和 D-Sub 接口用于连接端子台，端子台外形图如图 2.9 所示。通过端子台，读者可以连接其他需要额外接线的设备。如果想了解引脚功能，读者可以查阅相关手册。

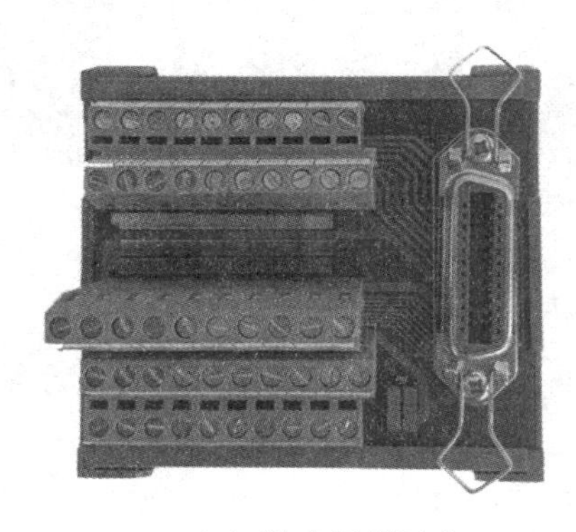

（a）数字量端子台

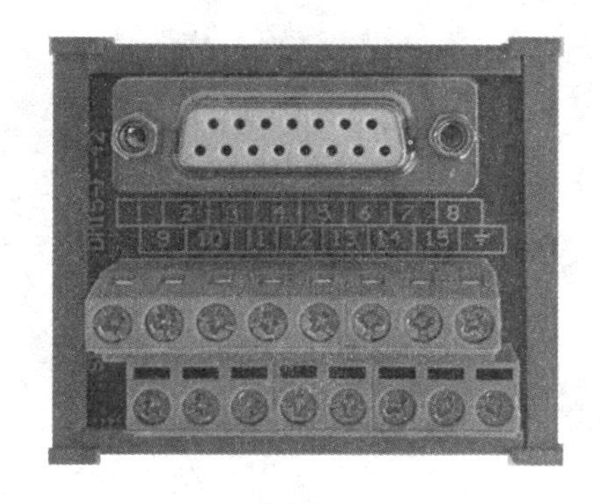

（b）模拟量端子台

图 2.9　端子台外形图

2.2.3　产教典型应用

本产教应用系统有以下 6 个典型应用。

（1）智慧交通项目。

（2）智能设备通信项目。

（3）智能液位控制项目。

（4）异步电机变频控制项目。

（5）步进电机脉冲控制项目。

（6）伺服电机运动控制项目。

2.3　关联硬件

2.3.1　触摸屏技术基础

人机界面（Human Machine Interaction，HMI）是人与设备之间传递、交换信息的媒介和对话接口。在工业自动化领域各个厂家提供了种类、型号丰富的产品可供选择。根据功能的不同，工业人机界面习惯上被分为文本显示器、触摸屏人机界面和平板电脑 3 大类，常用工业人机界面类型如图 2.10 所示。

※ 系统硬件介绍

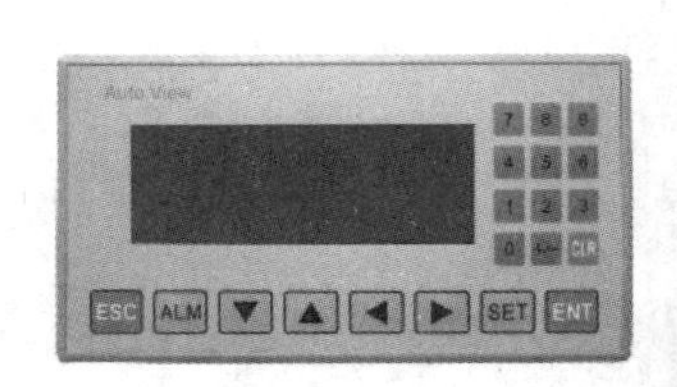

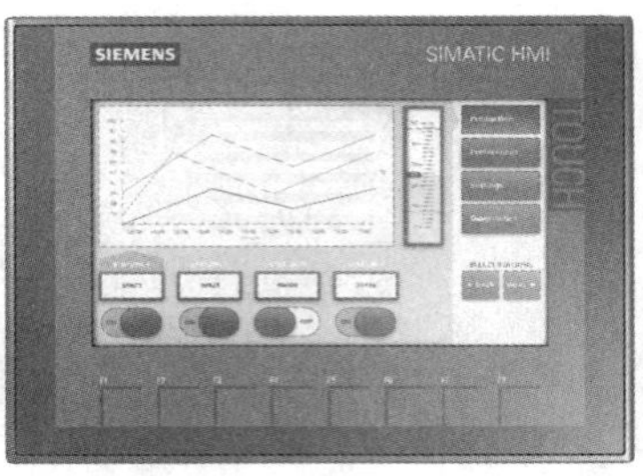

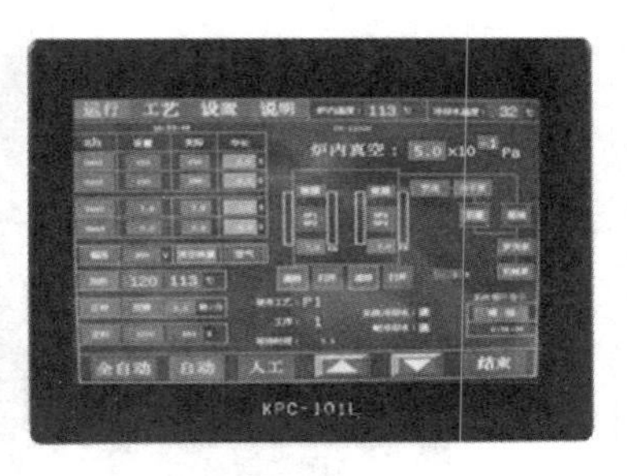

（a）文本显示器　　（b）触摸屏人机界面　　（c）平板电脑

图 2.10　常用工业人机界面类型

西门子公司推出的精简系列人机界面拥有全面的人机界面基本功能，是适用于简易人机界面应用的理想入门级面板。

机电一体化产教应用系统采用 SIMATIC KTP700 Basic PN 型人机界面，64 000 色的创新型高分辨率宽屏显示屏能够对各类图形进行展示，提供了各种各样的功能选项。该人机界面具有 USB 接口，支持连接键盘、鼠标或条码扫描器等设备，能够通过集成的以太网接口简便地连接到西门子 PLC 控制器。SIMATIC KTP700 Basic PN 触摸屏模块如图 2.11 所示。

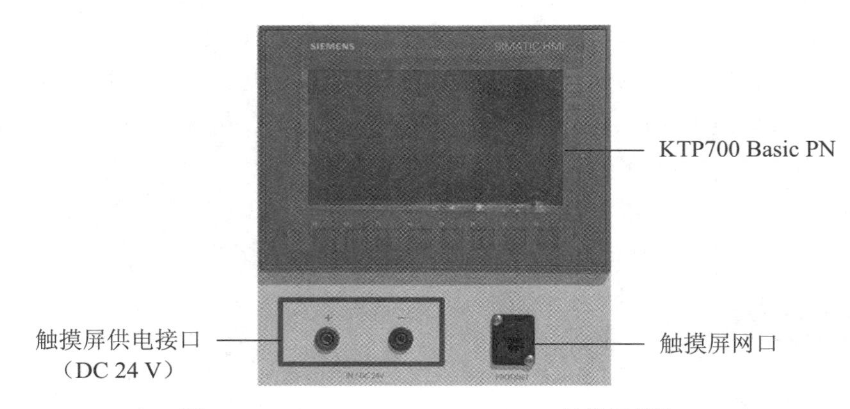

图 2.11　SIMATIC KTP700 Basic PN 触摸屏模块

1. 主要功能特点

（1）全集成自动化（TIA）的组成部分，缩短组态和调试时间，采用免维护的设计，维修方便。

（2）由于具有输入/输出字段、矢量图形、趋势曲线、条形图、文本和位图等要素，可以简单、轻松地显示过程值。

（3）使用 USB 接口，可灵活连接 U 盘、键盘、鼠标或条码扫描器。

（4）拥有图片库，带有现成的图形对象。

（5）可组态 32 种语言，在线模式下可在多达 10 种语言间切换。

2. 主要技术参数

SIMATIC KTP700 Basic PN 型人机界面的主要规格参数见表 2.3。

表 2.3　SIMATIC KTP700 Basic PN 主要规格参数

型号	SIMATIC KTP700 Basic PN
显示尺寸	7 寸 TFT 真彩液晶屏，64 000 色
分辨率	800×480
可编程按键	8 个可编程功能按键
存储空间	用户内存 10 MB，配方内存 256 KB，具有报警缓冲区
功能	画面数：100 个；变量：800 个；配方：50 个；支持矢量图、棒图、归档；报警数量/报警类别：1 000/32 个
接口	PROFINET（以太网），主 USB 口
供电电源规格	额定电压：24 V DC，电压范围为 19.2～28.8 V DC；输入电流：24 V DC 时为 230 mA

2.3.2　变频器技术基础

变频器是将固定频率的交流电变换为频率连续可调的交流电的装置，是应用变频技术与微电子技术通过改变电机工作电源频率来控制交流电动机的电力控制设备。变频器主要由整流、滤波、逆变、制动单元、驱动单元和检测单元等组成。本系统使用西门子 G120 变频器，其外形如图 2.12 所示。

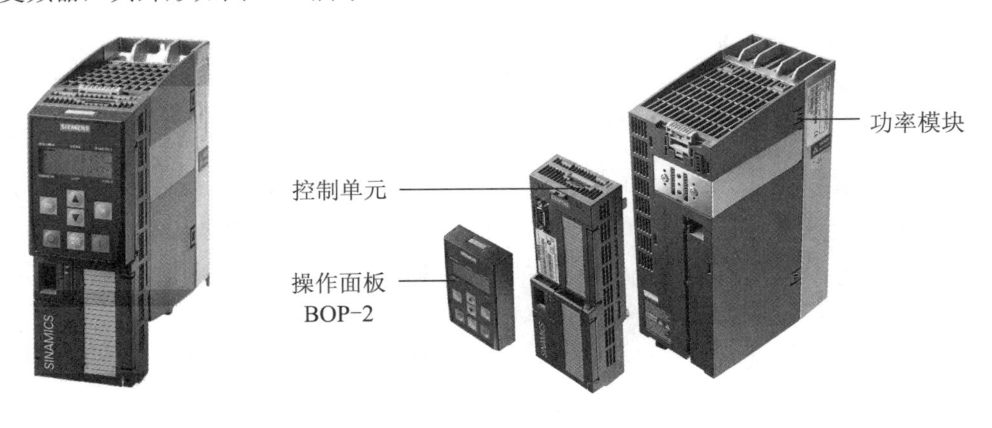

（a）变频器外形图　　（b）组成图

图 2.12　G120 变频器外形

1. 功能作用

（1）变频器的作用。

变频器的节能作用主要表现在风机、水泵的应用上。风机、泵类负载采用变频器调速后，节电率为 20%～60%，这是因为风机、泵类负载的实际消耗功率基本与转速的三次方成比例。当用户需要的平均流量较小时，风机、泵类采用变频调速使其转速降低，节能效果非常明显。而传统的风机、泵类采用挡板和阀门进行流量调节，电动机转速基本不变，耗电功率变化不大。据统计，风机、泵类电动机用电量占全国用电量的 31%，占工业用电量的 50%。在此类负载上使用变频器具有非常重要的意义。

（2）在自动化系统中应用。

由于变频器内置 32 位或 16 位的微处理器，具有多种算术逻辑运算和智能控制功能，输出频率精度为 0.01%～0.1%，且设置有完善的检测、保护环节，因此，在自动化系统中获得广泛应用。例如：化纤工业中的卷绕、拉伸、计量、导丝；玻璃工业中的平板玻璃退火炉、玻璃窑搅拌、拉边机、制瓶机；电弧炉自动加料、配料系统以及电梯的智能控制等。

（3）在提高工艺水平和产品质量方面的应用。

变频器可以广泛应用于传送、起重、挤压和机床等各种机械设备控制领域，它可以提高工艺水平和产品质量，减少设备的冲击和噪声，延长设备的使用寿命。采用变频器调速控制后，机械系统简化，操作和控制更加方便，有的甚至可以改变原有的工艺规范。

（4）实现电机软启动。

电机硬启动不仅会对电网造成严重的冲击，而且会对电网容量要求过高，启动时产生的大电流和震动，对挡板和阀门的损害极大，对设备、管路的使用寿命极为不利。而使用变频器后，变频器的软启动功能将使启动电流从零开始变化，最大值也不超过额定电流，减轻了对电网的冲击和对供电容量的要求，延长了设备和阀门的使用寿命，同时也节省了设备的维护费用。

2. 变频器功率的选用

系统效率等于变频器效率与电动机效率的乘积，只有两者都处在较高的工作效率时，系统效率才能提高。从效率角度出发，在选用变频器功率时，要注意以下几点。

（1）变频器功率值与电动机功率值相当时最合适，以利于变频器在高的效率值下运转。

（2）在变频器的功率分级与电动机功率分级不相同时，变频器的功率要尽可能接近电动机的功率，但应略大于电动机的功率。

（3）当电动机频繁起动、制动工作或处于重载起动且较频繁工作时，可选取大一级的变频器，以利用变频器长期、安全的运行。

（4）当选用功率小于电动机功率的变频器时，要注意瞬时峰值电流是否会造成过流保护动作。

（5）当变频器与电动机功率不相同时，则必须相应调整节能程序的设置，以利于达到较高的节能效果。

2.3.3　异步电机技术基础

异步电机又称感应电机，是将转子置于旋转磁场中，在旋转磁场的作用下，获得一个转动力矩。转子即可转动的导体；定子是电机中不可转动的部分，主要任务是产生旋转磁场。异步电机的外形与结构示意如图 2.13 所示。

（a）外形图

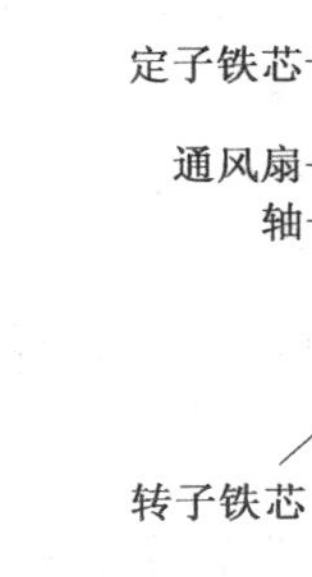

（b）结构示意图

图 2.13　异步电机的外形与结构示意图

1. 异步电机的分类

异步电机可按转子绕组形式，分为绕线式和鼠笼式，如图 2.14 所示。绕线式的均为三相电机，而鼠笼式的有三相电机，也有单相电动机。鼠笼式异步电机的转子可以不用连接电动机外部的电路。

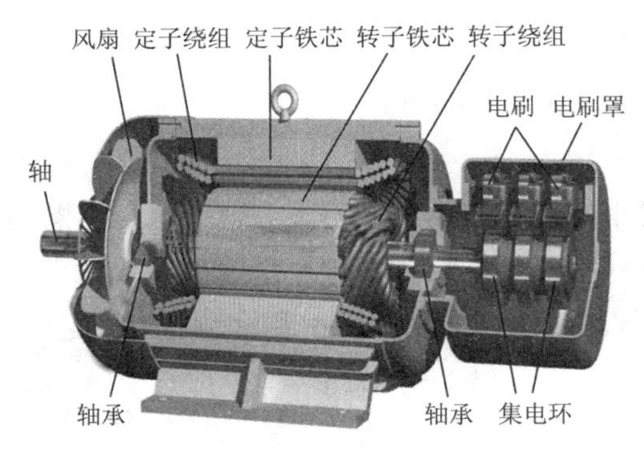

（a）绕线式

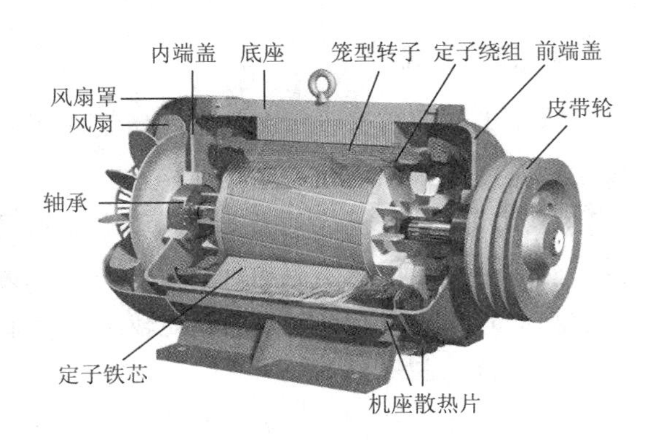

（b）鼠笼式

图 2.14　异步电机的分类

2. 异步电机的接线与换向

本系统使用三相异步电机，接下来介绍三相异步电机的两种接线：星型接法和三角接法。异步电机接电源的三相线（U1、V1、W1）任意二相交换就可换向。

（1）星型接法。

星型接法的电气通路示意图和接线盒接线示意图如图 2.15 所示。

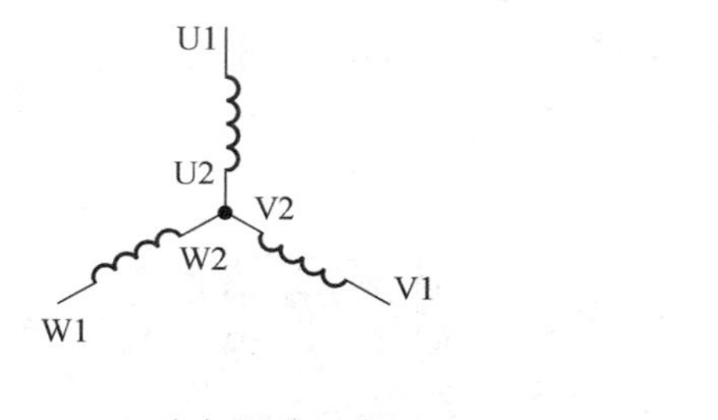

（a）电气通路示意图

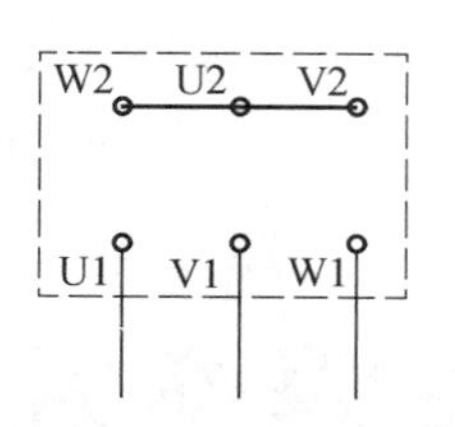

（b）接线盒接线示意图

图 2.15　星型接法

（2）三角接法。

三角接法的电气通路示意图和接线盒接线示意图如图 2.16 所示。

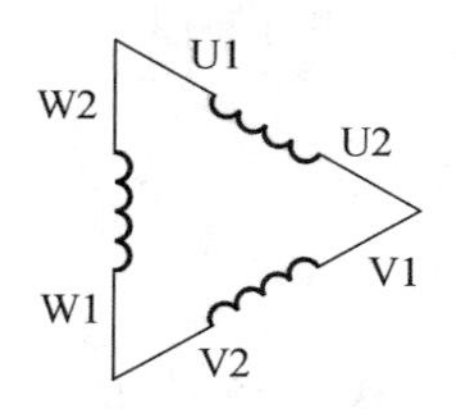

（a）电气通路示意图

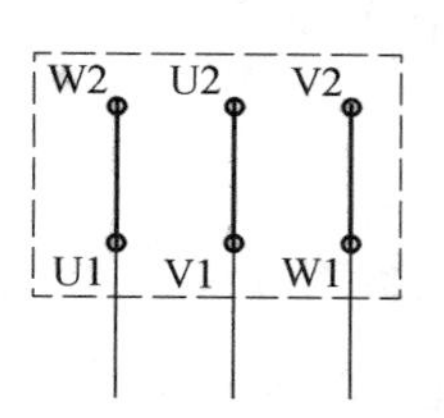

（b）接线盒接线示意图

图 2.16　三角接法

3. 起动方式

异步电机通常有直接起动、降压起动和软起动 3 种起动方式。

（1）直接起动。

直接起动是电机起动方式中最基础、最简单的，首先闭合闸刀开关使电机与电网连接，此时在额定电压下电机起动并运行，该方式特点为：投资少，设备简单，数量少，虽然起动时间短，但起动时的转矩较小、电流较大，比较适合应用在容量小的电机起动。

（2）降压起动。

由于直接起动存在较大的缺点，降压起动随之产生。这种起动方式适用的起动环境为空载和轻载这两种情况，由于降压起动方式同时实现了限制起动转矩和起动电流，因此起动工作结束后需要使工作的电路恢复到额定状态。

（3）软起动。

随着微型计算机控制技术的迅猛发展，在相关的控制工程领域中先后研制成功了一批电子式软起动控制器，广泛应用在电机的起动过程，降压启动器随之被替代。

本系统使用变频器起动异步电机，变频器也是一种软起动装置，通过 PLC 发送数字量或者模拟量给变频器，进而控制电机的电压和频率，其控制系统如图 2.17 所示。

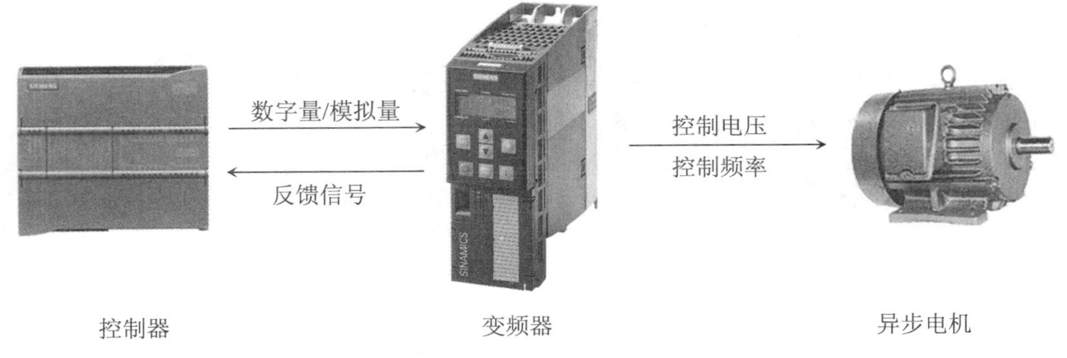

图 2.17　变频器控制系统

2.3.4　步进电机技术基础

步进电机是一种将电脉冲信号转变成相应的角位移或线位移的开环控制精密驱动元件。步进电机每相绕组不是恒定地通电，而是按照一定的规律轮流通电，需要专门的驱动配合控制器完成作业。

1. 步进电机的分类

步进电机的种类依照结构来分可以分成 3 种：永久磁铁式（Permanent Magnet Type，PM）、可变磁阻式（Variable Reluctance Type，VR）及混合式（Hybrid Type，HB），如图 2.18 所示。本系统使用混合式步进电机。

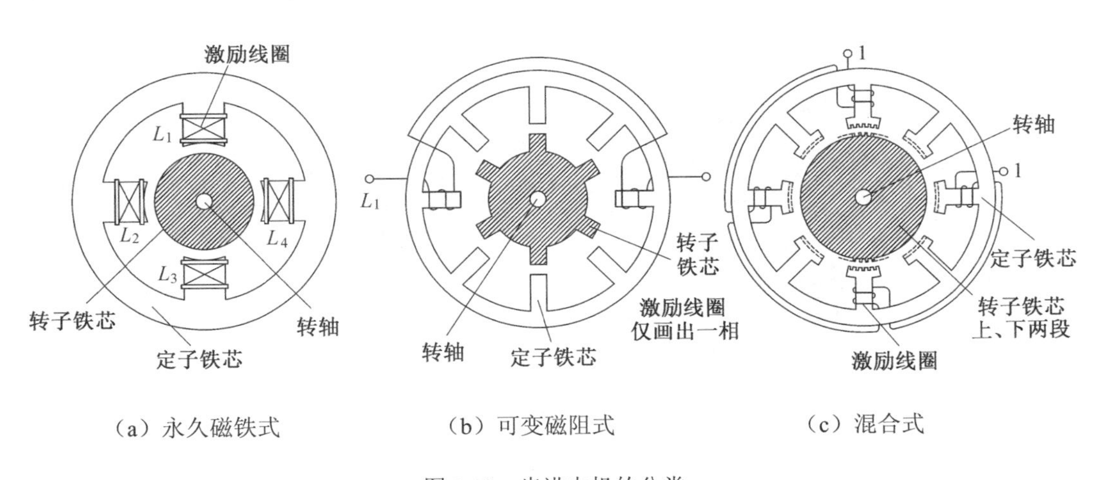

图 2.18　步进电机的分类

2. 步进电机的工作原理

步进电机的步进角为绕组每通电一次，转子就走一步的角度，其公式为

$$\theta_s = \frac{360^\circ}{Z_r N}$$

式中，Z_r 为转子极对数（混合式步进的转子极对数=转子齿数）；N 为拍数，拍数是指定子绕组完成一个磁场周期性变化所需的通电状态切换次数，对于两相步进电机有四拍（整步）和八拍（半步）2 种。例如一个两相步进电机，定子极数为 4，转子极对数为 1，该电机的通电状态切换次数为 4，即拍数为 4，如图 2.19 所示，则两相步进电机的步进角为

$$\frac{360^\circ}{1\times 4} = 90^\circ$$

本系统使用两相四拍混合步进电机，其转子齿数为 50，则步进角为

$$\frac{360^\circ}{50\times 4} = 1.8^\circ$$

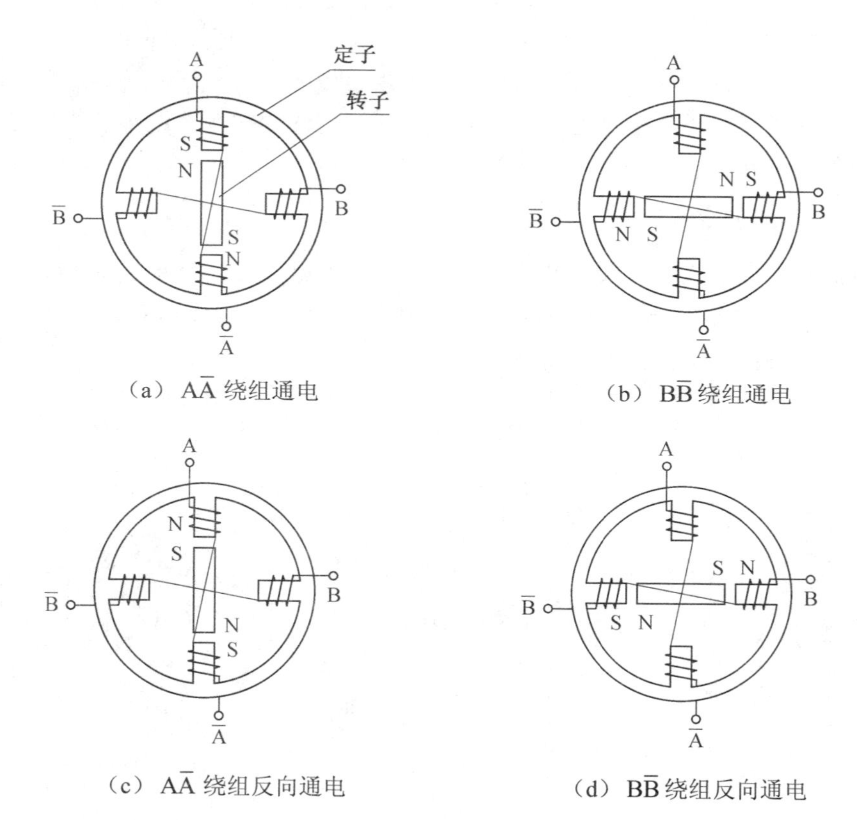

图 2.19　步进电机转动原理

3. 控制系统及其连线

控制器、步进电机和步进电机驱动器是步进电机运转三要素，如图 2.20 所示。控制器又称脉冲产生器，目前主要有 PLC、单片机、运动板卡等。

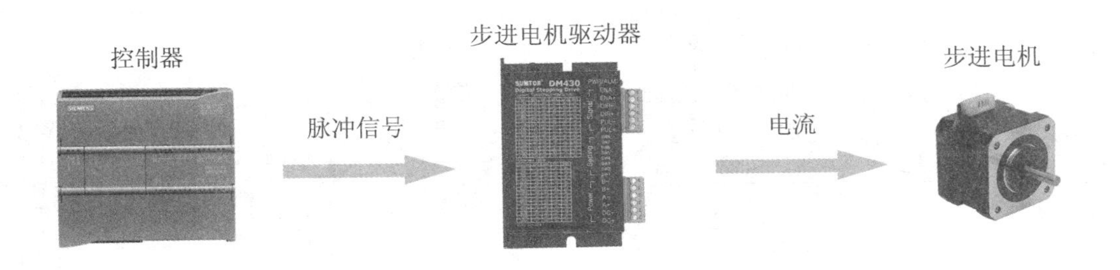

图 2.20　运转三要素

（1）步进电机驱动器。

本系统使用两相混合式步进电机驱动器，电流设定范围为 0.5～3.5 A，细分设定范围为 200～6 400，控制信号的电压范围为 9～42 V。驱动器还拥有 6 个拨码开关，其中 SW1～SW3 为细分拨码开关，SW4～SW6 为驱动器上的电流拨码开关。步进电机驱动器的外形及其接口说明如图 2.21 所示。

步进电机的细分技术实质上是一种电子阻尼技术，其主要目的是减弱或消除步进电机的低频振动，提高电机的运转精度。

接口	说明
ENA−/ENA+	使能信号
DIR−	方向信号，用于改变电机转向
DIR+	
PUL−	脉冲信号
PUL+	
B−/B+	电机 B 相
A−/A+	电机 A 相
GND/VCC	驱动器电源 DC 24 V
SW1～SW3	细分设置
SW4～SW6	电流设置

图 2.21　步进电机驱动器的外形及其接口说明

（2）连线说明。

步进驱动器与控制器有 2 种连接方法，如图 2.22 所示。控制器的输出为低电平（0 V）时，使用共阳极接法，即驱动器 PUL+、DIR+、ENA+作为驱动器公共端接 24 V；当控制器的输出为高电平（24 V）时，使用共阴极接法，即驱动器 PUL−、DIR−、ENA−作为驱动器公共端接 0 V。由于控制信号的电流范围为 6～30 mA，需要在电路中串联电阻 R，本系统使用 2 kΩ 的电阻。

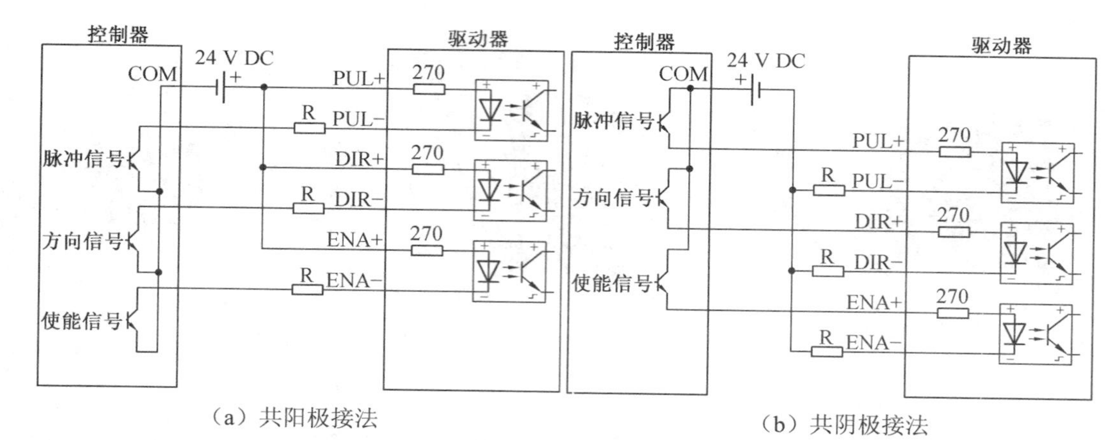

（a）共阳极接法

（b）共阴极接法

图 2.22　连接方法

2.3.5　伺服电机技术基础

伺服来自英文单词“servo”，指系统跟随外部指令，按照所期望的位置、速度和力矩进行精确运动。目前工业中广泛应用的是交流伺服系统，主要用于对调速范围、定位精度、稳速精度、动态响应和运行稳定性等方面有特殊要求的场合。在交流伺服系统中，永磁同步电机以其优良的低速性能、动态特性和运行效率，在高精度、高动态响应的场合已经成为伺服系统的主流之选。

SINAMICS V90 是西门子推出的一款小型、高效便捷的伺服系统。SINAMICS V90 驱动器与 SIMOTICS S-1FL6 电机组成的伺服系统是面向标准通用伺服市场的驱动产品，覆盖 0.05～7 kW 功率范围。

本系统使用 SINAMICS V90 PTI 版本，该设备有 1 个 RS485 接口，可以使用 USB 或 Modbus 协议与 PLC 通信。

1. 伺服电机控制系统组成

SINAMICS V90 PTI 伺服电机控制系统由 3 个控制环组成，其三环控制结构如图 2.23 所示。

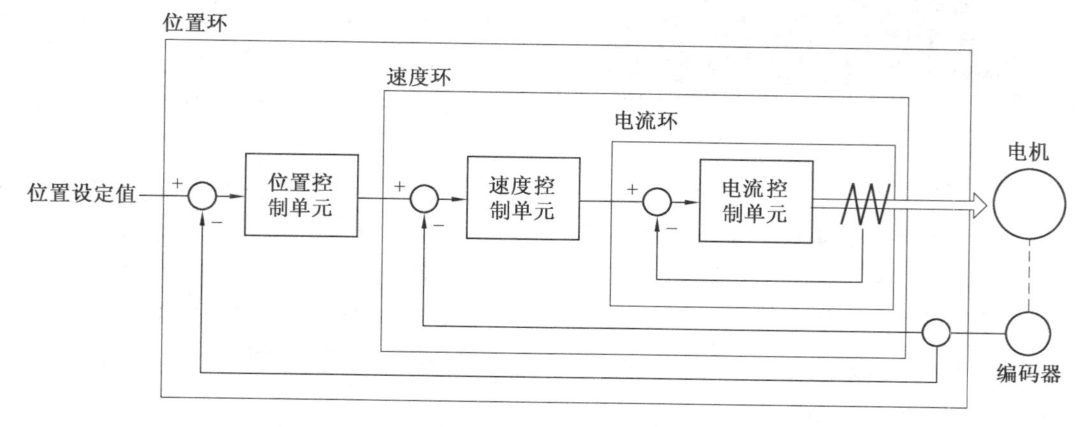

图 2.23　伺服电机控制系统的三环控制结构

（1）电流环。

系统内部根据已知的电机绕组数据等信息自动计算电流环增益。

（2）速度环。

速度环为 PI（比例积分）调节器，速度环增益直接影响速度环的动态响应，通过将积分分量加入速度环以提高系统抗干扰特性，消除速度的稳态误差。

（3）位置环。

位置环为 P（比例）调节器，位置环增益直接影响位置环的动态响应，增益设置不合适会导致定位过冲或跟随误差过大，可以通过增加合适的速度环反馈以大幅度降低跟随误差。

电机的检测元件最常用的是旋转式光电编码器，一般安装在电机轴的后端部，用于通过检测脉冲来计算电机的转速和位置。

2. 伺服电机控制系统的连接

伺服电机控制系统的连接包括电源连接、伺服电机连接、输入输出信号连接。本系统使用高惯量的伺服电机控制系统，其配线如图 2.24 所示，系统连接图如图 2.25 所示。伺服驱动器的使用可参阅具体产品的使用手册。

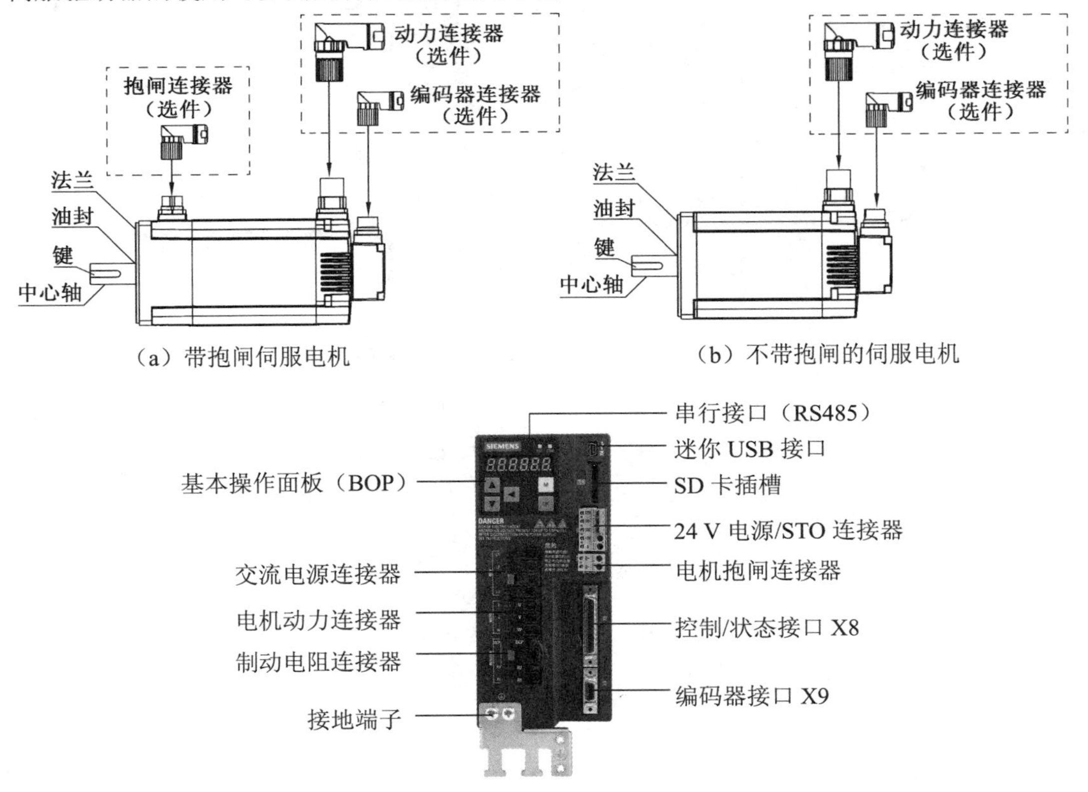

（a）带抱闸伺服电机

（b）不带抱闸的伺服电机

（c）SINAMICS V90 型伺服驱动器

图 2.24　伺服电机控制系统的配线

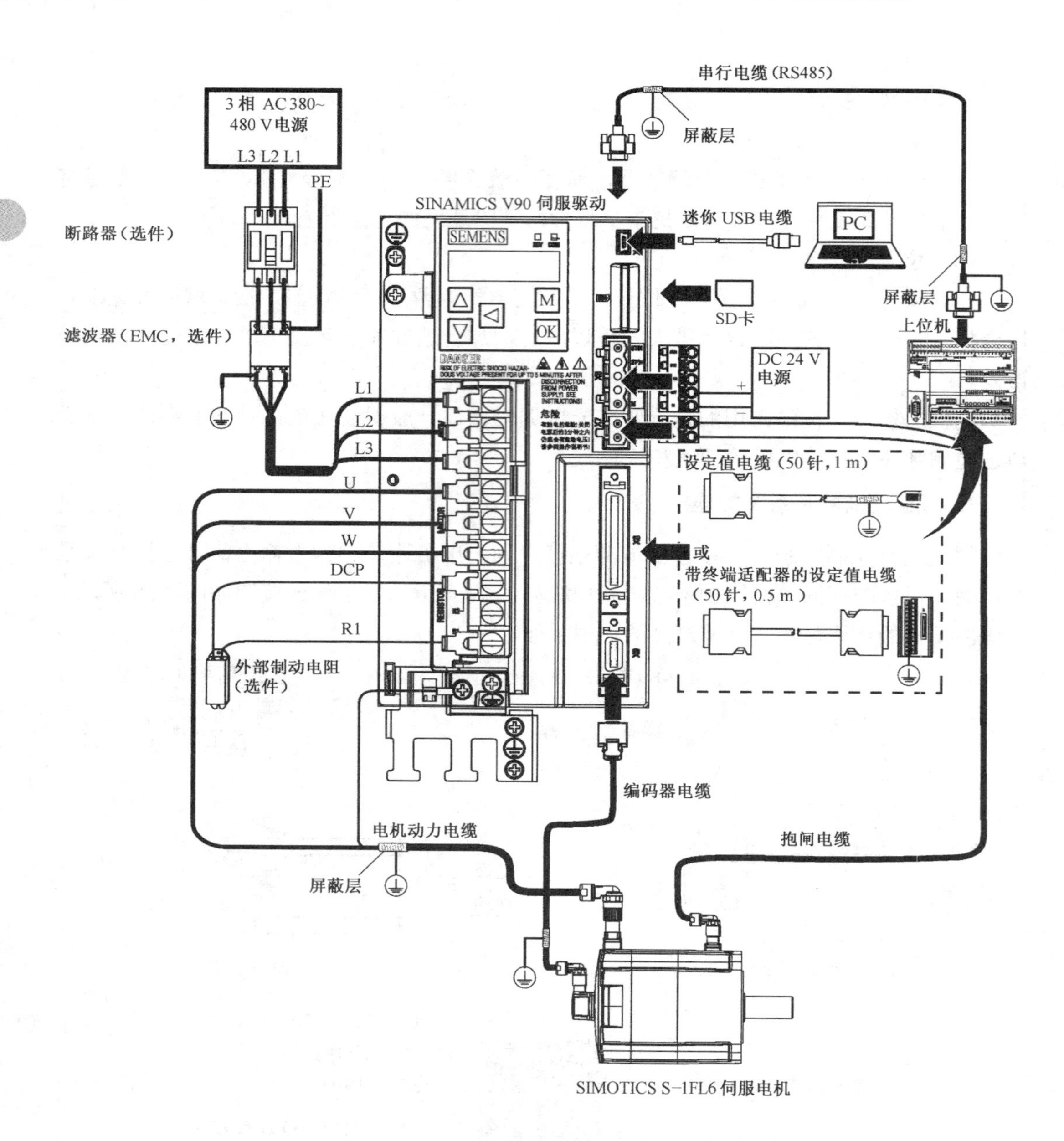

图 2.25　伺服电机控制系统的系统连接图

第3章　PLC 系统编程基础

TIA 博途（Portal）是西门子自动化的全新工程设计软件平台，它将所有自动化软件工具集成在统一的开发环境中，是世界上第一款将所有自动化任务整合在一个工程设计环境下的软件。

3.1　编程软件简介及安装

※ 编程软件简介

3.1.1　编程软件介绍

本书使用的编程软版本为 TIA Portal V15.1，主要包含 STEP 7（PLC 编程）、WinCC（人机界面）、S7-PLCSIM（仿真）、Startdrive（变频器和电机调试工具）等组件。V15.1 版本的 STEP 7 和 WinCC 安装包合并为一个，根据 WinCC 版本不同分为 2 种安装包，分别为 STEP 7 Professional & WinCC Advanced 和 STEP 7 Professional & WinCC Professional，根据序列号的不同决定具体组件，TIA Portal 各软件安装包组件的区别见表 3.1。

表 3.1　TIA Portal 各软件安装包组件的区别

版本	STEP 7 Professional & WinCC Advanced	STEP 7 Professional & WinCC Professional
组件	STEP 7 Basic STEP 7 Professional WinCC Basic WinCC Comfort WinCC Advanced	STEP 7 Basic STEP 7 Professional WinCC Basic WinCC Comfort WinCC Advanced WinCC Professional

STEP7 组件有两个版本，分别是 STEP7 Basic 和 STEP7 Professional。其中 STEP7 Basic 只能用于对 S7-1200 进行编程，而 STEP7 Professional 不但可以对 S7-1200 编程还可以对 S7-300/400 和 S7-1500 编程。

WinCC 组件分为组态（RC）和运行（RT）两个系列。RC 系列有 4 种版本，分别是 WinCC Basic、WinCC Comfort、WinCC Advanced 和 WinCC Professional；RT 系列有 2 种版本，分别是 WinCC Runtime Advanced 和 WinCC Runtime Professional。RC 系列各版本的区别见表 3.2。

表 3.2　RC 系列各版本的区别

版本	可组态的对象
WinCC Basic	精简系列面板
WinCC Comfort	精简系列面板、精智系列面板、移动面板
WinCC Advanced	全部面板、单机 PC 以及基于 PC 的“WinCC Runtime Advanced”
WinCC Professional	全部面板，单机 PC、C/S 和 B/S 架构的人机系统，以及基于 PC 的运行系统“WinCC Runtime Professional”

3.1.2　编程软件安装

1. 计算机配置

安装 TIA Portal V15.1 版本编程软件的推荐计算机硬件配置如下：

➢ 处理器 core i5-6440EQ 或主频 3.4 GHz 或更高（最小 2.3 GHz）。
➢ 内存 16 GB 或更大（最小 8 GB）。
➢ SSD 硬盘至少 50 GB 可用空间。
➢ 15.6 英寸全高清显示屏（1 920×1 080 或更高）。

编程软件要求计算机操作系统为 64 位操作系统，各版本支持的操作系统见表 3.3，不支持 Windows 8.1 和 Windows XP。

表 3.3　各版本支持的操作系统

版本	64 位系统
Basic 版本	Windows 7 SP1 家庭进阶版（Home Premium） Windows 10 家庭版
非 Basic 版本	Windows 7 SP1（非家庭版） Windows 10（非家庭版） Windows Server

2. 安装步骤

下面介绍 TIA Portal V15.1 组件 STEP 7 Professional & WinCC Advanced 的安装步骤，具体操作步骤见表 3.4，其他部件的安装步骤可自行参阅相关手册和书籍。

注：安装前需确认已安装. NET Framework。

表 3.4　安装操作步骤

序号	图片示例	操作步骤
1	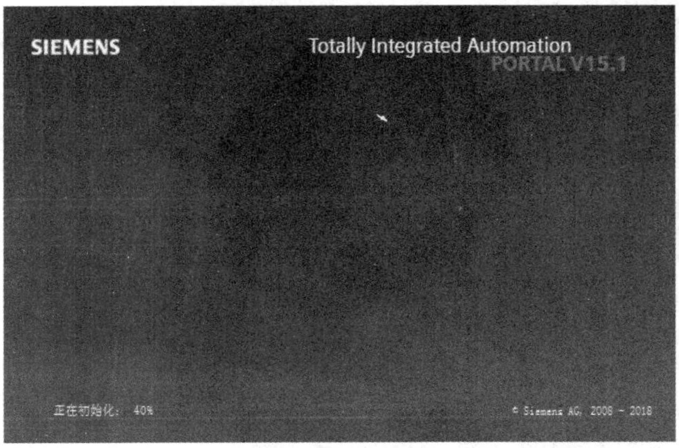 SIEMENS Totally Integrated Automation PORTAL V15.1 正在初始化：40% © Siemens AG, 2008 - 2018	插入安装光盘，打开安装程序，进入初始化界面
2	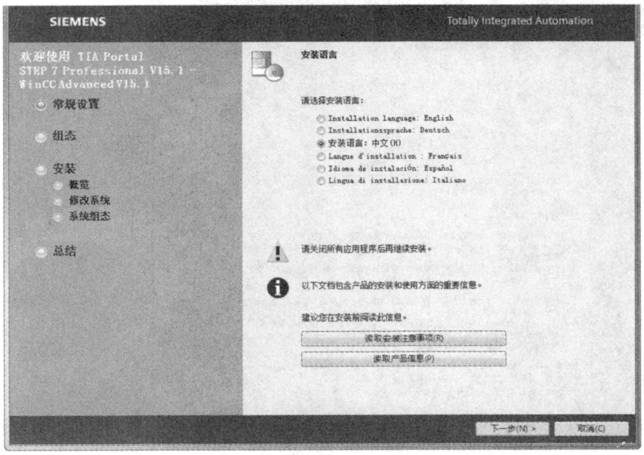 SIEMENS Totally Integrated Automation 欢迎使用 TIA Portal STEP 7 Professional V15.1 - WinCC Advanced V15.1 常规设置 组态 安装 概览 修改系统 系统组态 总结 安装语言 请选择安装语言： Installation language: English Installationssprache: Deutsch 安装语言：中文(H) Langue d'installation : Français Idioma de instalación: Español Lingua di installazione: Italiano 请关闭所有应用程序后再继续安装。 以下文档包含产品的安装和使用方面的重要信息。 建议您在安装前阅读此信息。 读取安装注意事项(R) 读取产品信息(P) 下一步(N) > 取消(C)	选择中文，单击【下一步】
3	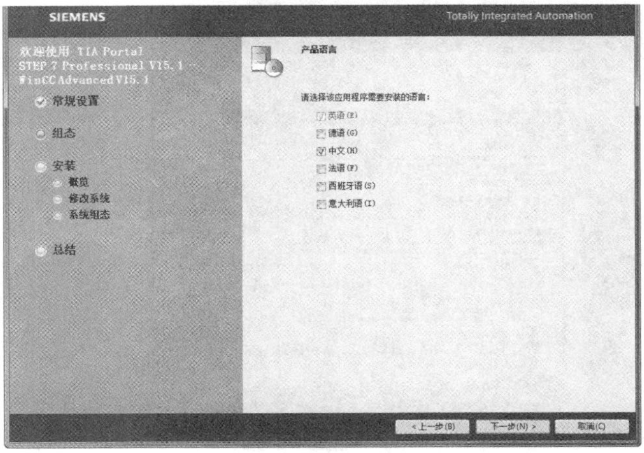 SIEMENS Totally Integrated Automation 欢迎使用 TIA Portal STEP 7 Professional V15.1 - WinCC Advanced V15.1 常规设置 组态 安装 概览 修改系统 系统组态 总结 产品语言 请选择该应用程序需要安装的语言： 英语(E) 德语(G) 中文(H) 法语(F) 西班牙语(S) 意大利语(I) < 上一步(B) 下一步(N) > 取消(C)	选择中文，单击【下一步】

续表 3.4

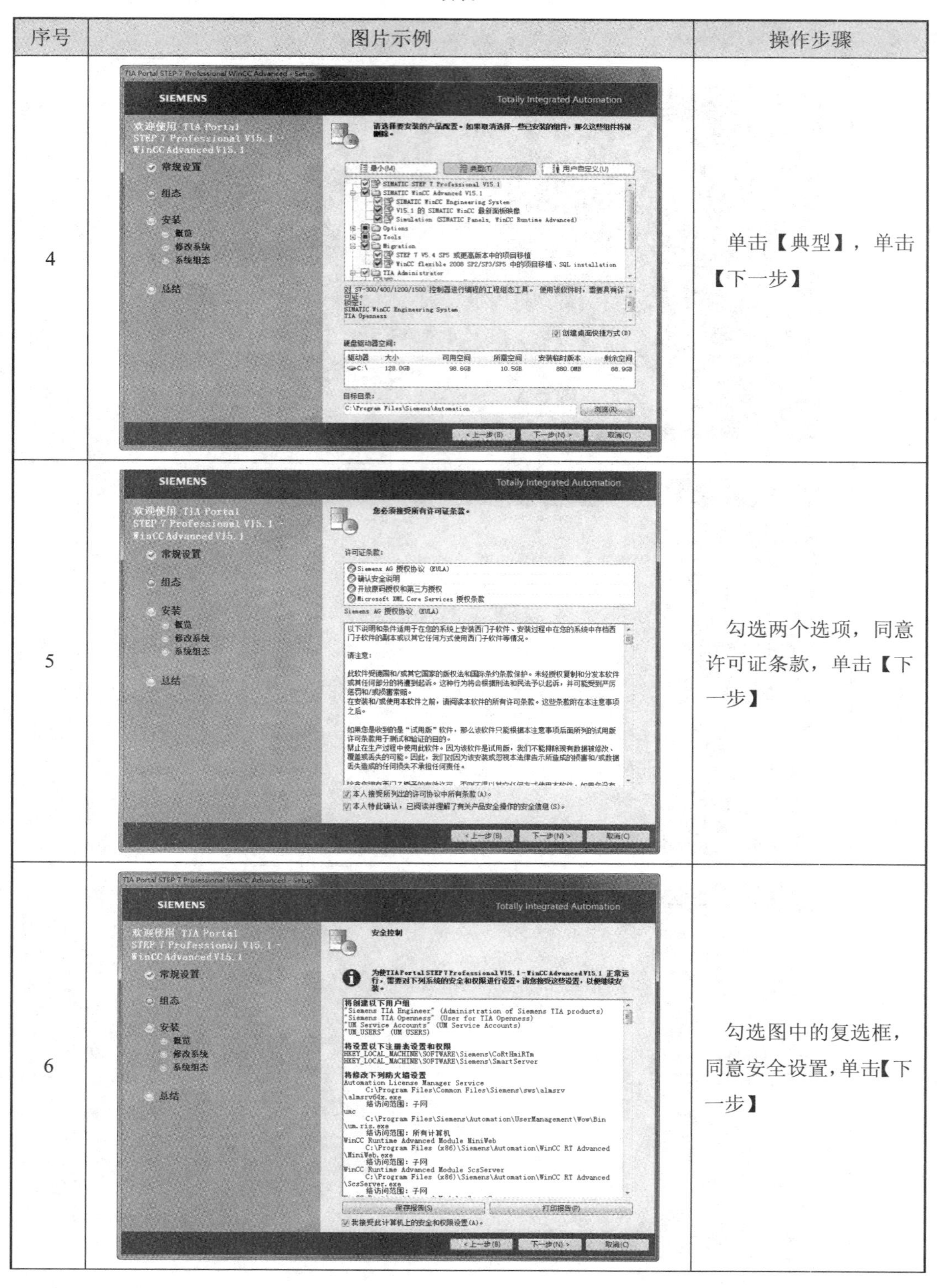

序号	图片示例	操作步骤
4		单击【典型】，单击【下一步】
5		勾选两个选项，同意许可证条款，单击【下一步】
6		勾选图中的复选框，同意安全设置，单击【下一步】

续表 3.4

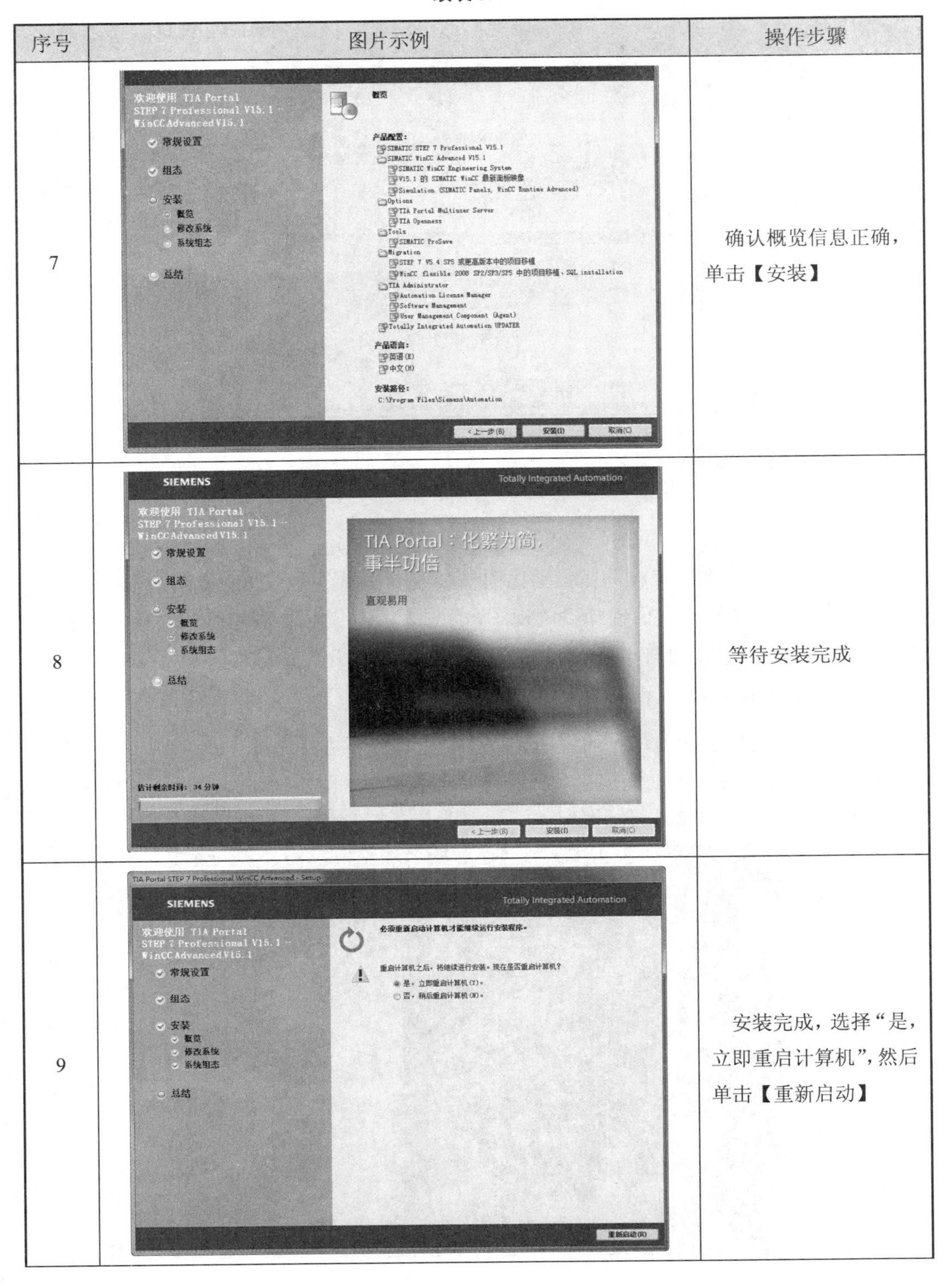

序号	图片示例	操作步骤
7		确认概览信息正确，单击【安装】
8		等待安装完成
9		安装完成，选择“是，立即重启计算机”，然后单击【重新启动】

续表 3.4

序号	图片示例	操作步骤
10	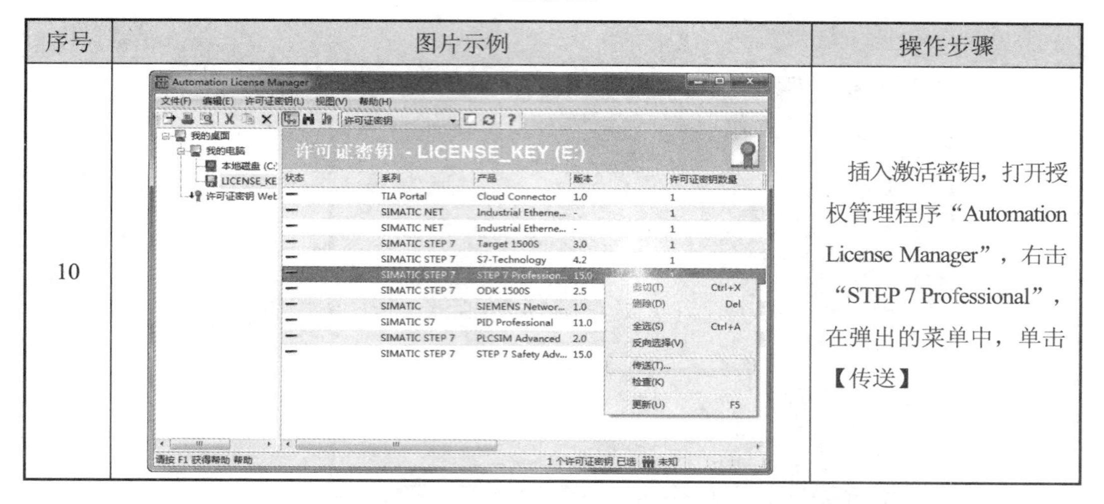	插入激活密钥，打开授权管理程序“Automation License Manager”，右击“STEP 7 Professional”，在弹出的菜单中，单击【传送】

3.2 软件使用

3.2.1 主界面

TIA Portal V15.1 编程软件在自动化项目中可以使用两种不同的视图，Portal 视图或者项目视图，Portal 视图是面向任务的视图，而项目视图是项目各组件的视图，可以使用链接在两种视图间进行切换。

1. Portal 视图

Portal 视图提供了面向任务的视图，可以快速确定要执行的操作或任务，有些情况下该界面会针对所选任务自动切换为项目视图。当打开编程软件后，可以打开 Portal 视图界面，界面中包括如图 3.1 所示区域。

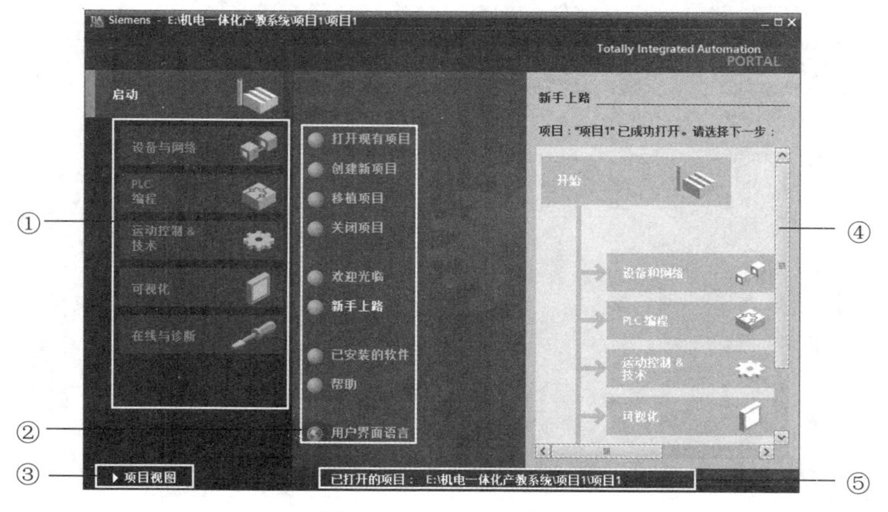

图 3.1 Portal 视图界面

Portal 视图界面各区域的名称和功能说明见表 3.5。

表 3.5 Portal 视图界面各区域的名称和功能说明

序号	区域名称	功能说明
①	任务选项	任务选项为各个任务区提供了基本功能
②	任务选项对应的操作	此处提供了对所选任务选项可使用的操作。操作的内容会根据所选的任务选项动态变化
③	切换到项目视图	可以使用“项目视图”链接切换到项目视图
④	操作选择面板	所有任务选项中都提供了选择面板，该面板的内容取决于当前的选择
⑤	当前打开的项目的显示区域	在此处可了解当前打开的是哪个项目

2. 项目视图

项目视图是项目所有组件的结构化视图，项目视图界面如图 3.2 所示。

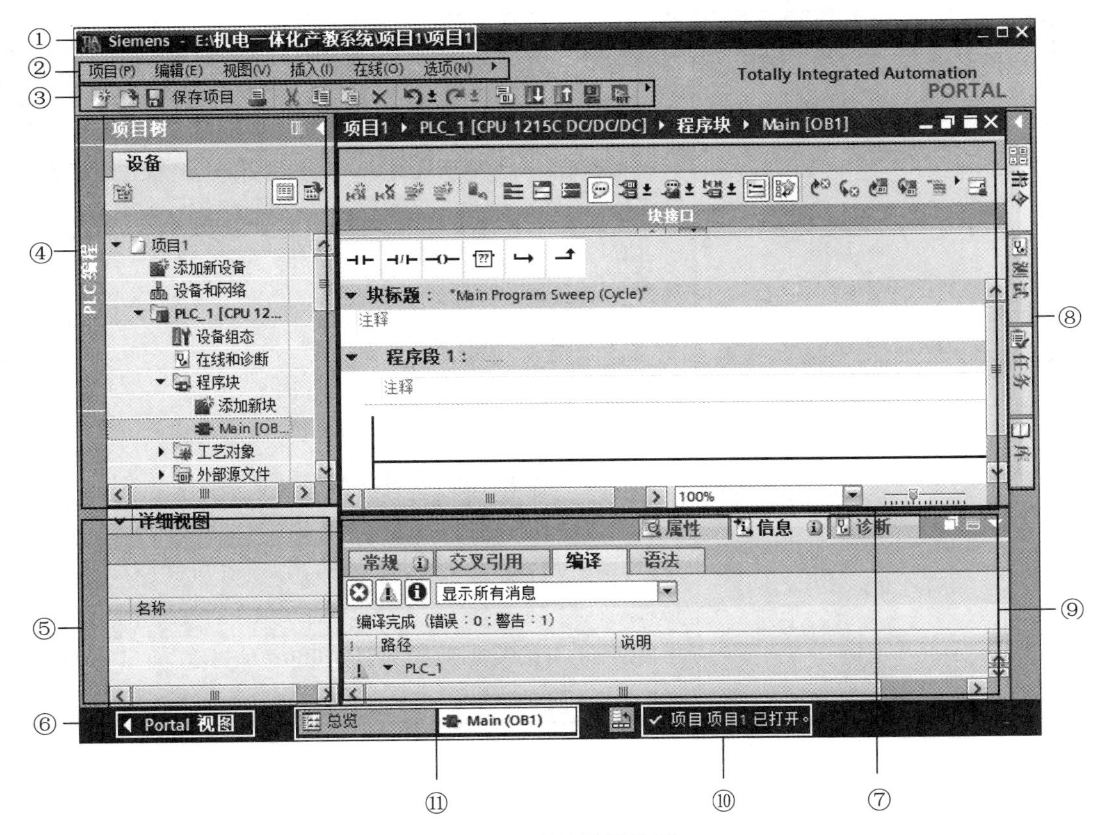

图 3.2 项目视图界面

项目视图界面各区域的名称和功能说明见表 3.6。

表 3.6　项目视图界面各区域的名称和功能说明

序号	区域名称	功能说明
①	标题栏	显示项目名称和路径
②	菜单栏	包含工作所需的全部命令
③	工具栏	提供了常用命令的按钮，如上传、下载等功能。通过工具栏图标可以更快地访问这些命令
④	项目树	使用项目树功能可以访问所有组件和项目数据。可在项目树中执行以下任务： （1）添加新组件； （2）编辑现有组件； （3）扫描和修改现有组件的属性
⑤	详细视图	显示总览窗口或项目树中所选对象的特定内容，其中可以包含文本列表或变量，但不显示文件夹的内容。要显示文件夹的内容，可使用项目树或巡视窗口
⑥	切换到 Portal 视图	切换到 Portal 视图
⑦	工作区	显示进行编辑而打开的对象。这些对象包括：编辑器和视图或者表格等。如果没有打开任何对象，则工作区是空的
⑧	任务卡	根据所编辑对象或所选对象，提供了用于执行操作的任务卡。这些操作包括： （1）从库中或者从硬件目录中选择对象； （2）在项目中搜索和替换对象； （3）将预定义的对象拖入工作区
⑨	巡视窗口	具有三个选项卡：属性、信息和诊断。 （1）属性：显示所选对象的属性； （2）信息：显示所选对象的附加信息； （3）诊断：提供有关诊断信息
⑩	带有进度显示的状态栏	显示正在后台运行任务的进度条，描述正在后台运行的其他信息。如果没有后台任务，还可以显示最新的错误信息
⑪	编辑器栏	显示已打开的编辑器。如果已打开多个编辑器，可以使用编辑器栏在打开的对象之间进行快速切换

3.2.2　菜单栏

项目视图中的菜单栏位于窗口标题下方。菜单栏如图 3.3 所示，不仅可以完成项目的创建、打开、移植、关闭、归档、恢复等操作，还有帮助系统、撤销功能以及软件的升级功能。由于菜单栏功能众多，下面介绍一些常用功能，读者可以通过相关手册了解菜单栏的其他功能。

图 3.3　菜单栏

1. 项目新建、打开与关闭

在项目视图中执行【项目】→【新建】命令，可以新建项目，如图 3.4 所示；在项目视图中执行【项目】→【打开】命令，可以打开项目，如图 3.5 所示；在项目视图中执行【项目】→【关闭】命令，可以关闭当前打开的项目，如图 3.6 所示。

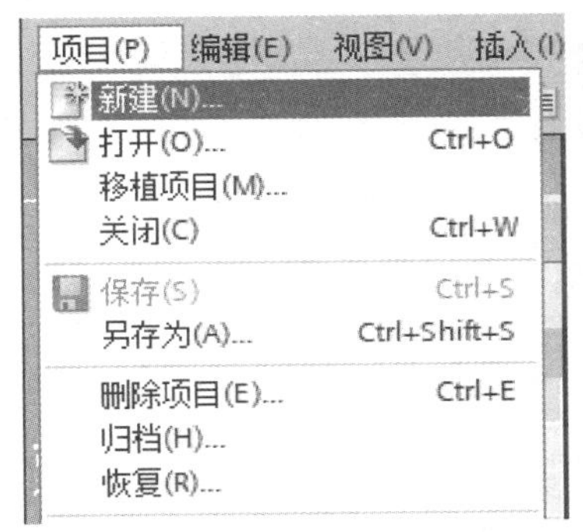

图 3.4　新建项目

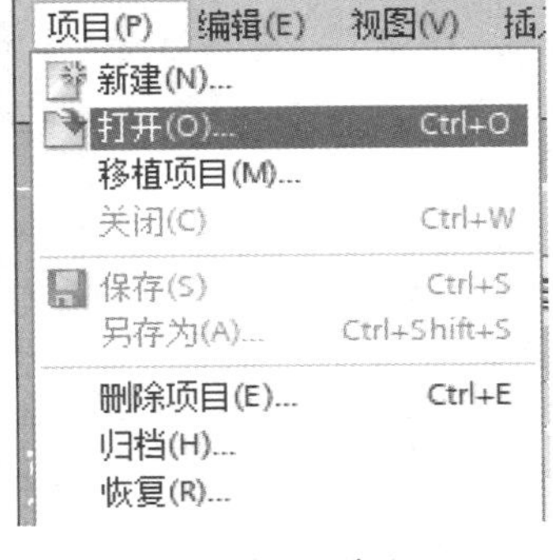

图 3.5　打开项目

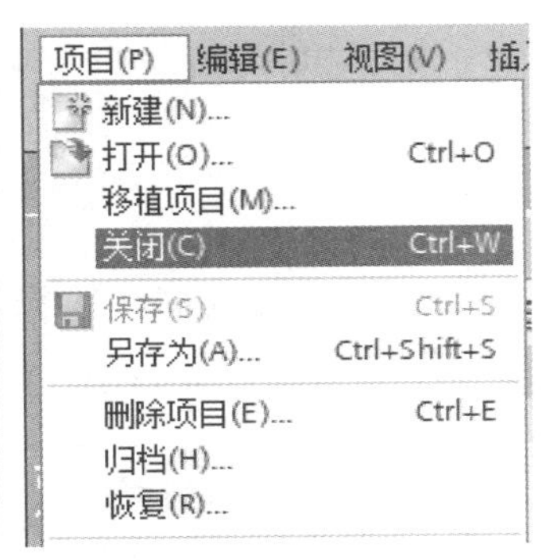

图 3.6　关闭项目

2. 归档与恢复

该编程软件可以通过归档与恢复功能实现对项目文件的压缩和解压缩。PLC 项目由相应目录下的多个文件组成，不利于项目的复制和存档。软件提供了压缩功能，可以将一个项目压缩为一个文件。在项目视图中执行【项目】→【归档】命令进行项目的归档，如图 3.7 所示，在弹出的对话框中输入压缩文件的名称并选择存放的路径后单击【归档】，即可完成文件的压缩，“归档”对话框如图 3.8 所示。

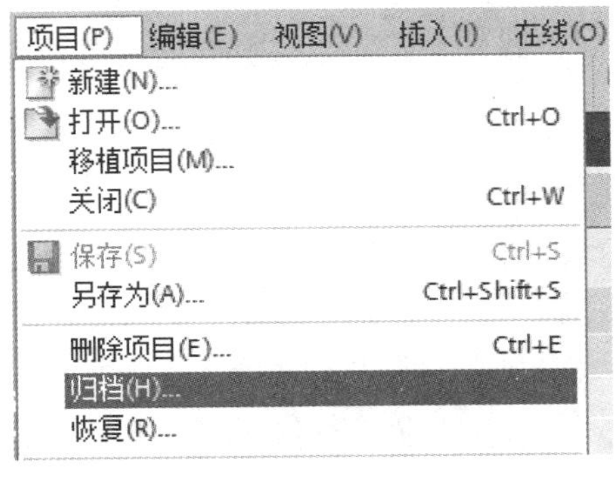

图 3.7　项目的归档

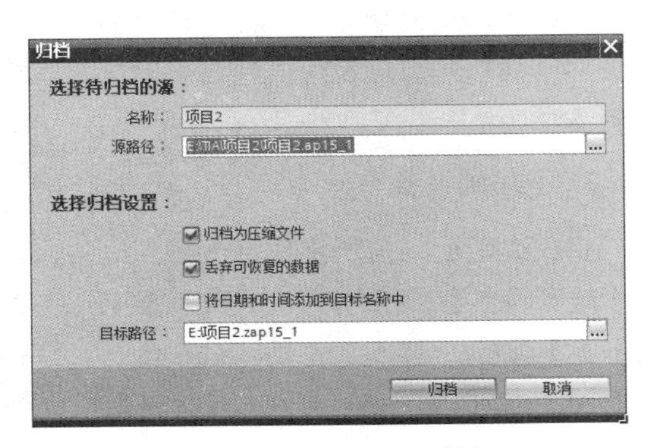

图 3.8　“归档”对话框

解压缩（恢复）的过程与压缩过程相反。在项目视图中执行【项目】→【恢复】命令进行项目的恢复，如图3.9所示，在弹出的“恢复”对话框（图3.10）中选择一个已经压缩好的项目文件，单击【打开】按钮后，即可完成文件的解压缩。

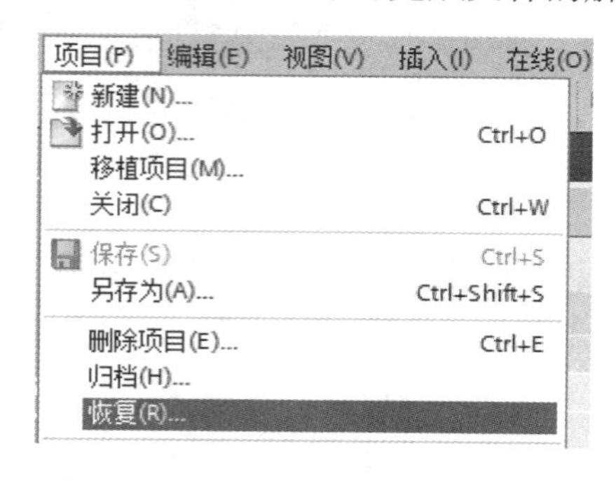

图3.9 项目的恢复

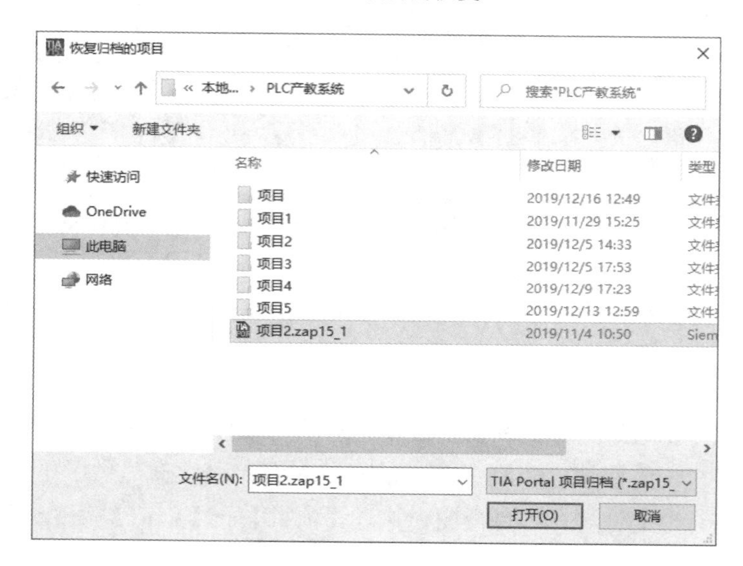

图3.10 “恢复”对话框

这种解压缩的功能除了便于项目的复制和存档以外，还起到了项目重组的作用，是一个实用的功能。项目中的错误和一些与当前软件安装包不匹配的信息会通过这种方式得到清楚的提示。

3. 下载到设备

完成编程后，需要将项目下载到设备，在项目视图的菜单栏中单击【在线】→【扩展下载到设备】，在弹出“扩展下载到设备”的对话框（图3.11）中搜索PLC设备，单击【下载】按钮，即可完成项目的下载，下载前会自动编译。针对S7-1200系列PLC（固件为V4.0及以上），使用“下载到设备”功能时，在部分情况下不会停止CPU，读者可以查阅相关手册了解具体情况。

注：S7-1200 下载程序必须是一致性下载，也就是无法做到只下载部分块到 CPU。

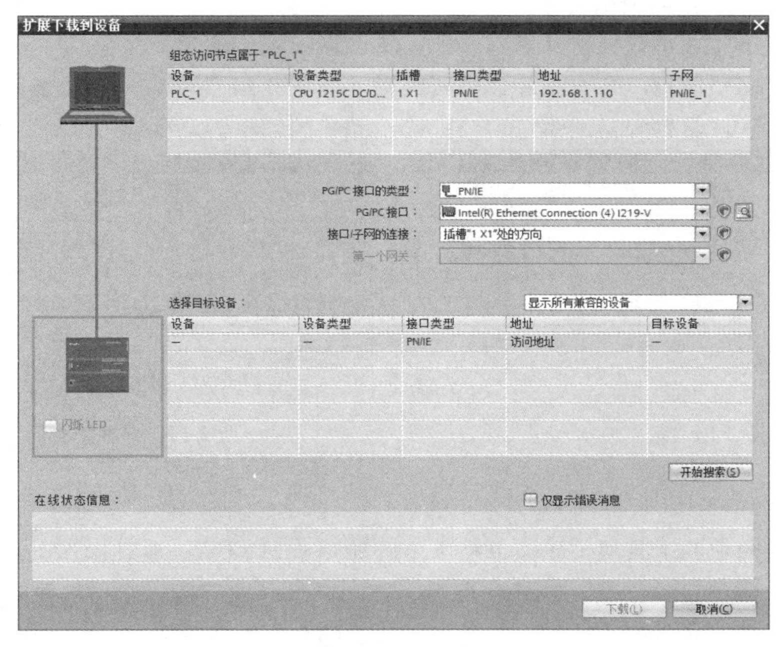

图 3.11　“扩展下载到设备”对话框

4. 系统帮助

在编程软件的学习中遇到问题，可以在“帮助”菜单中单击【显示帮助】，选择并打开帮助信息系统，帮助系统如图 3.12 所示。

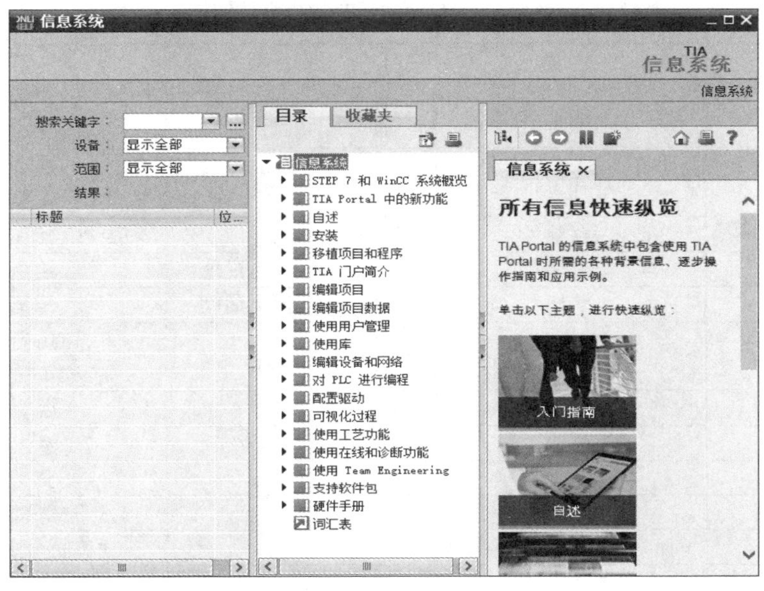

图 3.12　帮助系统

在编程软件中，对按钮、选项、指令、控件、配置参数等元素都可以自由方便地调出帮助信息。当需要调出帮助信息时，将光标悬停在相应的元素上，软件会弹出简要信息，该信息会用一句话解释该元素的功能，悬停提示如图 3.13 所示。如果光标继续静止或者单击这句简要信息，会有更加详细的解释，如图 3.14 所示。在这个解释中，单击其中的超链接，软件将打开帮助系统窗口，给予完整的解释。

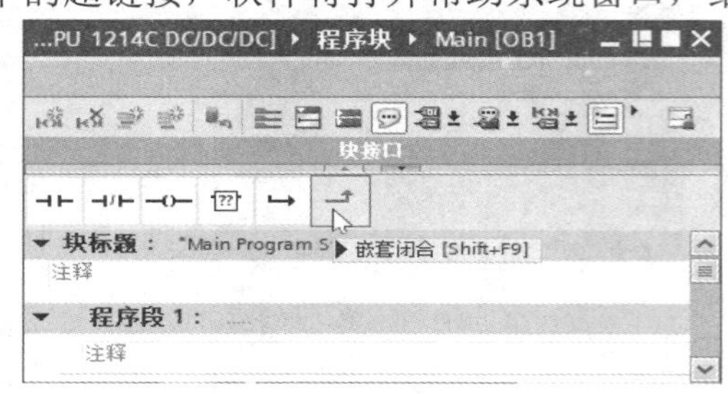

图 3.13　悬停提示

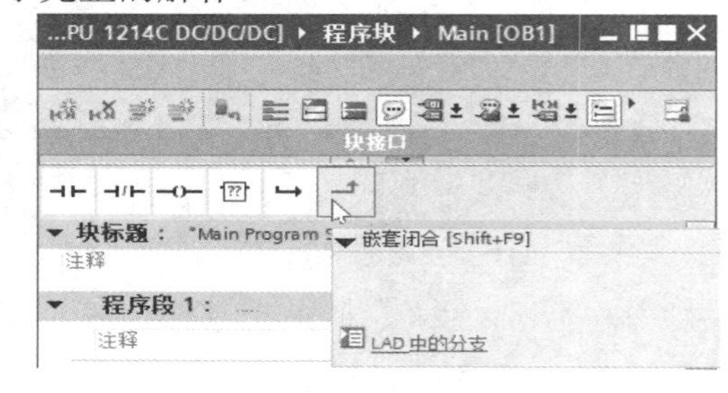

图 3.14　详细的解释

3.2.3　工具栏

在项目视图中的工具栏位于菜单栏下方，如图 3.15 所示。通过操作工具栏的命令按钮不仅可以完成项目的创建、打开、保存、打印、编译、下载、上传等操作，还有内容搜索、撤销以及在线监视等功能。工具栏中所有的命令按钮见表 3.7。

图 3.15　工具栏

表 3.7　工具栏中所有的命令按钮

序号	命令按钮	说明	序号	命令按钮	说明
1		新建项目	13		从设备中上传（需在在线模式下使用）
2		打开项目	14		启动仿真（必须安装 PLCSIM）
3	保存项目	保存项目	15		从 PC 上启动运行系统
4		打印	16	转至在线	转至在线
5		剪切	17	转至离线	转至离线
6		复制	18		可访问的设备（检索可访问的设备）
7		粘贴	19		启动 CPU
8		删除	20		停止 CPU
9		撤销	21		交叉引用
10		重做	22		水平拆分编辑器空间
11		编译（编程后进行编译）	23		垂直拆分编辑器空间
12		下载到设备（先自动编译再下载）	24	<在项目中搜索>	在项目中搜索

3.2.4 常用窗口

1. 项目树

项目树在项目视图左侧，其界面中主要包括图 3.16 所示区域。

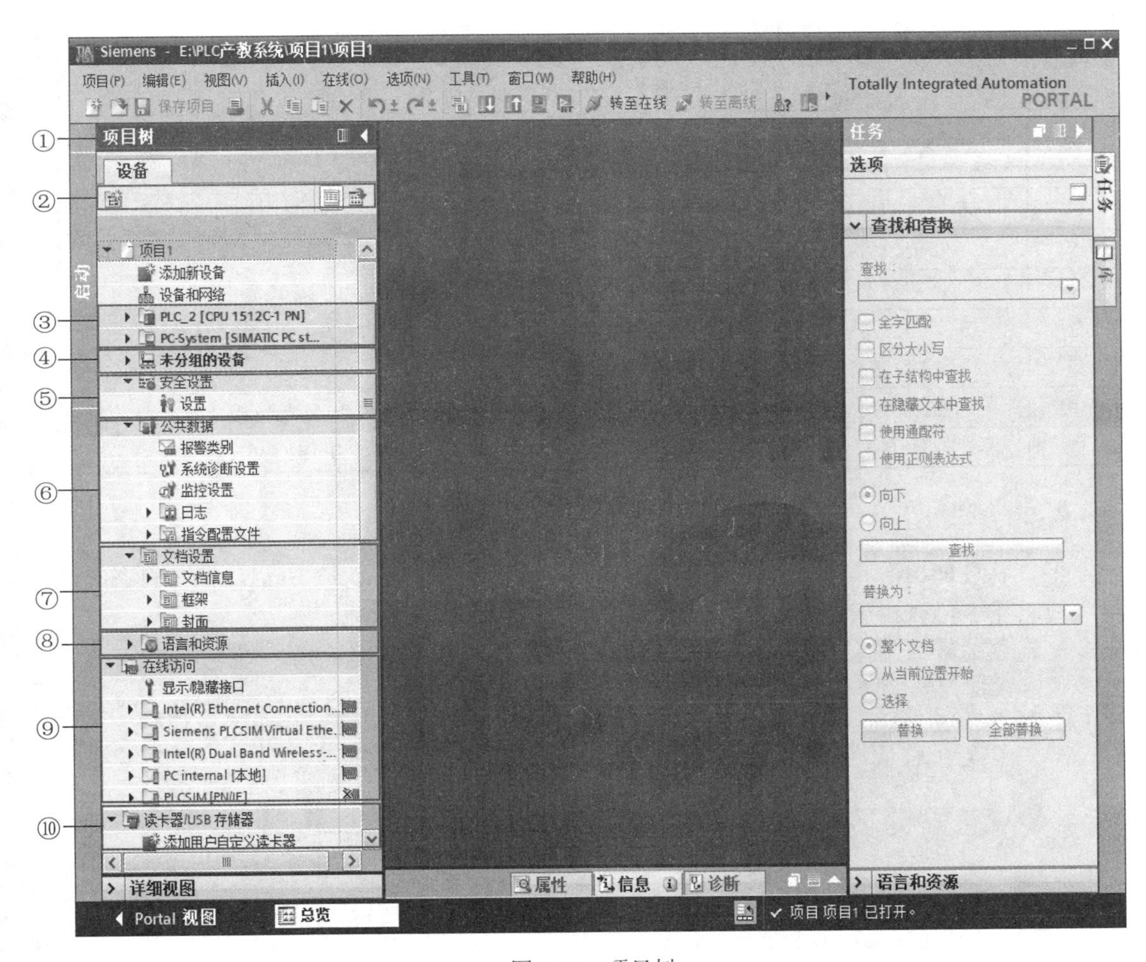

图 3.16 项目树

项目树中各区域名称与功能说明见表 3.8，其中③～⑩可以合并在一起，称为项目文件夹。

表 3.8　项目树各区域名称与功能说明

序号	区域名称	功能说明
①	标题栏	可以实现自动和手动折叠项目树
②	工具栏	可以在项目树的工具栏中执行以下任务： （1）创建新的用户文件夹； （2）显示/隐藏列标题； （3）在工作区中显示所选对象的总览
③	设备文件夹	项目中的每个设备都有一个单独的文件夹，包含该设备的各类信息，如程序、硬件组态和变量等信息
④	未分组的设备	包含项目中的所有分布式 I/O 设备
⑤	安全设置	通过激活项目的用户管理，实施项目保护
⑥	公共数据	包含可跨多个设备使用的数据，如日志、报警设置等
⑦	文档信息	可以指定要在以后打印的项目文档的布局
⑧	语言和资源	查看或者修改项目语言和文本
⑨	在线访问	包含所有的 PG/PC 接口（编程器接口/电脑通信接口）
⑩	读卡器/USB 存储器	用于管理所有连接到 PG/PC 的读卡器和其他 USB 存储介质

2. 指令栏

编程软件的所有指令都放置在窗口右侧的指令栏中，如图 3.17 所示，编写程序时，只需要将指令拖入编辑窗口。

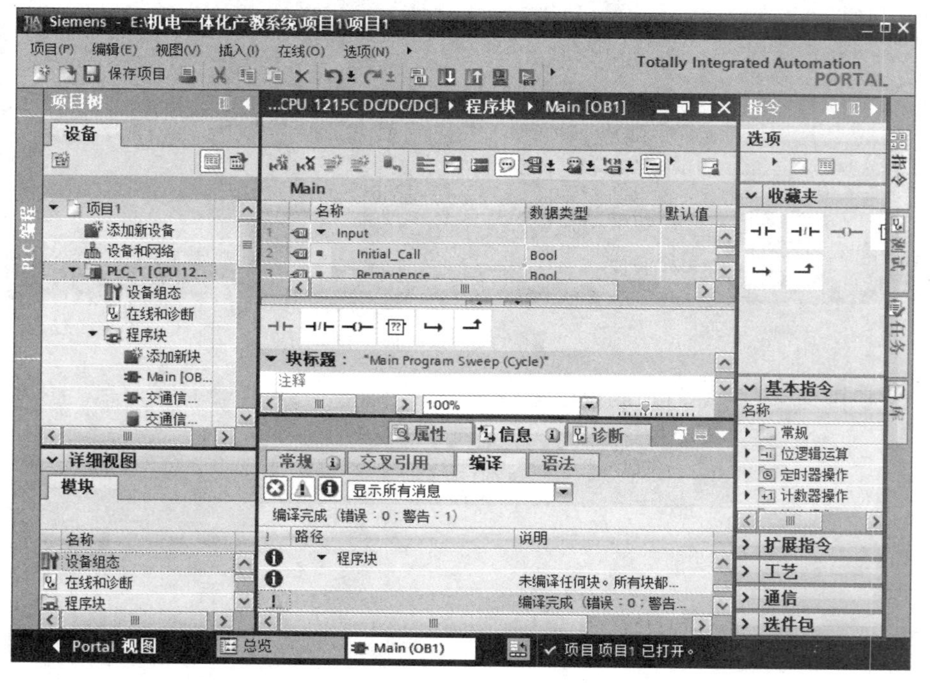

图 3.17　指令栏

3. 添加新设备

项目视图是 TIA 博途硬件组态和编程的主视窗，在项目树的设备栏中双击【添加新设置】标签栏，然后弹出“添加新设备”对话框，如图 3.18 所示。

图 3.18　“添加新设备”对话框

根据实际的需要选择相应的设备，设备包括“控制器”“HMI”及“PC 系统”，本例中选择“控制器”，然后打开分级菜单选择需要的 PLC，这里选择“CPU 1215C DC/DC/DC”中的“6ES7 215-1AG40-0XB0”，设备名称为默认的“PLC_1”，也可以进行修改。CPU 的固件版本可以根据实际的版本进行选择。

4. 编程窗口

打开程序块后，可以进入编程窗口，如图 3.19 所示。在编程窗口下，可以添加指令完成程序编辑。部分指令位于窗口中的指令收藏栏中，方便快速添加。

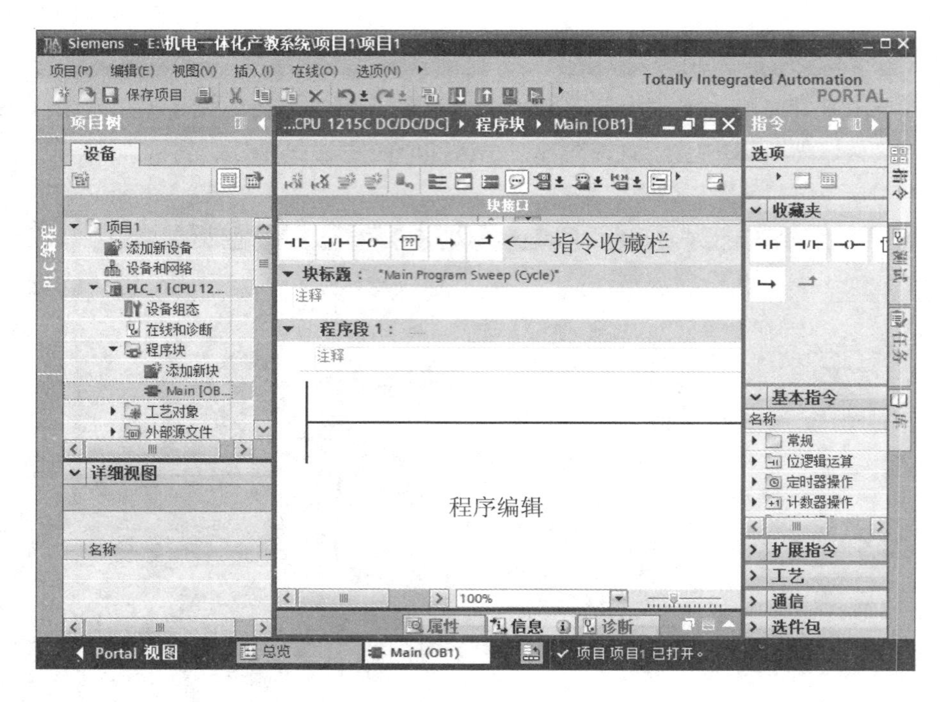

图 3.19　编程窗口

3.3　编程语言

※ 编程基础

3.3.1　语言介绍

1. PLC 编程语言的国际标准

IEC61131 是 IEC（国际电工委员会）制定的 PLC 标准，其中的第三部分 IEC 61131-3 是 PLC 的编程语言标准。IEC61131-3 是世界上第一个，也是至今为止唯一的工业控制系统的编程语言标准，有 5 种编程语言，分别是：

（1）指令表（Instruction List，IL）。

（2）结构文本（Structured Text，ST）。

（3）梯形图（Ladder Degen，LD）。

（4）函数块图（Function Block Diagram，FBD）。

（5）顺序功能图（Sequential Function Chat，SFC）。

2. 西门子的编程语言

S7-1200 系列 PLC 可使用梯形图 LAD、函数块图 FBD、结构化控制语言 SCL 这 3 种编程语言。编程时可以使用这 3 种语言实现相同功能，其语言示例见表 3.9。本书只使用梯形图 LAD 语言。

表 3.9　语言示例

语言	图片示例	语言特点
LAD	程序段 1：…… 注释 %I1.0 "按钮1"　%I1.4 "急停按钮"　%I1.1 "按钮2"　%M1.0 "运行标志" %M1.0 "运行标志"	梯形图 LAD 由触点、线圈和用方框表示的指令框组成
FBD	程序段 1：…… 注释 >=1 %I1.0 "按钮1" %M1.0 "运行标志" & %I1.4 "急停按钮" %I1.1 "按钮2" %M1.0 "运行标志" =	函数块图 FBD 使用类似于数字电路的图形逻辑来表示控制逻辑
SCL	1 IF "急停按钮" AND (NOT "按钮2") 2 　AND ("按钮1" OR "运行标志") THEN 3 　"运行标志" := 1; 4 ELSE 5 　"运行标志" := 0; 6 END_IF; "急停按钮" %I1.4 "按钮2" %I1.1 "按钮1" %I1.0 "运行标志" %M1.0 "运行标志" %M1.0 "运行标志" %M1.0	结构化控制语言 SCL 是一种类似于计算机高级语言的编程方式。符合国际标准中的 ST 语言

3.3.2　数据类型

1. 数据类型的分类

PLC 中的数据类型主要分为以下几类：

➢ 基本数据类型（位数据、整数、浮点数、定时器、日期、时间、字符型）。
➢ 复杂数据类型（DT、LDT、DTL、STRING、WSTRING、ARRAY、STRUCT）。
➢ 用户自定义数据类型（PLC 数据类型（UDT））。
➢ 指针。
➢ 参数类型。
➢ 系统数据类型。
➢ 硬件数据类型。

本书主要介绍 S7-1200 系列 PLC 支持的常用基本数据类型，见表 3.10。

表 3.10　常用基本数据类型

分类	类型	长度（bit）	取值范围	说明
位数据	BOOL	1	TRUE 或 FALSE（1 或 0）	布尔变量
	BYTE	8	B#16#0～B#16FF	字节
	WORD	16	W#16#0～W#16FFFF	字（双字节）
	DWORD	32	DW#16#0～DW#16FFFF_FFFF	双字（四字节）
整形	INT	16	-32 768～32 768	16 位有符号整形
	DINT	32	-L#2147483648～L#2147483648	32 位有符号整形
浮点数	REAL	32	-3.402823E38～-1.175495E-38 ±0.0 1.175495E-38～3.402823E38	32 位浮点数
定时器	TIME	32	T#-24d20h31m23s648ms～ T#+24d20h31m23s648ms	定时时间
日期与时间	DATA	16	D#1990-01-01～D#2169-06-06	日期
字符型	CHAR	8	ASCII 字符集（如'A'）	字符
	WCHAR	16	Unicode 字符集$0000～$D7FF	宽字符

2. 数据存储区

西门子 S7-1200 系列 PLC 的 CPU 提供了多个存储区，用于在执行用户程序期间存储数据，常用的有过程映像输入区、过程映像输出区、位存储器区和数据块区，存储器单元的几种常见绝对地址寻址方式，见表 3.11。

表 3.11　寻址方式

类型	BOOL	BYTE	WORD	DWORD
过程映像输入区	I0.0	IB0	IW0	ID0
过程映像输出区	Q0.0	QB0	QW0	QD0
位存储器区	M0.0	MB0	MW0	MD0
数据块区	DBX0.0	DBB0	DBW0	DBD0

西门子 PLC 的数据存储方式有“高位低存”的特点，如图 3.20 所示，即一个数据中最高有效字节的部分存储到字节号最小的位存储器。

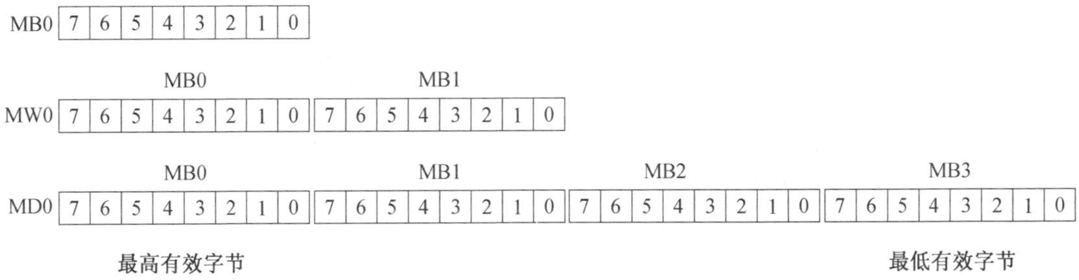

MB0　MB1

MW0 7 6 5 4 3 2 1 0 7 6 5 4 3 2 1 0

MB0　MB1　MB2　MB3

MD0 7 6 5 4 3 2 1 0 7 6 5 4 3 2 1 0 7 6 5 4 3 2 1 0 7 6 5 4 3 2 1 0

最高有效字节　最低有效字节

图 3.20　数据存储方式

以将 127（2#0111_1111）赋值给 MW0 为例，其中 MW0 是由 MB0、MB1 组成，MDO 是由 MB0、MB1、MB2、MB3（由高字节到低字节）组成。MB0、MW0、MD0 各个位数据如图 3.21 所示，即 MB1=127。

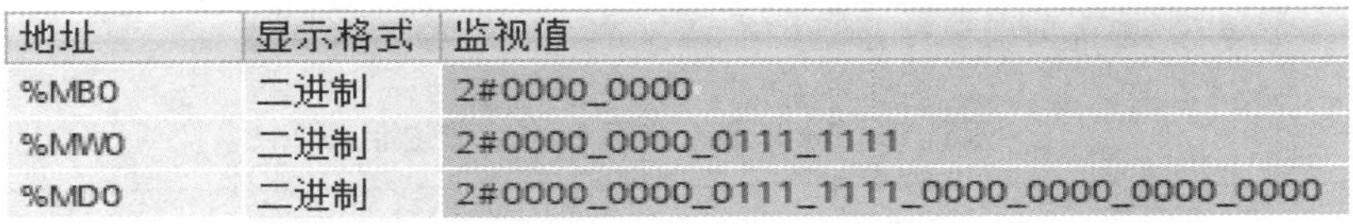

地址	显示格式	监视值
%MB0	二进制	2#0000_0000
%MW0	二进制	2#0000_0000_0111_1111
%MD0	二进制	2#0000_0000_0111_1111_0000_0000_0000_0000

图 3.21　MB0、MW0、MD0 各个位数据

3.3.3　常用指令

1. 位逻辑运算

位逻辑指令用于二进制数的逻辑运算。位逻辑运算的结果简称 RLO。位逻辑指令主要有触点指令、置位指令、复位指令、线圈指令等，常用位逻辑指令见表 3.12。

表 3.12　常用位逻辑指令

符号	名称	说　明
—| |—	常开触点	当操作数的信号状态为“1”时，常开触点将闭合； 当操作数的信号状态为“0”时，常开触点保持断开状态
—|/|—	常闭触点	当操作数的信号状态为“1”时，常闭触点将断开； 当操作数的信号状态为“0”时，常闭触点保持闭合状态
—( )—	赋值	线圈输入的逻辑运算结果（RLO）的信号状态为“1”，则将指定操作数的信号状态置位为“1”。如果线圈输入的信号状态为“0”，则指定操作数的位将复位为“0”
—(R)—	复位指令	将指定操作数的信号状态复位为“0”
—(S)—	置位指令	将指定操作数的信号状态置位为“1”

2. 定时器操作

西门子 PLC 有 SIMATIC 定时器和 IEC 定时器两种定时器，其中 S7-1200 系列 PLC 只支持 IEC 定时器。本书主要介绍 IEC 定时器指令。

IEC 定时器分为脉冲定时器（TP）、通电延时定时器（TON）、时间累加器（TONR）和断电延时定时器（TOF）。

注： 只有在 IEC 定时器指令的 Q 点或 ET 连接变量，或者在程序中使用背景 DB（或 IEC 定时器类型的变量）中的 Q 点或者 ET，定时器才会开始计时。

（1）脉冲定时器（TP）。

脉冲定时器指令用于在预设的时间内置位输出脉冲信号，该指令的参数说明见表 3.13。当输入 IN 的逻辑运算结果（RLO）从“0”变为“1”（信号上升沿）时，启动该指令；指令启动后，输出 Q 被立即置位并在定时时间 PT 内保持置位状态。

注： 如果当前计时时间未到达定时时间 PT，即使检测到新的输入信号上升沿，输出 Q 的信号状态也不会受到影响。

表 3.13　脉冲定时器指令的参数说明

LAD	参数	数据类型	说　明
TP Time IN　Q PT　ET	IN	BOOL	启动定时器
	Q	BOOL	脉冲输出
	PT	Time	定时时间
	ET	Time	当前时间值

脉冲定时器指令的时序图如图 3.22 所示。

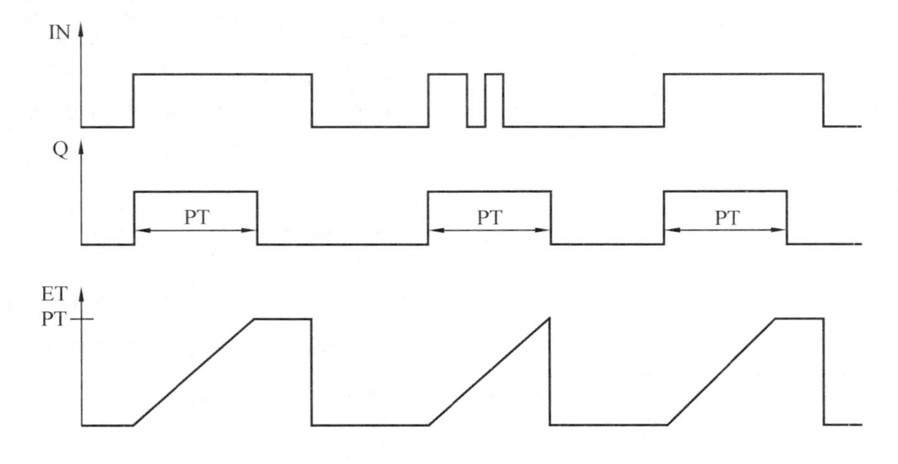

图 3.22　脉冲定时器指令的时序图

（2）通电延时定时器（TON）。

通电延时定时器指令用于延时一段时间后输出信号，该指令的参数说明见表 3.14。当输入 IN 的逻辑运算结果（RLO）从“0”变为“1”（信号上升沿）时，启动该指令；指令启动后，立即开始计时；当计时时间达到定时时间 PT 之后，输出 Q 的信号状态将变为“1”。

注： 通电延时定时器（TON）输入 IN 状态为“1”的时间必须超过定时时间 PT。

表 3.14 通电延时定时器指令的参数说明

LAD	参数	数据类型	说　明
TON Time IN　Q PT　ET	IN	BOOL	启动定时器
	Q	BOOL	超过时间 PT 后，置位的输出
	PT	Time	定时时间
	ET	Time	当前时间值

通电延时定时器指令的时序图如图 3.23 所示。

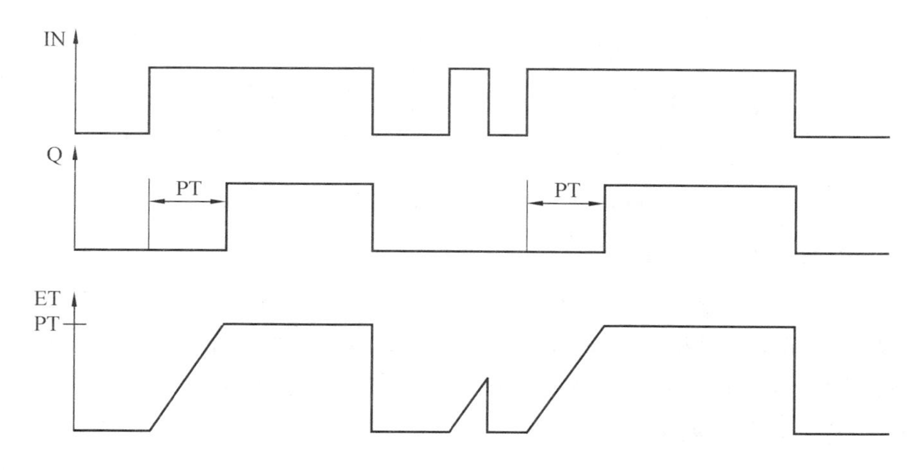

图 3.23 通电延时定时器指令的时序图

（3）时间累加器（TONR）。

时间累加器指令用来累加输入信号状态为“1”的持续时间值，该指令的参数说明见表 3.15。输入 IN 的信号状态从“0”变为“1”（信号上升沿）时，将执行该指令，累加输入 IN 信号状态为“1”时的持续时间值，累加得到的时间值将写入到输出 ET 中；当累计时间达到最长持续时间 PT 时，输出 Q 的信号状态变为“1”，此时即使输出 IN 的信号状态从“1”变为“0”（信号下降沿），输出 Q 的信号状态仍将保持置位为“1”；当输入 R 信号状态变为“1”时，输出 Q 将被复位。

表 3.15　时间累加器指令的参数说明

LAD	参数	数据类型	说　明
TONR Time IN　Q R　ET PT	IN	BOOL	启动输入
	R	BOOL	复位输入
	Q	BOOL	超过时间 PT 后，置位的输出
	PT	Time	时间记录的最长持续时间
	ET	Time	累计的时间

时间累加器指令的时序图如图 3.24 所示。

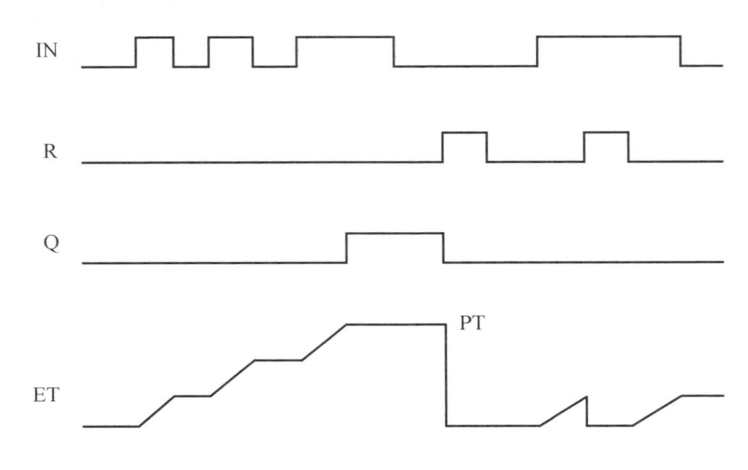

图 3.24　时间累加器指令的时序图

（4）断电延时定时器（TOF）。

断电延时定时器指令可以按照预设的时间延时一段时间后复位输出信号，该指令的参数说明见表 3.16。当输入 IN 的逻辑运算结果（RLO）从“0”变为“1”（信号上升沿）时，将置位输出 Q；当输入 IN 处的信号状态变回“0”时，开始计时；当计时时间达到定时时间 PT 后，将复位输出 Q。

注：如果输入 IN 的信号状态在计时结束之前变为“1”，则复位定时器，但输出 Q 的信号状态仍将为“1”。

表 3.16　断电延时定时器指令的参数说明

LAD	参数	数据类型	说　明
TOF Time IN　Q PT　ET	IN	BOOL	启动定时器
	Q	BOOL	超过时间 PT 后，置位的输出
	PT	Time	定时时间
	ET	Time	当前时间值

断电延时指令的时序图如图 3.25 所示。

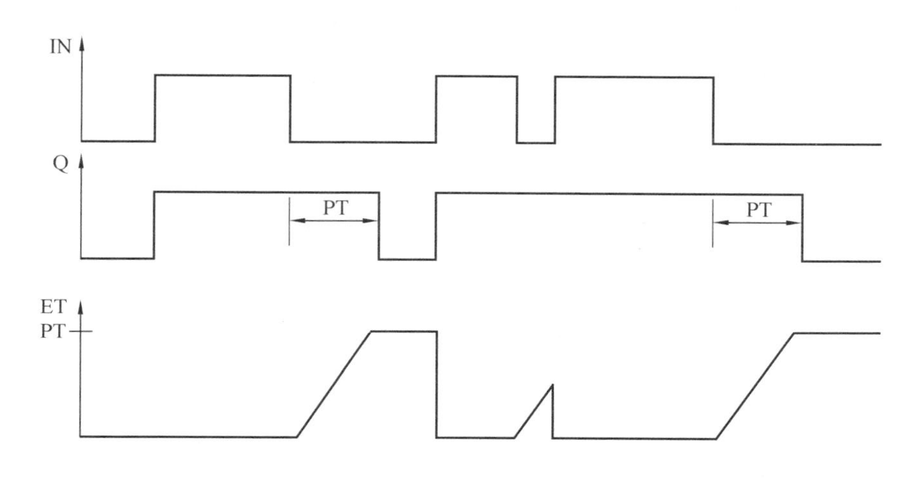

图 3.25 断电延时指令的时序图

3.3.4 程序结构

1. 块的概述

TIA 博途编程软件提供了不同的块类型来执行自动化系统中的任务，总共有 4 种块，分别为组织块（OB）、数据块（DB）、函数（FC）、函数块（FB），具体说明见表 3.17。

表 3.17 块的概述

块的类型	说明
组织块（OB）	组织块是 CPU 操作系统与用户程序之间的接口，可以控制下列操作： （1）自动化系统的启动特性，例如 OB100； （2）循环程序处理，例如 OB1（默认创建）； （3）中断驱动的程序执行； （4）错误处理
数据块（DB）	用于保存程序执行期间写入的值，可以分为： （1）全局数据块：存储所有块都可使用的数据； （2）背景数据块：只存储关联的函数块（FB）的数据； （3）基于用户数据类型的数据块：用户数据类型作为全局数据块的模板，只存储指定的相关数据
函数（FC）	用于处理重复任务的程序例程，没有数据块
函数块（FB）	一种代码块，它将值永久地存储在背景数据块中，即使在块执行完后，这些值仍然可用

块的调用关系如图 3.26 所示，其中 DB1 为全局数据块，DB2、DB3 为背景数据块。通过使用软件的“添加新块”的功能可以添加不同类型的块，“添加新块”对话框如图 3.27 所示。

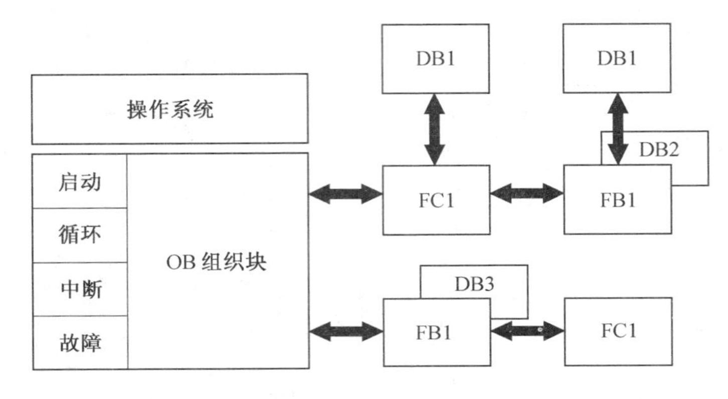

图 3.26　块的调用关系

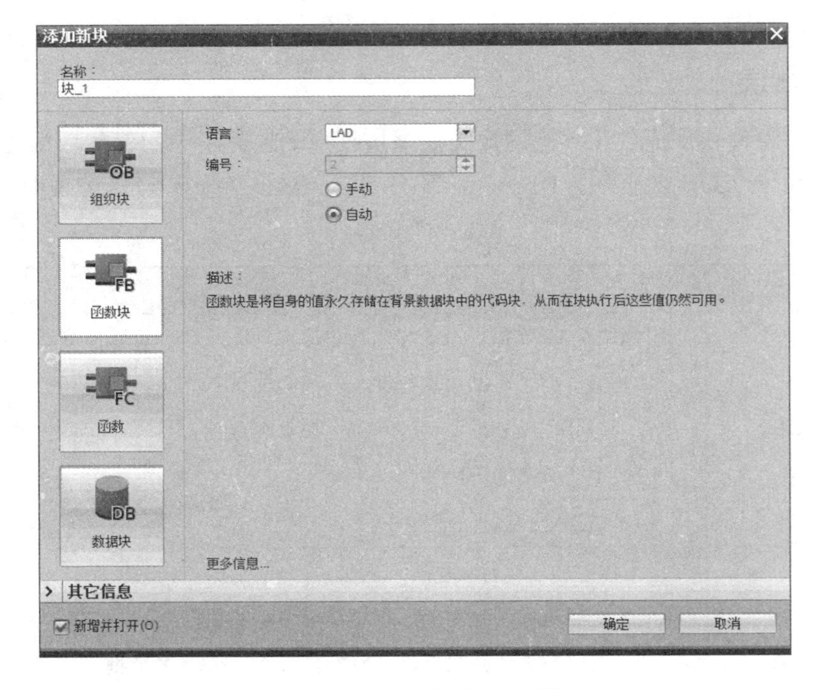

图 3.27　“添加新块”对话框

2. 块参数的应用

组织块（OB）、函数（FC）和函数块（FB）可以添加块参数，方便编程。块参数类型及功能见表 3.18。其中 Input、Output 和 InOut 类型块参数作为块接口，该类型下的参数又称为形参。

表3.18 块参数类型及功能

类型	名称	功能	可用于
Input	输入参数	用于存储外部变量输入到块中的数据	函数、函数块和组织块
Output	输出参数	用于存储需要输出到外部变量的数据	函数和函数块
InOut	输入/输出参数	先存储外部变量输入的数据，执行后又将更新后的数据输出到外部变量	函数和函数块
Return	返回值	块执行后需要返回的值	函数
Temp	临时局部数据	只保留一个周期的临时局部数据	函数、函数块和组织块 注：不显示在背景数据块中
Static	静态局部数据	用于在背景数据块中存储静态结果的变量	函数块
Constant	常量	用于存储在块中提前声明好的数据，其值在程序执行过程中不会更改	函数、函数块和组织块 注：不显示在背景数据块中

3. 数据块的应用

部分指令和函数块调用后，需要使用相应的数据块保存工作数据。这些工作数据又称为实例，实例可以分成3类：单个实例、多重实例和参数实例，见表3.19。

表3.19 实例的分类

实例名称	示意图	说明
单个实例	FB1函数块 调用TON指令 ←→ DB1 （用于FB1的背景数据块） T1 TON指令 ←→ DB3 （命名“T1”） （TON的数据块）	函数块或指令的数据存储在单独的数据块中。 DB1和DB3为单个实例
多重实例	FB1函数块 调用FB2函数块 调用TON指令 ←→ DB1 （用于FB1的背景数据块） FB2的数据 TON的数据	函数块FB1中调用其它函数块FB2或指令，FB2或指令的数据全部存储在FB1的背景数据块中。 DB1中FB2和TON的数据为多重实例
参数实例	DB2 （用于FB2的背景数据块） DB3 （命名“T1”） （TON的数据块） ←→ FB1函数块 调用FB2函数块 调用TON指令 ←→ DB1 （用于FB1的背景数据块） FB2的数据 TON的数据	函数块FB1中调用其它函数块FB2或指令，FB2或指令的数据会转存在外部的数据块中。 DB2和DB3为参数实例

实例的选择界面如图 3.28 所示。本书主要介绍单个实例的调用。单个实例是指被调用的函数块将数据保存在自己的背景数据块中。

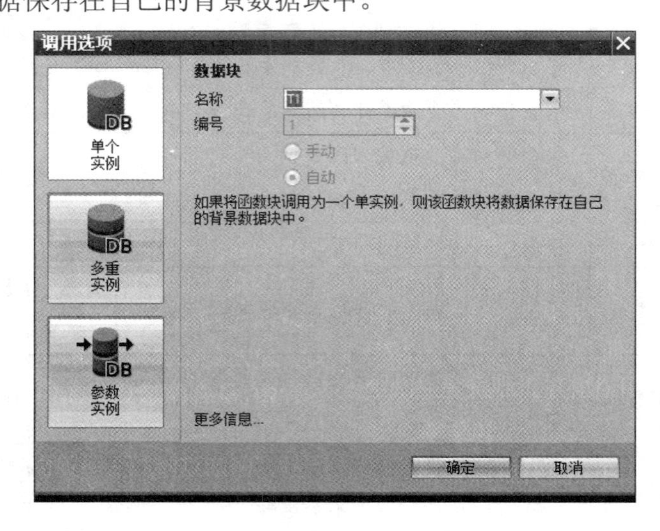

图 3.28　实例的选择界面

3.3.5　编程示例

下面以实现将开关拨至 ON 后点亮指示灯的功能为例，介绍 PLC 的编程。根据图 3.29（a）所示的电气原理图，构思 PLC 程序。设计思路为拨动开关 1 至 ON 状态（变量名称为“开关 1”），程序开始运行；拨动开关 2 至 ON 状态（变量名称为“开关 2”），程序停止运行。程序中设置自锁，保持指示灯 1 的状态为“1”，最终绘制如图 3.29（b）所示的梯形图。

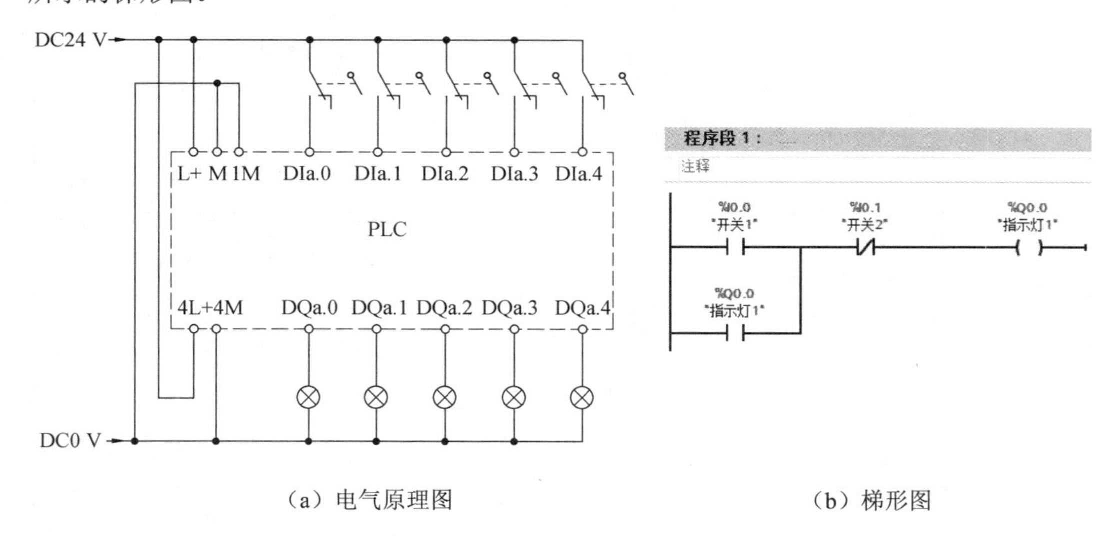

（a）电气原理图　　（b）梯形图

图 3.29　程序示例

3.4　编程调试

3.4.1　项目创建

进行 PLC 编程前，需要先在编程软件中创建一个项目，然后选择需要使用的 PLC 型号，最后完成创建后将项目下载到 PLC 中。PLC 程序创建的操作步骤见表 3.20。

表 3.20　PLC 程序创建的操作步骤

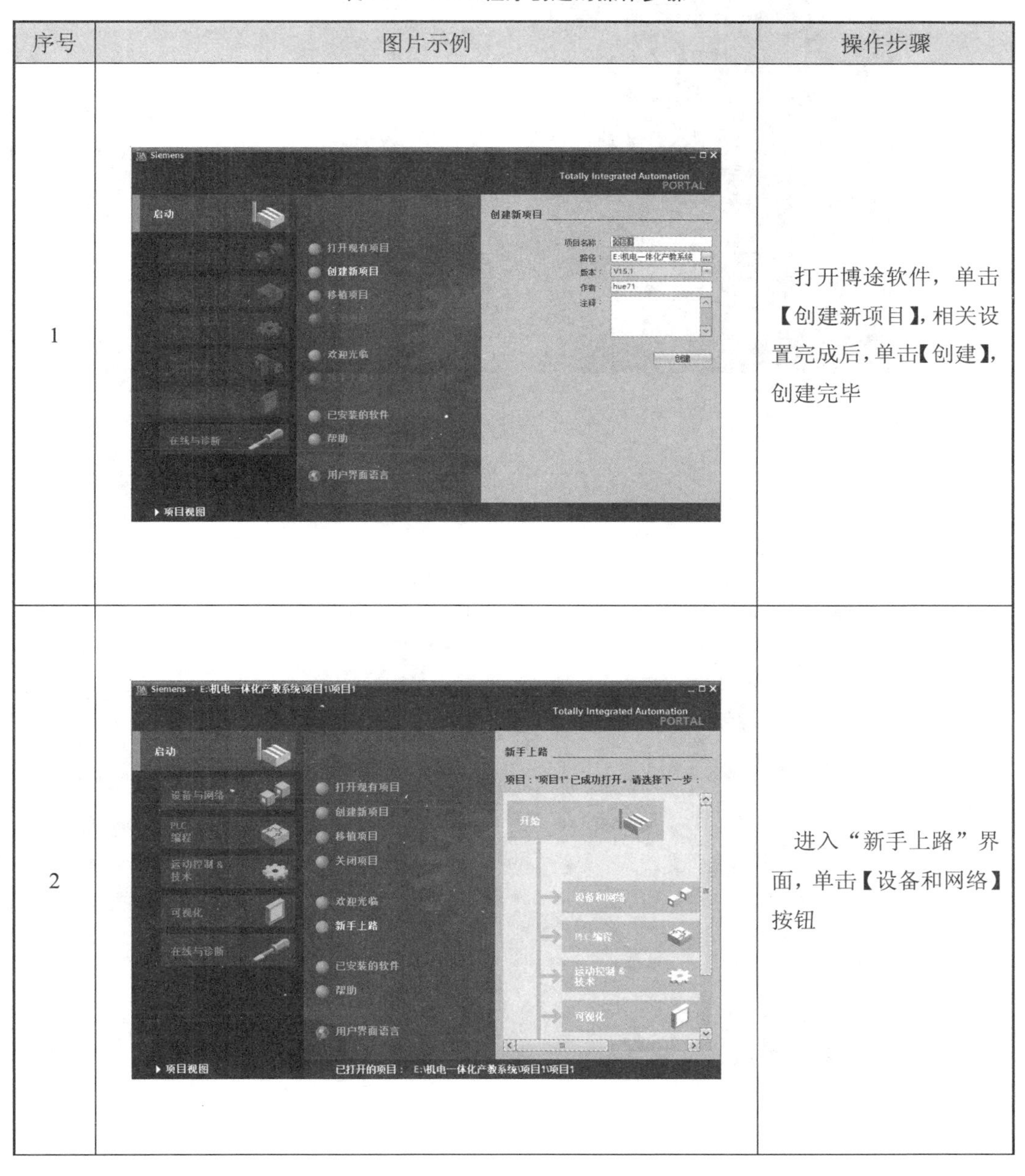

序号	图片示例	操作步骤
1		打开博途软件，单击【创建新项目】，相关设置完成后，单击【创建】，创建完毕
2		进入“新手上路”界面，单击【设备和网络】按钮

续表 3.20

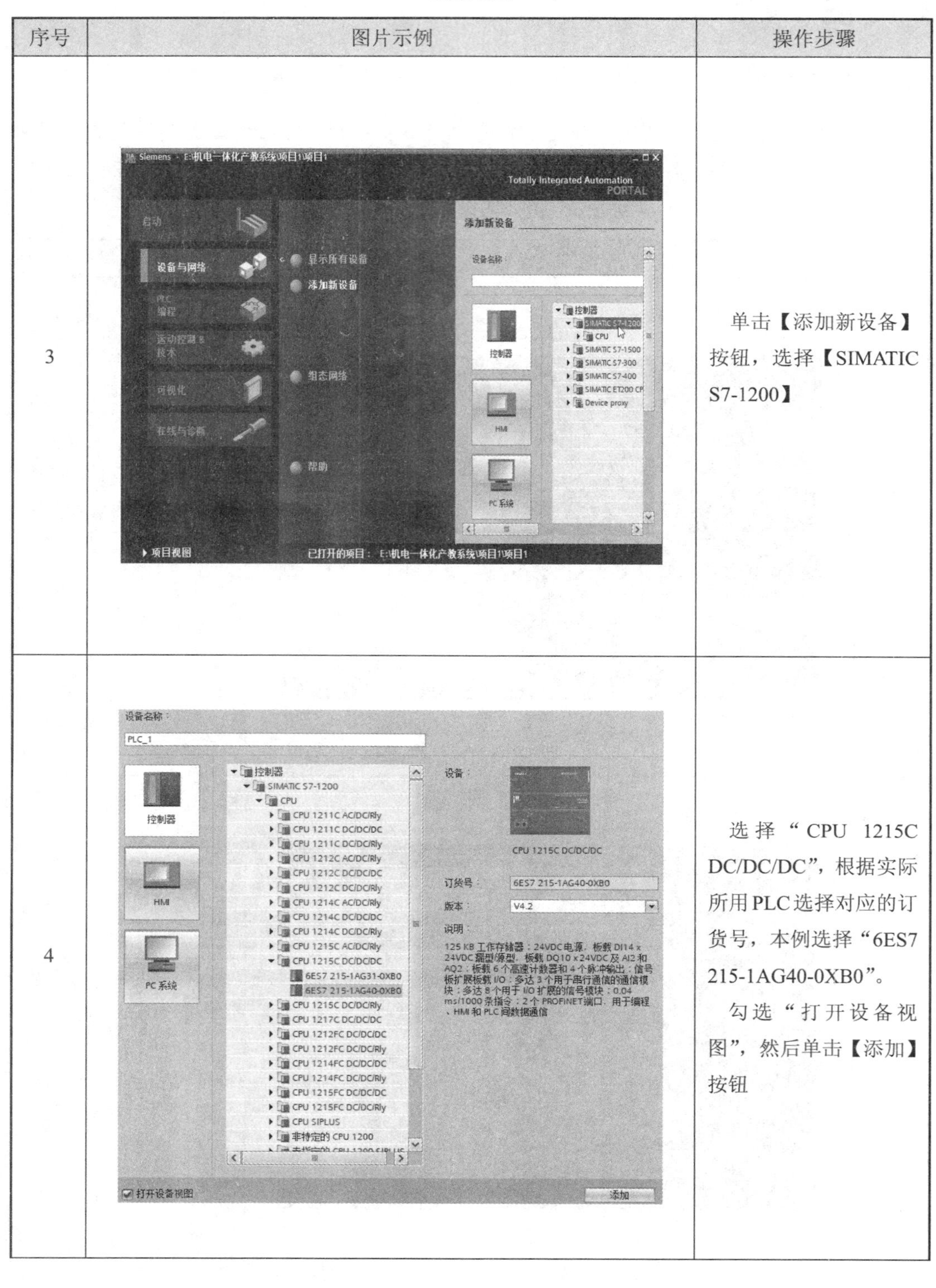

序号	图片示例	操作步骤
3		单击【添加新设备】按钮，选择【SIMATIC S7-1200】
4		选择“CPU 1215C DC/DC/DC”，根据实际所用PLC选择对应的订货号，本例选择“6ES7 215-1AG40-0XB0”。 勾选“打开设备视图”，然后单击【添加】按钮

续表 3.20

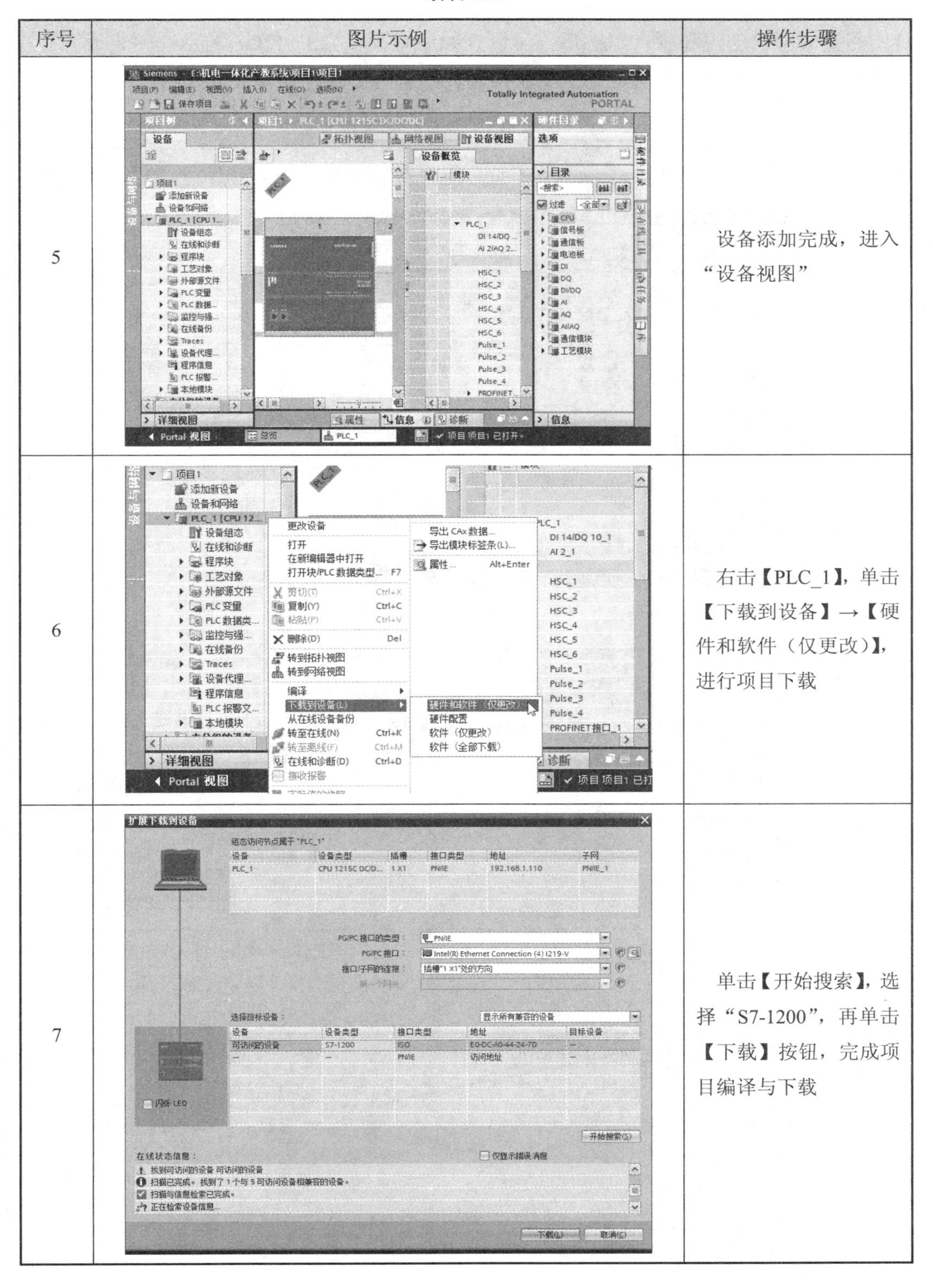

序号	图片示例	操作步骤
5		设备添加完成，进入“设备视图”
6		右击【PLC_1】，单击【下载到设备】→【硬件和软件（仅更改）】，进行项目下载
7		单击【开始搜索】，选择“S7-1200”，再单击【下载】按钮，完成项目编译与下载

3.4.2 程序编写

在完成项目创建和硬件组态后，可以开始编写程序。S7-1200 的主程序一般编写在 OB1 组织块中，也可以在其他的组织块中。程序编写的操作步骤见表 3.21。

表 3.21 程序编写的操作步骤

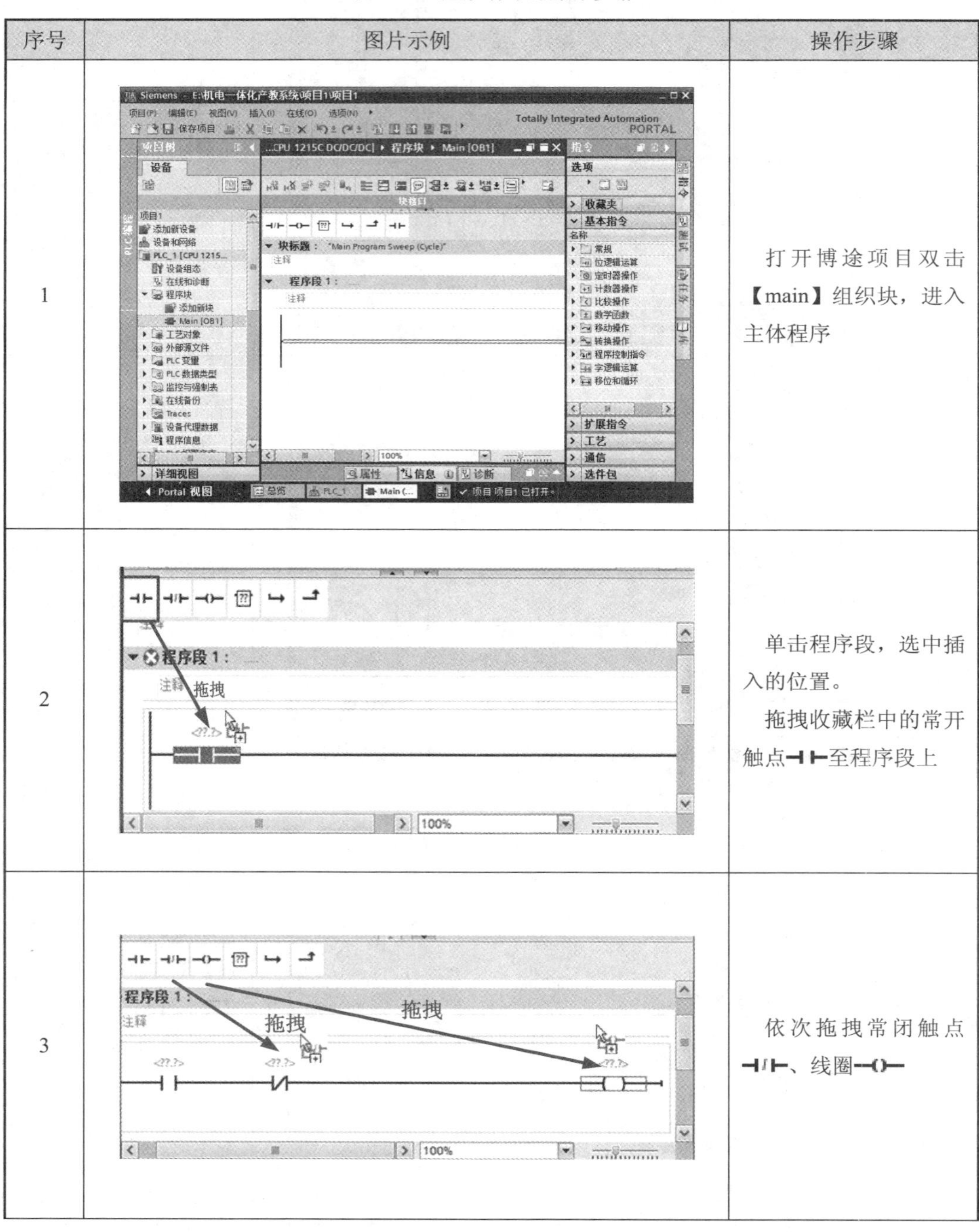

序号	图片示例	操作步骤
1		打开博途项目双击【main】组织块，进入主体程序
2		单击程序段，选中插入的位置。 拖拽收藏栏中的常开触点┤├至程序段上
3		依次拖拽常闭触点┤/├、线圈─( )─

续表 3.21

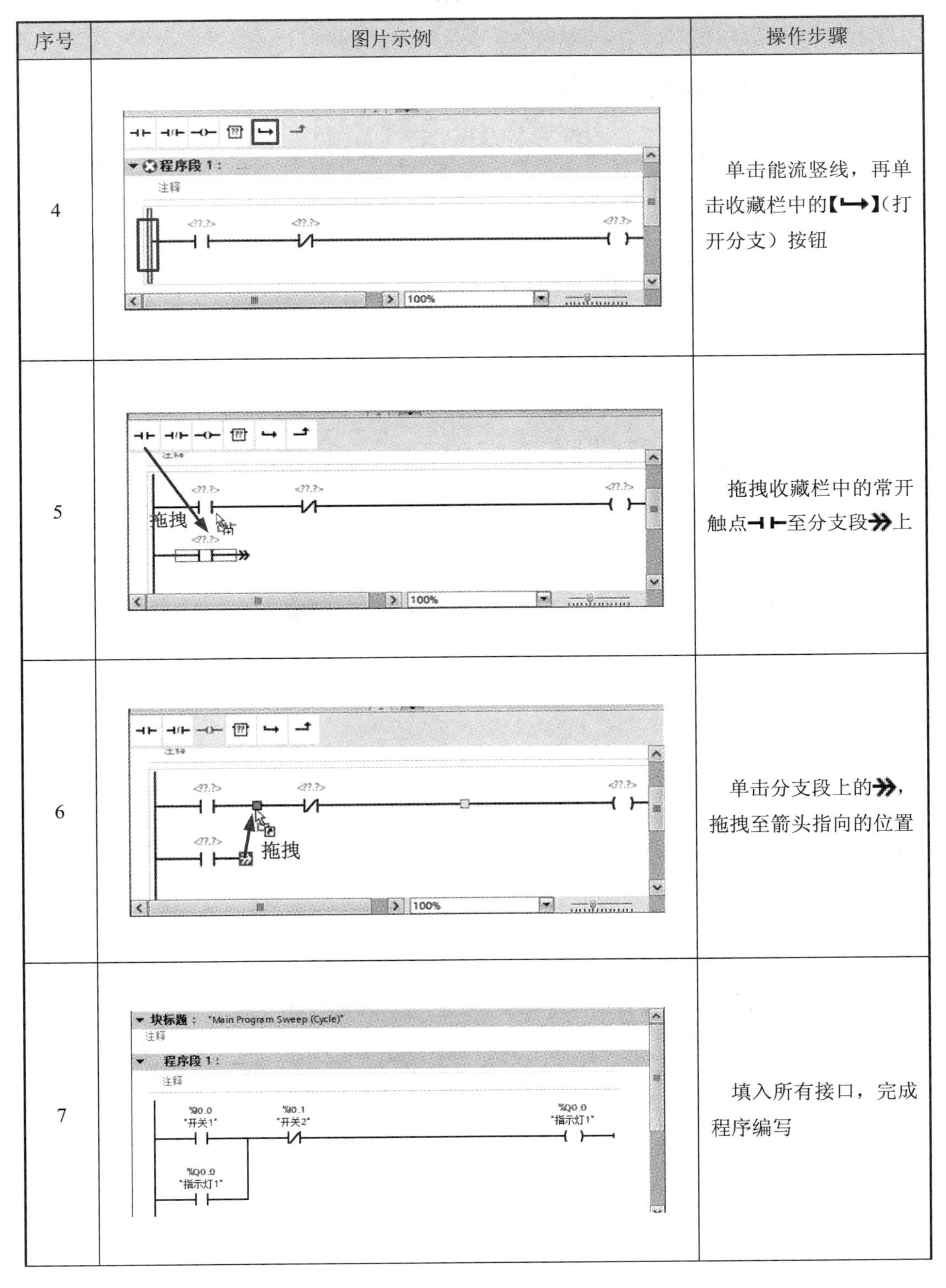

序号	图片示例	操作步骤
4		单击能流竖线，再单击收藏栏中的【↦】(打开分支）按钮
5		拖拽收藏栏中的常开触点⊣⊢至分支段»上
6		单击分支段上的»，拖拽至箭头指向的位置
7		填入所有接口，完成程序编写

续表 3.21

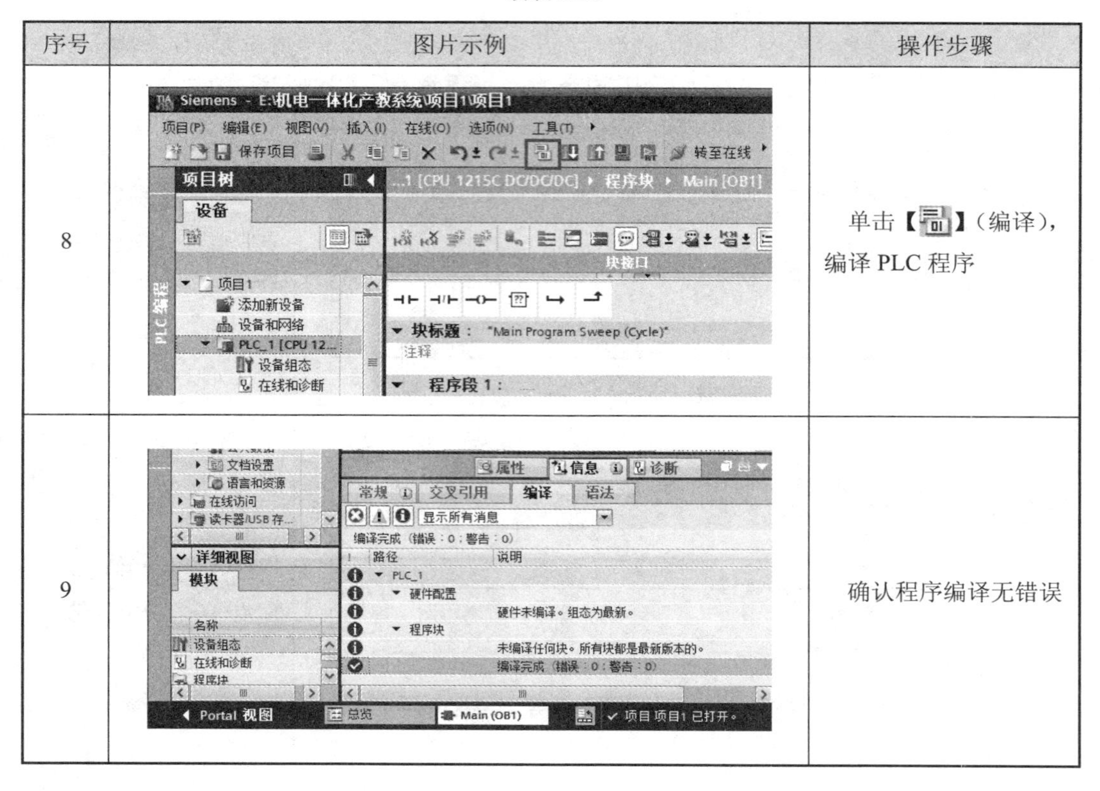

序号	图片示例	操作步骤
8		单击【】(编译)，编译 PLC 程序
9		确认程序编译无错误

3.4.3 项目调试

将编写好的程序下载到设备中，通过在线监视功能查看程序，调试 PLC 程序。单击工具栏中的【启动仿真】按钮或执行菜单命令【在线】→【仿真】→【启动】。项目调试的操作步骤见表 3.22。

表 3.22 项目调试的操作步骤

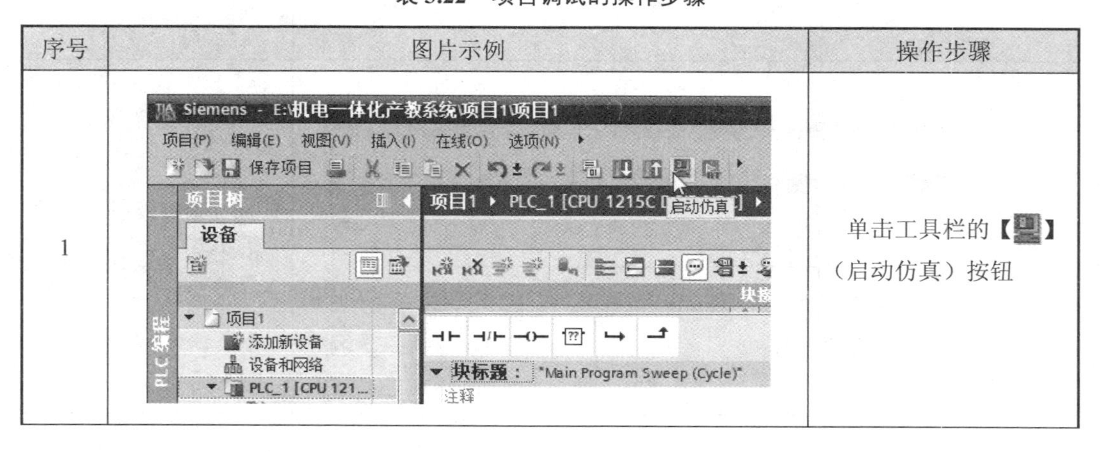

序号	图片示例	操作步骤
1		单击工具栏的【】(启动仿真)按钮

续表 3.22

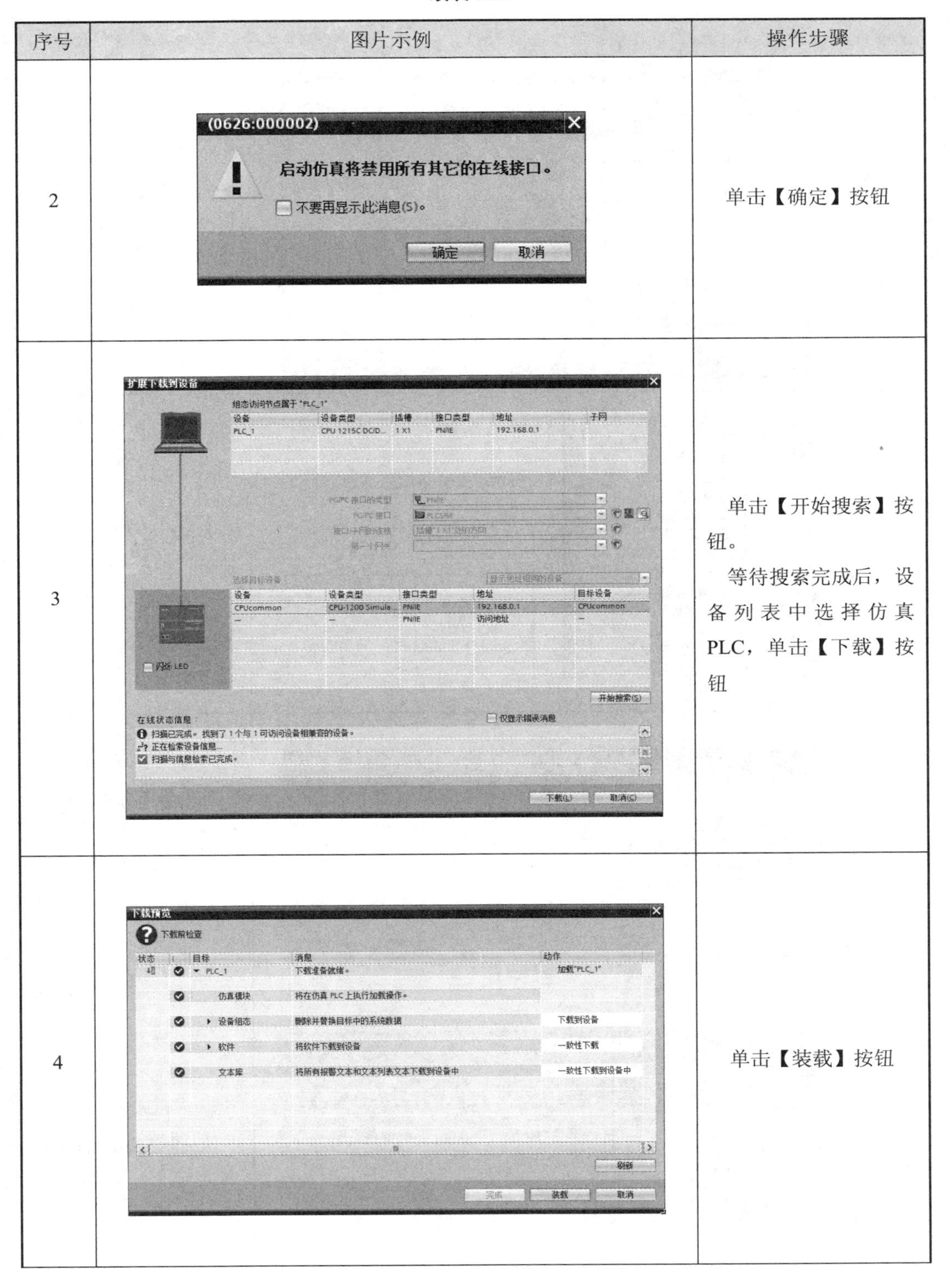

序号	图片示例	操作步骤
2		单击【确定】按钮
3		单击【开始搜索】按钮。 等待搜索完成后，设备列表中选择仿真 PLC，单击【下载】按钮
4		单击【装载】按钮

续表 3.22

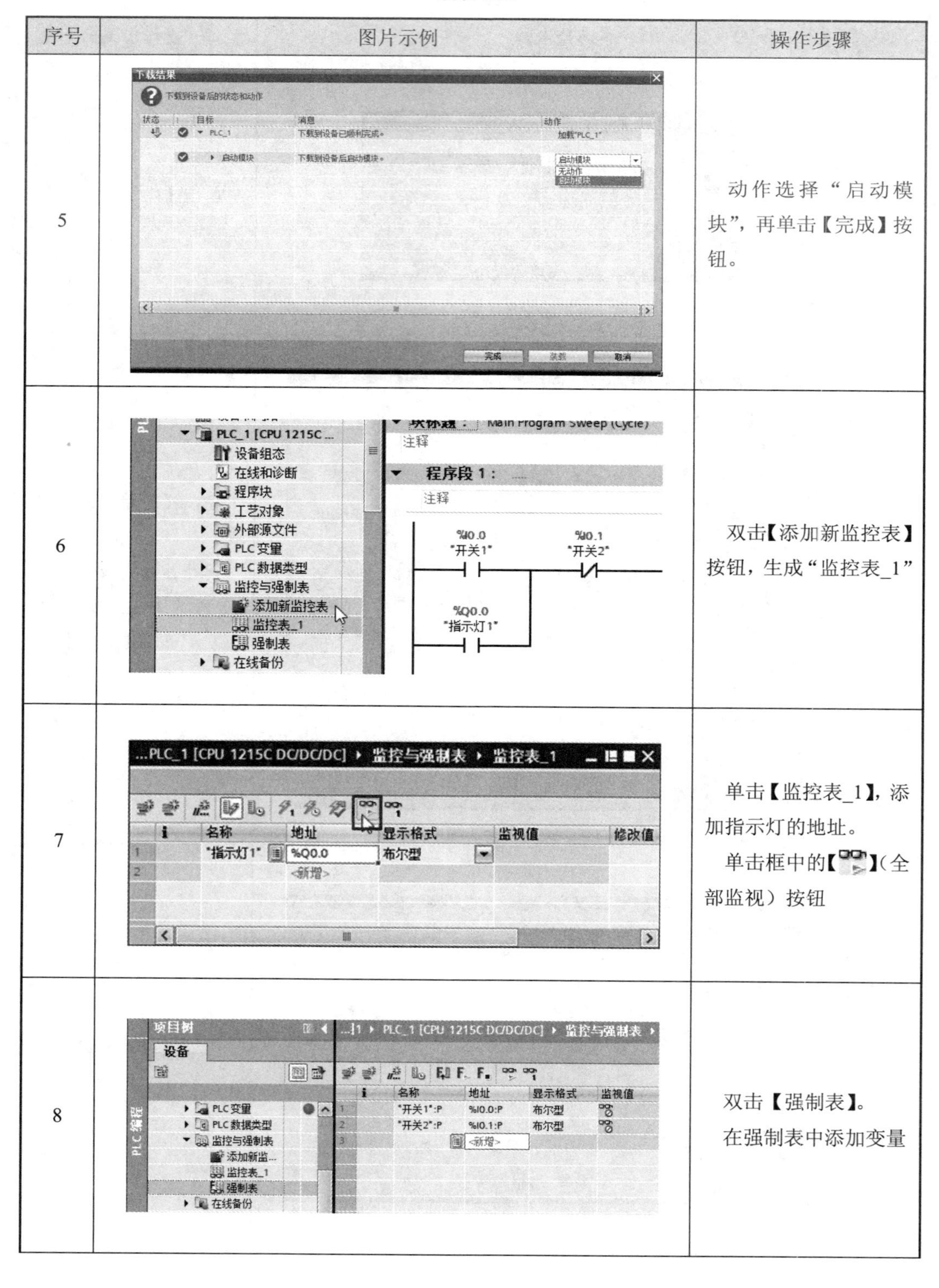

序号	图片示例	操作步骤
5		动作选择“启动模块”，再单击【完成】按钮。
6		双击【添加新监控表】按钮，生成“监控表_1”
7		单击【监控表_1】，添加指示灯的地址。 单击框中的【】(全部监视）按钮
8		双击【强制表】。 在强制表中添加变量

续表 3.22

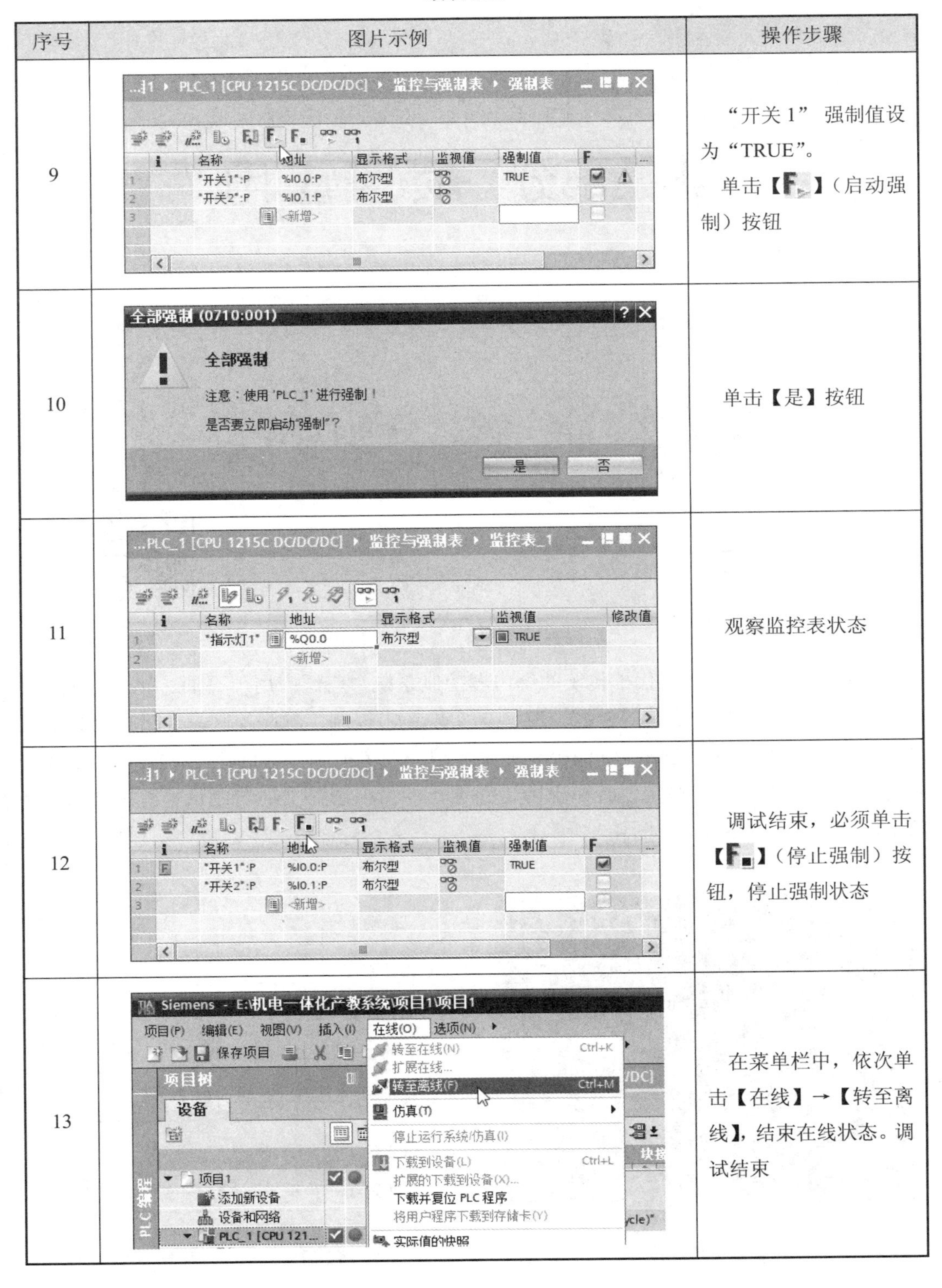

序号	图片示例	操作步骤
9		“开关 1” 强制值设为“TRUE”。 单击【F】(启动强制) 按钮
10		单击【是】按钮
11		观察监控表状态
12		调试结束，必须单击【F】(停止强制) 按钮，停止强制状态
13		在菜单栏中，依次单击【在线】→【转至离线】，结束在线状态。调试结束

第二部分　项目应用

第4章　智慧交通管制

※ 交通管制项目目的

4.1　项目概况

4.1.1　项目背景

PLC 在很大程度上取代了传统的继电器控制系统，广泛应用于石油、化工、电力、机械制造、汽车、交通运输等领域。PLC 能实现逻辑控制、顺序控制，逻辑控制是 PLC 最基本控制方式，如交通信号灯的控制就是典型的逻辑控制，通过 PLC 的逻辑控制可以实现交通信号灯的可靠稳定运行，保障道路通行能力，智慧交通管制信号灯控制系统的效果图和时序图如图 4.1、图 4.2 所示。

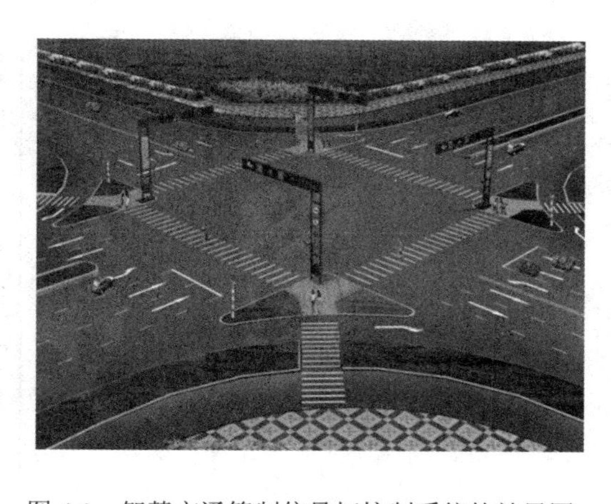

图 4.1　智慧交通管制信号灯控制系统的效果图

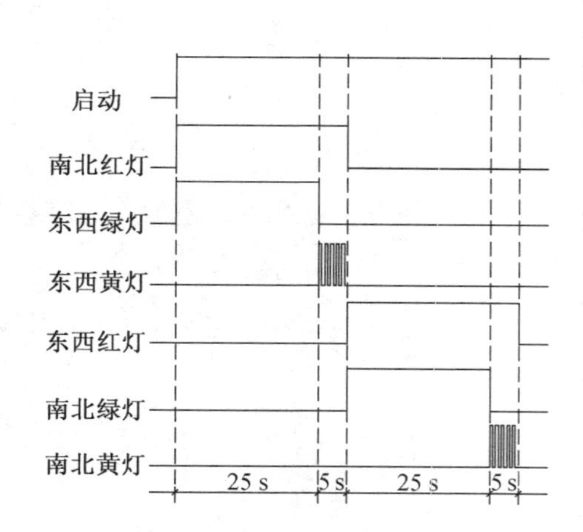

图 4.2　智慧交通管制信号灯控制系统的时序图

PLC 逻辑控制系统由控制单元（PLC）、输入单元、输出单元组成，如图 4.1 所示。其中输入单元负责感知外界信号，包括按钮、传感器等设备；输出单元负责动作的执行，包括指示灯、继电器、电磁阀等设备。PLC 可以通过逻辑控制指令实现对信号灯等外围设备的控制。

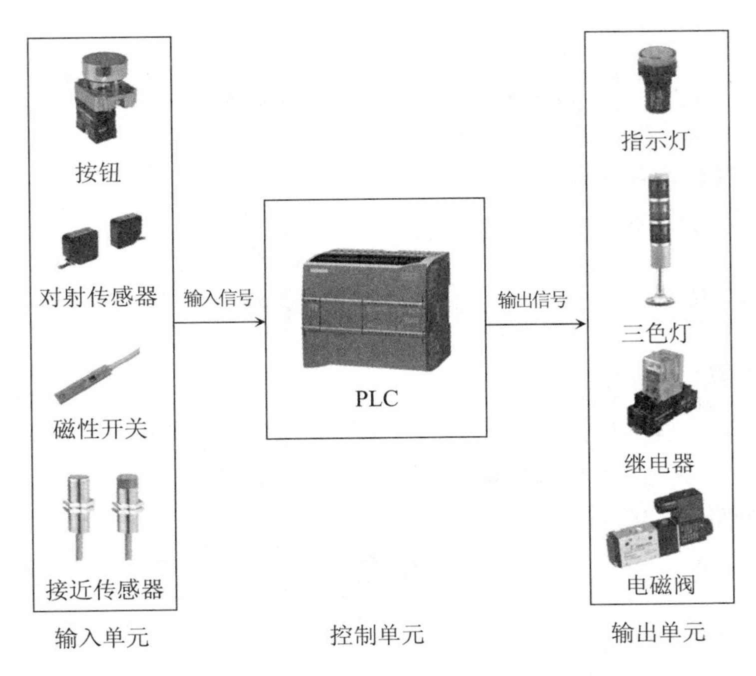

图 4.3　PLC 逻辑控制系统

4.1.2　项目需求

本项目需要电源、PLC 模块和交通灯模拟控制模块，交通灯模拟控制模块如图 4.4 所示，通过对开关的控制，实现智慧交通管制控制程序的启动运行，完成指示灯点亮与熄灭的功能。

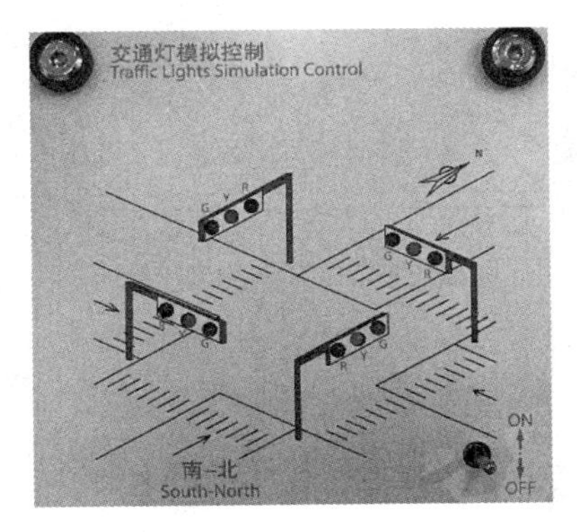

图 4.4　交通灯模拟控制模块

本项目要求当拨动 ON-OFF 开关置 ON 后，智慧交通管制控制程序运行，南、北方向指示灯红灯常亮 30 s，东、西方向指示灯绿灯常亮 25 s 后转为黄灯闪烁 5 s；程序启动 30 s 后，东、西方向指示灯红灯常亮 30 s，南、北方向指示灯绿灯常亮 25 s 后转为黄灯闪烁 5 s。

4.1.3　项目目的

通过对 PLC 逻辑控制的学习，可以实现以下学习目标。

（1）掌握西门子 PLC 的基础编程方法。

（2）熟悉 PLC 输入/输出的接线方法。

（3）熟悉逻辑控制的指令。

4.2　项目分析

4.2.1　项目构架

本项目为基于逻辑控制的指示灯项目，需要使用机电一体化产教应用系统中的开关电源模块、PLC 模块、交通信号灯模块（包含开关和指示灯），开关电源为系统提供 24 V 电源，本项目的构架如图 4.5 所示。

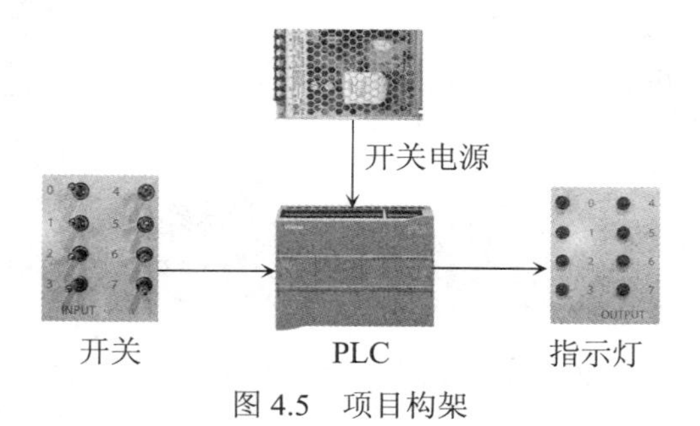

图 4.5　项目构架

4.2.2　项目流程

本项目实施流程如图 4.6 所示。

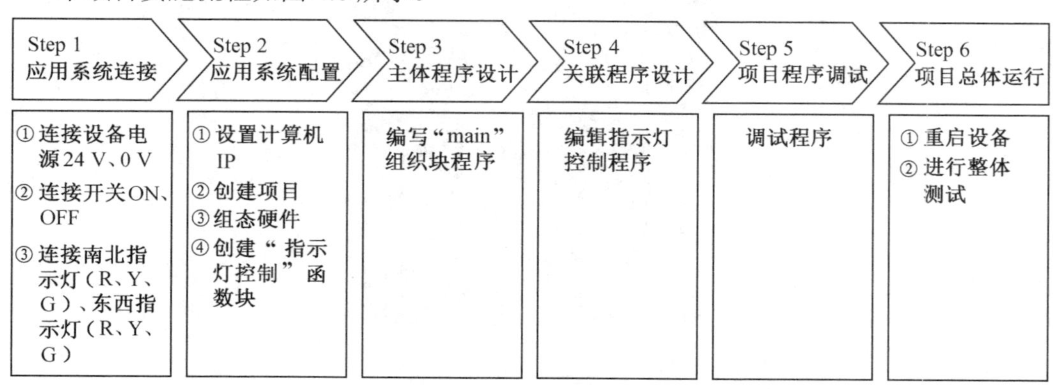

图 4.6　实施流程

※ 交通管制项目要点

4.3 项目要点

4.3.1 结构化编程

西门子 PLC 在程序设计中引入了将复杂任务简单化的思想，把整个项目程序划分成小的子程序，分别对子程序进行编程。这些划分的子程序，被称为“块”，“块”之间通过逻辑关系调用。这种把复杂程序划分成小的“块”的编程方法，称为“结构化程序编程”。

结构化编程有以下优点：

- 通过结构化更容易进行大程序编程。
- 各个程序段都可实现标准化，通过更改参数反复使用。
- 程序结构更简单。
- 更改程序变得更容易。
- 可分别测试程序段，因而可简化程序排错过程。
- 简化了调试。

图 4.7 所示为一个结构化程序示意图：“main”循环 OB 将连续调用子程序，执行所定义的子程序。

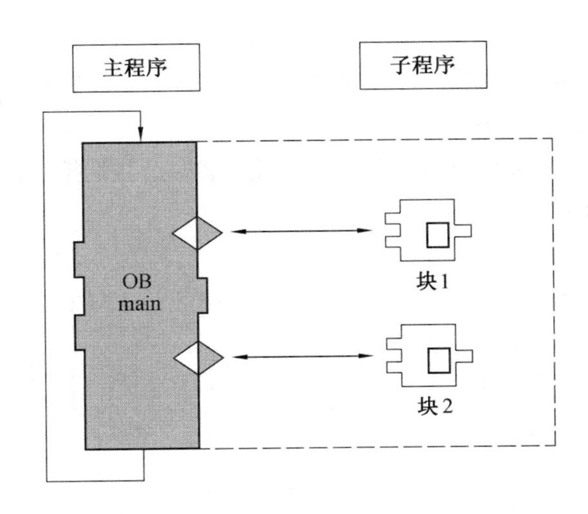

图 4.7 结构化程序示意图

4.3.2 I/O 通信

I/O 信号即输入/输出信号，是控制器与外部设备进行交互的基本方式。CPU 1215C DC/DC/DC 拥有 14 路数字输入和 10 路数字输出，输入和输出接口如图 4.8 所示。

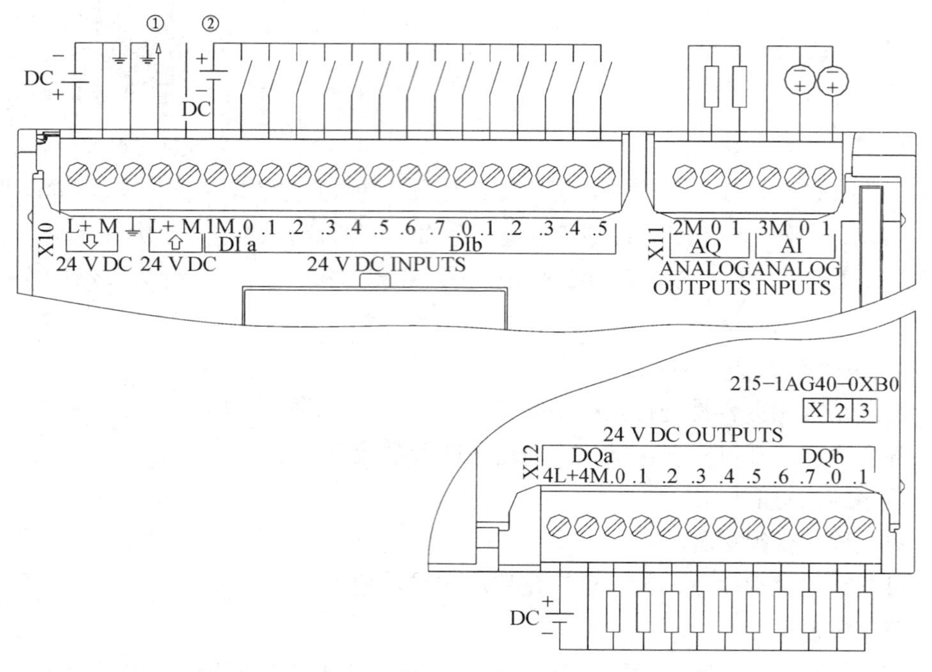

图 4.8　输入和输出接口

1. 数字量输入接线

西门子 S7-1200 系列 PLC 输入端的接法有以下两种：

（1）源型是电流从公共端流入，从输入端流出，即公共端接电源正极（共阳极接法），源型输入电路如图 4.9（a）所示。

（2）漏型是电流从公共端流出，从输入端流入，即公共端接电源负极（共阴极接法），漏型输入电路如图 4.9（b）所示。

本项目采用漏型输入。

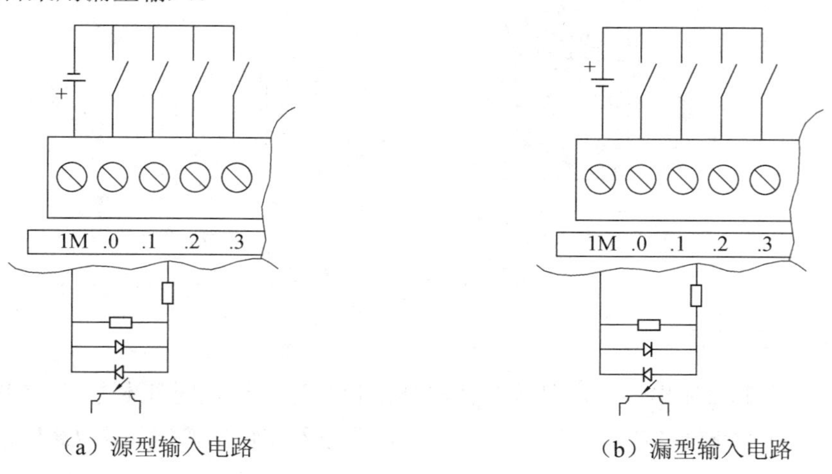

（a）源型输入电路　　（b）漏型输入电路

图 4.9　数字量输入接线

2. 数字量输出接线

西门子 PLC 的数字量输出常见的有晶体管输出和继电器输出两种，数字量输出接线如图 4.10 所示。本项目使用的 CPU 1215C DC/DC/DC 采用的是晶体管输出，只支持源型输出（即信号有效时，输出高电平）。

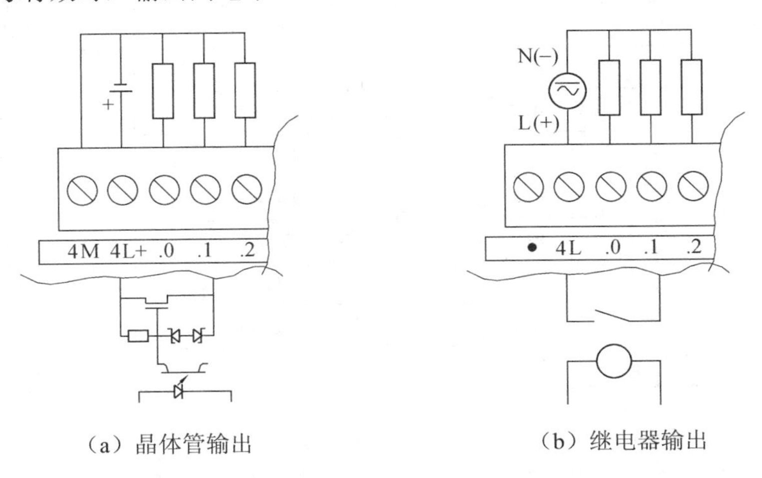

（a）晶体管输出　　（b）继电器输出

图 4.10　数字量输出接线

3. 输入/输出地址设置

CPU 1215C DC/DC/DC 的数字输入接口为 DIa 和 DIb，数字输出接口为 DQa 和 DQb。在编程软件的项目树中，右击 PLC，单击【属性】→【DI14/DQ10】→【I/O 地址】，可以对起始字节地址进行设置，输入/输出的地址设置如图 4.11 所示。默认 DI 和 DQ 的起始字节地址均为 0，结束字节地址均为 1，所以 PLC 的各个输入位接口为 DIa.0～DIa.7 和 DIb.0～DIb.5，对应的位地址为 I0.0～I0.7 和 I1.0～I1.5；PLC 的各个输出位接口为 DQa.0～DQa.7 和 DQb.0、DQb.1，对应的位地址为 Q0.0～Q0.7 和 Q1.0、Q1.1。各个位的默认对应关系见表 4.1。

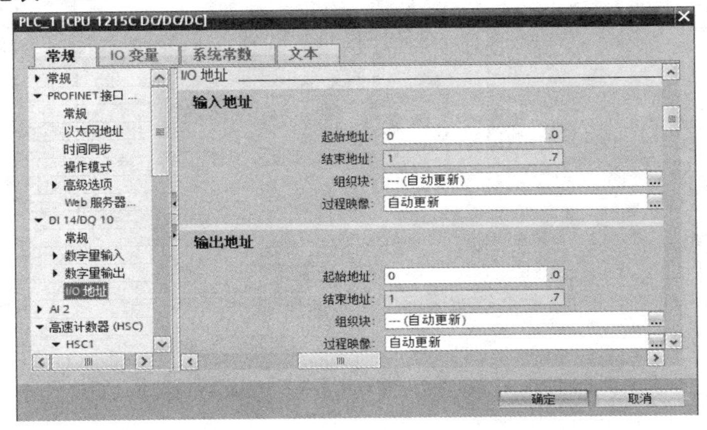

图 4.11　输入/输出的地址设置

表 4.1 默认对应关系

输入接口	输入地址	输出接口	输出地址
DIa.0	I0.0	DQa.0	Q0.0
DIa.1	I0.1	DQa.1	Q0.1
DIa.2	I0.2	DQa.1	Q0.1
DIa.3	I0.3	DQa.1	Q0.1
DIa.4	I0.4	DQa.1	Q0.1
DIa.5	I0.5	DQa.1	Q0.1
DIa.6	I0.6	DQa.1	Q0.1
DIa.7	I0.7	DQa.7	Q0.7
DIb.0	I1.0	DQb.0	Q1.0
DIb.1	I1.1	DQb.1	Q1.1
DIb.2	I1.2		
DIb.3	I1.3		
DIb.4	I1.4		
DIb.5	I1.5		

4.3.3 指令的添加

用户使用博途软件进行指令添加的常用方法有 3 种：从指令栏中拖拽添加、双击添加和右击插入，添加方式如图 4.12 所示。

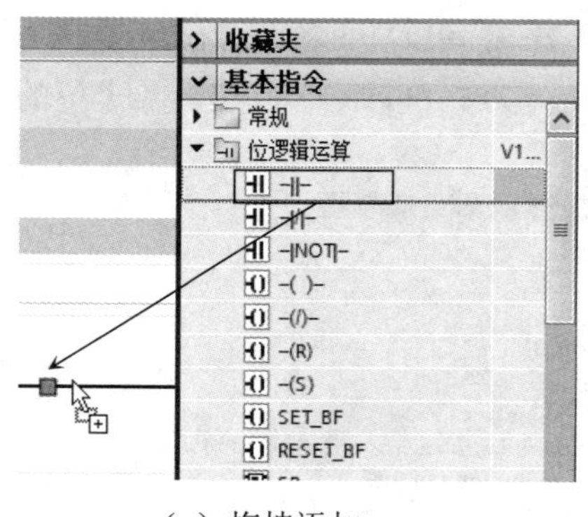

(a) 拖拽添加

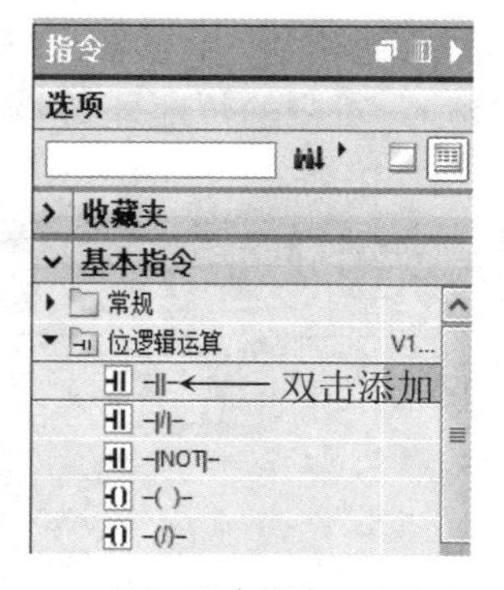

(b) 双击添加

(c) 右击插入

图 4.12 指令添加方式

1. 位逻辑运算指令

位逻辑运算指令用于二进制数的逻辑运算。位逻辑运算的结果简称 RLO。位逻辑指令主要有触点指令、置位指令、复位指令、线圈指令等。本项目中用到的位逻辑运算指令见表 4.2。

表 4.2　位逻辑运算指令

符号	名称	特点
─┤ ├─	常开触点	与真实信号状态相同
─┤/├─	常闭触点	与真实信号状态相反
─( )─	赋值	控制信号的状态

位逻辑运算指令除了通过位于编程软件指令栏中的“位逻辑运算”栏目进行添加，还可以通过指令栏中的“收藏夹”栏目或者程序块编辑窗口的常用指令收藏栏进行添加，如图 4.13 所示。

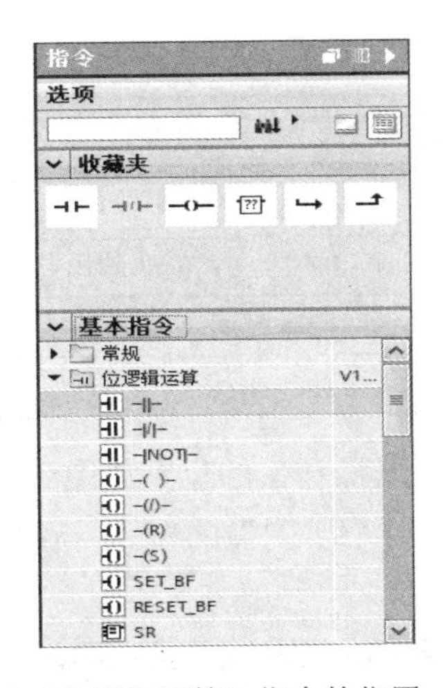

（a）“位逻辑运算”指令的位置

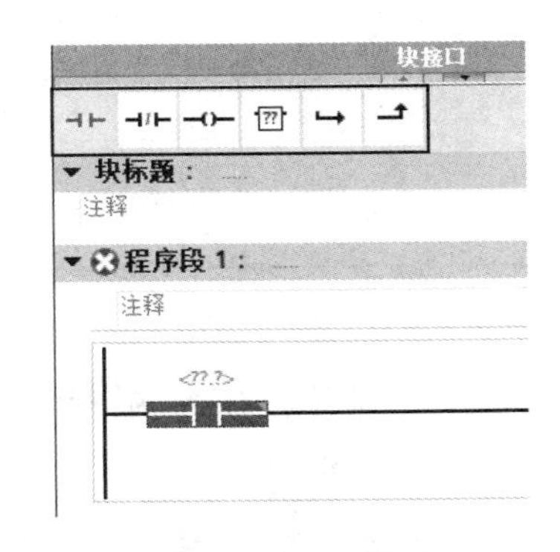

（b）编辑器收藏栏

图 4.13　位逻辑运算指令的添加

如果在同一程序中同一元件的线圈使用 2 次及以上，则称为双线圈输出。这时前面的输出无效，只有最后一次才有效，程序中不应出现双线圈输出，应当合并控制同一线圈的触点。

如用户希望实现按下 SB1 或 SB2 使 HL1 亮的功能。在图 4.14（a）所示程序中，当 SB1 为 ON 且 SB2 为 OFF 时，HL1 在第一行被置位 ON，在第二行被立即置位 OFF，所以最终输出结果 HL1 始终为 OFF，此程序为错误示例；在图 4.14（b）所示程序中，优化程序结构，首先将 SB1 和 SB2 进行或运算，再将结果赋值给 HL1，因此任意 1 个按钮为 ON 即可使 HL1 输出 ON。

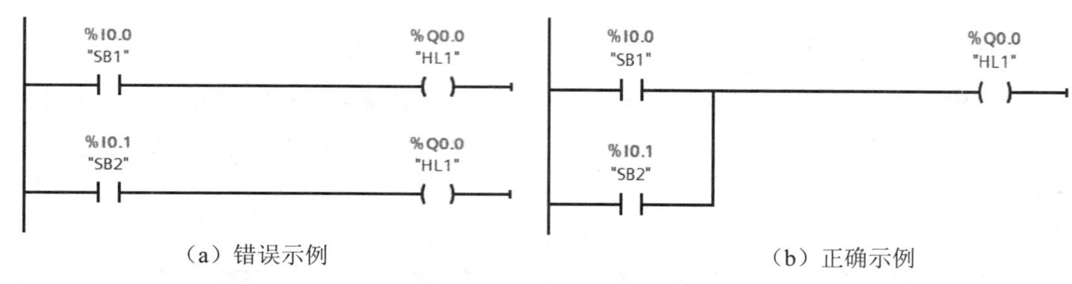

（a）错误示例　　（b）正确示例

图 4.14　双线圈程序示例

2. 定时器指令

IEC 定时器指令分为脉冲定时器（TP）、通电延时定时器（TON）、通电延时保持性定时器（TONR）和断电延时定时器（TOF），本项目使用通电延时定时器（TON）和脉冲定时器（TP）。

通电延时定时器（TON）用于延时一段时间后输出信号。通电延时定时器参数见表 4.3。通电延时定时器（TON）输入 IN 为“1”的时间必须超过定时设定时间 PT，输出 Q 才会有效。

表 4.3　通电延时定时器参数

LAD	参数	数据类型	说　　明
TON Time IN　Q PT　ET	IN	BOOL	启动定时器
	Q	BOOL	超过时间 PT 后，置位的输出
	PT	Time	定时时间
	ET	Time	当前时间值

定时器指令位于指令栏的“定时器操作”栏目，“定时器操作”的位置如图 4.15（a）所示。添加指令后需要选择调用实例的形式，通常选择“单个实例”的模式，调用实例的窗口如图 4.15（b）所示。

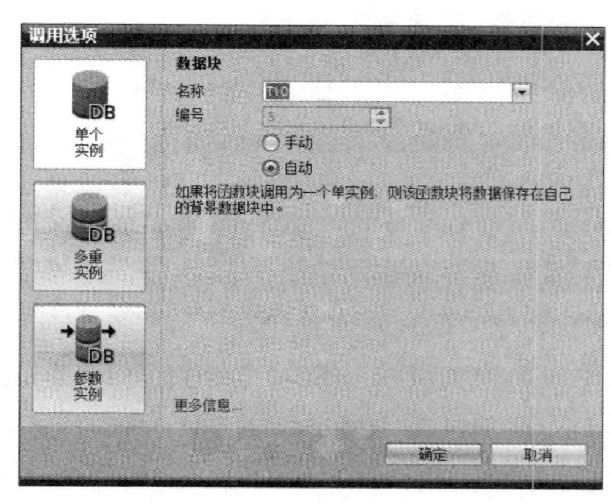

（a）“定时器操作”的位置　　（b）调用实例的窗口

图 4.15　定时器指令的添加

在使用定时器指令时，需要注意只有在 IEC 定时器指令的 Q 点或 ET 点连接变量，或者在程序中使用 IEC 定时器类型的数据块或变量中的 Q 点或者 ET，定时器才会开始计时。

下面以实现按下 SB1 启动定时器 T1 的功能为例，介绍定时器的使用。在图 4.16（a）所示程序中，当 SB1 为 ON 时，通电延时定时器无法开始计时；在图 4.16（b）所示程序中，优化程序结构，由于使用了定时器“T1”中的 Q 点，当 SB1 为 ON 时，通电延时定时器将开始计时。

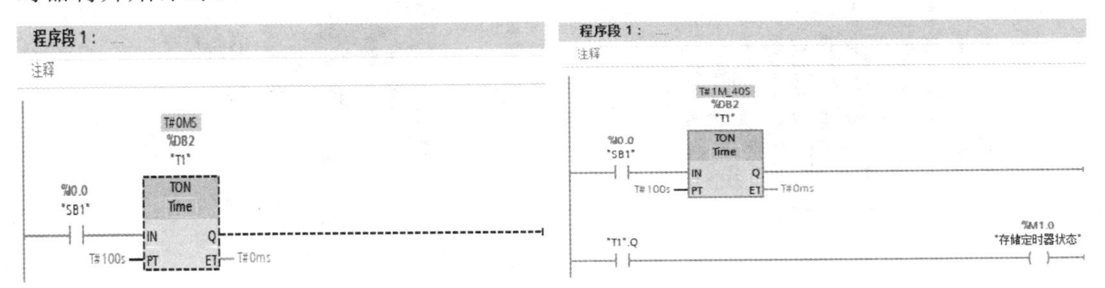

（a）错误示例　　　　（b）正确示例

图 4.16 定时器指令的示例

4.4 项目步骤

※ 交通管制项目步骤

4.4.1 应用系统连接

本项目基于机电一体化产教应用系统开展，通过接插线连接各设备，PLC 数字 I/O 部分的电气原理图如图 4.17 所示，实物接线图如图 4.18 所示。

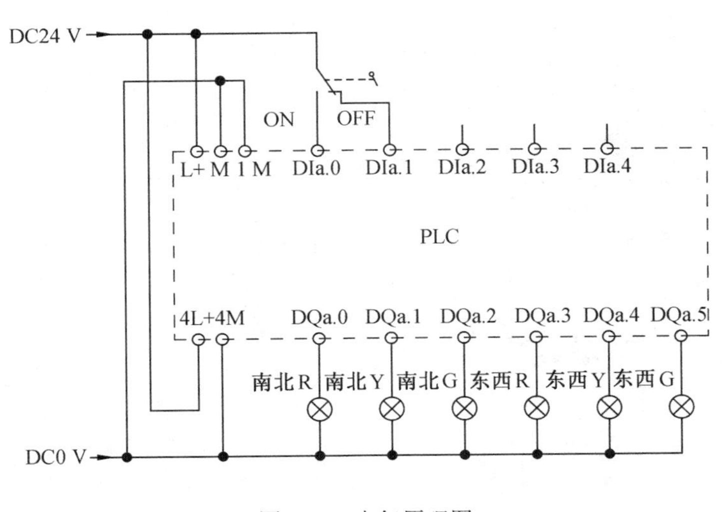

图 4.17 电气原理图

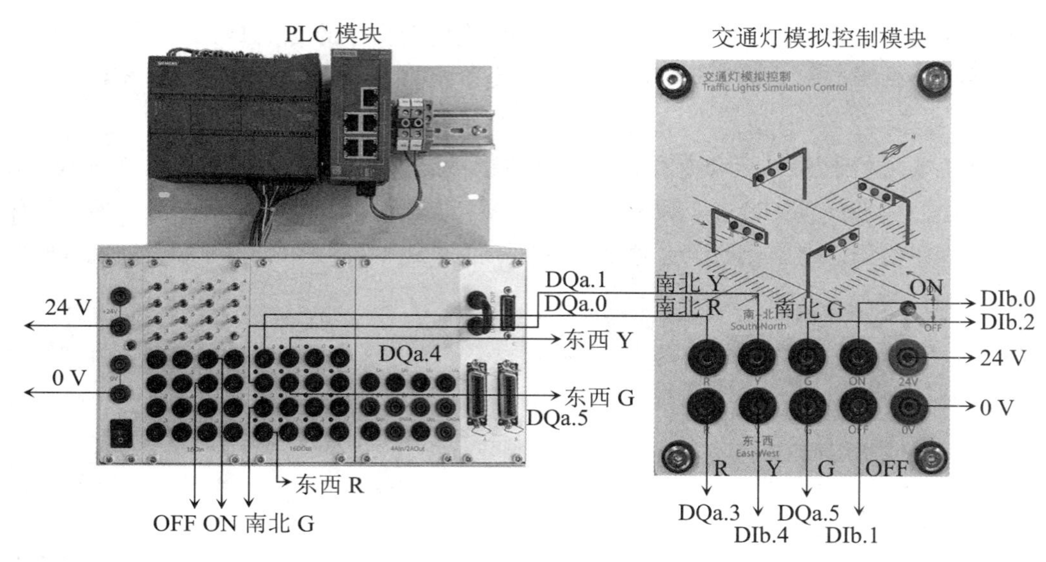

图 4.18　实物接线图

4.4.2　应用系统配置

1. 设置计算机 IP

本项目所有网络设备的 IP 地址设置在 192.168.1.1～192.168.1.254 网段，因此可以将计算机网卡的 IP 地址改为 192.168.1.200，计算机 IP 设置如图 4.19 所示。

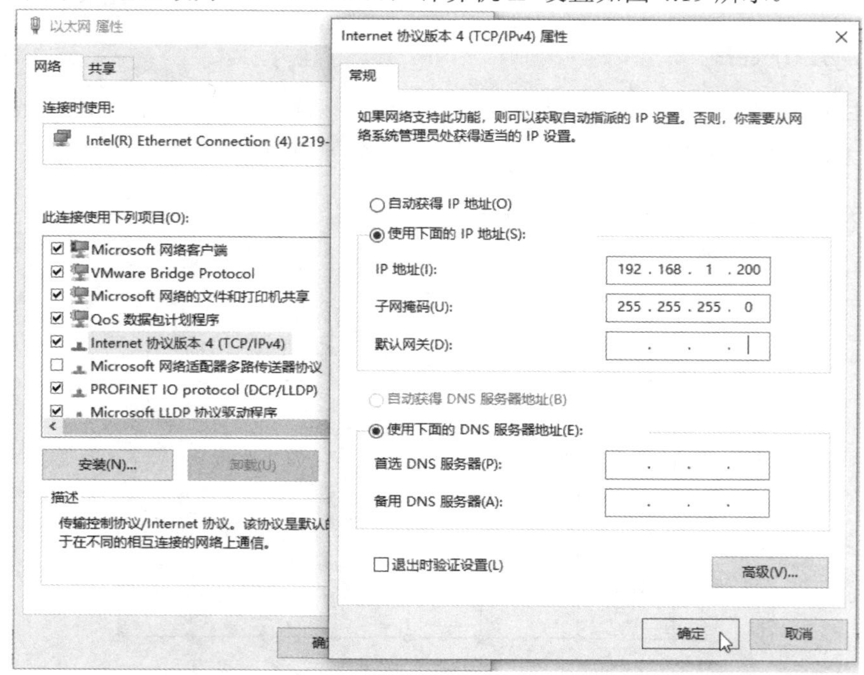

图 4.19　计算机 IP 设置

2. 项目创建

项目创建操作步骤见表 4.4。

表 4.4　项目创建操作步骤

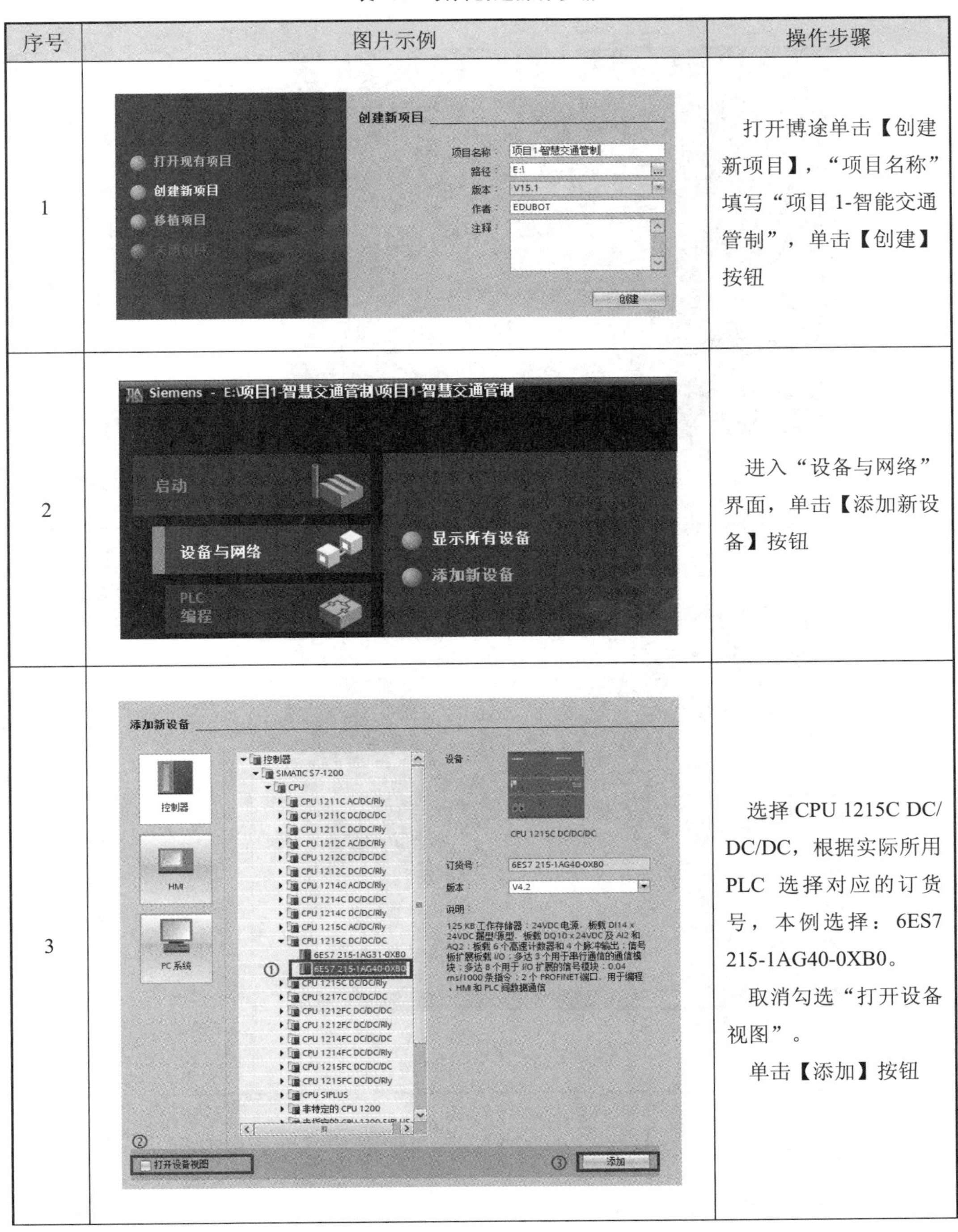

序号	图片示例	操作步骤
1		打开博途单击【创建新项目】，“项目名称”填写“项目 1-智能交通管制”，单击【创建】按钮
2		进入“设备与网络”界面，单击【添加新设备】按钮
3		选择 CPU 1215C DC/DC/DC，根据实际所用 PLC 选择对应的订货号，本例选择：6ES7 215-1AG40-0XB0。 取消勾选“打开设备视图”。 单击【添加】按钮

续表 4.4

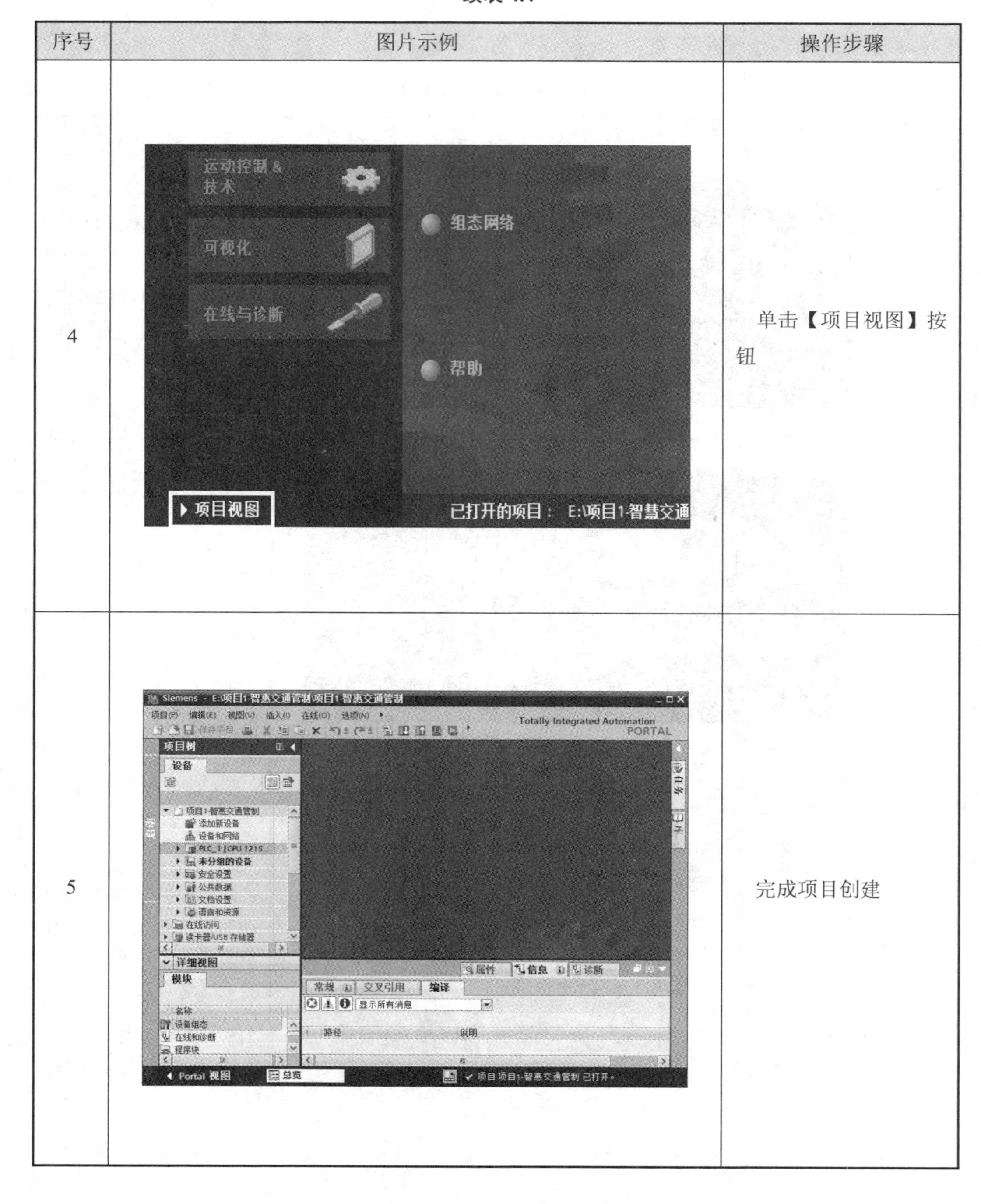

序号	图片示例	操作步骤
4		单击【项目视图】按钮
5		完成项目创建

3. CPU 配置

CPU 配置的操作步骤见表 4.5。

表 4.5 CPU 配置的操作步骤

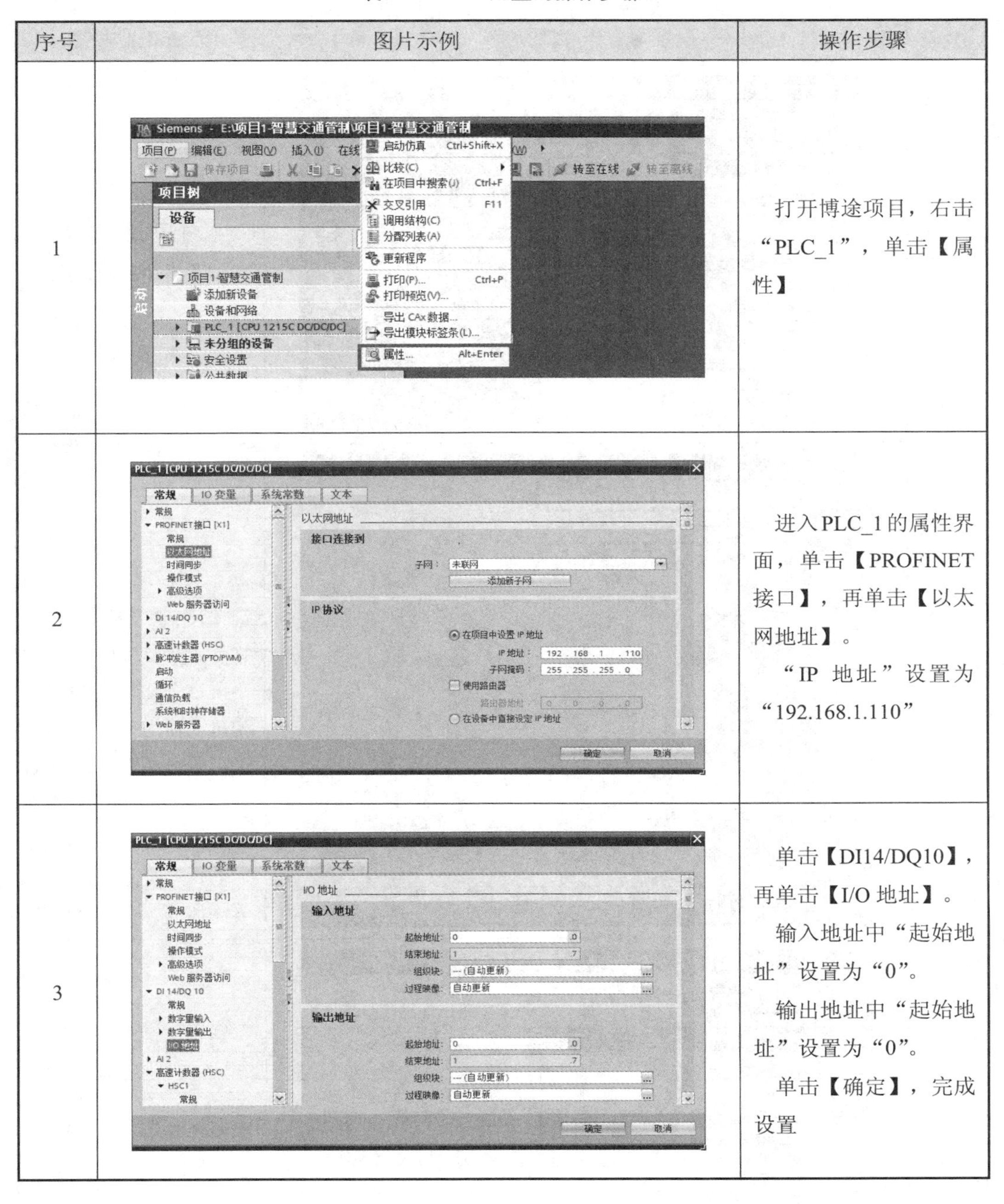

序号	图片示例	操作步骤
1		打开博途项目，右击“PLC_1”，单击【属性】
2		进入 PLC_1 的属性界面，单击【PROFINET 接口】，再单击【以太网地址】。“IP 地址”设置为“192.168.1.110”
3		单击【DI14/DQ10】，再单击【I/O 地址】。输入地址中“起始地址”设置为“0”。输出地址中“起始地址”设置为“0”。单击【确定】，完成设置

4. 添加块

本项目需要添加一个函数块（FB），函数块的名称为“智慧交通管制”。添加函数块的操作步骤见表 4.6。

表 4.6　添加函数块的操作步骤

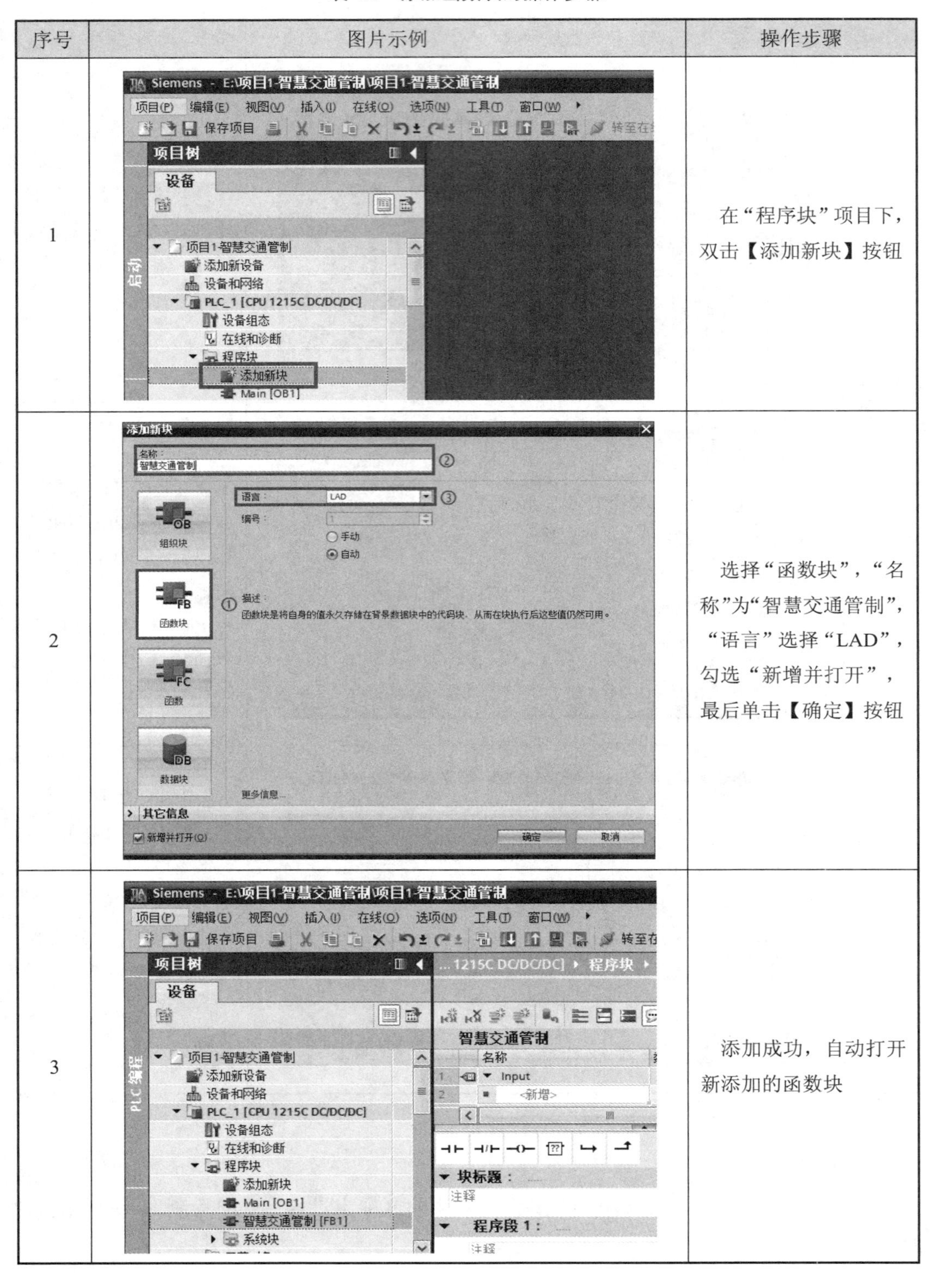

序号	图片示例	操作步骤
1		在“程序块”项目下，双击【添加新块】按钮
2		选择“函数块”，“名称”为“智慧交通管制”，“语言”选择“LAD”，勾选“新增并打开”，最后单击【确定】按钮
3		添加成功，自动打开新添加的函数块

5. 变量表配置

PLC 的变量表配置见表 4.7。

表 4.7 变量表配置

变量名称	PLC 输入	变量名称	PLC 输出	变量名称	内部存储器
ON	I1.0	南北 R	Q0.0	启动标志	M1.0
OFF	I1.1	南北 Y	Q0.1	东西绿灯	M2.0
		南北 G	Q0.2	东西黄灯	M2.1
		东西 R	Q0.3	南北绿灯	M2.2
		东西 Y	Q0.4	南北黄灯	M2.3
		东西 G	Q0.5		

根据表 4.7，在项目 1 中创建变量表，具体操作步骤见表 4.8。

表 4.8 创建变量表的操作步骤

序号	图片示例	操作步骤
1	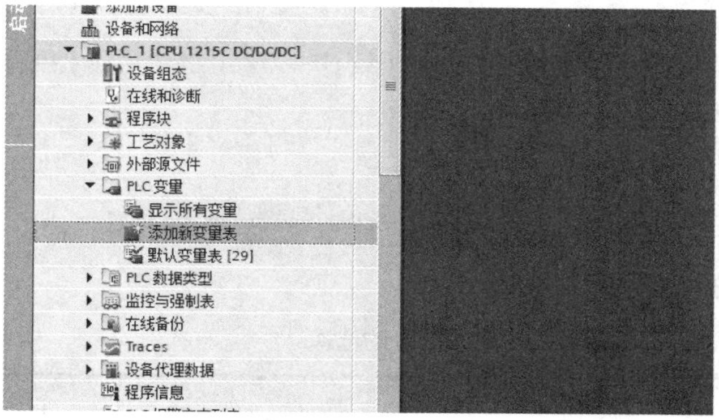	打开博途项目，在“PLC 变量”栏目下，单击【添加新变量表】按钮
2	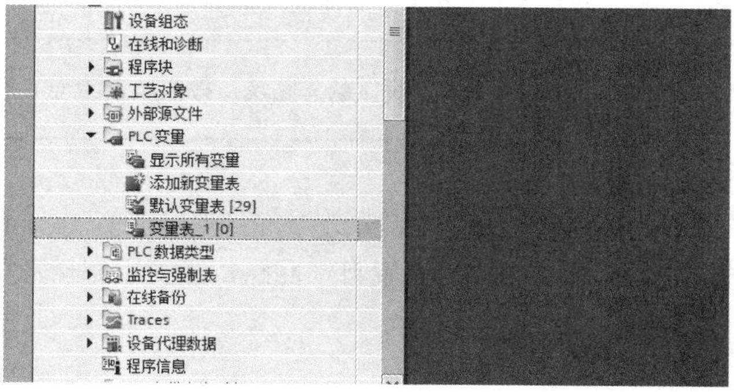	双击【变量表_1】，打开新建的变量表

续表 4.8

序号	图片示例	操作步骤
3	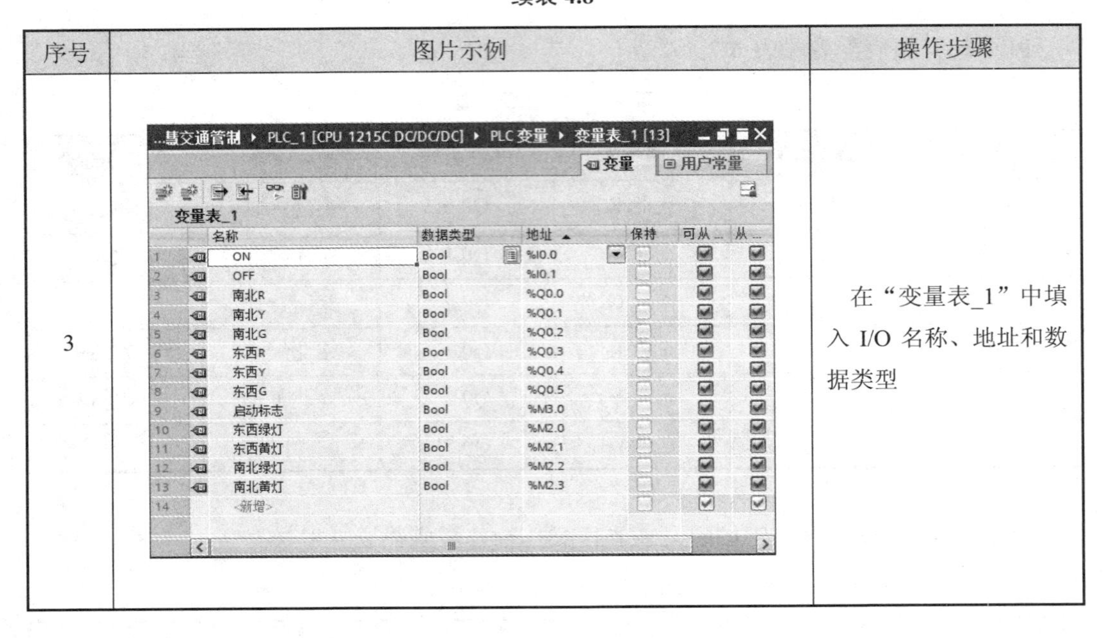	在“变量表_1”中填入 I/O 名称、地址和数据类型

4.4.3 主体程序设计

本项目的主体程序是名称为“main”的 OB1 组织块，该组织块用于控制按钮动作和调用“指示灯控制”函数块。

1. 控制按钮动作

任务要求拨动 ON-OFF 开关至 ON 程序开始运行；拨动开关至 OFF 程序停止运行，因此各按钮对应的位逻辑指令的选择见表 4.9。

表 4.9 位逻辑指令的选择

开关标识	指令类型	选择原因
ON	⊣ ⊢ 常开触点	与按钮真实状态相同：按钮触点闭合，指令接通
OFF	⊣/⊢ 常闭触点	与按钮真实状态相反：按钮触点闭合，指令断开

使用 PLC 内部的位存储器 M3.0 作为启动标志，并添加到变量表_1 中，变量表如图 4.20 所示。为保持启动标志 M3.0 为“1”，需要设置自锁回路，开关控制梯形图如图 4.21 所示。

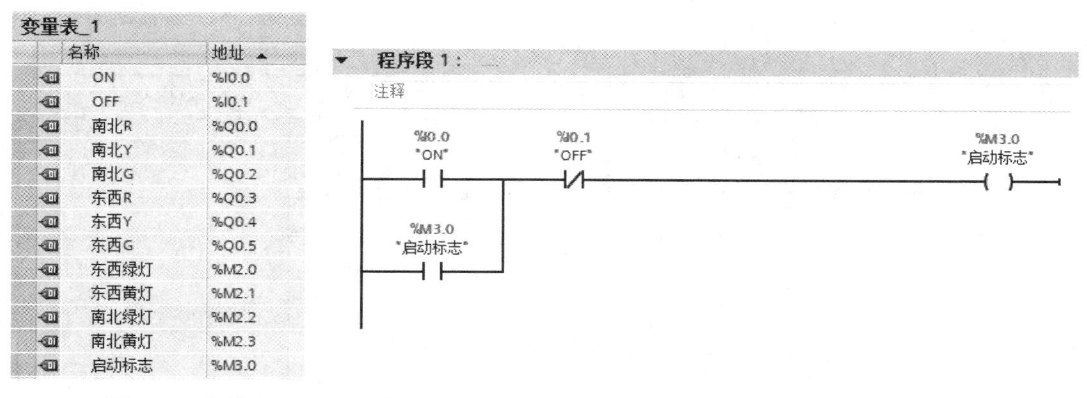

图 4.20　变量表　　　　图 4.21　开关控制梯形图

绘制按钮动作控制梯形图的操作步骤见表 4.10。

表 4.10　绘制按钮动作控制梯形图的操作步骤

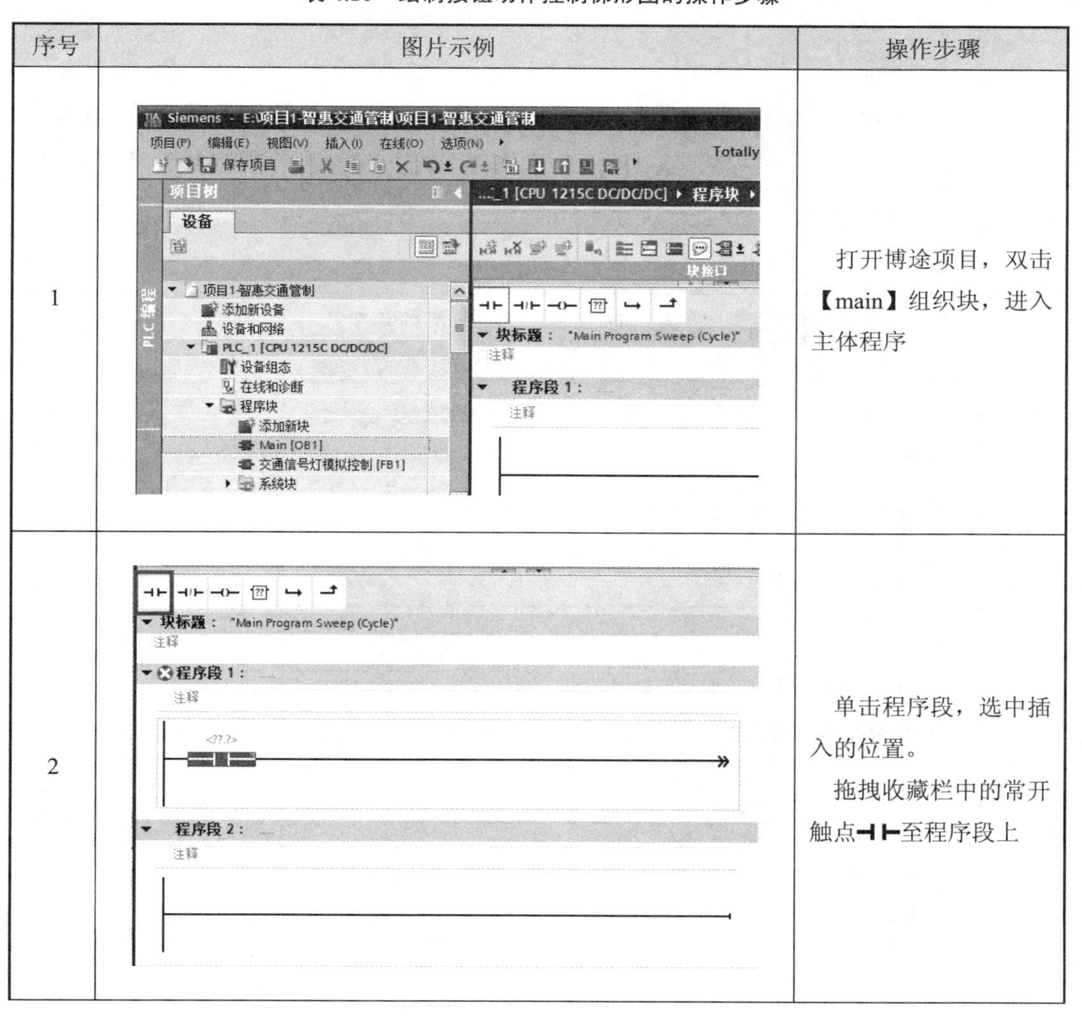

序号	图片示例	操作步骤
1		打开博途项目，双击【main】组织块，进入主体程序
2		单击程序段，选中插入的位置。 拖拽收藏栏中的常开触点⊣⊢至程序段上

续表 4.10

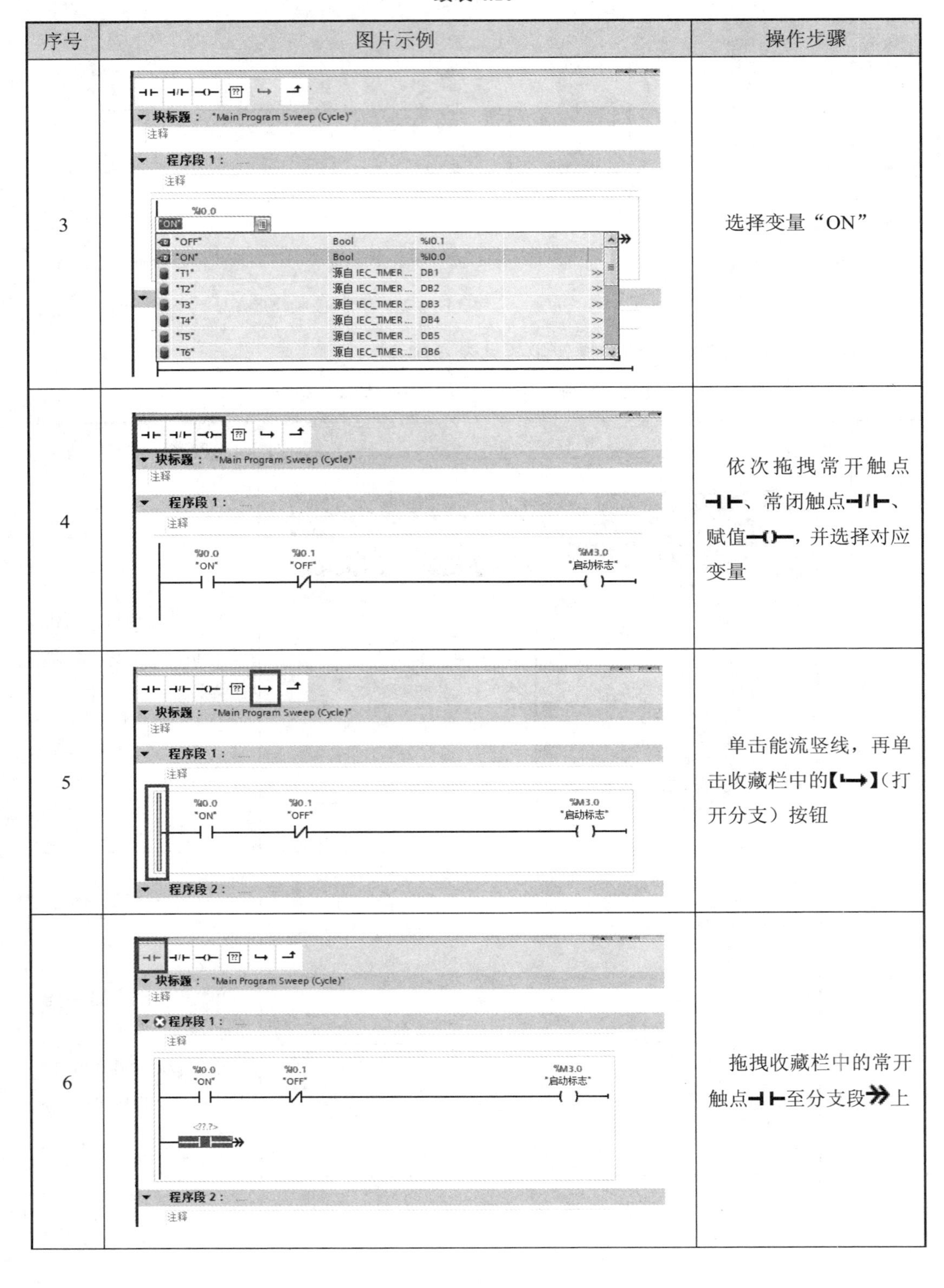

序号	图片示例	操作步骤
3		选择变量“ON”
4		依次拖拽常开触点┤├、常闭触点┤/├、赋值─( )─，并选择对应变量
5		单击能流竖线，再单击收藏栏中的【↦】（打开分支）按钮
6		拖拽收藏栏中的常开触点┤├至分支段»上

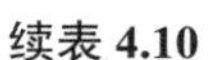

续表 4.10

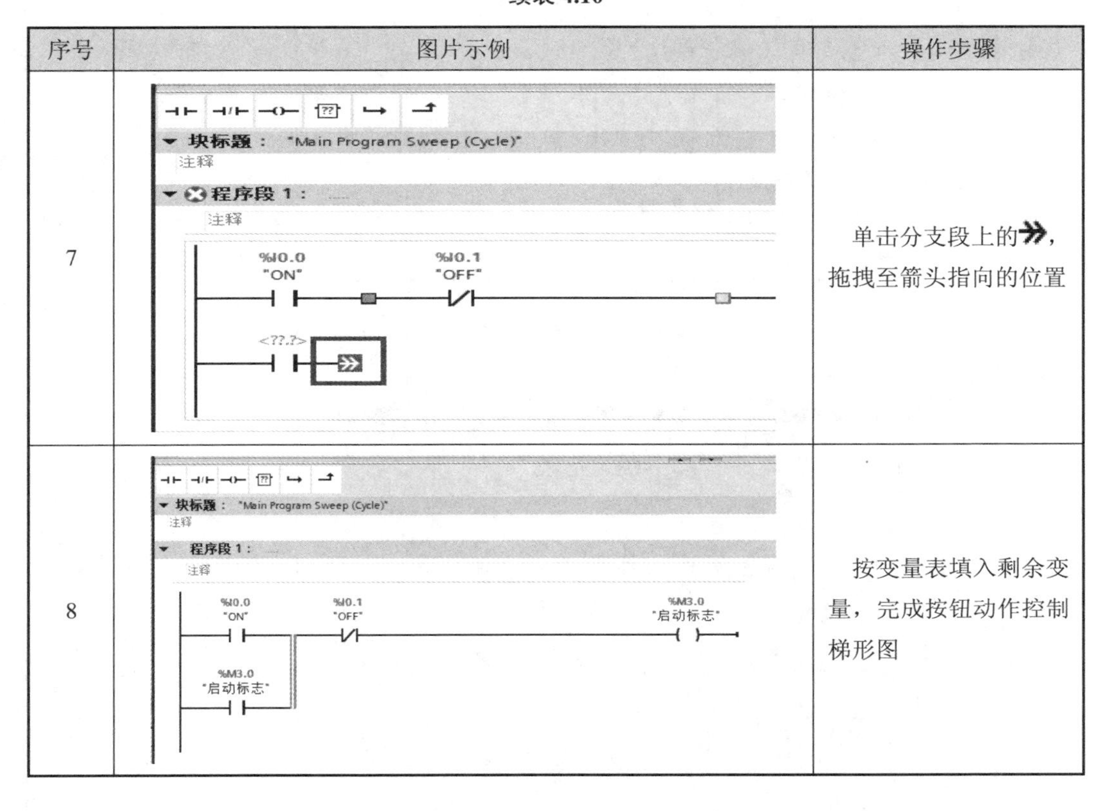

序号	图片示例	操作步骤
7		单击分支段上的»，拖拽至箭头指向的位置
8		按变量表填入剩余变量，完成按钮动作控制梯形图

2. 调用“指示灯控制”函数块

本项目在“main”组织块中调用“指示灯控制”函数块，该函数块控制指示灯的延时启动。调用函数块的操作步骤见表 4.11。

表 4.11 调用函数块的操作步骤

序号	图片示例	操作步骤
1		打开博途项目，双击【main】，进入主程序

续表 4.11

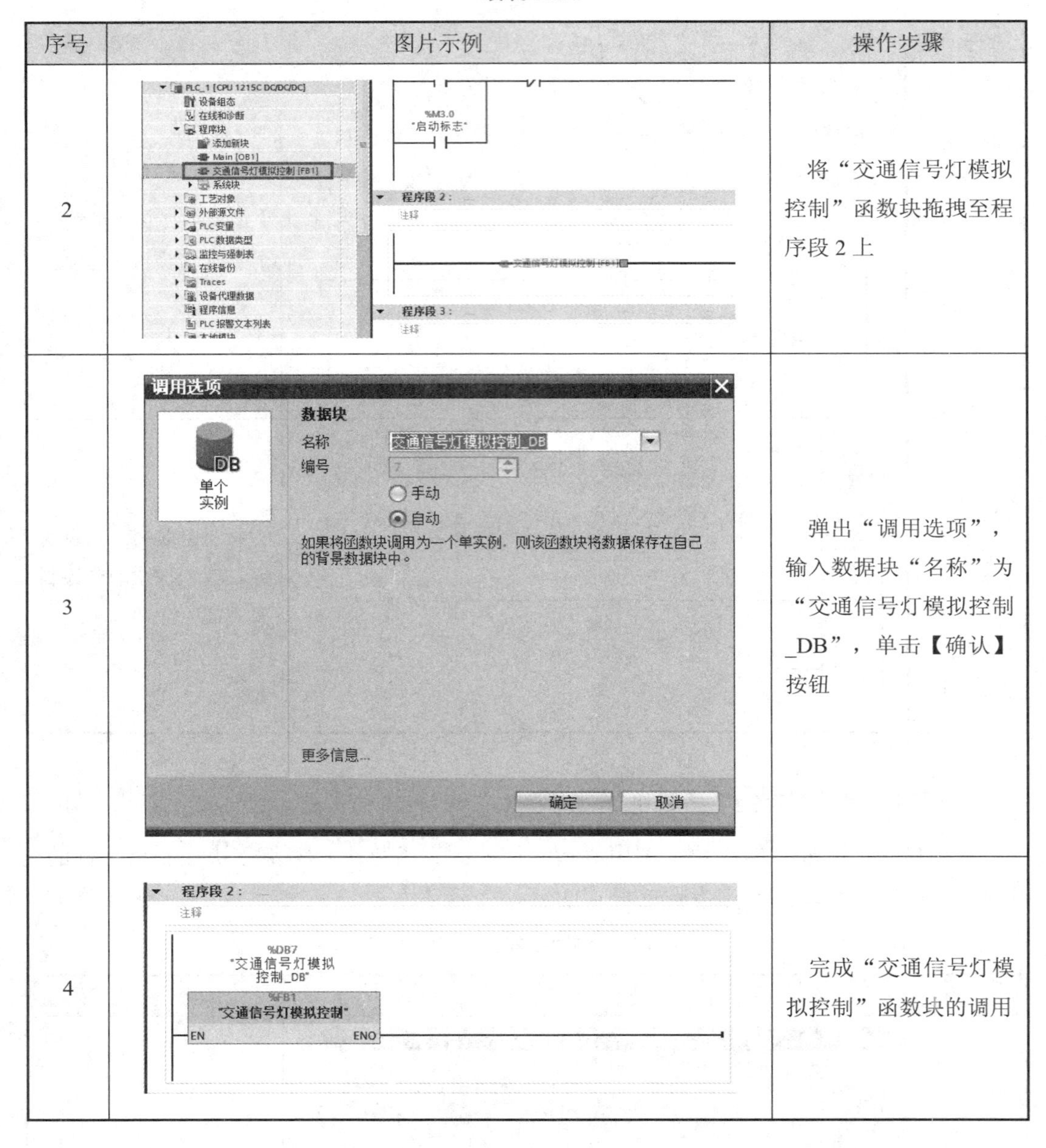

序号	图片示例	操作步骤
2		将“交通信号灯模拟控制”函数块拖拽至程序段 2 上
3		弹出“调用选项”，输入数据块“名称”为“交通信号灯模拟控制_DB”，单击【确认】按钮
4		完成“交通信号灯模拟控制”函数块的调用

4.4.4 关联程序设计

本项目的关联程序是名称为“交通信号灯模拟控制”的函数块。本项目要求当拨动 ON-OFF 开关置 ON 后，智慧交通管制控制程序运行，南、北方向指示灯红灯常亮 30 s，东、西方向指示灯绿灯常亮 25 s 后转为黄灯闪烁 5 s；程序启动 30 s 后，东、西方向指示灯红灯常亮 30 s，南、北方向指示灯绿灯常亮 25 s 后转为黄灯闪烁 5 s。关联程序设计内容见表 4.12。

表 4.12　关联程序内容

序号	图片示例	程序说明
1	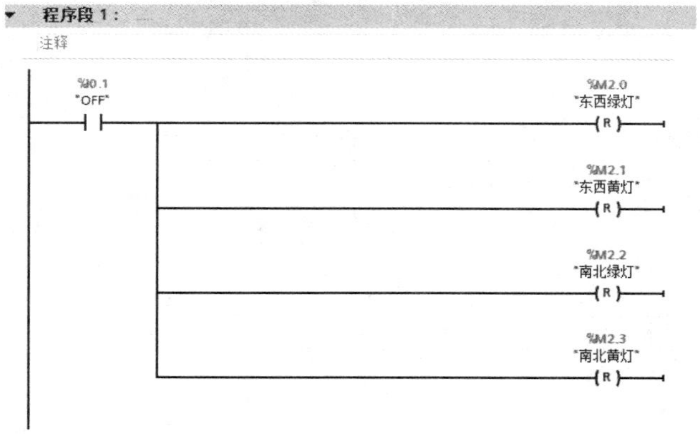 程序段 1： 注释 %I0.1 "OFF" %M2.0 "东西绿灯" (R) %M2.1 "东西黄灯" (R) %M2.2 "南北绿灯" (R) %M2.3 "南北黄灯" (R)	程序段 1 用于复位所有标志。当开关拨至 OFF，复位所有标志
2	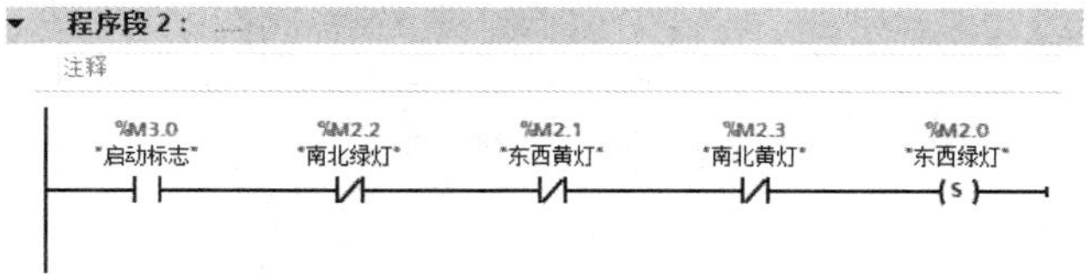 程序段 2： 注释 %M3.0 "启动标志" %M2.2 "南北绿灯" %M2.1 "东西黄灯" %M2.3 "南北黄灯" %M2.0 "东西绿灯" (S)	程序段 2 用于置位“东西绿灯”标志
3	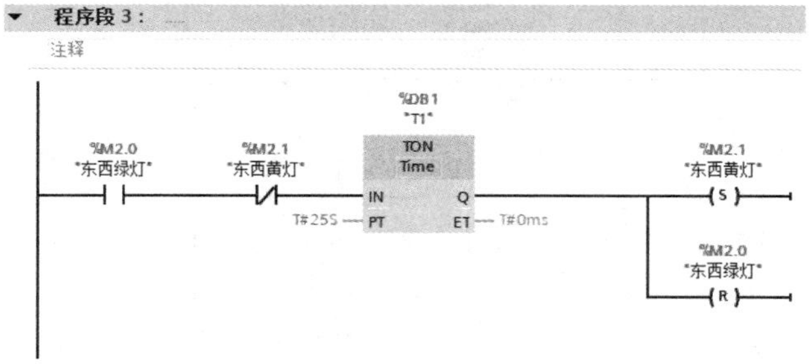 程序段 3： 注释 %DB1 "T1" TON Time %M2.0 "东西绿灯" %M2.1 "东西黄灯" IN Q T#25S — PT ET — T#0ms %M2.1 "东西黄灯" (S) %M2.0 "东西绿灯" (R)	程序段 3 用于复位“东西绿灯”标志和置位“东西黄灯”标志
4	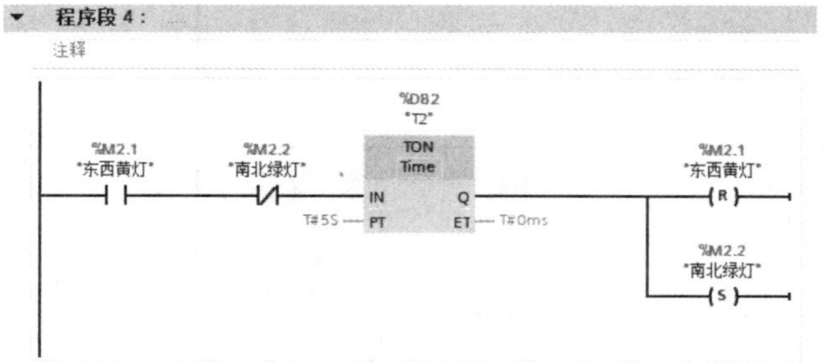 程序段 4： 注释 %DB2 "T2" TON Time %M2.1 "东西黄灯" %M2.2 "南北绿灯" IN Q T#5S — PT ET — T#0ms %M2.1 "东西黄灯" (R) %M2.2 "南北绿灯" (S)	程序段 4 用于复位“东西黄灯”标志和置位“南北绿灯”标志

续表 4.12

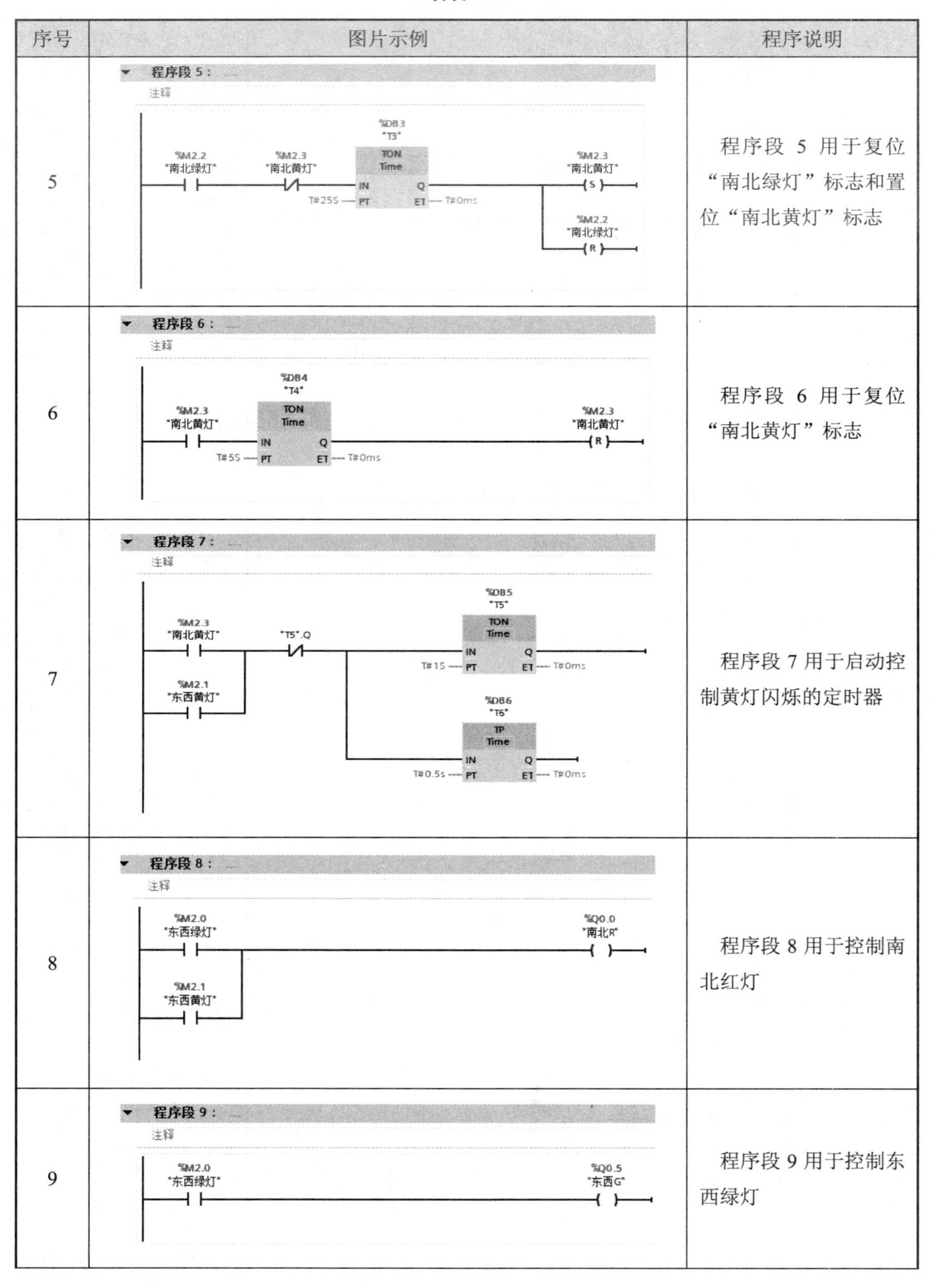

序号	图片示例	程序说明
5	程序段 5： 注释 %DB3 "T3" TON Time %M2.2 "南北绿灯" %M2.3 "南北黄灯" IN Q T#25S PT ET T#0ms %M2.3 "南北黄灯" (S) %M2.2 "南北绿灯" (R)	程序段 5 用于复位“南北绿灯”标志和置位“南北黄灯”标志
6	程序段 6： 注释 %DB4 "T4" TON Time %M2.3 "南北黄灯" IN Q T#5S PT ET T#0ms %M2.3 "南北黄灯" (R)	程序段 6 用于复位“南北黄灯”标志
7	程序段 7： 注释 %M2.3 "南北黄灯" %M2.1 "东西黄灯" "T5".Q %DB5 "T5" TON Time IN Q T#1S PT ET T#0ms %DB6 "T6" TP Time IN Q T#0.5s PT ET T#0ms	程序段 7 用于启动控制黄灯闪烁的定时器
8	程序段 8： 注释 %M2.0 "东西绿灯" %M2.1 "东西黄灯" %Q0.0 "南北R" ( )	程序段 8 用于控制南北红灯
9	程序段 9： 注释 %M2.0 "东西绿灯" %Q0.5 "东西G" ( )	程序段 9 用于控制东西绿灯

续表 4.12

序号	图片示例	程序说明
10	 程序段 10： 注释 %M2.1 "东西黄灯"　"T6".Q　%Q0.4 "东西Y"	程序段 10 用于控制东西黄灯
11	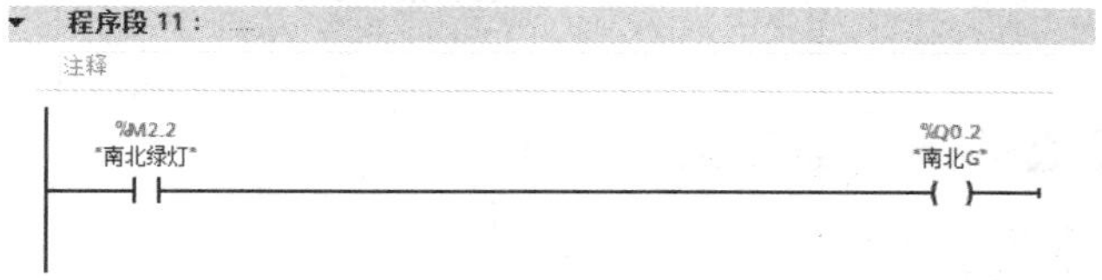 程序段 11： 注释 %M2.2 "南北绿灯"　%Q0.2 "南北G"	程序段 11 用于控制南北绿灯
12	 程序段 12： 注释 %M2.2 "南北绿灯"　%Q0.3 "东西R" %M2.3 "南北黄灯"	程序段 11 用于控制东西红灯
13	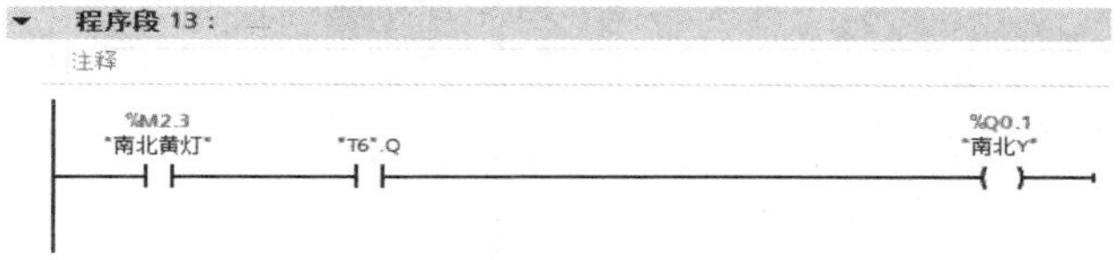 程序段 13： 注释 %M2.3 "南北黄灯"　"T6".Q　%Q0.1 "南北Y"	程序段 12 用于控制南北黄灯

4.4.5　项目程序调试

本项目通过 PLC 仿真软件，对程序进行调试，程序调试的操作步骤见表 4.13。

表 4.13　程序调试的操作

序号	图片示例	操作步骤
1	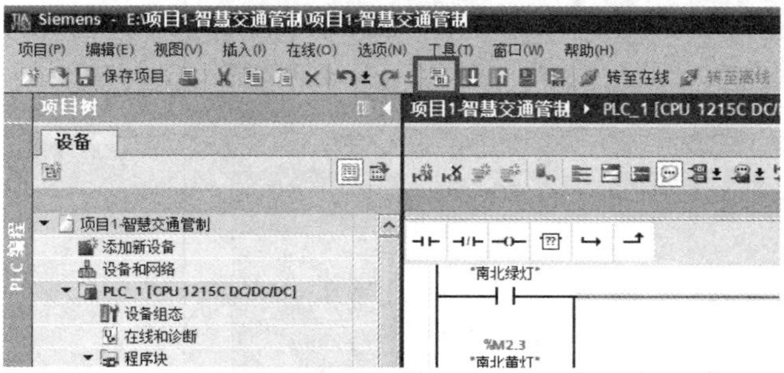 Siemens - E:\项目1-智慧交通管制\项目1-智慧交通管制 项目(P) 编辑(E) 视图(V) 插入(I) 在线(O) 选项(N) 工具(T) 窗口(W) 帮助(H) 保存项目　转至在线　转至离线 项目树　设备 项目1-智慧交通管制 ▸ PLC_1 [CPU 1215C DC/ 项目1-智慧交通管制 添加新设备 设备和网络 PLC_1 [CPU 1215C DC/DC/DC] 设备组态 在线和诊断 程序块 "南北绿灯" %M2.3 "南北黄灯"	单击工具栏的【】(编译)按钮，编译 PLC 程序

续表 4.13

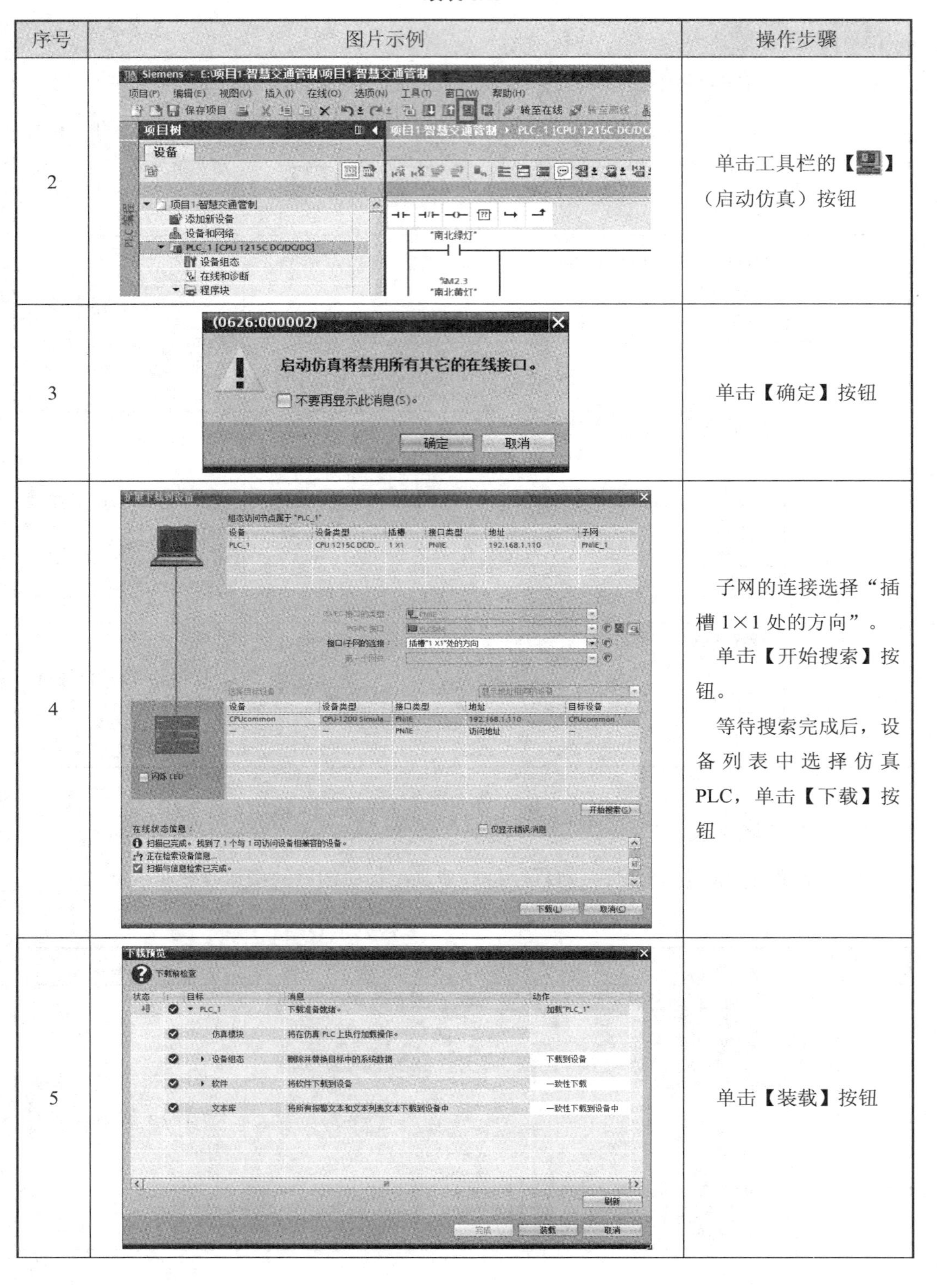

序号	图片示例	操作步骤
2		单击工具栏的【】（启动仿真）按钮
3		单击【确定】按钮
4		子网的连接选择“插槽 1×1 处的方向”。 单击【开始搜索】按钮。 等待搜索完成后，设备列表中选择仿真 PLC，单击【下载】按钮
5		单击【装载】按钮

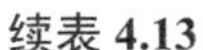

续表 4.13

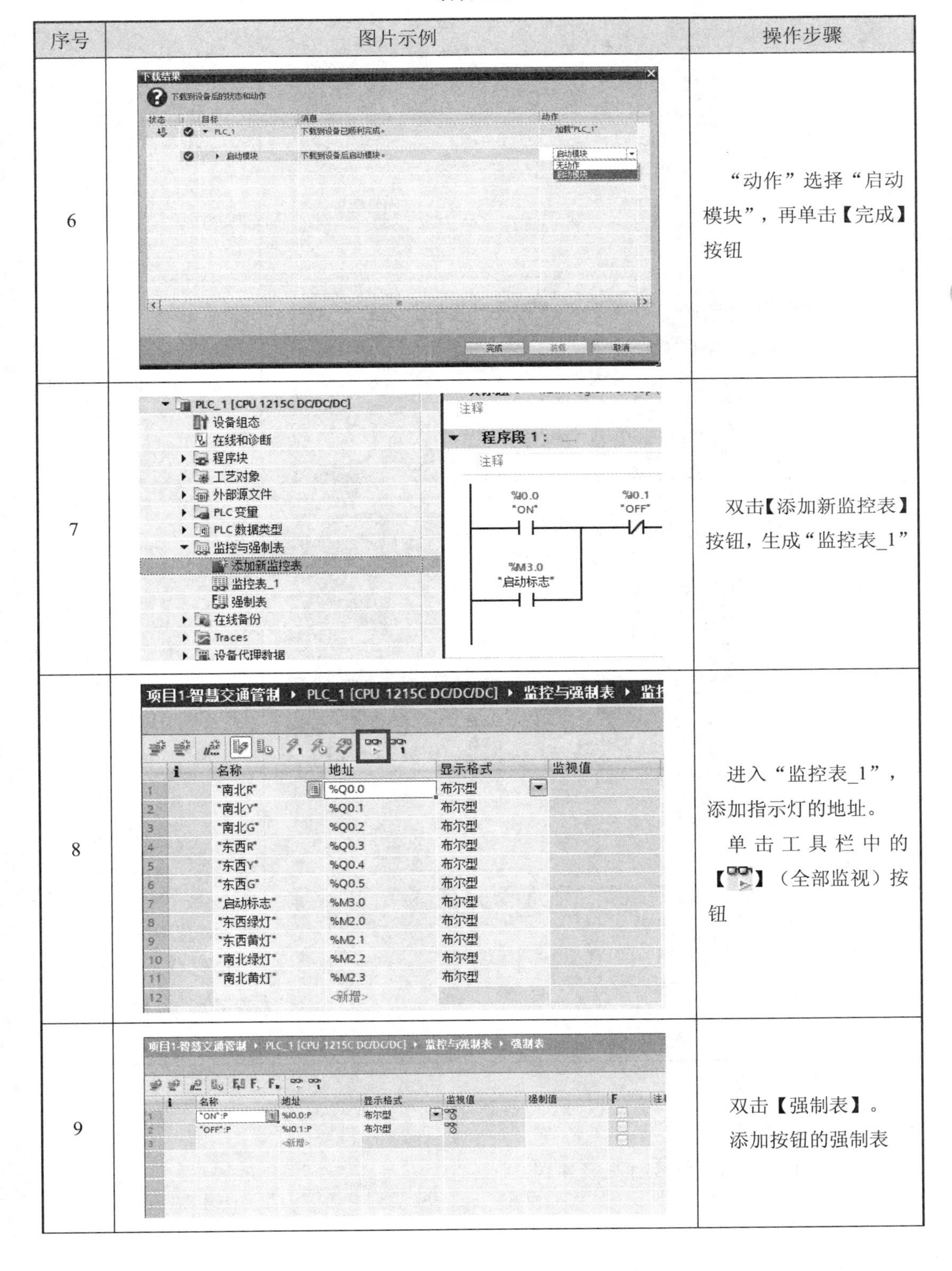

序号	图片示例	操作步骤
6		“动作”选择“启动模块”，再单击【完成】按钮
7		双击【添加新监控表】按钮，生成“监控表_1”
8		进入“监控表_1”，添加指示灯的地址。 单击工具栏中的【 】（全部监视）按钮
9		双击【强制表】。添加按钮的强制表

续表 4.13

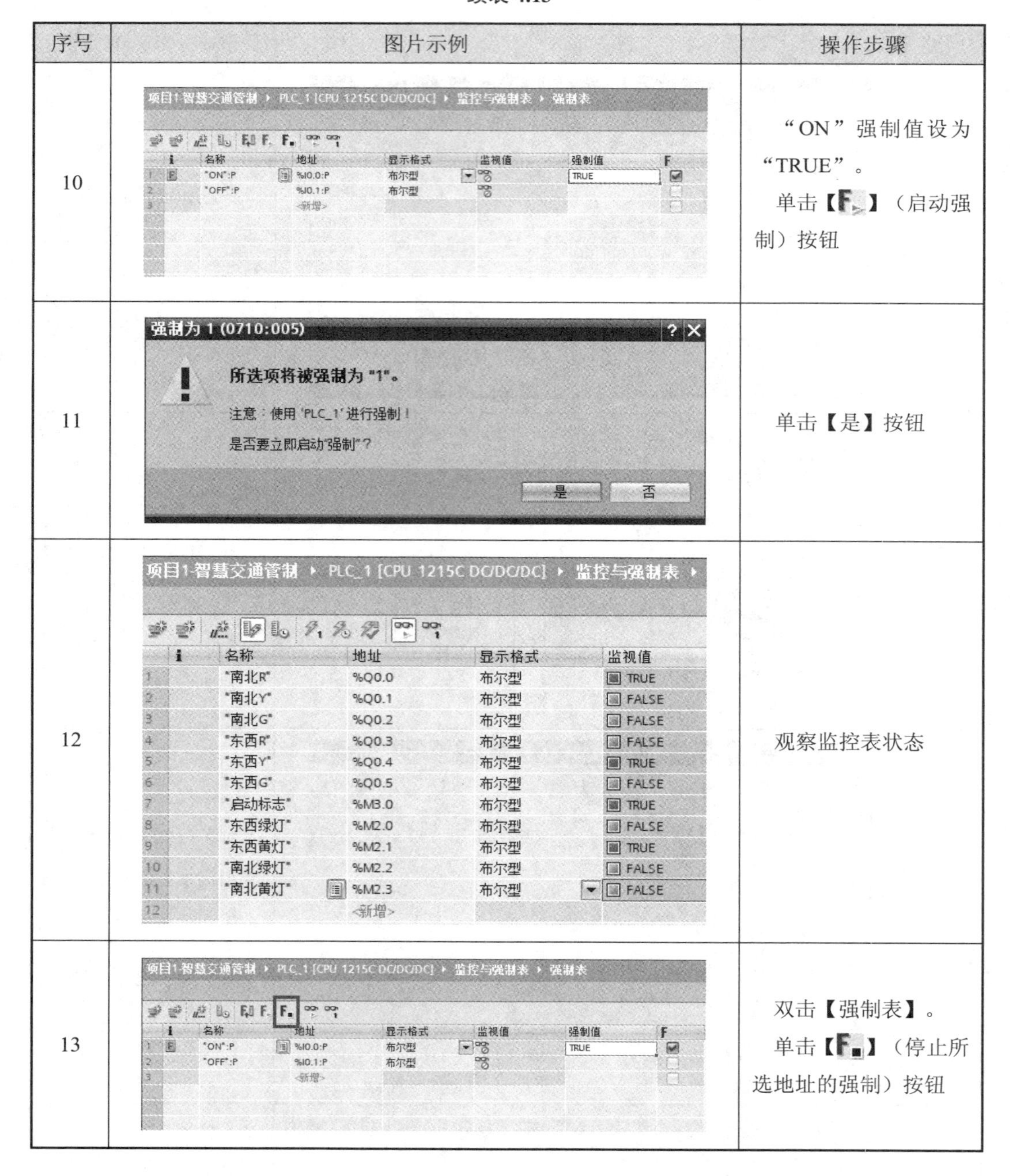

序号	图片示例	操作步骤
10		“ON”强制值设为“TRUE”。 单击【F】（启动强制）按钮
11		单击【是】按钮
12		观察监控表状态
13		双击【强制表】。 单击【F】（停止所选地址的强制）按钮

4.4.6 项目总体运行

项目总体运行的操作步骤见表 4.14。

表 4.14　项目总体运行的操作步骤

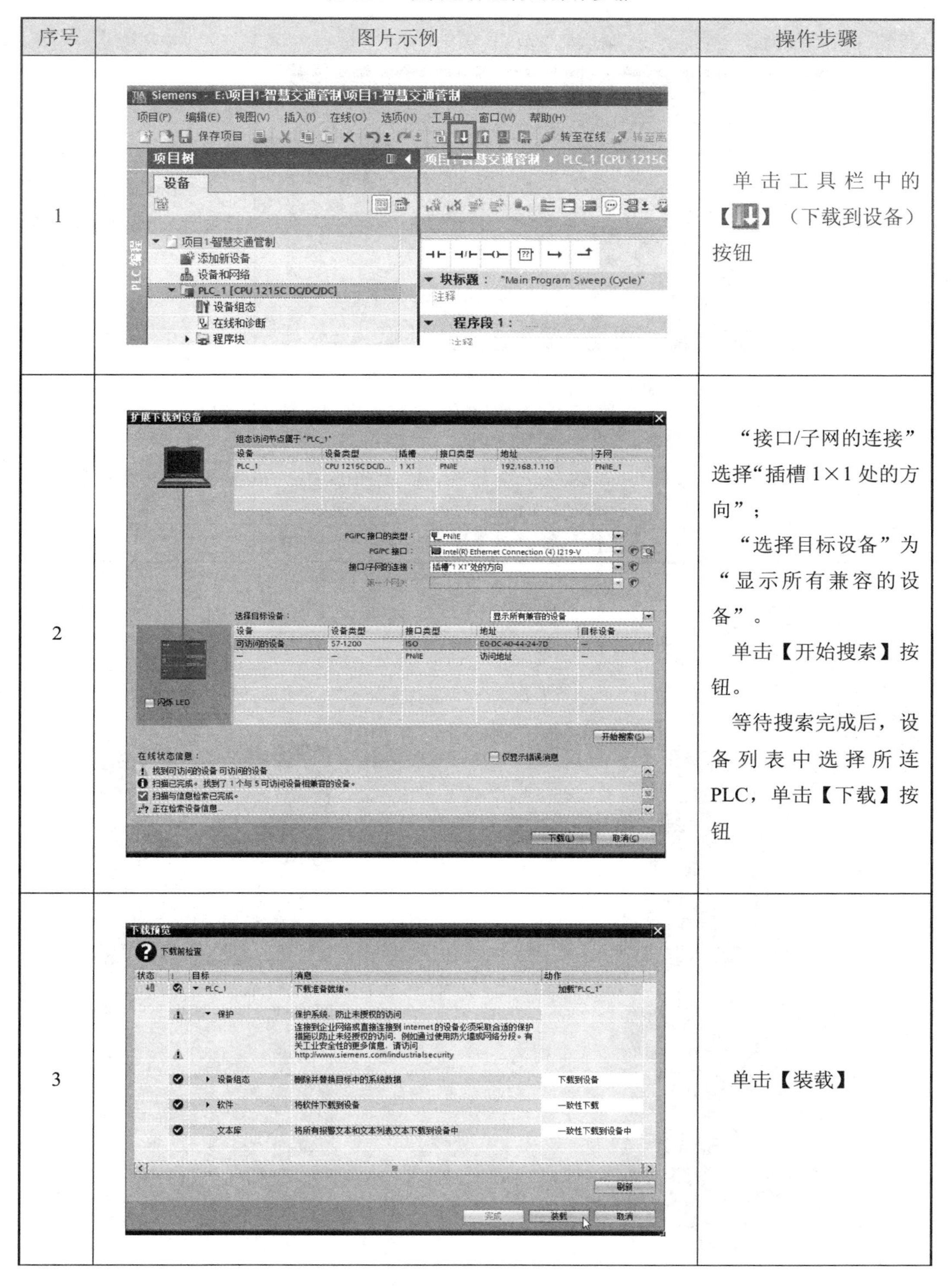

序号	图片示例	操作步骤
1		单击工具栏中的【⬇】（下载到设备）按钮
2		“接口/子网的连接”选择“插槽 1×1 处的方向”； “选择目标设备”为“显示所有兼容的设备”。 单击【开始搜索】按钮。 等待搜索完成后，设备列表中选择所连 PLC，单击【下载】按钮
3		单击【装载】

续表 4.14

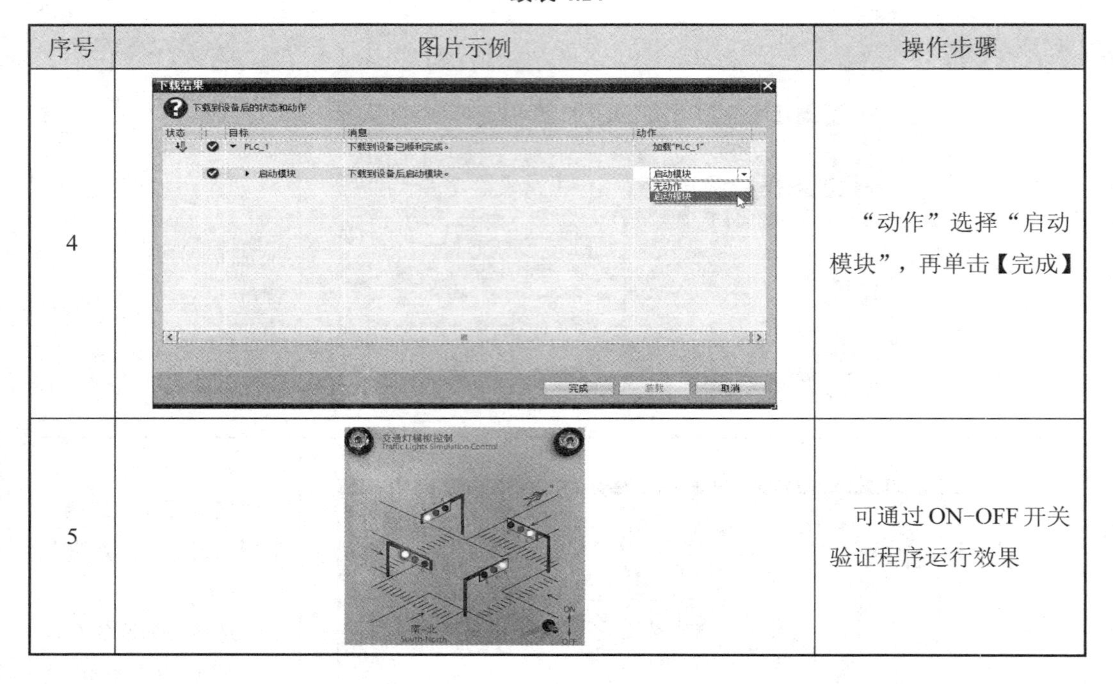

序号	图片示例	操作步骤
4	下载结果 下载到设备后的状态和动作 状态 | ! | 目标 | 消息 | 动作 PLC_1 | 下载到设备已顺利完成。 | 加载"PLC_1" 启动模块 | 下载到设备后启动模块。 | 启动模块 无动作 启动模块 完成 | 装载 | 取消	“动作”选择“启动模块”，再单击【完成】
5	交通灯模拟控制 Traffic Lights Simulation Control 南-北 South-North ON OFF	可通过 ON-OFF 开关验证程序运行效果

4.5 项目验证

4.5.1 效果验证

本项目总体运行的效果如图 4.22 所示。

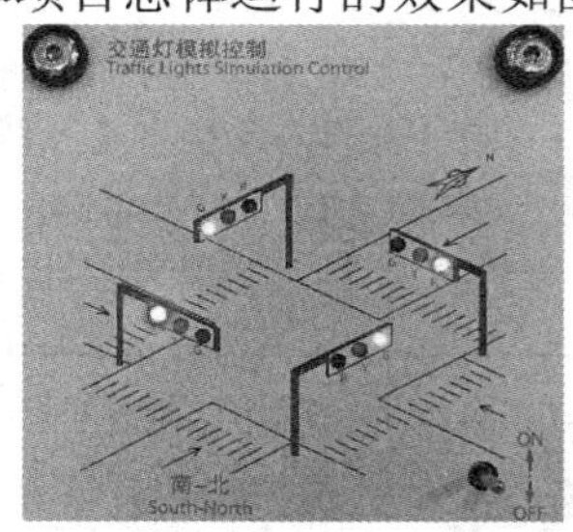

（a）南北红灯常亮 25 s、东西绿灯常亮 25 s

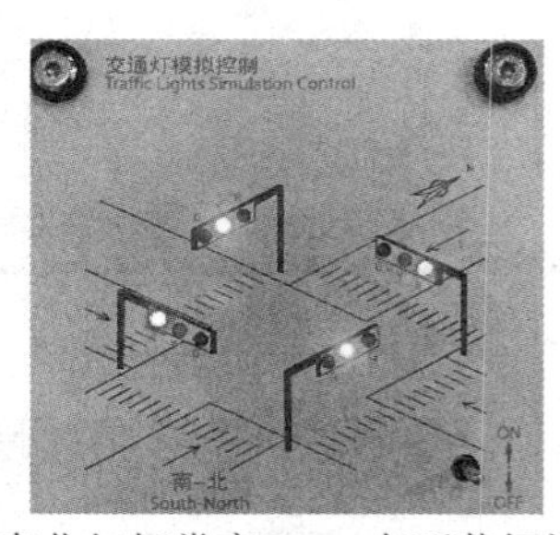

（b）南北红灯常亮 5 s、东西黄灯闪烁 5 s

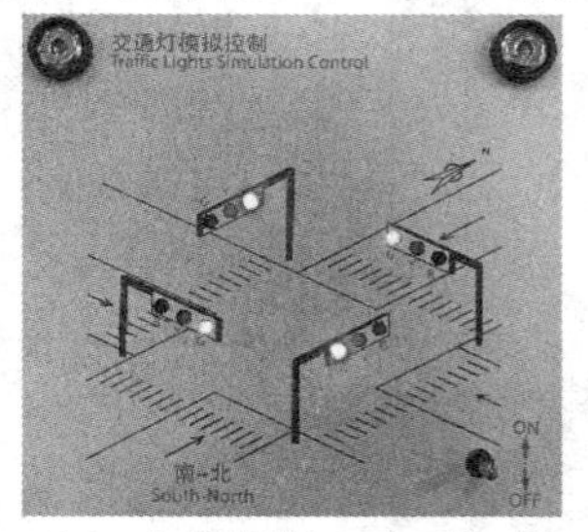

（c）南北绿灯、东西红灯

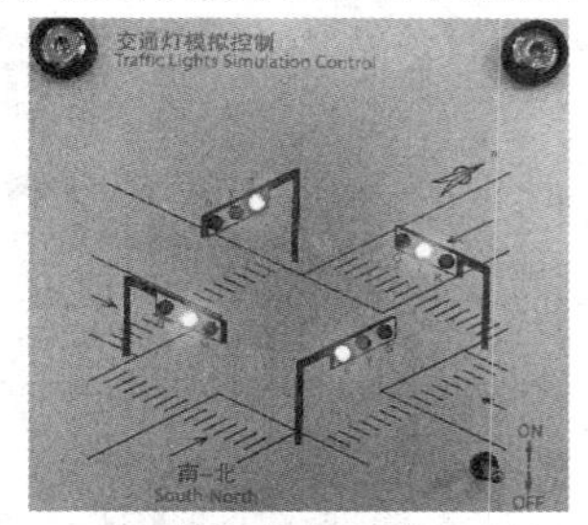

（d）南北黄灯、东西绿灯

图 4.22　运行的效果

4.5.2　数据验证

在完成 PLC 程序下载后，启动 PLC 的在线监视功能，观察监控表指示灯的状态，验证数据。启动在线监视的操作步骤见表 4.15。

表 4.15　启动在线监视的操作步骤

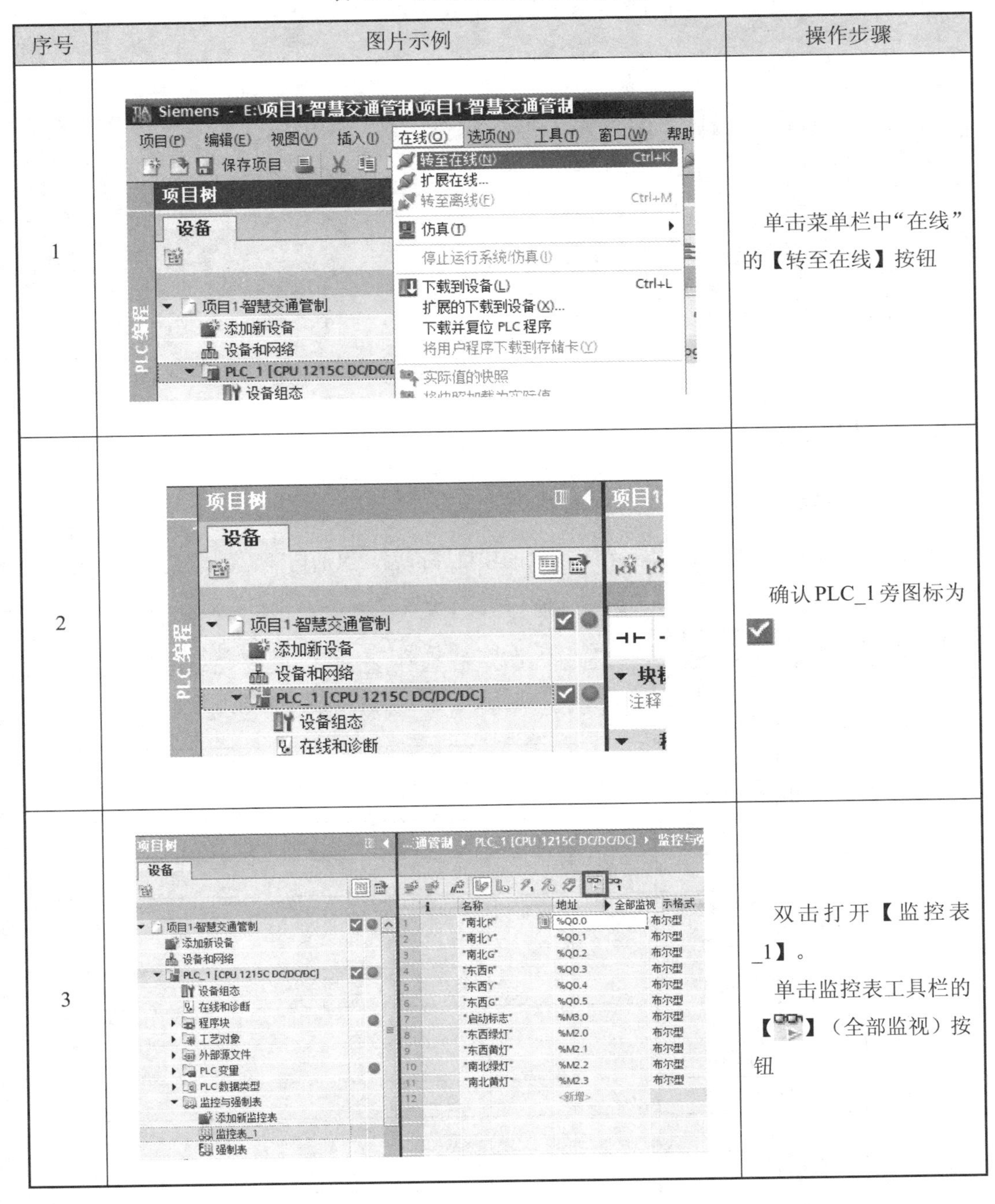

序号	图片示例	操作步骤
1		单击菜单栏中“在线”的【转至在线】按钮
2		确认 PLC_1 旁图标为 ☑
3		双击打开【监控表_1】。 单击监控表工具栏的【 】（全部监视）按钮

监控表的数据如图 4.23 所示。

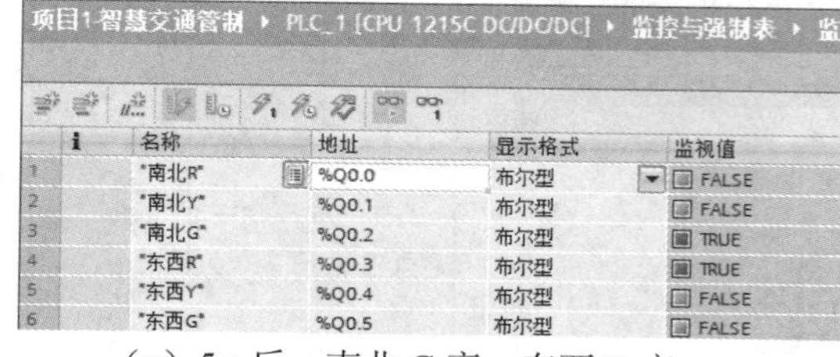

项目1-智慧交通管制 ▸ PLC_1 [CPU 1215C DC/DC/DC] ▸ 监控与强制表 ▸ 监

	i	名称	地址	显示格式	监视值
1		"南北R"	%Q0.0	布尔型	TRUE
2		"南北Y"	%Q0.1	布尔型	FALSE
3		"南北G"	%Q0.2	布尔型	FALSE
4		"东西R"	%Q0.3	布尔型	FALSE
5		"东西Y"	%Q0.4	布尔型	FALSE
6		"东西G"	%Q0.5	布尔型	TRUE

（a）程序运行后，南北 R 亮，东西 G 亮

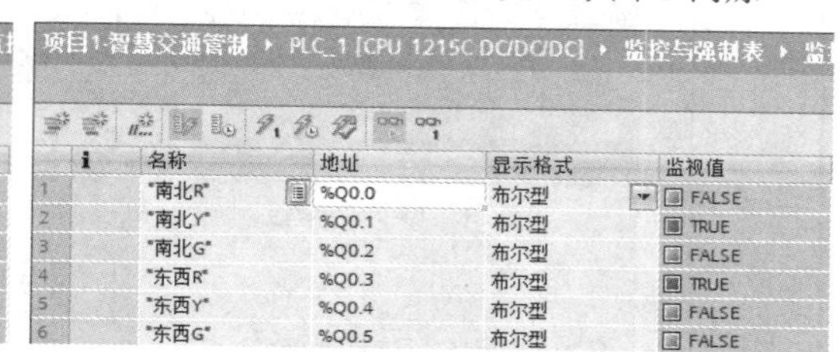

项目1-智慧交通管制 ▸ PLC_1 [CPU 1215C DC/DC/DC] ▸ 监控与强制表 ▸ 监

	i	名称	地址	显示格式	监视值
1		"南北R"	%Q0.0	布尔型	TRUE
2		"南北Y"	%Q0.1	布尔型	FALSE
3		"南北G"	%Q0.2	布尔型	FALSE
4		"东西R"	%Q0.3	布尔型	FALSE
5		"东西Y"	%Q0.4	布尔型	TRUE
6		"东西G"	%Q0.5	布尔型	FALSE

（b）25 s 后，南北 R 亮，东西 Y 闪烁

项目1-智慧交通管制 ▸ PLC_1 [CPU 1215C DC/DC/DC] ▸ 监控与强制表 ▸ 监

	i	名称	地址	显示格式	监视值
1		"南北R"	%Q0.0	布尔型	FALSE
2		"南北Y"	%Q0.1	布尔型	FALSE
3		"南北G"	%Q0.2	布尔型	TRUE
4		"东西R"	%Q0.3	布尔型	TRUE
5		"东西Y"	%Q0.4	布尔型	FALSE
6		"东西G"	%Q0.5	布尔型	FALSE

（c）5 s 后，南北 G 亮，东西 R 亮

项目1-智慧交通管制 ▸ PLC_1 [CPU 1215C DC/DC/DC] ▸ 监控与强制表 ▸ 监

	i	名称	地址	显示格式	监视值
1		"南北R"	%Q0.0	布尔型	FALSE
2		"南北Y"	%Q0.1	布尔型	TRUE
3		"南北G"	%Q0.2	布尔型	FALSE
4		"东西R"	%Q0.3	布尔型	TRUE
5		"东西Y"	%Q0.4	布尔型	FALSE
6		"东西G"	%Q0.5	布尔型	FALSE

（d）25 s 后，南北 Y 闪烁，东西 R 亮

图 4.23　监控表的数据

4.6　项目总结

4.6.1　项目评价

读者完成训练项目后，填写表 4.16 所示的项目评价表，包括自评、互评和完成情况说明。

表 4.16　项目评价表

项目指标		分值	自评	互评	完成情况说明
项目分析	1. 硬件架构分析	6			
	2. 软件架构分析	6			
	3. 项目流程分析	6			
项目要点	1. 模块化编程	8			
	2. I/O 通信	8			
	3. 指令的添加	8			
项目步骤	1. 应用系统连接	8			
	2. 应用系统配置	8			
	3. 主体程序设计	8			
	4. 关联程序设计	8			
	5. 项目程序调试	8			
	6. 项目运行调试	8			
项目验证	1. 效果验证	5			
	2. 数据验证	5			
合计		100			

4.6.2　项目拓展

本拓展项目的内容为利用机电一体化产教应用系统，实现 ON-OFF 开关置 ON 时所有指示灯延时点亮的功能，即所有方向绿、黄、红灯依次点亮；ON-OFF 开关置 OFF 时，所有指示灯延时熄灭，即所有方向绿、黄、红灯依次熄灭。

第 5 章　智能模块通信

5.1　项目概况

※ 智能通信项目目的

5.1.1　项目背景

在实际的工业场景中，工业现场会有多种控制器，这些控制器通过工业以太网或者现场总线传输数据，位于现场的上位机可以轻松地获取与控制器相连的 I/O 设备状态，位于远程的监控服务器也可以实时采集数据，方便工程师追溯数据。远程监控如图 5.1 所示。

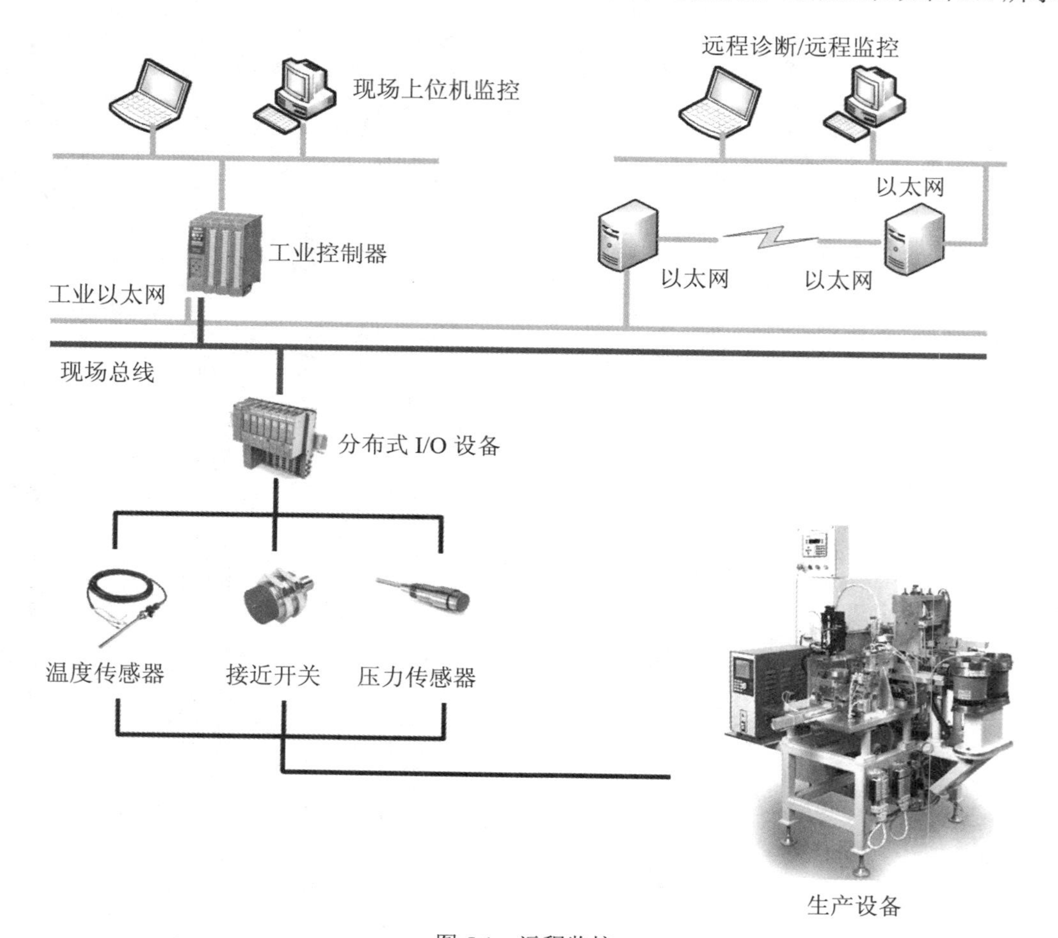

图 5.1　远程监控

西门子 S7-1200 系列 PLC 集成的 PROFINET 接口支持多种通信协议，如 TCP、Modbus TCP、S7 通信和 PROFINET IO 等。PROFINET 英文全称是 Process Field Net，是由 PI 组织（PROFIBUS & PROFINET International）推出的，是新一代的基于工业以太网技术的自动化总线标准，是实时的工业以太网。自 2003 年起，PROFINET 是 IEC 61158 及 IEC 61784 标准中的一部分。PROFINET 有许多的应用行规，如针对编码器的应用行规、针对运动控制以及机能安全的应用行规等。

5.1.2　项目需求

本项目要求将开关、指示灯与 PLC 连接，并通过网线将触摸屏、PLC 与交换机连接。本项目实现的功能为通过操作触摸屏画面的两个按钮实现指示灯延时点亮和熄灭。本项目的需求框架如图 5.2（a）所示，触摸屏画面构思如图 5.2（b）所示。

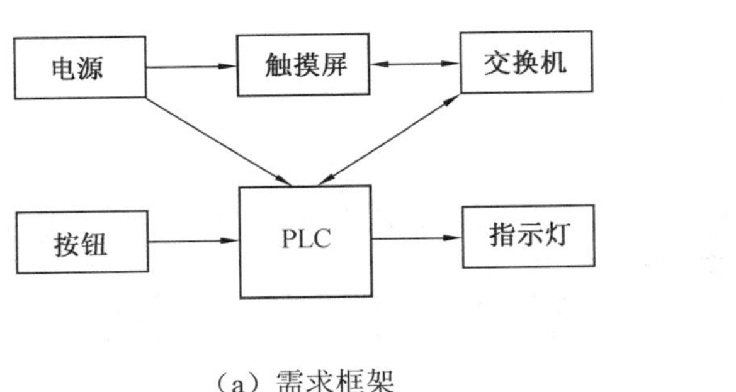

（a）需求框架

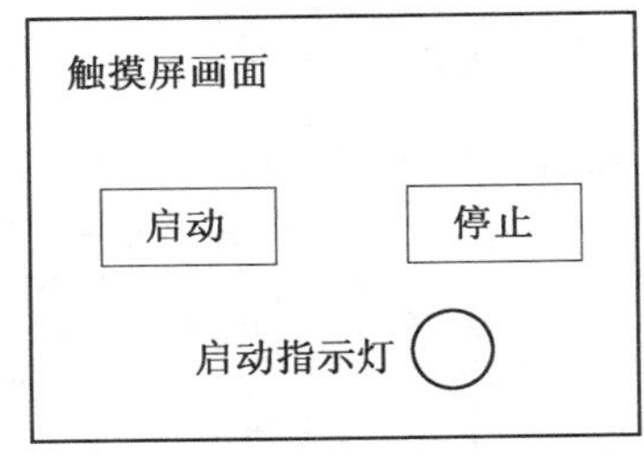

（b）触摸屏画面构思

图 5.2　项目需求

本项目的初始状态为未按下触摸屏停止按钮。当按下触摸屏启动按钮后，启动指示灯；当按下触摸屏停止按钮时，则关闭指示灯。

5.1.3　项目目的

通过对 PLC 的 PROFINET 学习，可以实现以下学习目标。

（1）了解 PROFINET 的定义。

（2）学习西门子触摸屏的基本使用方法。

5.2　项目分析

5.2.1　项目构架

本项目为基于 PROFINET 的通信项目，需要使用机电一体化产教应用系统中的开关电源模块、PLC 模块（包含开关和指示灯）、触摸屏、交换机，开关电源为系统提供 24 V 电源，项目构架如图 5.3 所示。

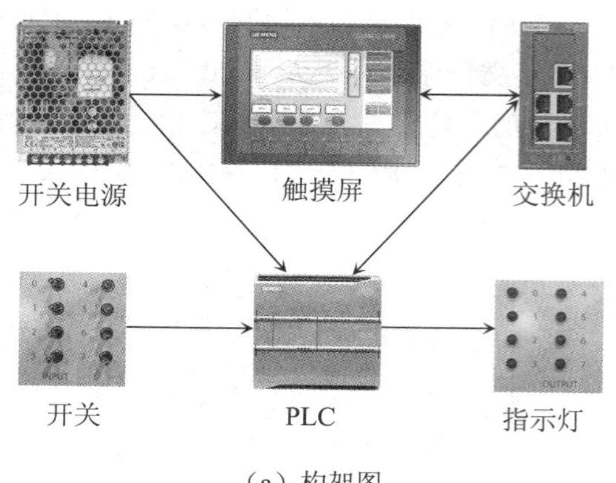

（a）构架图

（b）开关和指示灯

图 5.3　项目构架

5.2.2　项目流程

本项目实施流程如图 5.4 所示。

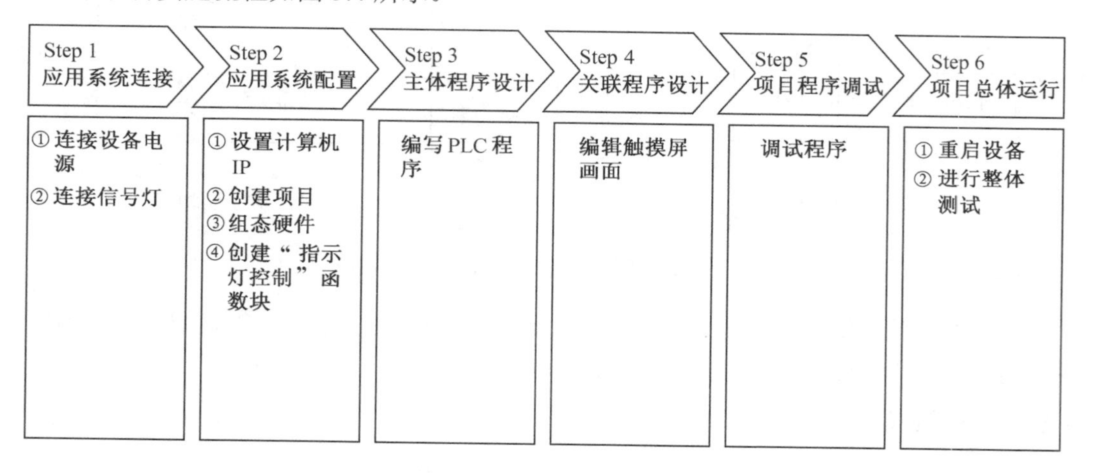

图 5.4　实施流程

5.3　项目要点

※ 智能通信项目要点

5.3.1　PROFINET 总线

1. PROFINET 协议简介

PROFINET 协议从应用角度可分为 PROFINET CBA 及 PROFINET IO，如图 5.5 所示。PROFINET CBA 适合经由 TCP/IP 协议、以元件为基础的通信，PROFINET IO 则使用在需要实时通信的系统。PROFINET CBA 和 PROFINET IO 可以在一个网络中同时出现。下面以 PROFINET IO 为例，介绍 PROFINET IO 系统的设备构成。

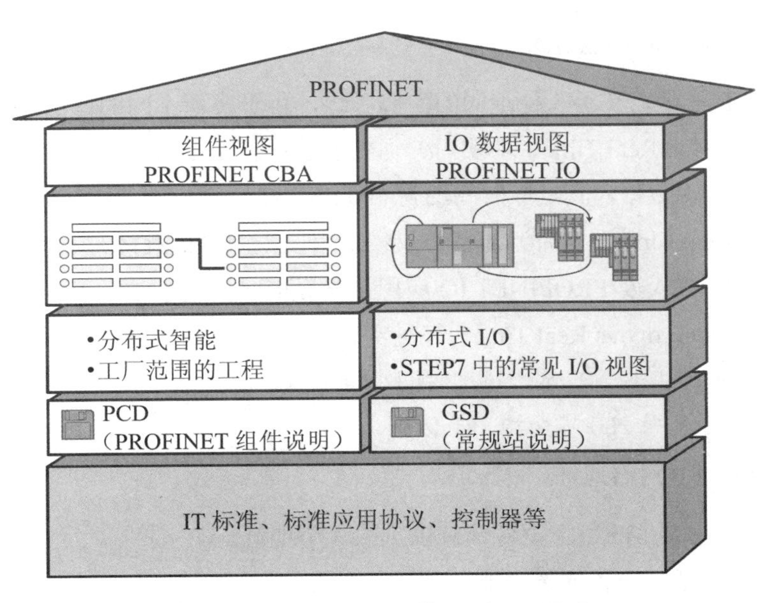

图 5.5　PROFINET CBA 和 PROFINET IO

2. PROFINET IO 系统设备

PROFINET IO 系统包含 3 种设备，如图 5.6 所示。

（1）IO 控制器：用于对连接的 IO 设备进行寻址的设备。这意味着 IO 控制器将与分配的现场设备交换输入和输出信号。IO 控制器通常是运行自动化程序的控制器，如 PLC。

（2）IO 设备：分配给其中一个 IO 控制器的分布式现场设备。

（3）IO 监视器：用于调试和诊断的编程设备，例如 PC 或 HMI 设备。

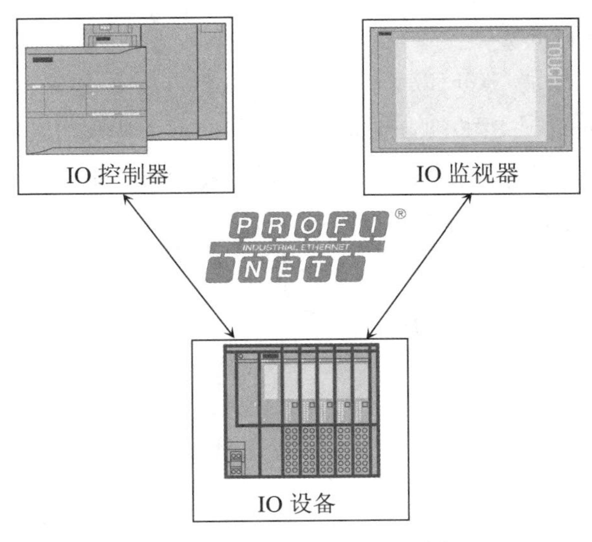

图 5.6　PROFINET IO 系统

3. PROFINET 的性能等级

PROFINET 总线定义了 3 种不同的性能等级，用于实现不同的通信功能。

（1）NRT（Non Real Time，非实时）通信协议：使用以太网协议、TCP/IP 协议以及 UDP/IP 协议等传输数据，其反应时间约为 100 ms。

（2）RT（Real Time，实时）通信协议：使用以太网协议直接对 I/O 数据进行交换，针对 PROFINET CBA 及 PROFINET IO 应用，其反应时间小于 10 ms。

（3）IRT（Isochronous Real Time，等时实时）通信协议：针对驱动系统的 PROFINET IO 通信，其反应时间小于 1 ms，抖动时间小于 1 μs。

注：S7-1200 系列 PLC 不支持 IRT 协议。

4. PROFINET 网络地址

PROFINET 网络中的每个设备都有以下的 3 个地址。

（1）MAC 地址：设备的物理地址。

（2）IP 地址：网络通信地址。

（3）设备名称地址：PROFINET 网络组态中设备的逻辑名称。

5.3.2 触摸屏应用基础

西门子 S7-1200 系列 PLC 总共有 12 个 HMI 资源，通常与 1 台西门子触摸屏通信时会占用 1 个 HMI 资源，但与部分精智系列触摸屏通信时会占用 2 个 HMI 资源，读者可通过相关手册了解具体的占用数量。

KTP700 Basic PN 精简面板含有一个 PROFINET 接口，支持的协议有 S7、TCP/IP、Ethernet/IP 和 Modbus TCP 等。

注：该款触摸屏不支持 PROFINET IO。

S7-1200 系列 PLC 通过 PROFINET 总线，使用 S7 通信协议与 KTP700 Basic PN 精简面板通信，属于非实时通信，占用 1 个 HMI 资源。KTP700 Basic PN 精简面板的组态软件是博途中的 WinCC 组件，软件界面如图 5.7 所示。通过使用工具箱，可以对触摸屏的画面进行编辑，工具箱的位置如图 5.8 所示。

注：S7 通信协议是西门子 S7 系列 PLC 内部集成的一种通信协议。

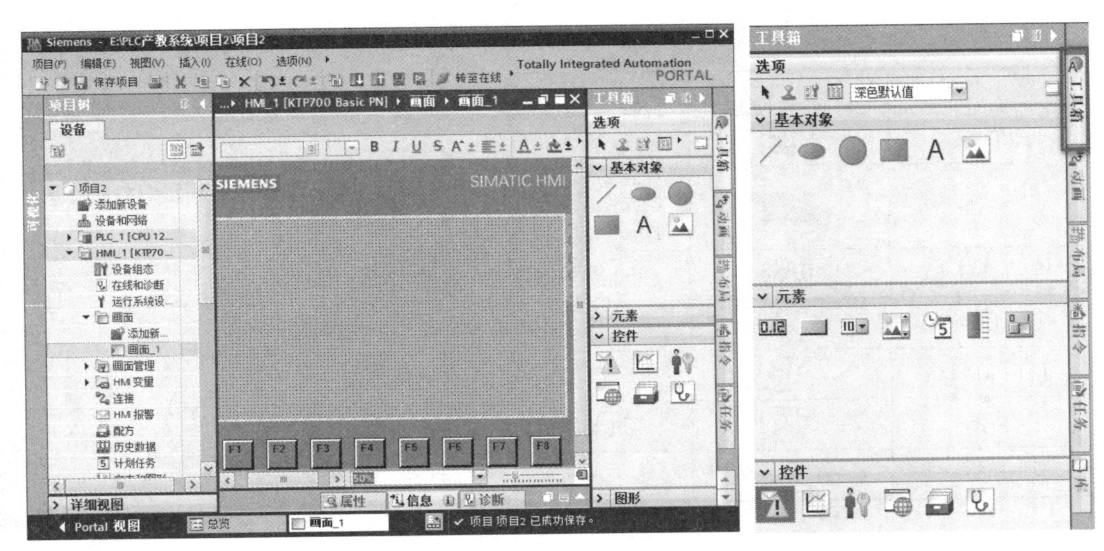

图 5.7　WinCC 组件界面

图 5.8　工具箱的位置

1. 画面工具

本项目主要介绍画面工具的基本对象和元素。

（1）基本对象。

精简面板支持的基本对象有直线、椭圆、圆、矩形、文本域和图形视图，对象说明见表 5.1。

表 5.1　对象说明

名称	图形	说　　明
直线		用于绘制直线图案
椭圆		用于绘制椭圆图案，可用颜色或图案填充
圆		用于绘制圆形图案，可用颜色或图案填充
矩形		用于绘制矩形图案，可用颜色或图案填充
文本域	A	用于添加文本框，可以用颜色填充
图形视图		用于添加图形文件

（2）元素。

精简面板支持的元素有 I/O 域、按钮、符号 I/O 域、图形 I/O 域、日期/时间域、棒图和开关，具体图形和说明，见表 5.2。

表 5.2　元素图形和说明

名称	图形	说　明
I/O 域		用于输入和显示过程值
按钮		“按钮”可组态一个对象，在运行系统中使用该对象执行所有可执行的功能
符号 I/O 域		用于添加文本输入和输出的选择列表
图形 I/O 域		用于添加图形文件的显示和选择的列表
日期/时间域		用于显示系统时间和系统日期
棒图		通过刻度值对变量进行标记
开关		用于在两种预定义的状态之间进行切换

2. 系统函数

西门子的精简面板有丰富的系统函数，如图 5.9 所示，可以分为报警、编辑位、画面、画面对象的键盘操作、计算脚本、键盘、历史数据、配方、其它函数、设置、系统和用户管理。

系统函数的调用需要在对象属性的事件中进行设置。例如本项目要求在按下按钮时置位变量，调用的步骤为选中需要设置的按钮，然后依次单击【属性】→【事件】→【按下】，最后选择“按下键时置位位”函数进行设置，系统函数设置界面如图 5.10 所示。

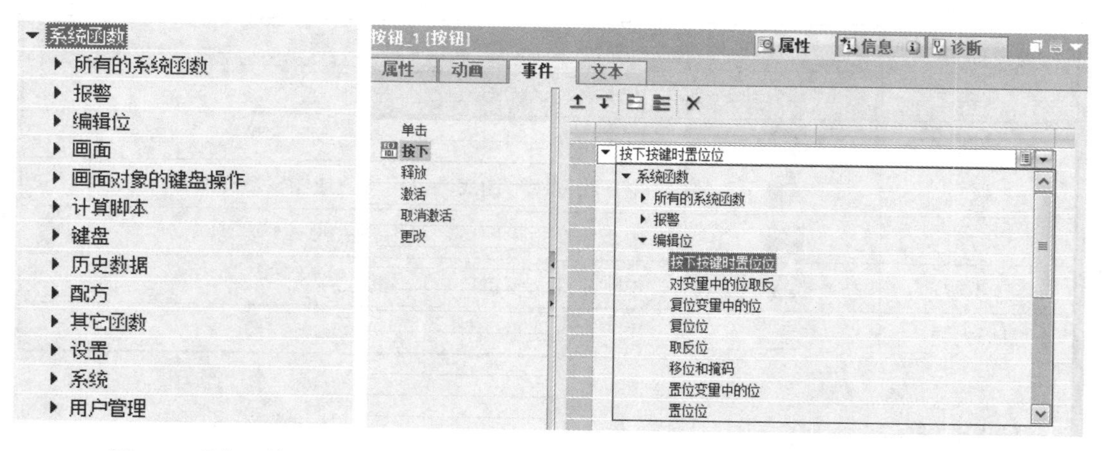

图 5.9　系统函数　　　　图 5.10　系统函数设置界面

3. 变量的类型

精简面板使用 2 种类型的变量：内部变量和外部变量。

（1）内部变量：只能在触摸屏内部传送值，并且只有在运行系统处于运行状态时变量值才可用。

（2）外部变量：在完成触摸屏和 PLC 的连接后，将外部变量值与 PLC 中的过程值相对应，实现对 PLC 过程值的读取与写入。

4. 变量的创建与连接

本项目主要介绍外部变量的创建。外部变量的创建有自动和手动 2 种方式。

（1）自动方式：用于已包含 PLC 并支持集成连接的项目，通过选择 PLC 变量表中的变量，实现外部变量的自动创建。例如需要为画面中的按钮添加外部变量，可以依次进入【按钮属性】→【事件】→【按下】，选择所要调用的系统函数，并选择 PLC 变量表的变量后，软件会自动创建变量并建立与 PLC 的连接，自动创建方式如图 5.11 所示。本书采用此方法。

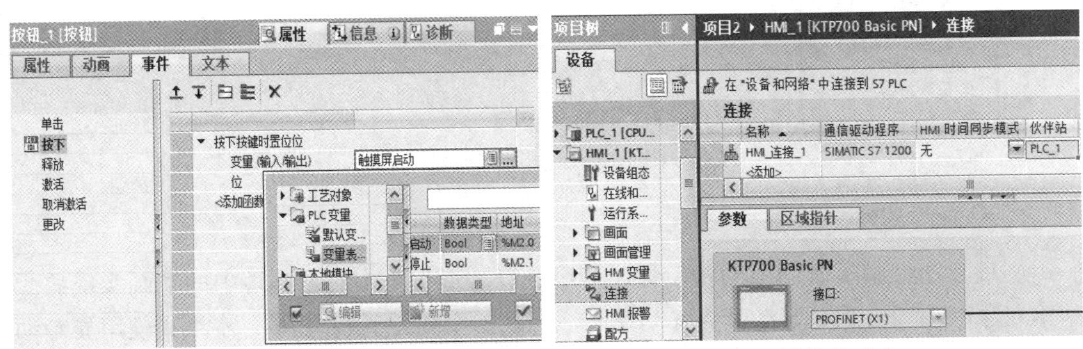

（a）变量创建　　　　　　（b）连接的建立

图 5.11　自动创建方式

（2）手动方式：用于不包含 PLC 的项目，必须先建立连接，然后在触摸屏的变量表中手动创建外部变量。

建立连接的方法是在【HMI_1】→【】（连接）中设置，单击【添加】按钮后，然后选择通信驱动程序，最后配置设备地址，连接设置如图 5.12 所示。

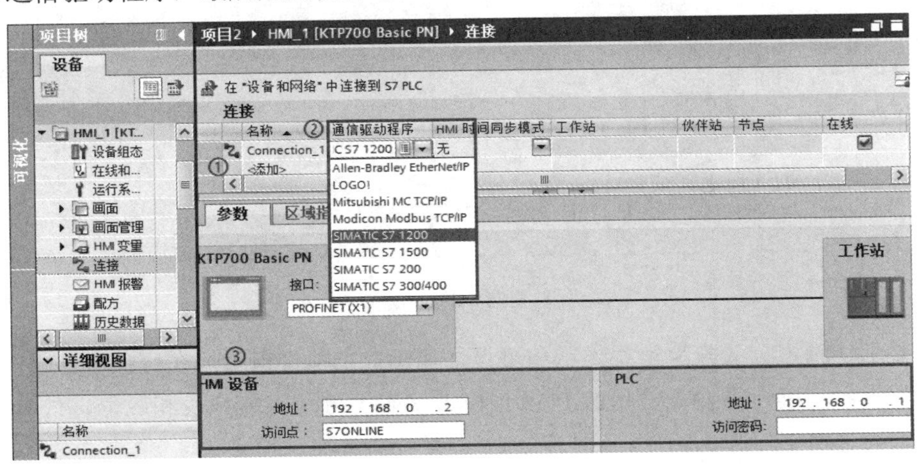

图 5.12　连接设置

连接建立后，进入【HMI_1】→【HMI 变量】→【默认变量表】，创建外部变量，如图 5.13 所示。其中访问模式有两种，绝对访问需要 PLC 变量的地址，符号访问需要变量的名称。

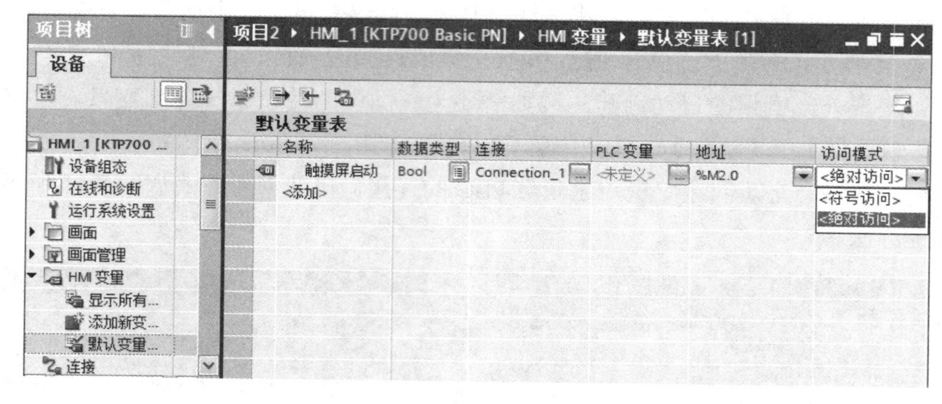

图 5.13　创建外部变量

5. 动画的创建

本项目中触摸屏画面中的指示灯，是通过“圆形”基本对象属性中的动画实现的。基本对象的动画分为显示动画和移动动画，动画类型如图 5.14 所示。本项目使用显示动画。

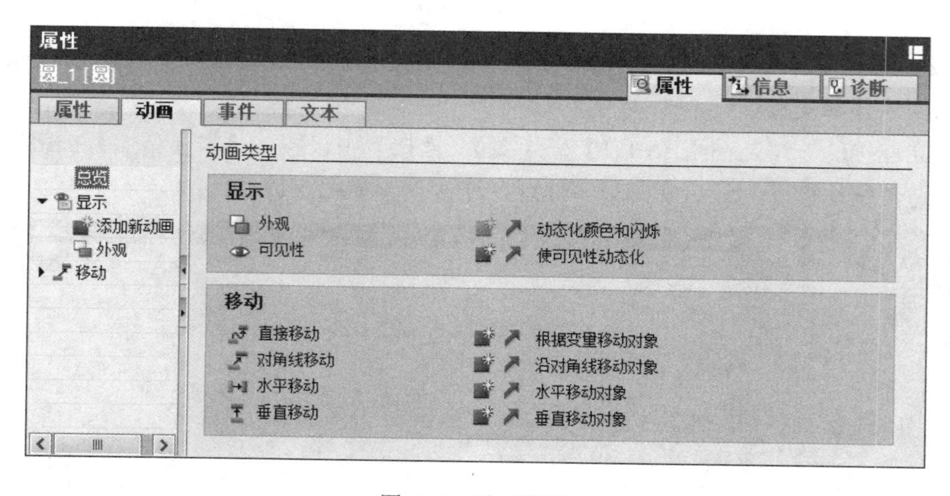

图 5.14　动画类型

在显示动画中，又分为外观显示和可见性显示，本项目指示灯在绿色和红色间变换，属于外观显示，读者需要在变量的 0 状态和 1 状态，分别设置红色和绿色，外观动画设置如图 5.15 所示。

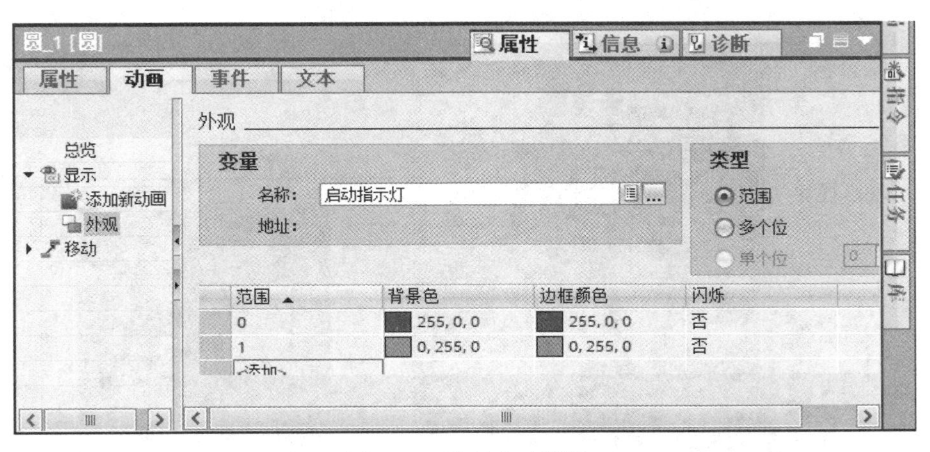

图 5.15　外观动画设置

5.4　项目步骤

5.4.1　应用系统连接

※ 智能通信项目步骤

本项目基于机电一体化产教应用系统开展，通过接插线连接各设备，PLC 数字 I/O 部分的电气原理图如图 5.16 所示，实物接线图如图 5.17 所示。

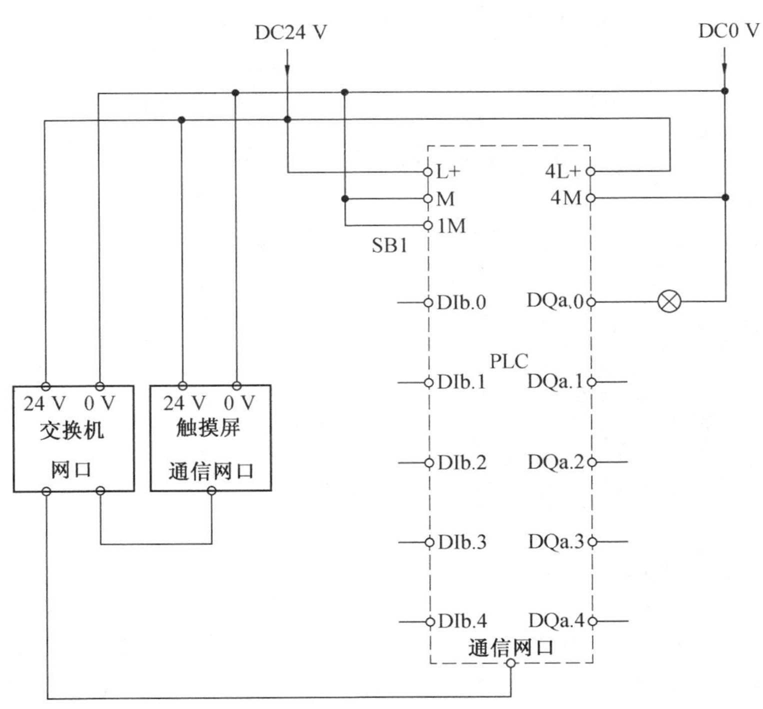

图 5.16　电气原理图

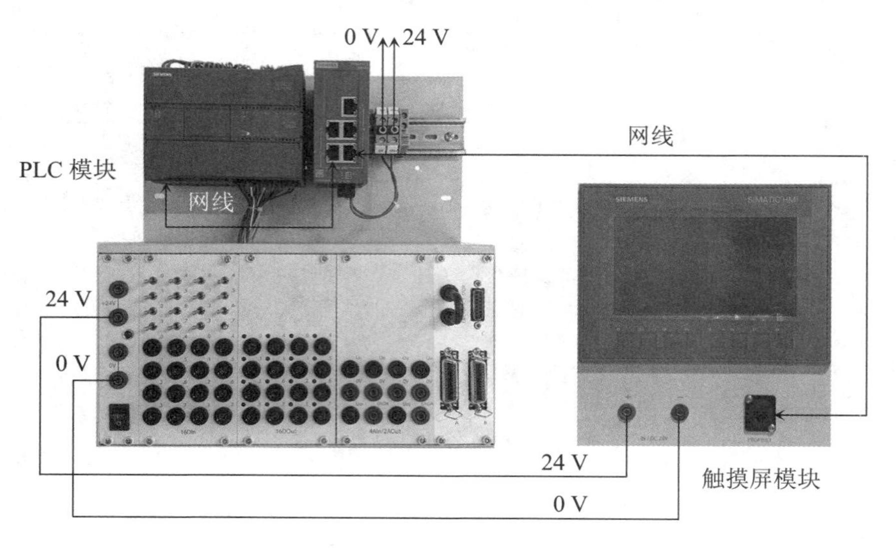

图 5.17　实物接线图

5. 4. 2　应用系统配置

1. 设置计算机 IP

本项目所有网络设备的 IP 地址设置在 192.168.1.1～192.168.1.254 网段，因此将计算机网卡的 IP 地址改为 192.168.1.200，计算机 IP 设置如图 5.18 所示。

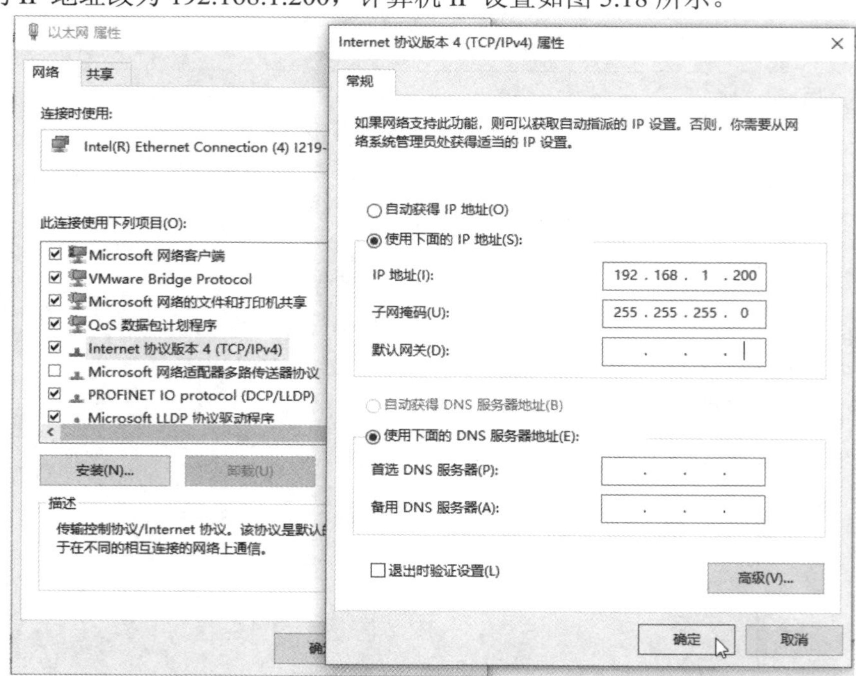

图 5.18　计算机 IP 设置

2. 项目创建

项目创建的操作步骤见表 5.3。

表 5.3　项目创建

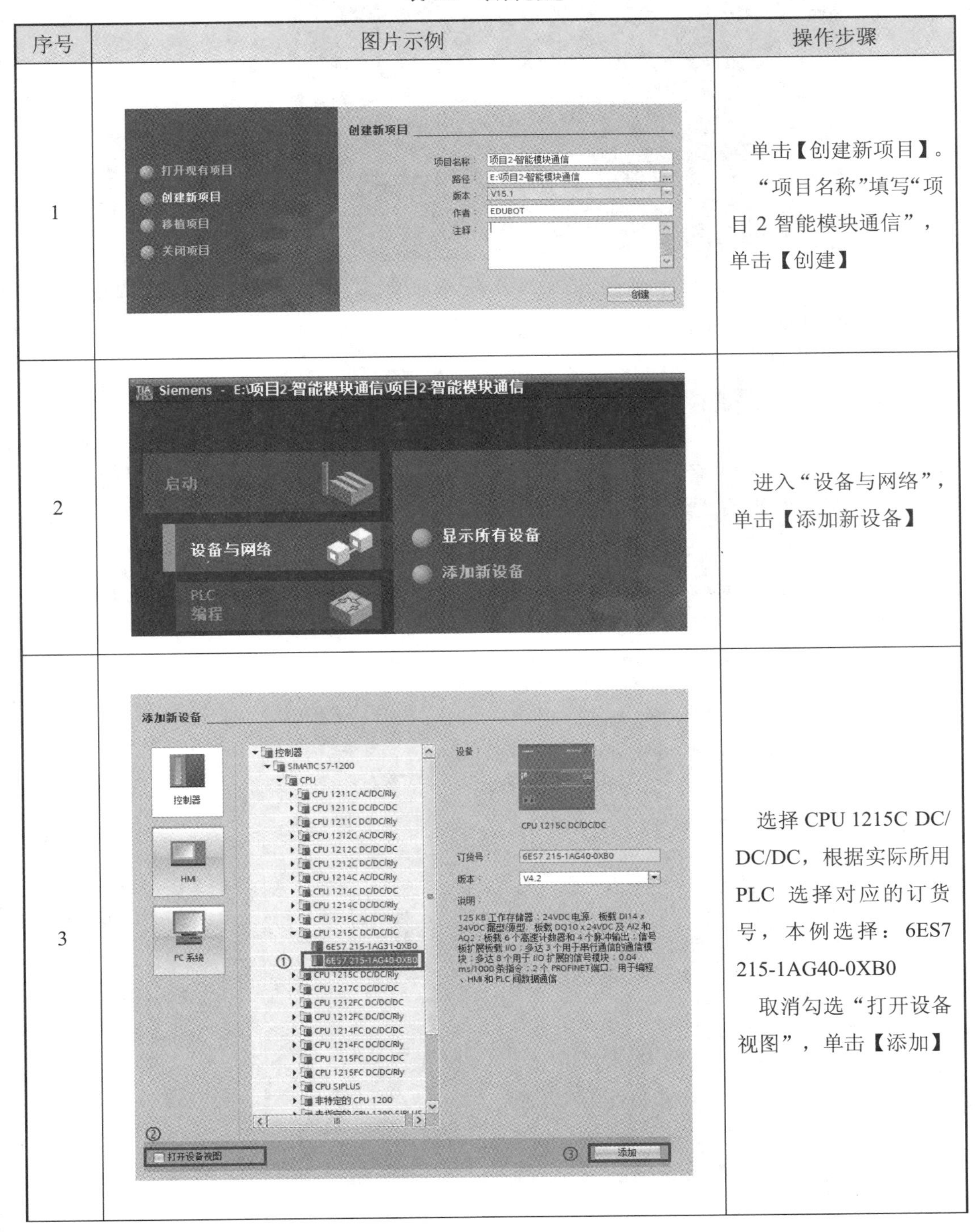

序号	图片示例	操作步骤
1		单击【创建新项目】。“项目名称”填写“项目 2 智能模块通信”，单击【创建】
2		进入“设备与网络”，单击【添加新设备】
3		选择 CPU 1215C DC/DC/DC，根据实际所用 PLC 选择对应的订货号，本例选择：6ES7 215-1AG40-0XB0 取消勾选“打开设备视图”，单击【添加】

续表 5.3

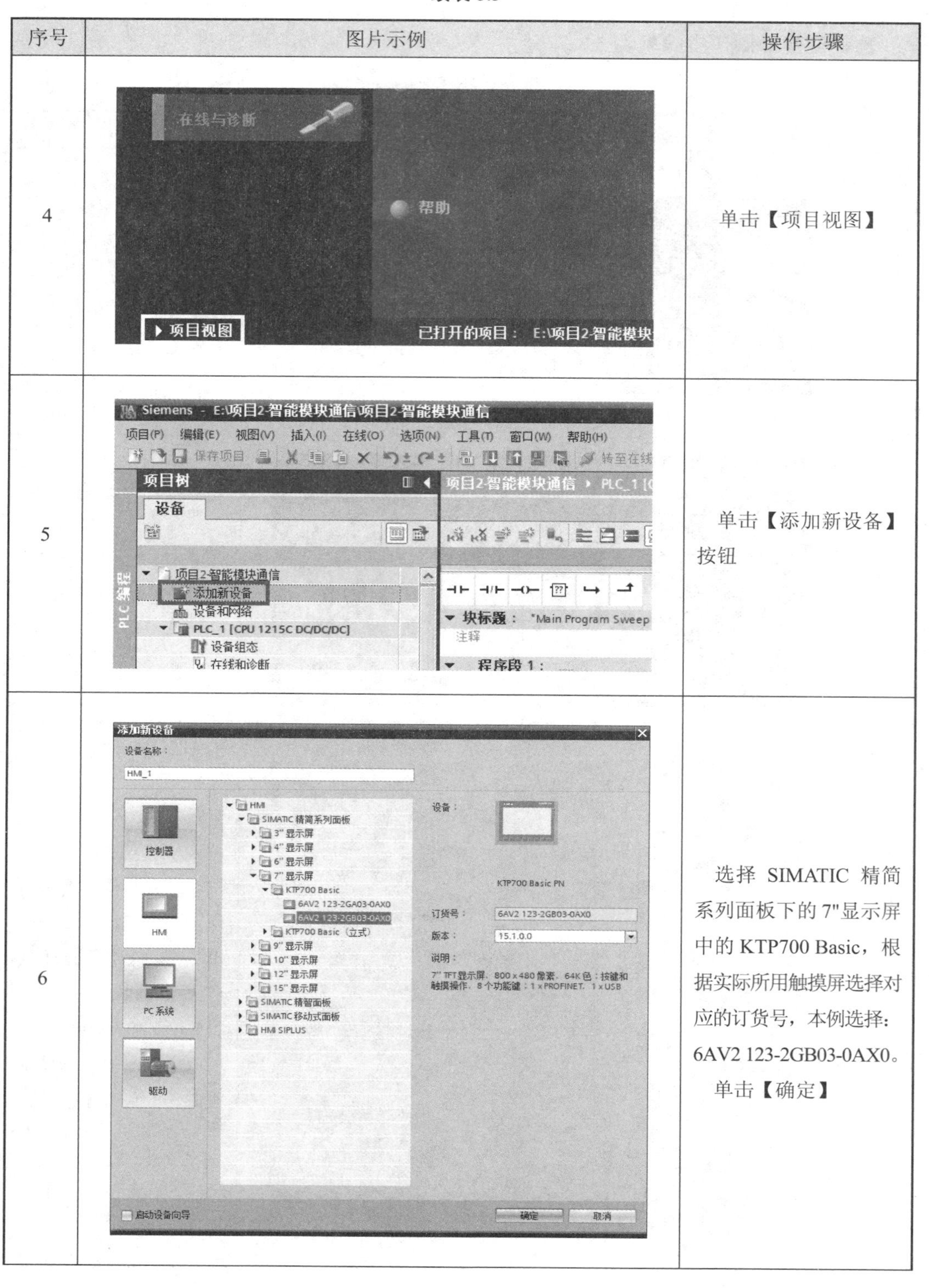

序号	图片示例	操作步骤
4		单击【项目视图】
5		单击【添加新设备】按钮
6		选择 SIMATIC 精简系列面板下的 7"显示屏中的 KTP700 Basic，根据实际所用触摸屏选择对应的订货号，本例选择：6AV2 123-2GB03-0AX0。 单击【确定】

续表 5.3

序号	图片示例	操作步骤
7	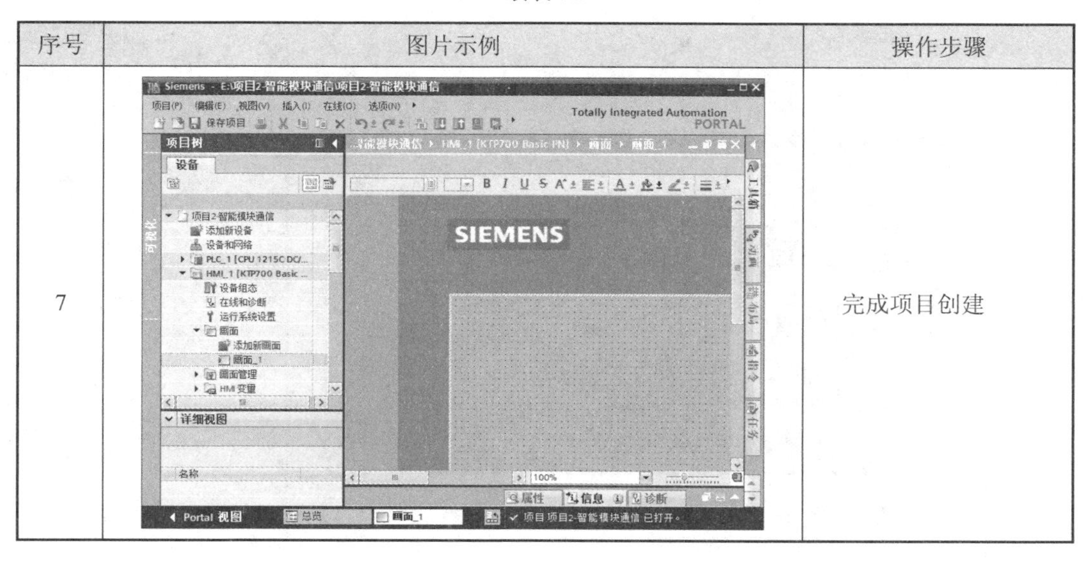	完成项目创建

3. CPU 和触摸屏的配置步骤

CPU 和触摸屏配置的操作步骤见表 5.4。

表 5.4　CPU 和触摸屏配置的操作步骤

序号	图片示例	操作步骤
1		右击“CPU 1215C DC/DC/DC”，单击【属性】
2		进入 PLC_1 的属性界面，依次单击【PROFINET 接口】→【以太网地址】→【添加新子网】按钮，创建子网“PN/IE_1”

续表 5.4

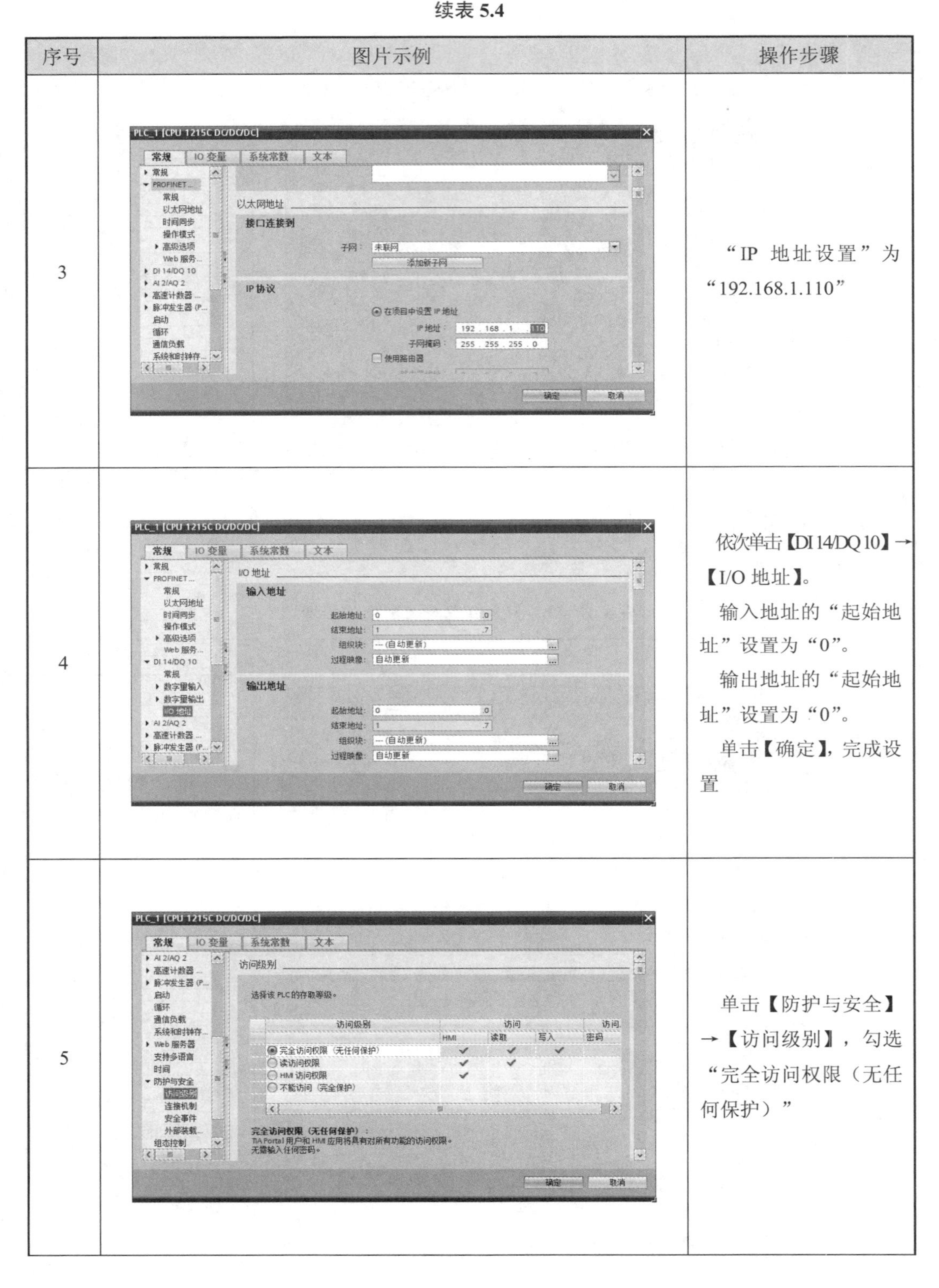

序号	图片示例	操作步骤
3		“IP 地址设置”为“192.168.1.110”
4		依次单击【DI 14/DQ 10】→【I/O 地址】。 输入地址的“起始地址”设置为“0”。 输出地址的“起始地址”设置为“0”。 单击【确定】，完成设置
5		单击【防护与安全】→【访问级别】，勾选“完全访问权限（无任何保护）”

续表 5.4

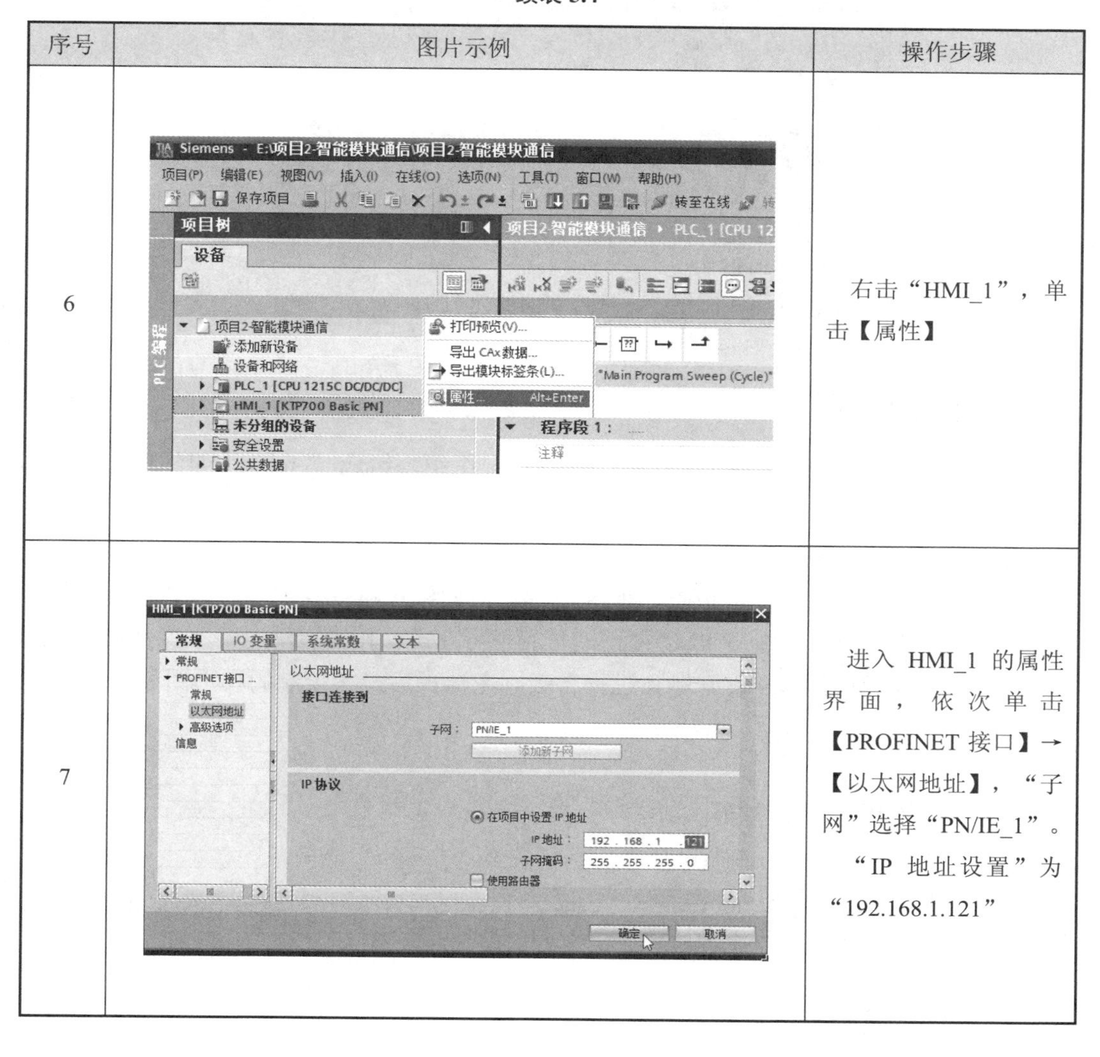

序号	图片示例	操作步骤
6		右击“HMI_1”，单击【属性】
7		进入 HMI_1 的属性界面，依次单击【PROFINET 接口】→【以太网地址】，“子网”选择“PN/IE_1”。“IP 地址设置”为“192.168.1.121”

4. 变量表配置

开关和信号灯的地址，以及内部存储器变量与变量名称见表 5.5 所示的变量表配置。

表 5.5　变量表配置

变量名称	PLC 输入	变量名称	内部存储器变量	变量名称	PLC 输出
启动开关	I0.0	触摸屏启动	M2.0	启动指示灯	Q0.0
停止开关	I0.1	触摸屏停止	M2.1		

根据表 5.5，在项目 2 中创建图 5.19 所示变量表。

... [CPU 1215C DC/DC/DC] ▸ PLC 变量 ▸ 变量表_1 [5]

变量　用户常量

变量表_1

		名称	数据类型	地址 ▲	保持
1		启动开关	Bool	%I0.0	
2		停止开关	Bool	%I0.1	
3		启动指示灯	Bool	%Q0.0	
4		触摸屏启动	Bool	%M2.0	
5		触摸屏停止	Bool	%M2.1	
6		<新增>			

图 5.19　变量表

5.4.3　主体程序设计

本项目的主体程序由名称为“main”的 OB1 组织块组成。“main”组织块用于处理信号灯控制程序，将信号灯点亮。

任务要求拨动启动开关后程序开始运行，拨动停止开关后停止运行。或是按下触摸屏启动按钮后程序开始运行，按下触摸屏停止按钮后停止运行。触摸屏按钮选择“按下时置位位”函数，因此当使用 PLC 内部的位存储器 M2.0 作为启动时，为保持启动指示灯 Q0.0 为“1”，使用 Q0.0 常开触点进行自锁。主体程序最终绘制的梯形图如图 5.20 所示。

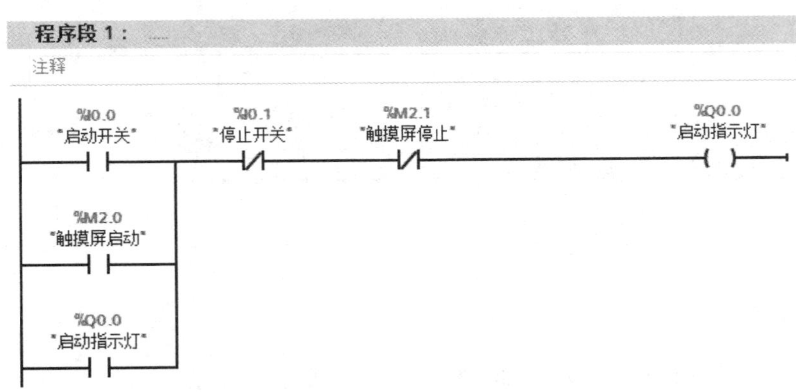

图 5.20　主体程序最终绘制的梯形图

5.4.4　关联程序设计

本项目以触摸屏画面为关联程序，根据设计要求绘制画面，具体的步骤分为添加背景图片，添加启动、停止按钮，以及添加信号灯。

1. 添加背景图片

添加背景图片的操作步骤见表 5.6。

表 5.6　添加背景图片的操作步骤

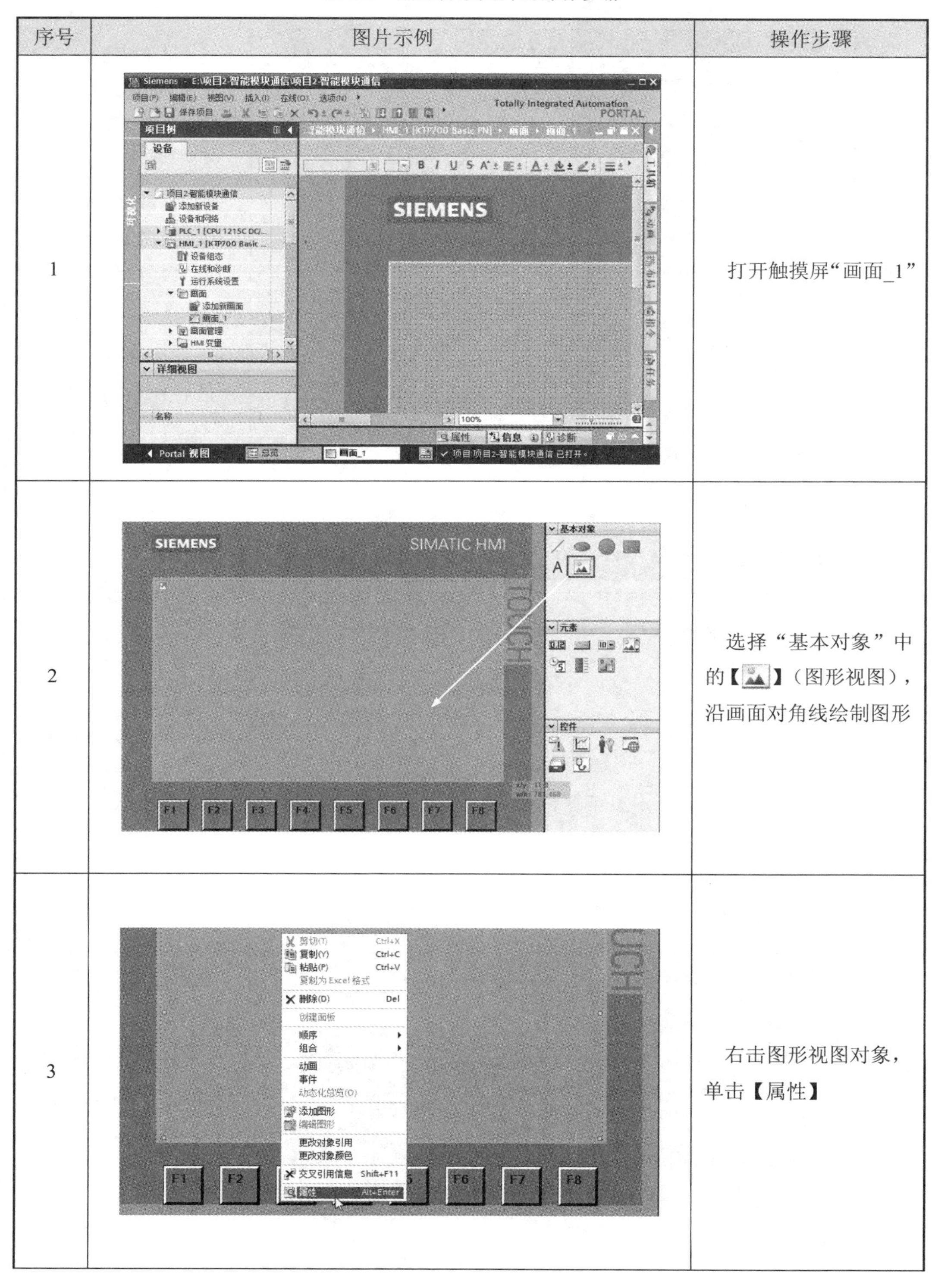

序号	图片示例	操作步骤
1		打开触摸屏“画面_1”
2		选择“基本对象”中的【】（图形视图），沿画面对角线绘制图形
3		右击图形视图对象，单击【属性】

续表 5.6

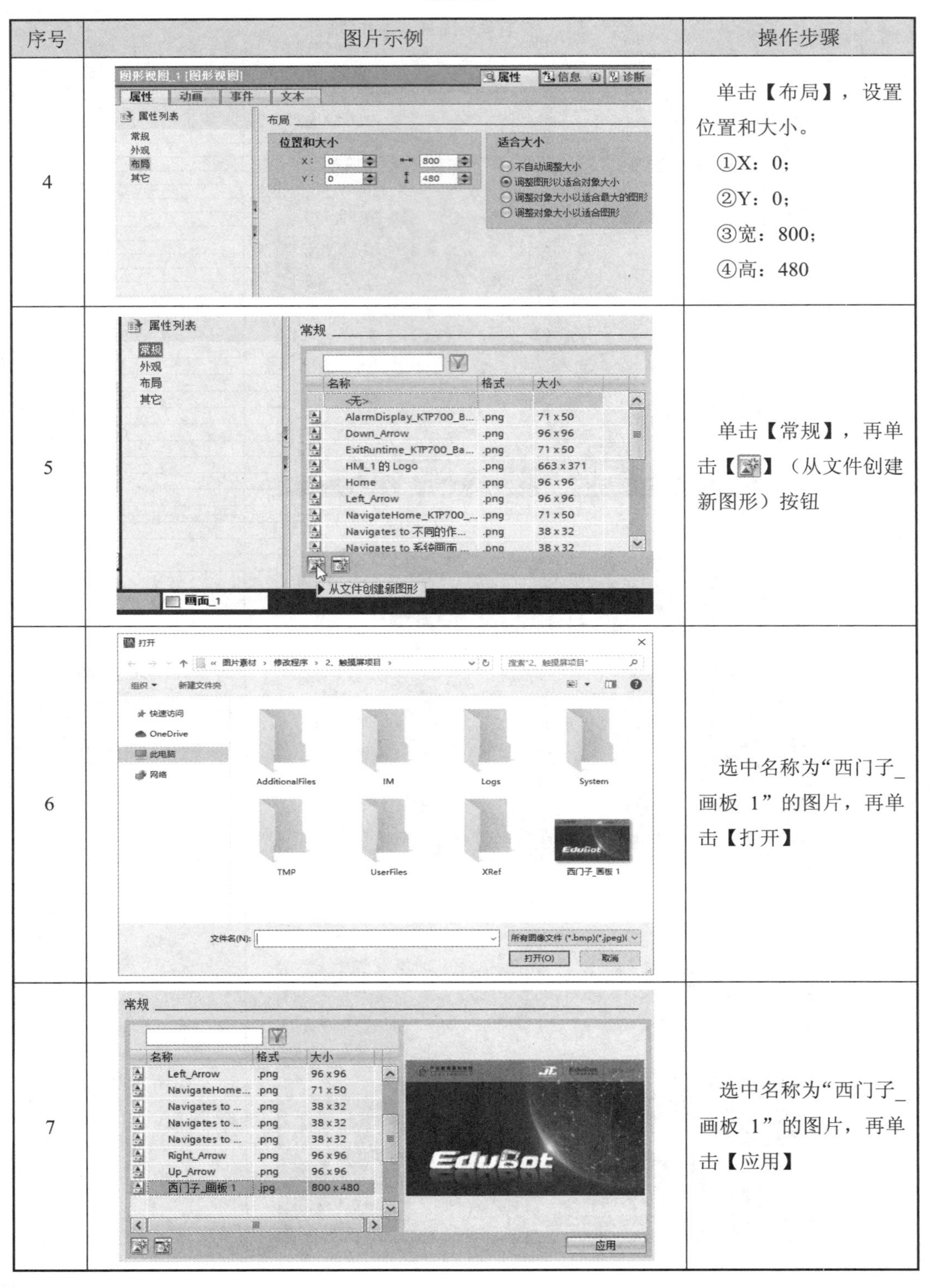

序号	图片示例	操作步骤
4		单击【布局】，设置位置和大小。 ①X：0； ②Y：0； ③宽：800； ④高：480
5		单击【常规】，再单击【 】（从文件创建新图形）按钮
6		选中名称为“西门子_画板 1”的图片，再单击【打开】
7		选中名称为“西门子_画板 1”的图片，再单击【应用】

2. 添加启动、停止按钮

添加启动、停止按钮的操作步骤见表 5.7。

表 5.7　添加启动、停止按钮的操作步骤

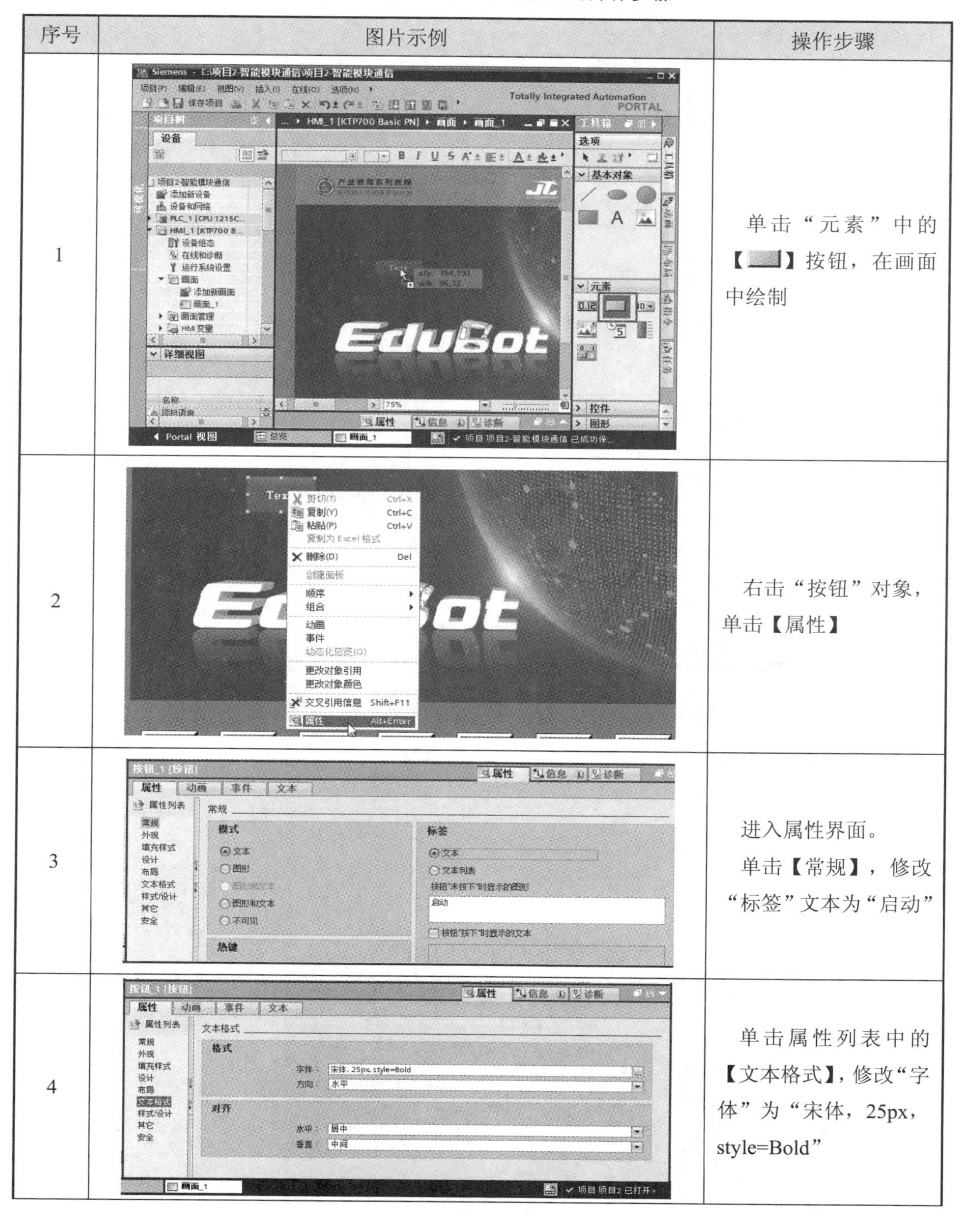

序号	图片示例	操作步骤
1		单击“元素”中的【▭】按钮，在画面中绘制
2		右击“按钮”对象，单击【属性】
3		进入属性界面。 单击【常规】，修改“标签”文本为“启动”
4		单击属性列表中的【文本格式】，修改“字体”为“宋体，25px，style=Bold”

续表 5.7

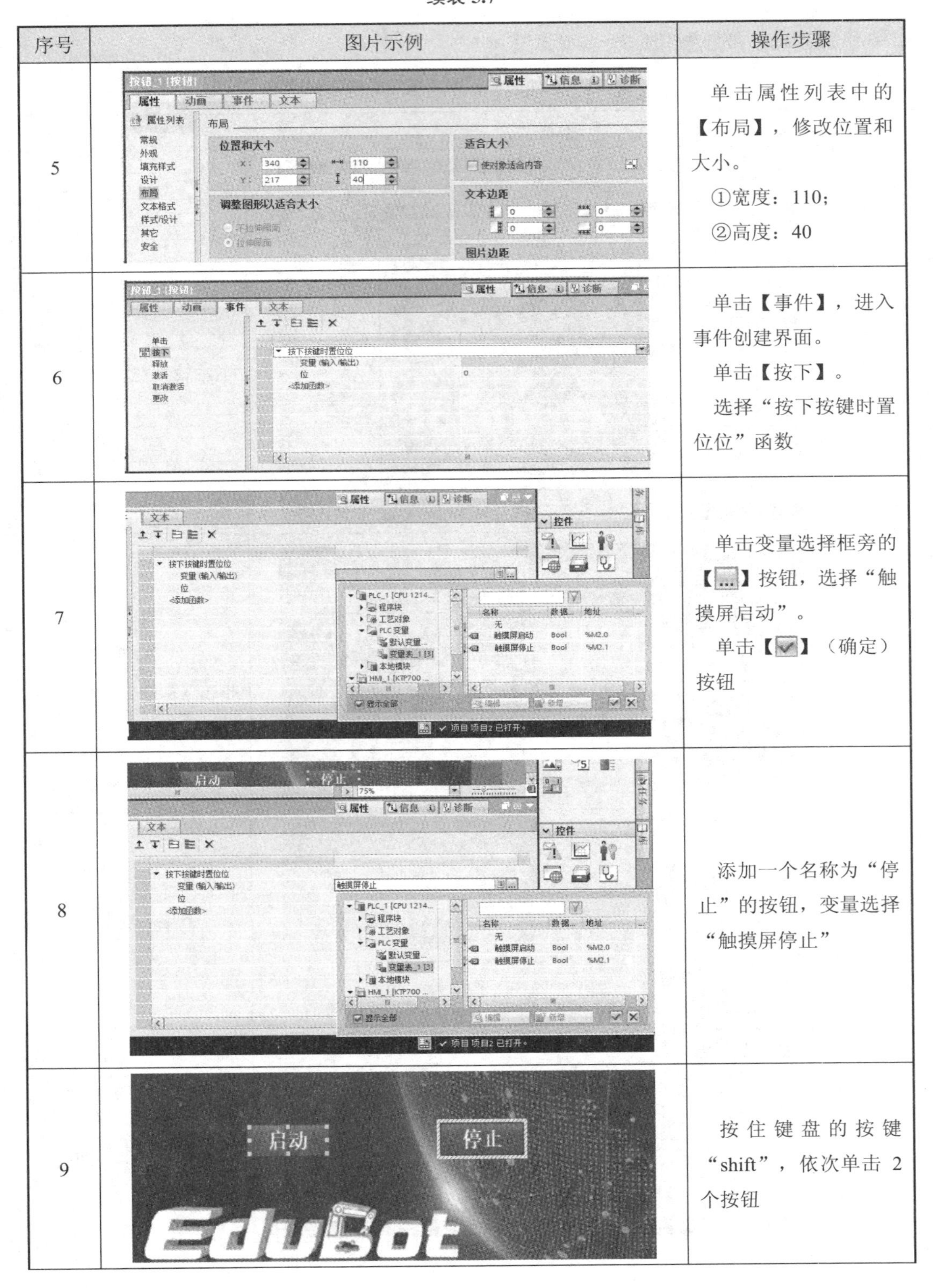

序号	图片示例	操作步骤
5		单击属性列表中的【布局】，修改位置和大小。 ①宽度：110； ②高度：40
6		单击【事件】，进入事件创建界面。 单击【按下】。 选择“按下按键时置位位”函数
7		单击变量选择框旁的【...】按钮，选择“触摸屏启动”。 单击【✔】（确定）按钮
8		添加一个名称为“停止”的按钮，变量选择“触摸屏停止”
9		按住键盘的按键“shift”，依次单击 2 个按钮

续表 5.7

序号	图片示例	操作步骤
10	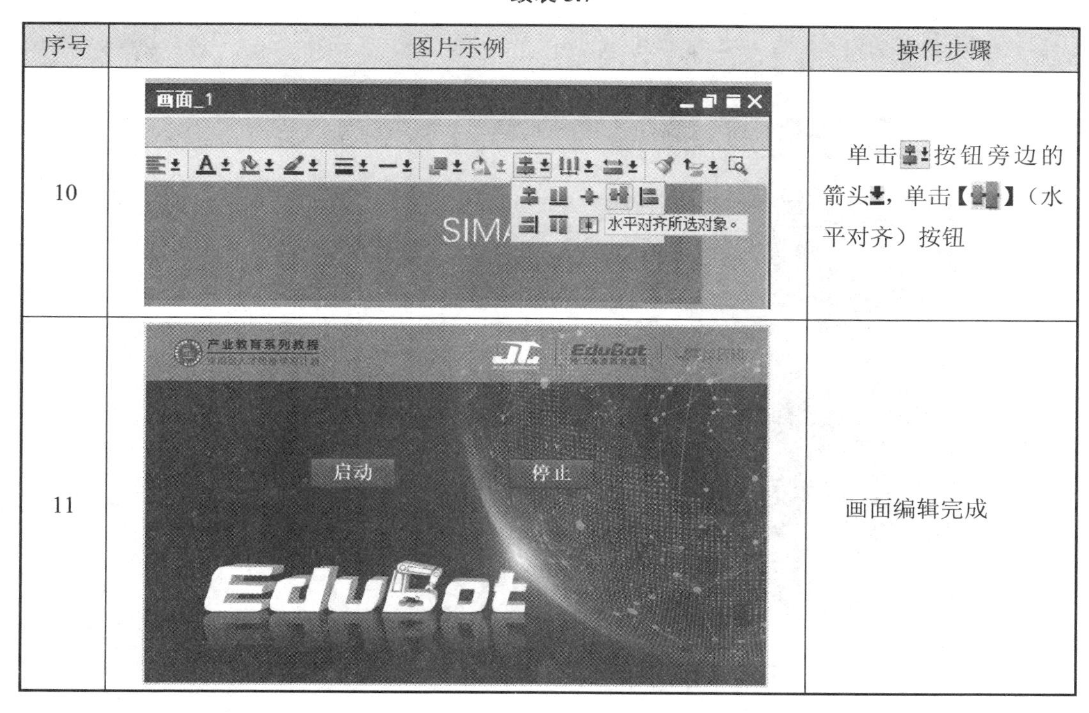	单击按钮旁边的箭头，单击【】（水平对齐）按钮
11		画面编辑完成

3. 添加信号灯

添加信号灯的操作步骤见表 5.8。

表 5.8　添加信号灯的操作步骤

序号	图片示例	操作步骤
1		单击基本对象中的【】（圆），在画面中绘制

续表 5.8

序号	图片示例	操作步骤
2		右击“圆”对象，单击【属性】
3		单击属性列表中的【布局】，修改位置和大小、半径
4		单击动画列表中的【显示】，双击【添加新动画】

续表 5.8

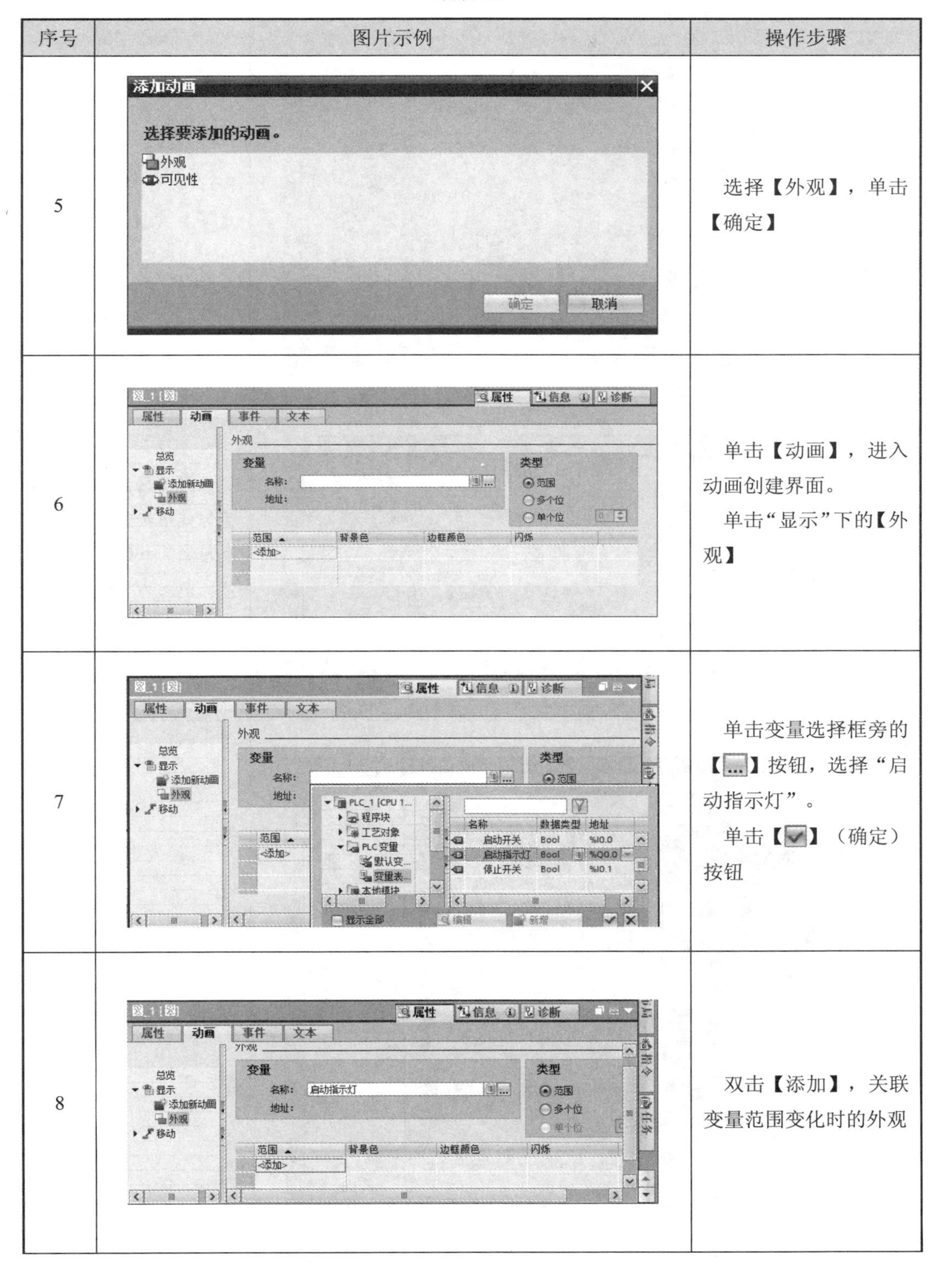

序号	图片示例	操作步骤
5		选择【外观】，单击【确定】
6		单击【动画】，进入动画创建界面。 单击“显示”下的【外观】
7		单击变量选择框旁的【...】按钮，选择“启动指示灯”。 单击【✓】（确定）按钮
8		双击【添加】，关联变量范围变化时的外观

续表 5.8

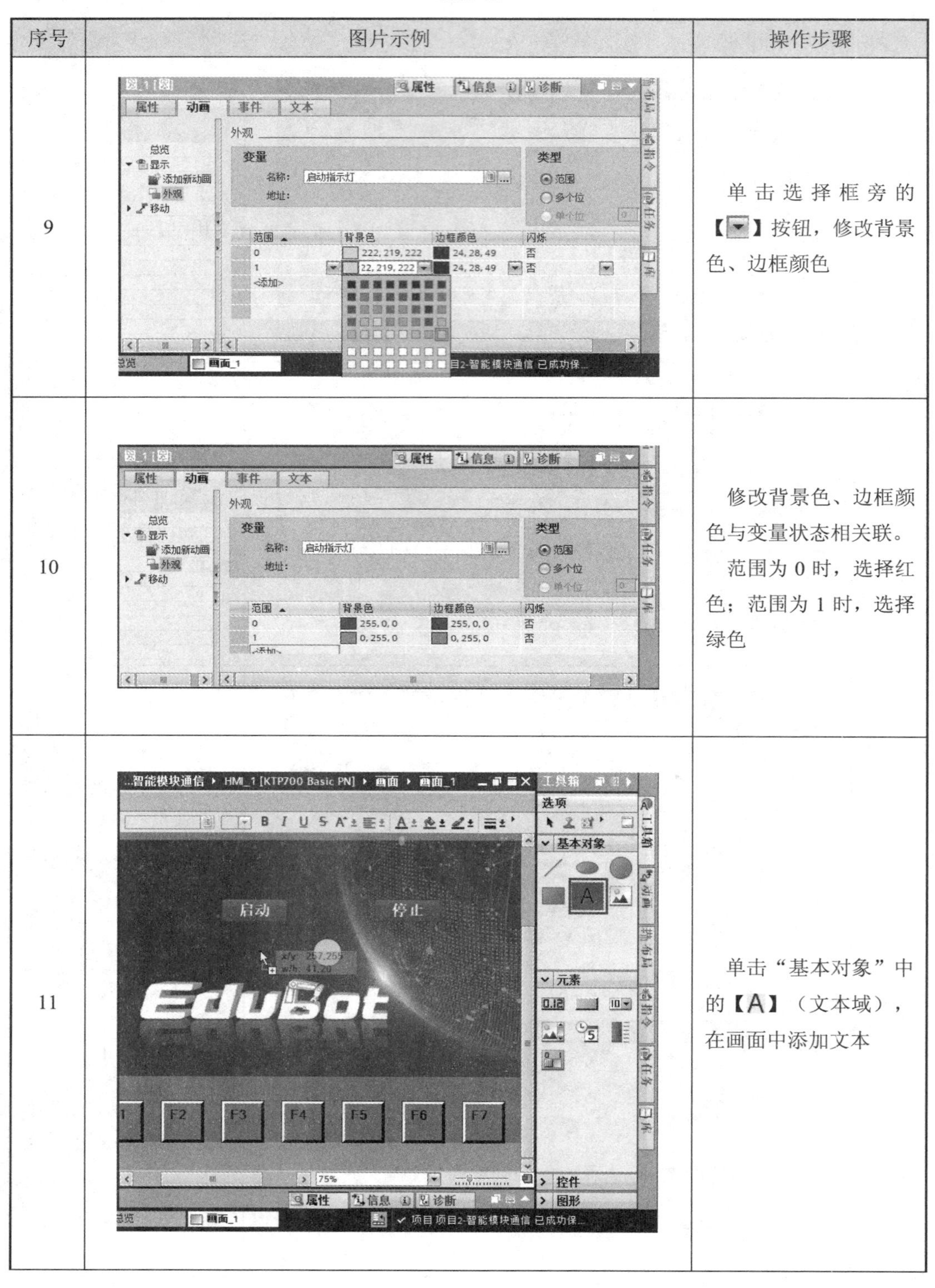

序号	图片示例	操作步骤
9		单击选择框旁的【▼】按钮，修改背景色、边框颜色
10		修改背景色、边框颜色与变量状态相关联。 范围为 0 时，选择红色；范围为 1 时，选择绿色
11		单击“基本对象”中的【A】（文本域），在画面中添加文本

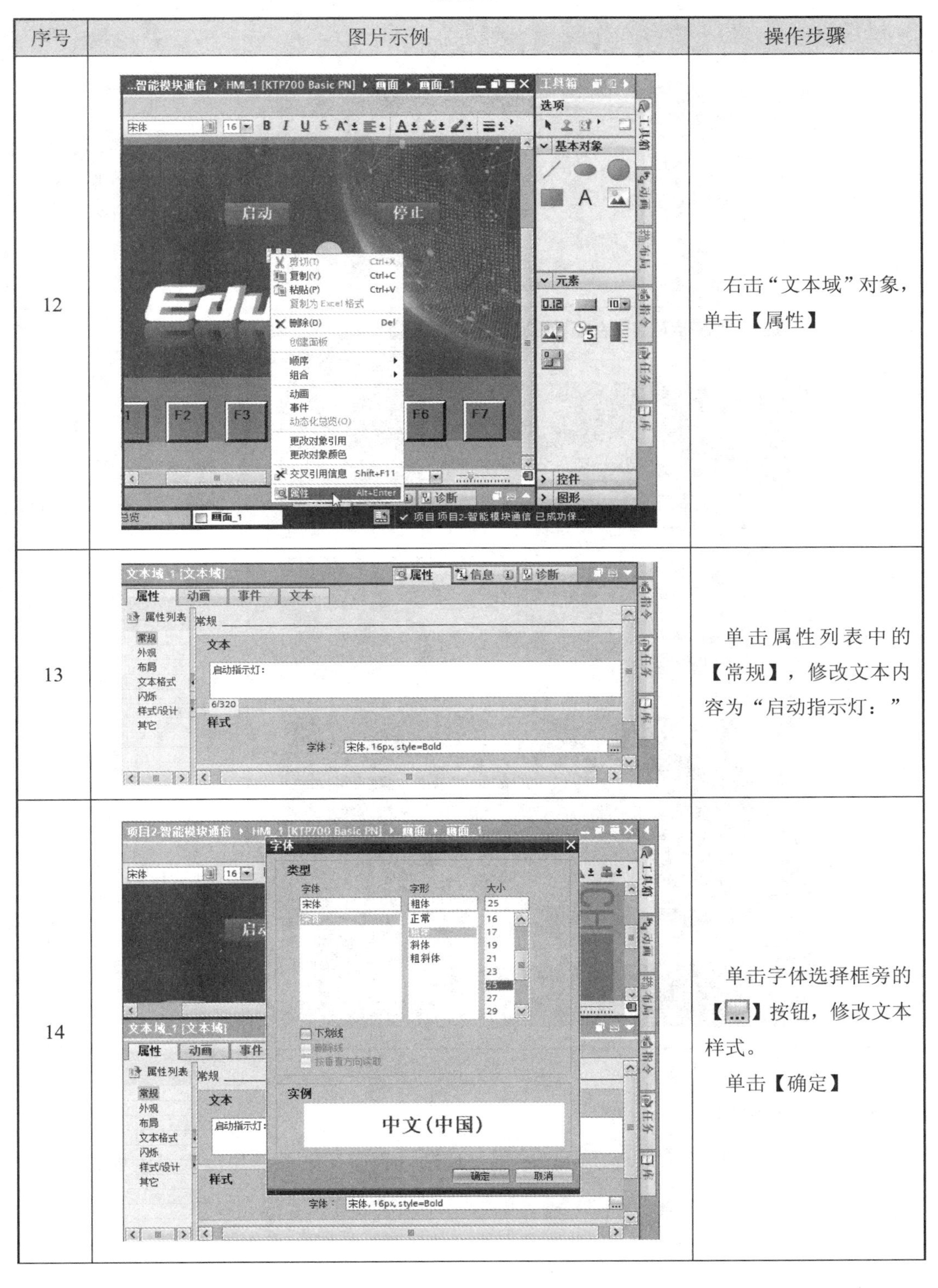

续表 5.8

序号	图片示例	操作步骤
12		右击“文本域”对象，单击【属性】
13		单击属性列表中的【常规】，修改文本内容为“启动指示灯：”
14		单击字体选择框旁的【...】按钮，修改文本样式。 单击【确定】

续表 5.8

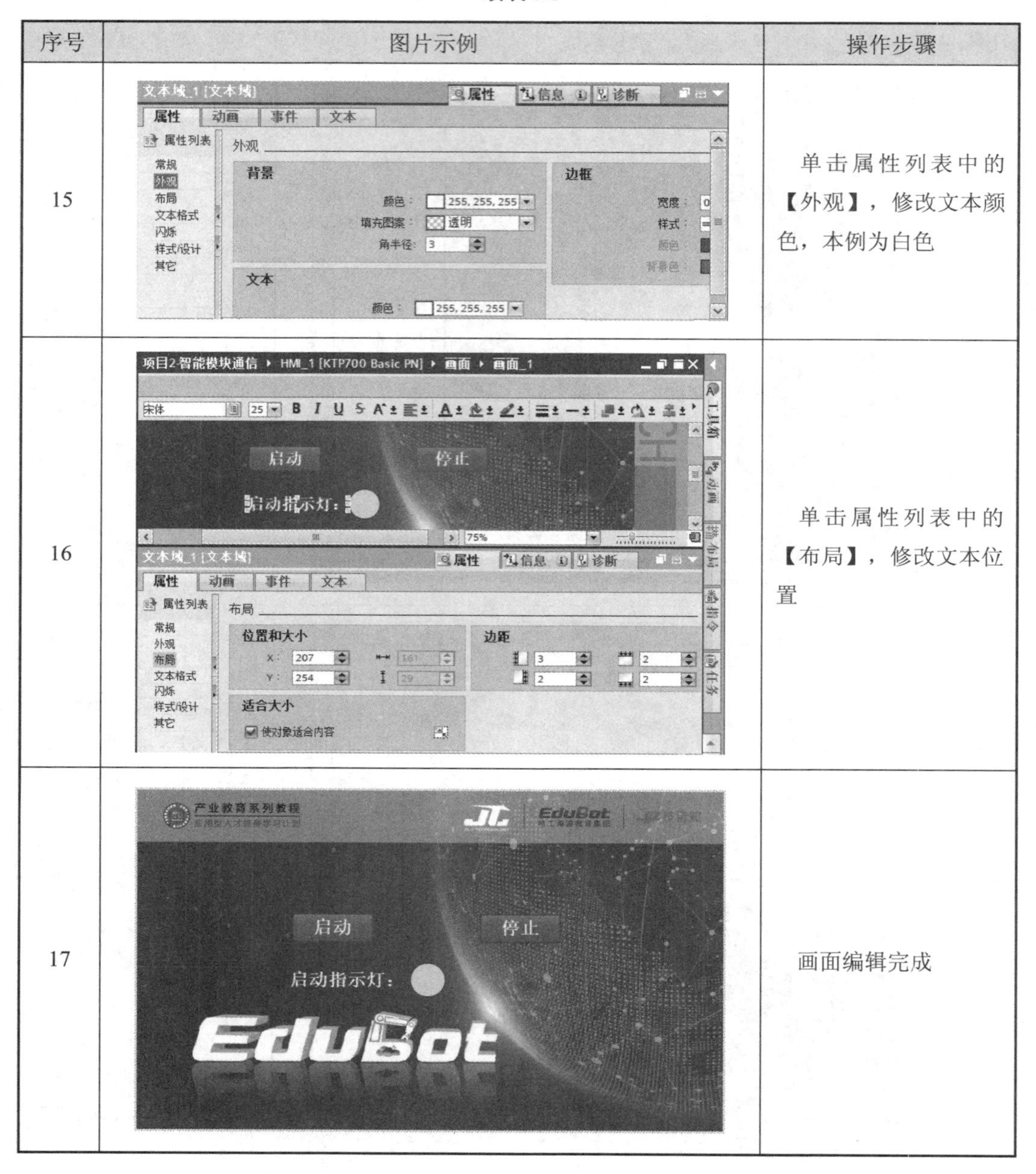

序号	图片示例	操作步骤
15		单击属性列表中的【外观】，修改文本颜色，本例为白色
16		单击属性列表中的【布局】，修改文本位置
17		画面编辑完成

5.4.5 项目程序调试

本项目通过 PLC 仿真软件，对程序进行调试。程序调试的操作步骤见表 5.9。

表 5.9　程序调试的操作步骤

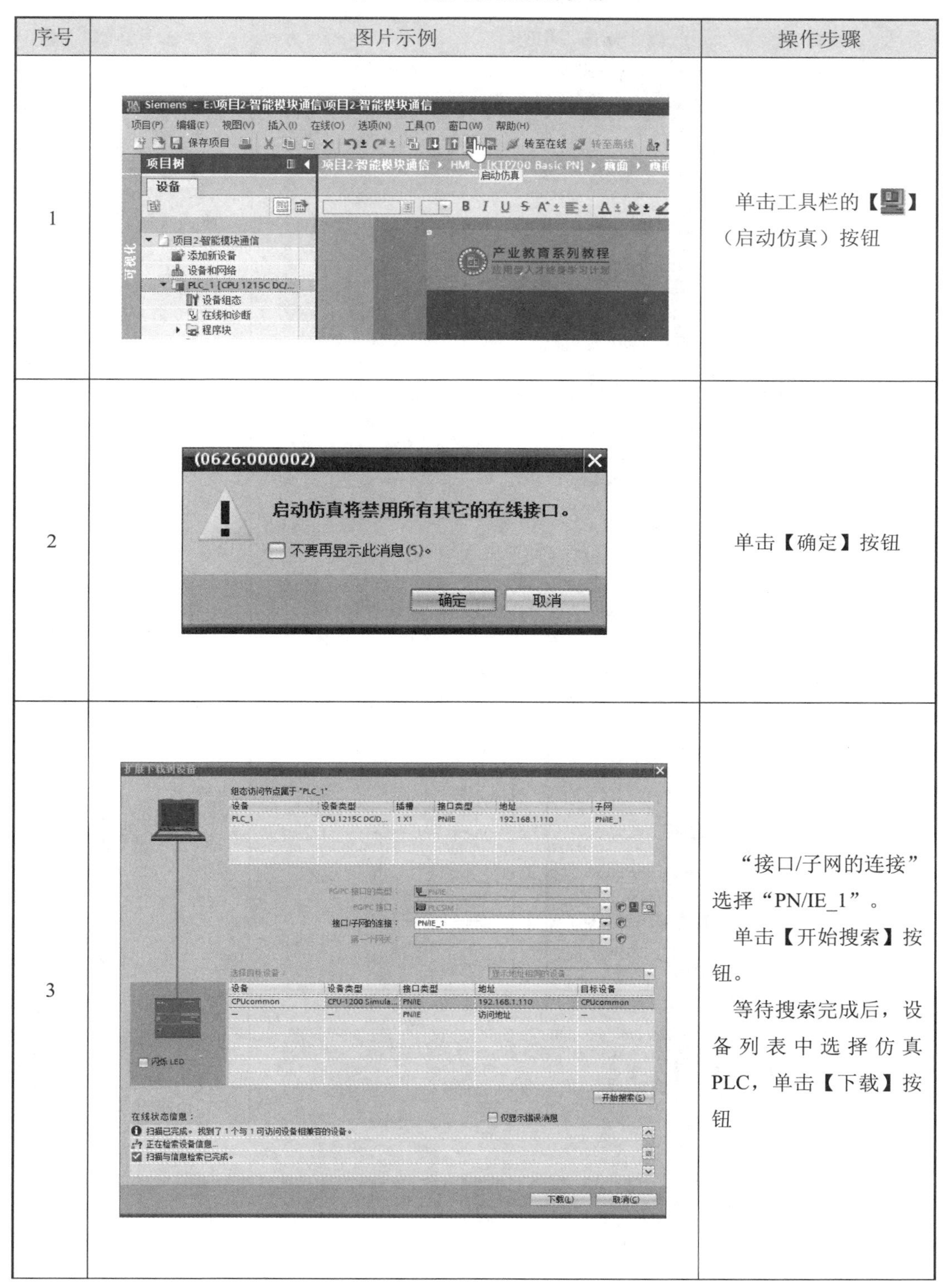

序号	图片示例	操作步骤
1		单击工具栏的【】（启动仿真）按钮
2		单击【确定】按钮
3		“接口/子网的连接”选择“PN/IE_1”。 单击【开始搜索】按钮。 等待搜索完成后，设备列表中选择仿真PLC，单击【下载】按钮

续表 5.9

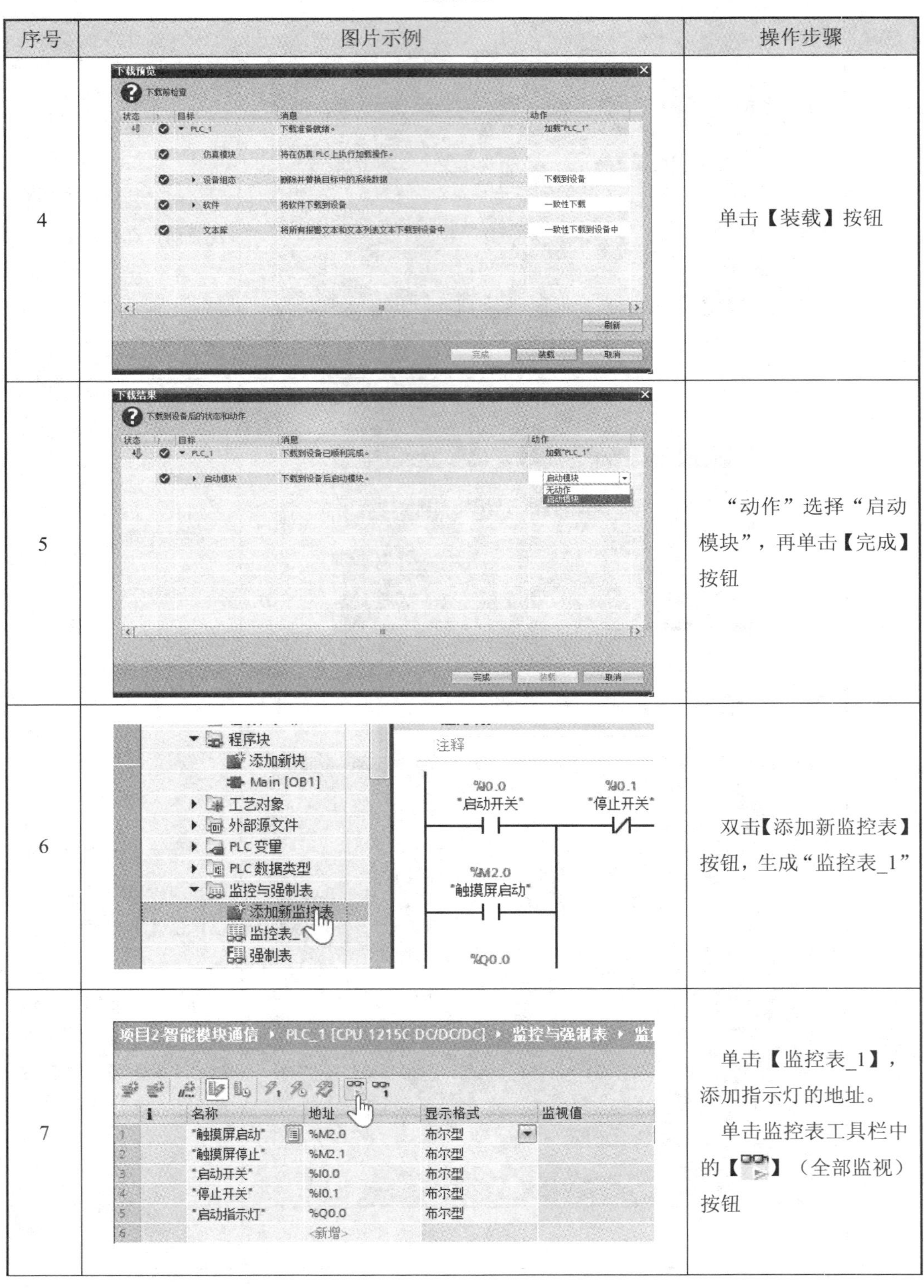

序号	图片示例	操作步骤
4		单击【装载】按钮
5		“动作”选择“启动模块”，再单击【完成】按钮
6		双击【添加新监控表】按钮，生成“监控表_1”
7		单击【监控表_1】，添加指示灯的地址。 单击监控表工具栏中的【 】（全部监视）按钮

续表 5.9

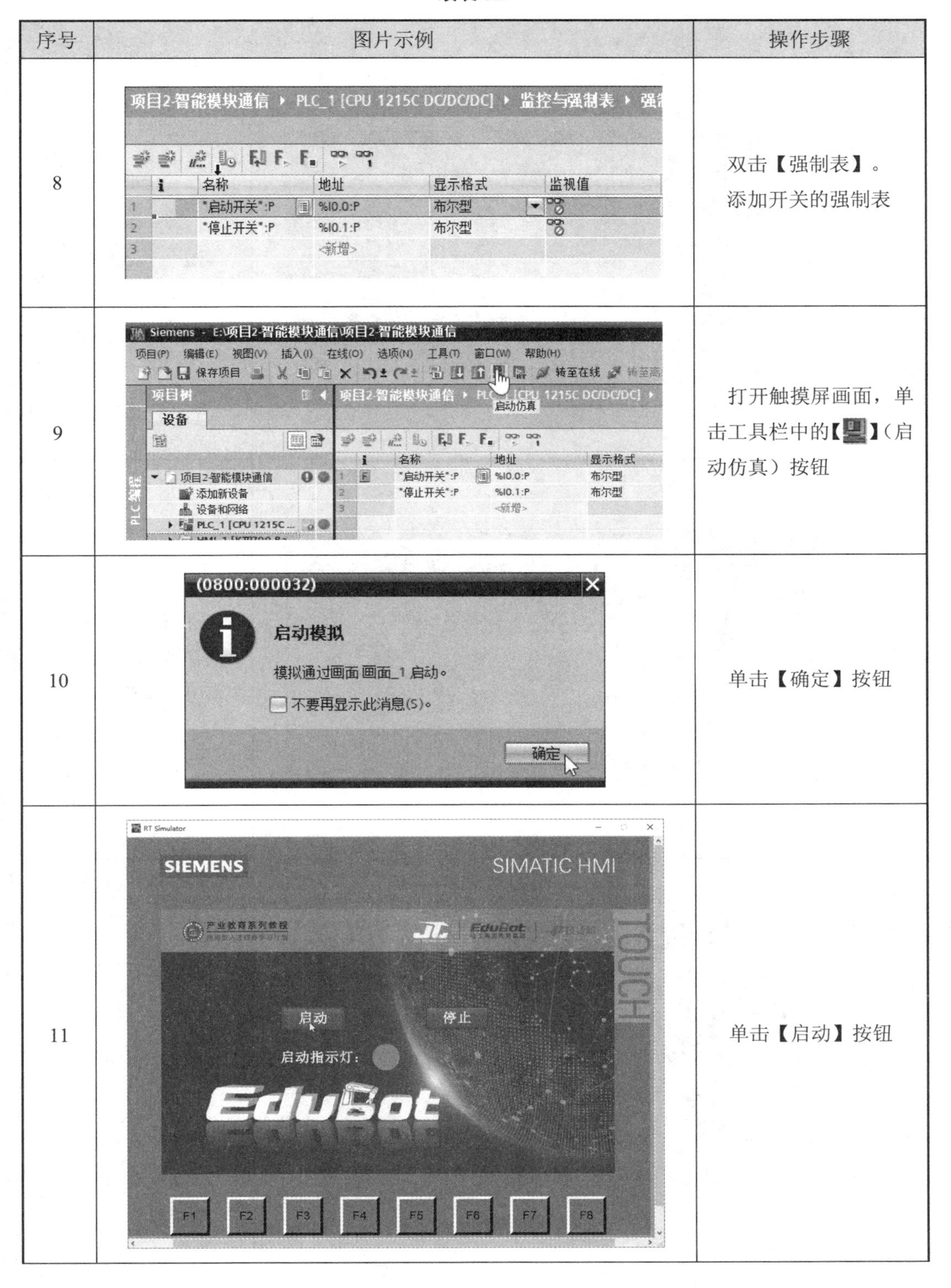

序号	图片示例	操作步骤
8		双击【强制表】。添加开关的强制表
9		打开触摸屏画面，单击工具栏中的【】(启动仿真）按钮
10		单击【确定】按钮
11		单击【启动】按钮

续表 5.9

序号	图片示例	操作步骤
12	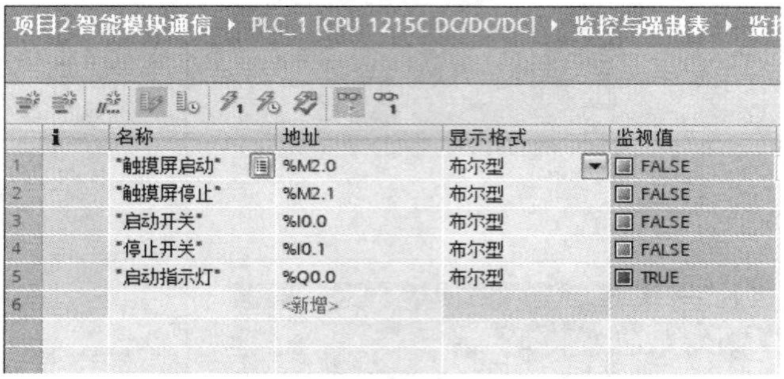	观察监控表状态
13	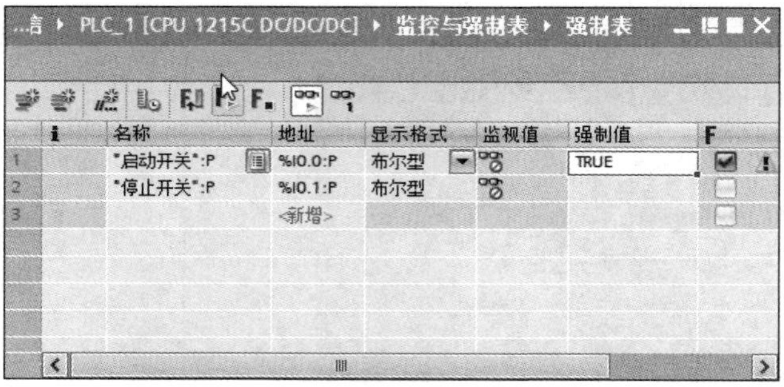	双击【强制表】。分别强制“启动开关”“停止开关”
14	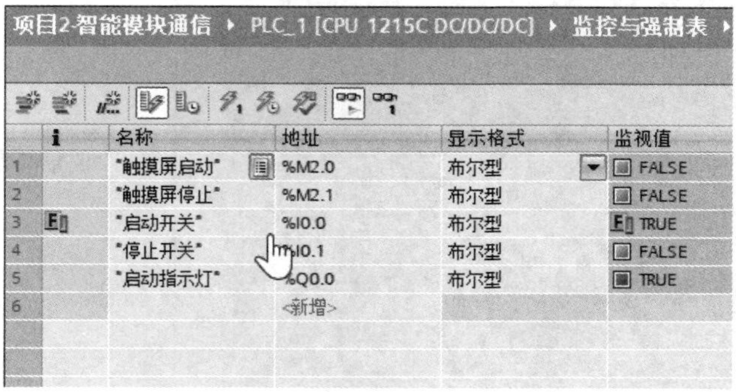	观察监控表状态

5.4.6　项目总体运行

项目总体运行的操作步骤见表 5.10。

表 5.10　项目总体运行的操作步骤

序号	图片示例	操作步骤
1	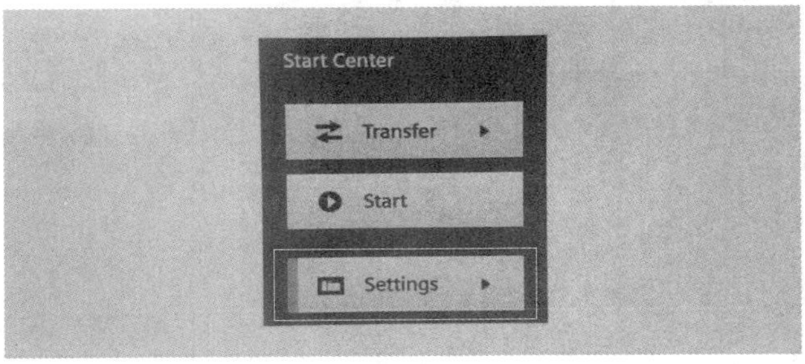	设备开机后，触摸屏画面出现“Start Center”界面，单击【Settings】按钮
2	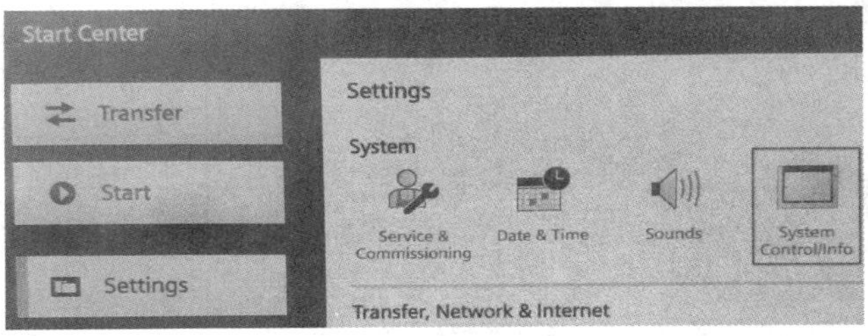	单击【System Control/Info】按钮
3	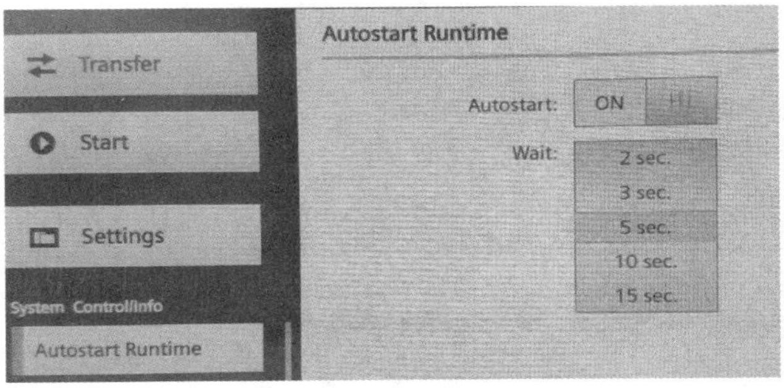	单击“AutoStart”旁的【ON-OFF】按钮，切换至 ON 状态。 “Wait”（时间）选择“5 sec.”
4	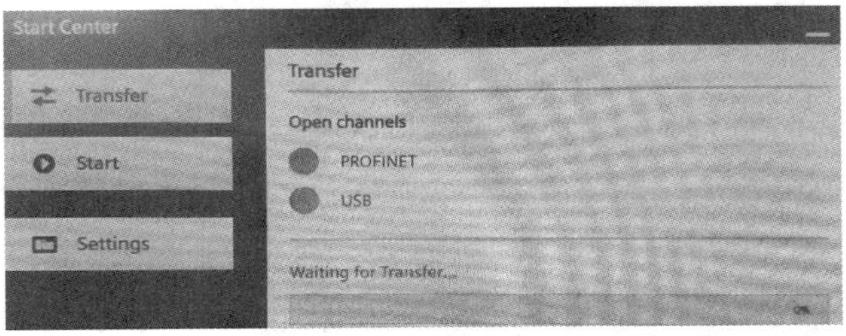	单击【Transfer】按钮，等待画面下载

续表 5.10

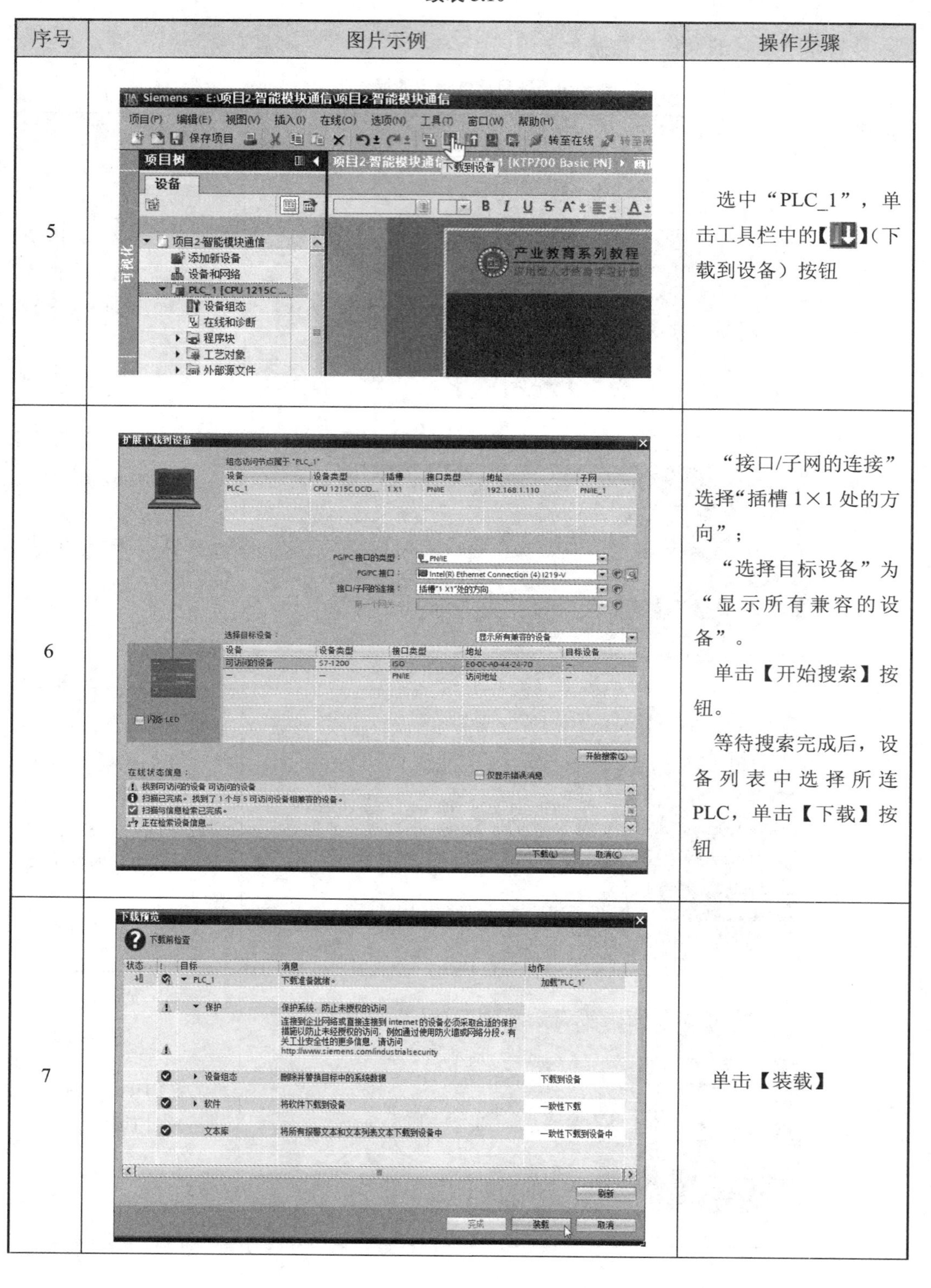

序号	图片示例	操作步骤
5		选中“PLC_1”，单击工具栏中的【 】（下载到设备）按钮
6		“接口/子网的连接”选择“插槽 1×1 处的方向”； “选择目标设备”为“显示所有兼容的设备”。 单击【开始搜索】按钮。 等待搜索完成后，设备列表中选择所连 PLC，单击【下载】按钮
7		单击【装载】

续表 5.10

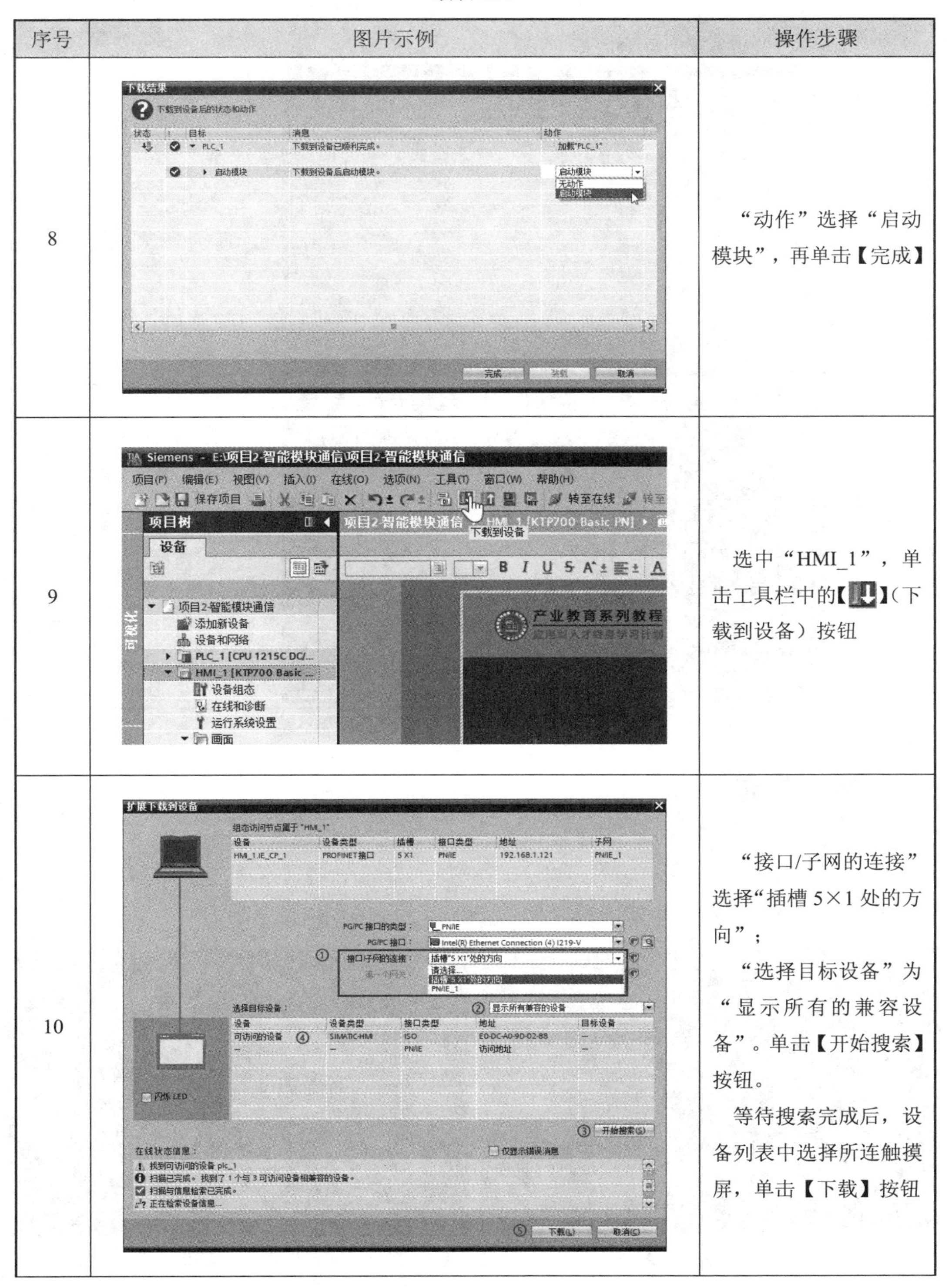

序号	图片示例	操作步骤
8		“动作”选择“启动模块”，再单击【完成】
9		选中“HMI_1”，单击工具栏中的【⬇】(下载到设备）按钮
10		“接口/子网的连接”选择“插槽 5×1 处的方向”； “选择目标设备”为“显示所有的兼容设备”。单击【开始搜索】按钮。 等待搜索完成后，设备列表中选择所连触摸屏，单击【下载】按钮

续表 5.10

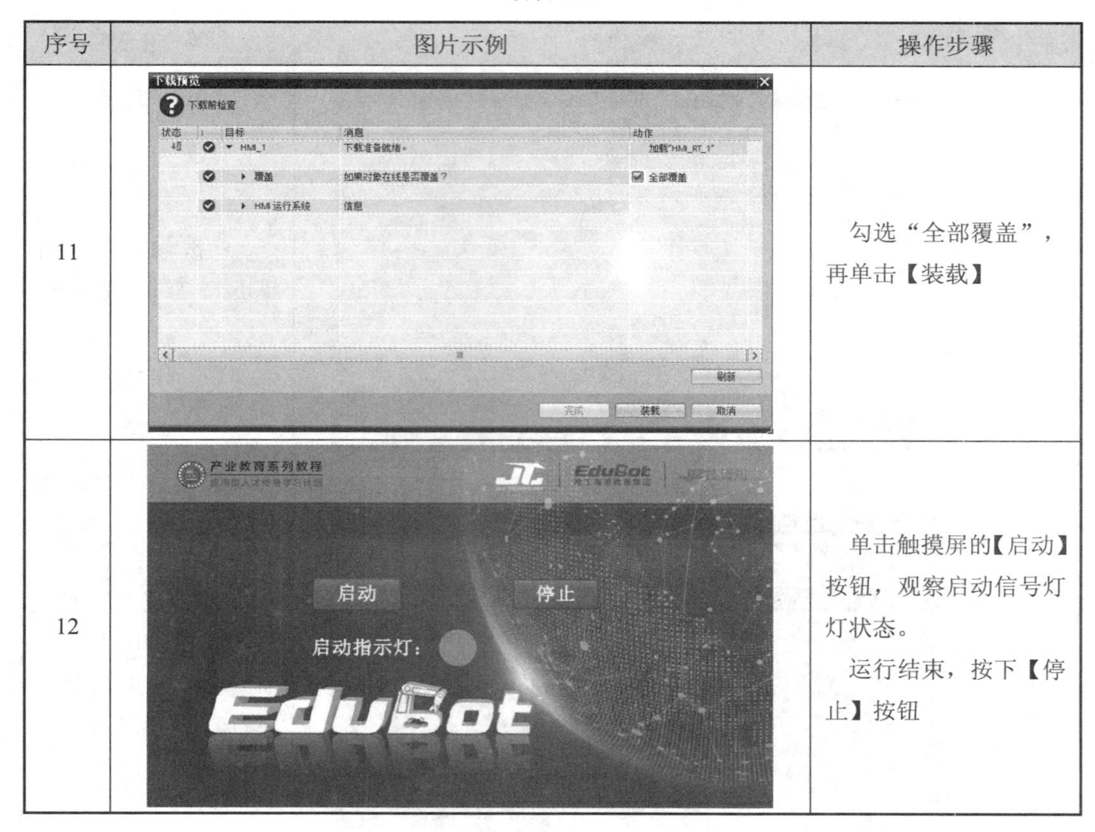

序号	图片示例	操作步骤
11	下载预览 下载前检查 状态 目标 消息 动作 HMI_1 下载准备就绪。 加载"HMI_RT_1" 覆盖 如果对象在线是否覆盖？ 全部覆盖 HMI 运行系统 信息 刷新 完成 装载 取消	勾选“全部覆盖”，再单击【装载】
12	产业教育系列教程 启动 停止 启动指示灯： EduBot	单击触摸屏的【启动】按钮，观察启动信号灯灯状态。 运行结束，按下【停止】按钮

5.5 项目验证

5.5.1 效果验证

本项目总体运行的效果如图 5.21 所示。

（a）单击【启动】按钮

（b）单击【停止】按钮

图 5.21 运行的效果

5.5.2　数据验证

用户可以通过观察监控表指示灯的状态，验证数据，如图 5.22 所示。

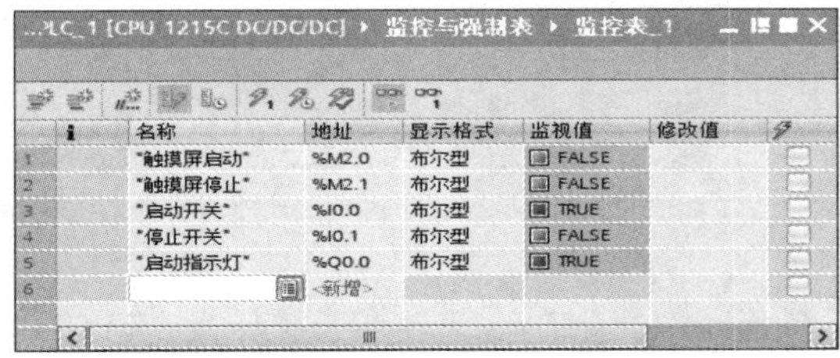

（a）按下触摸屏【启动】按钮，启动信号灯亮

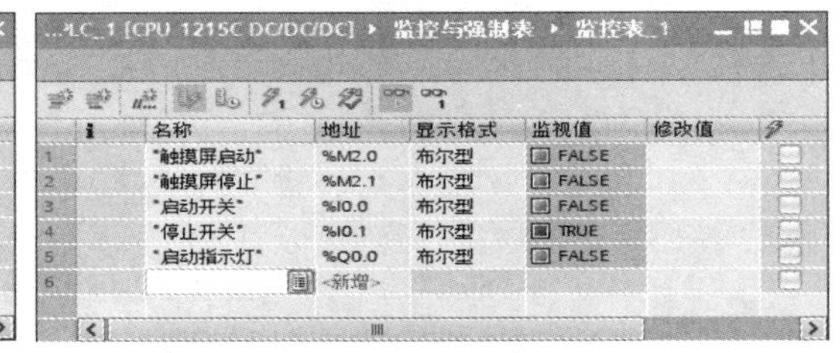

（b）按下触摸屏【停止】按钮，启动信号灯灭

（c）按下“启动开关”按钮，启动信号灯亮

（d）按下“停止开关”按钮，启动信号灯灭

图 5.22　监控表的数据

5.6　项目总结

5.6.1　项目评价

读者完成训练项目后，填写表 5.11 所示的项目评价表，包括自评、互评和完成情况说明。

表 5.11　项目评价表

项目指标		分值	自评	互评	完成情况说明
项目分析	1. 硬件架构分析	8			
	2. 软件架构分析	8			
	3. 项目流程分析	8			
项目要点	1. PROFINET 协议	8			
	2. 触摸屏应用基础	8			
项目步骤	1. 应用系统连接	8			
	2. 应用系统配置	8			
	3. 主体程序设计	8			
	4. 关联程序设计	8			
	5. 项目程序调试	8			
	6. 项目运行调试	8			
项目验证	1. 效果验证	6			
	2. 数据验证	6			
合计		100			

5.6.2 项目拓展

本拓展项目的内容为利用机电一体化产教应用系统，实现以不同模式点亮信号灯的功能。在触摸屏上绘制 3 个按钮和 5 个指示灯，“启动 1”按钮实现五个信号灯延时点亮，即灯 1～灯 5 依次点亮，“启动 2”按钮实现信号灯灯 1～灯 5 同时点亮，“停止”按钮熄灭所有信号灯。

注意：编写程序时，不要出现双线圈。

第 6 章　智能液位控制

※ 液位控制项目目的

6.1　项目概况

6.1.1　项目背景

液位控制是工业中常见的过程控制，以水这种液体为例，在水塔水位控制系统中（图 6.1），为了维持水塔的水位在限位位置，需要控制器实时检测水位传感器的状态。由于 PLC 在逻辑控制方面的出色表现，通过水位传感器与 PLC 的配合，用户可以轻松地控制水塔的水位，满足日常使用需求。本项目通过一个训练模块，练习水位的控制。

图 6.1　水塔水位控制

6.1.2　项目需求

本项目通过 PLC 实现水塔水位模拟控制，需要使用电源、PLC、水塔水位模拟控制模块，模块如图 6.2 所示，本模块的特点是带有多个开关，通过用开关模拟水位传感器，利用 PLC 的逻辑控制指令，控制代表电磁阀 Y 和抽水泵 M 的指示灯。

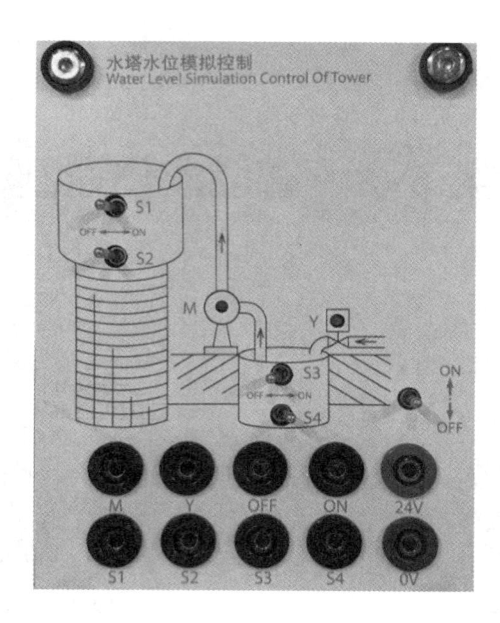

图 6.2　模块图片

本模块中开关 S1 和 S2 的位置是模拟水塔，开关 S3 和 S4 的位置是模拟蓄水池。本模块的控制思路是，当水池水位低于水池低水位界（S4 为 OFF 表示）时，阀 Y 打开进水（Y 为 ON），定时器开始定时，5 s 后，如果 S4 还不为 ON，那么阀 Y 指示灯闪烁，表示阀 Y 没有进水，出现故障。S3 为 ON 后，阀 Y 关闭（Y 为 OFF）。当 S4 为 ON 且水塔水位低于水塔低水位界时，S2 为 OFF，抽水泵 M 运转抽水。当水塔水位高于水塔高水位界时，S1 为 ON，抽水泵 M 停止。

6.1.3　项目目的

通过对智能液位控制的学习，可以实现以下学习目标。

（1）了解系统标志位的功能。

（2）了解液位控制思路。

6.2　项目分析

6.2.1　项目构架

本项目为基于水塔水位模拟控制应用，需要使用机电一体化产教应用系统中的水塔水位模拟控制模块（包含开关和指示灯）、开关电源模块、PLC 模块，开关电源为系统提供 24 V 电源，项目构架图如图 6.3 所示。

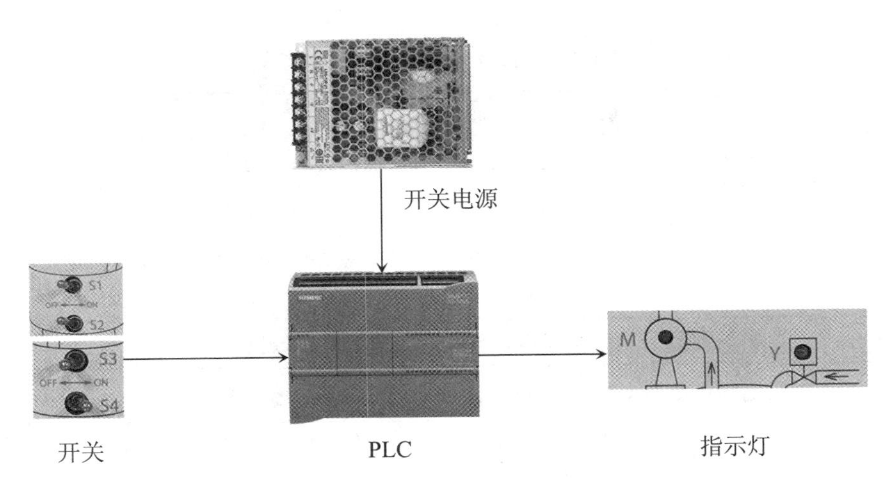

图 6.3　项目构架

6.2.2　项目流程

本项目实施流程如图 6.4 所示。

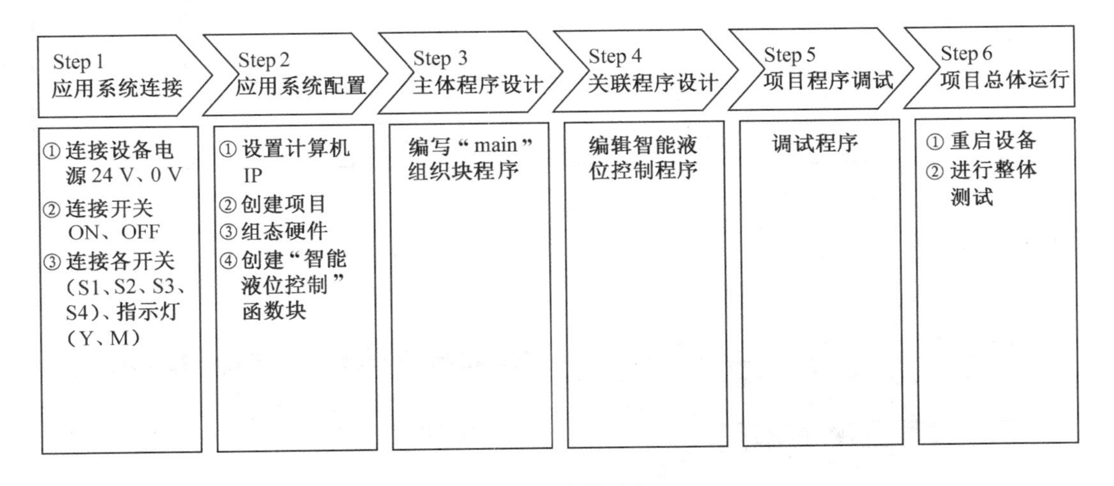

图 6.4　实施流程

6.3　项目要点

※ 液位控制项目要点

6.3.1　函数块参数

函数块（FB）支持的块参数见表 6.1。函数块的参数称为形式参数。

表 6.1　函数块（FB）支持的块参数

类型	名称	功　能
Input	输入参数	用于存储外部变量输入到块中的数据
Output	输出参数	用于存储需要输出到外部变量的数据
InOut	输入/输出参数	先存储外部变量输入的数据，执行后又将更新后的数据输出到外部变量
Temp	临时局部数据	只保留一个周期的临时局部数据
Static	静态局部数据	用于在背景数据块中存储静态结果的变量
Constant	常量	用于存储在块中提前声明好的数据，其值在程序执行过程中不会更改

本项目需要使用 Input 参数和 Output 参数，参数列表见表 6.2。

表 6.2　参数列表

Input 参数	数据类型	Output 参数	数据类型
S1	BOOL	Y	BOOL
S2	BOOL	M	BOOL
S3	BOOL		
S4	BOOL		

参数的添加位置位于编程窗口上方，参数设置窗口如图 6.5 所示，可以通过单击【▲】或【▼】，隐藏或显示该窗口。在参数窗口中找到 Input 和 Output 栏，单击【新增】并填入参数名和数据类型，即可完成参数添加。

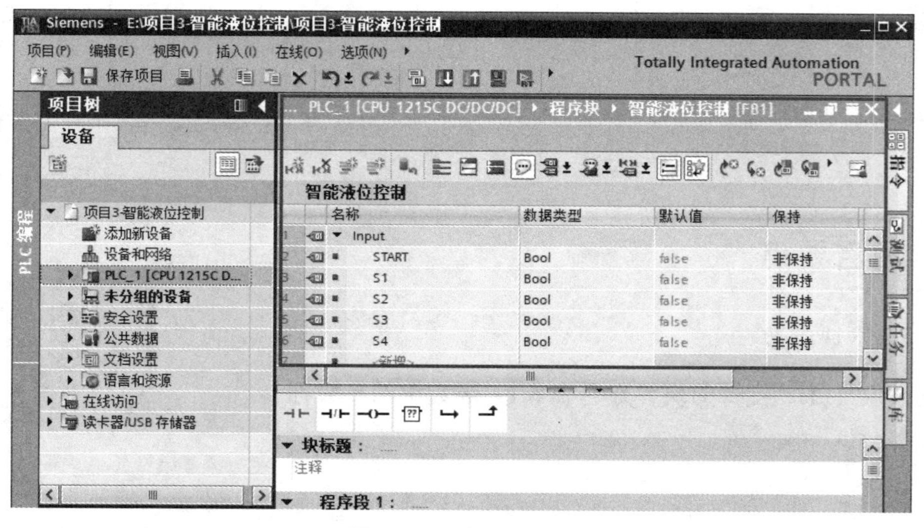

图 6.5　参数设置窗口

完成参数添加后，在组织块中调用函数块时，需要在对应块参数接口处，填入实际变量，实际变量的填写如图 6.6 所示。

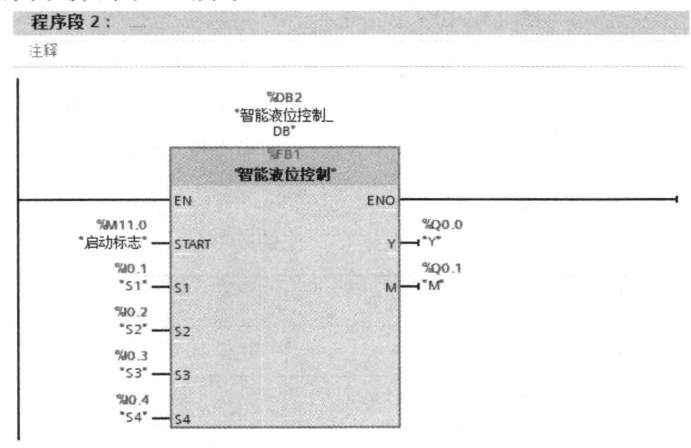

图 6.6　实际变量的填写

6.3.2　系统和时钟存储位

在 PLC 的程序设计中，如果需要实现以下功能：希望某段逻辑一直为真（1）或一直为假（0）；希望某段程序仅在 PLC 启动后执行一次；希望有一个频率固定的时钟脉冲来进行通信或控制报警灯，读者可以利用 S7-1200 系列 PLC 本身提供的功能来实现，该功能为系统和时钟存储器。读者可以在 PLC 属性中启用该功能，系统和时钟存储器属性设置如图 6.7 所示。

图 6.7　系统和时钟存储器属性设置

1. 系统字节位

“系统字节位”是指系统字节（byte）中的位（bit）。其中“系统字节”，是在 PLC 的硬件配置中指定的一个内部存储器区 M 的字节。当将硬件配置下载到 PLC 之后，操作系统会对该字节的某些位进行写操作，以实现特定的功能。无论使用哪个字节作为系统字节，其 0～7 位（bit）都遵循一定的规则，系统字节位的规则见表 6.3，使用默认的 MB1 作为系统字节的硬件配置如图 6.8 所示。

表 6.3　系统字节位的规则

位（bit）	名称	描述
0	FirstScan（首次循环）	PLC 启动后首次扫描为 1，其他情况为 0
1	DiagtatusUpdate（诊断状态已更改）	切换到诊断状态时为 1
2	AlwaysTRUE（始终为 1）	始终为 1
3	AlwaysFALSE（始终为 0）	始终为 0
4	保留	—
5	保留	—
6	保留	—
7	保留	—

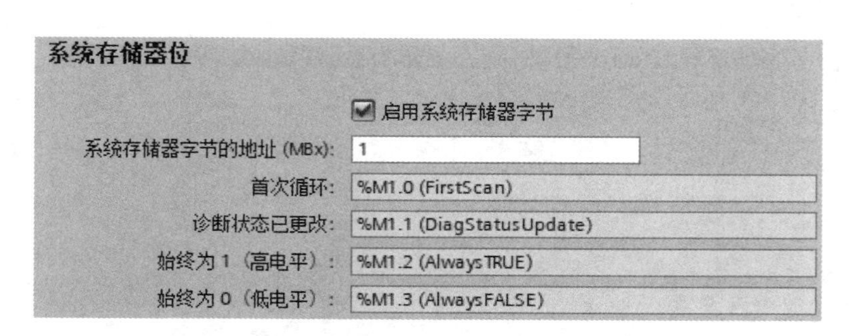

图 6.8　默认系统字节的硬件配置

2. 时钟字节位

“时钟字节位”是指时钟字节（byte）中的位（bit）。时钟字节与系统字节类似，也是在硬件配置中指定一个内部存储器区 M 的字节（需要与系统字节不同），它的位（bit）可以周期性的变化。无论使用哪个字节作为时钟字节，其 0～7 位（bit）都遵循表 6.4 所示的规则，使用默认 MB0 作为时钟字节的硬件配置如图 6.9 所示。本项目使用 1 Hz 的时钟。

表 6.4　时钟字节位的规则

位/bit	周期/s	频率/Hz
0	0.1	10
1	0.2	5
2	0.4	2.5
3	0.5	2
4	0.8	1.25
5	1.0	1
6	1.6	0.624
7	2	0.5

时钟存储器位

☑ 启用时钟存储器字节

时钟存储器字节的地址 (MBx):	0
10 Hz 时钟:	%M0.0 (Clock_10Hz)
5 Hz 时钟:	%M0.1 (Clock_5Hz)
2.5 Hz 时钟:	%M0.2 (Clock_2.5Hz)
2 Hz 时钟:	%M0.3 (Clock_2Hz)
1.25 Hz 时钟:	%M0.4 (Clock_1.25Hz)
1 Hz 时钟:	%M0.5 (Clock_1Hz)
0.625 Hz 时钟:	%M0.6 (Clock_0.625Hz)
0.5 Hz 时钟:	%M0.7 (Clock_0.5Hz)

图 6.9　默认时钟字节的硬件配置

6.4　项目步骤

6.4.1　应用系统连接

※ 液位控制项目步骤

本项目基于机电一体化产教应用系统开展，通过接插线连接各设备，PLC 数字 I/O 部分的电气原理图如图 6.10 所示，实物接线图如图 6.11 所示。

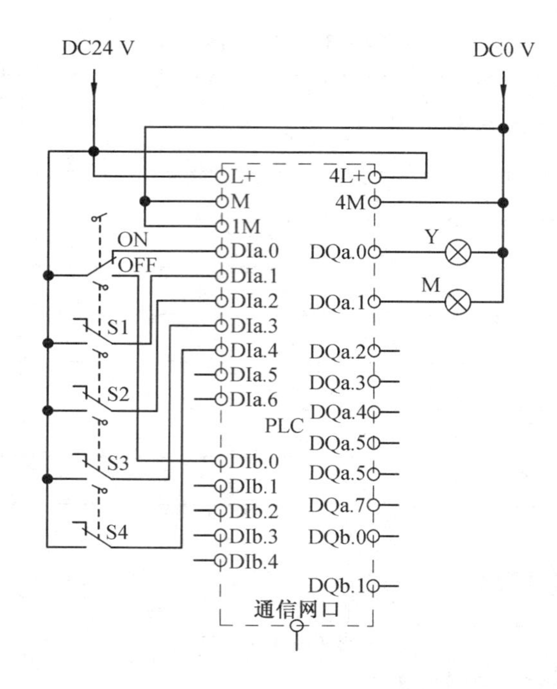

图 6.10　电气原理图

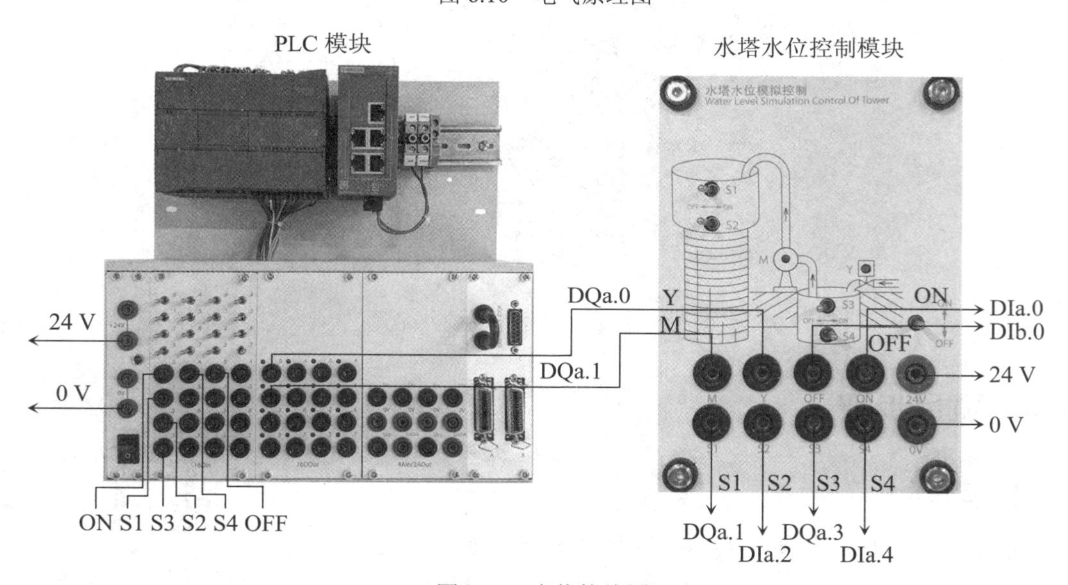

图 6.11　实物接线图

6.4.2　应用系统配置

1. 设置计算机 IP

本项目所有网络设备的 IP 地址设置在 192.168.1.1～192.168.1.254 网段，因此将计算机网卡的 IP 地址改为 192.168.1.200，计算机 IP 设置如图 6.12 所示。

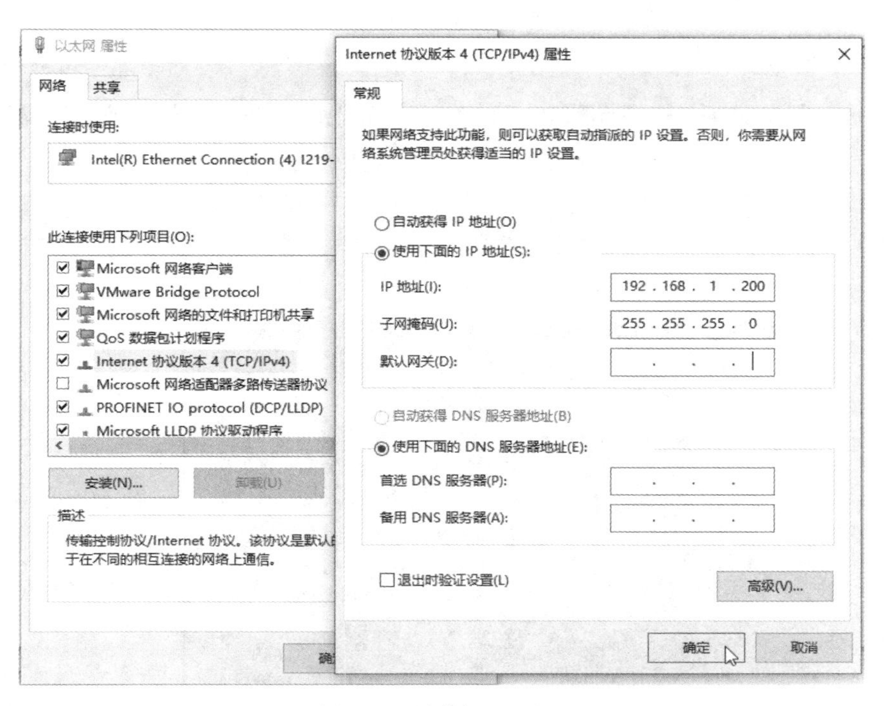

图 6.12　计算机 IP 设置

2. 项目创建

本项目需要创建名称为“项目 3”的项目文件，添加硬件 CPU 1215C DC/DC/DC（订货号：6ES7 215-1AG40-0XB0）。添加后进入项目视图，如图 6.13 所示。

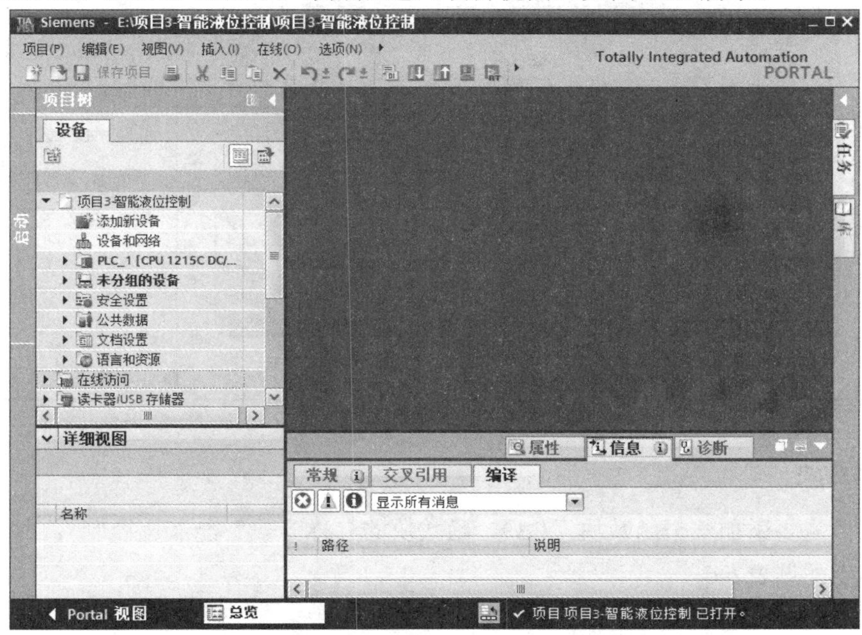

图 6.13　项目视图

3. CPU 配置

在完成项目创建后，需要设置 PLC 的 I/O 和 IP 地址，CPU 配置的操作步骤见表 6.5。

表 6.5　CPU 配置的操作步骤

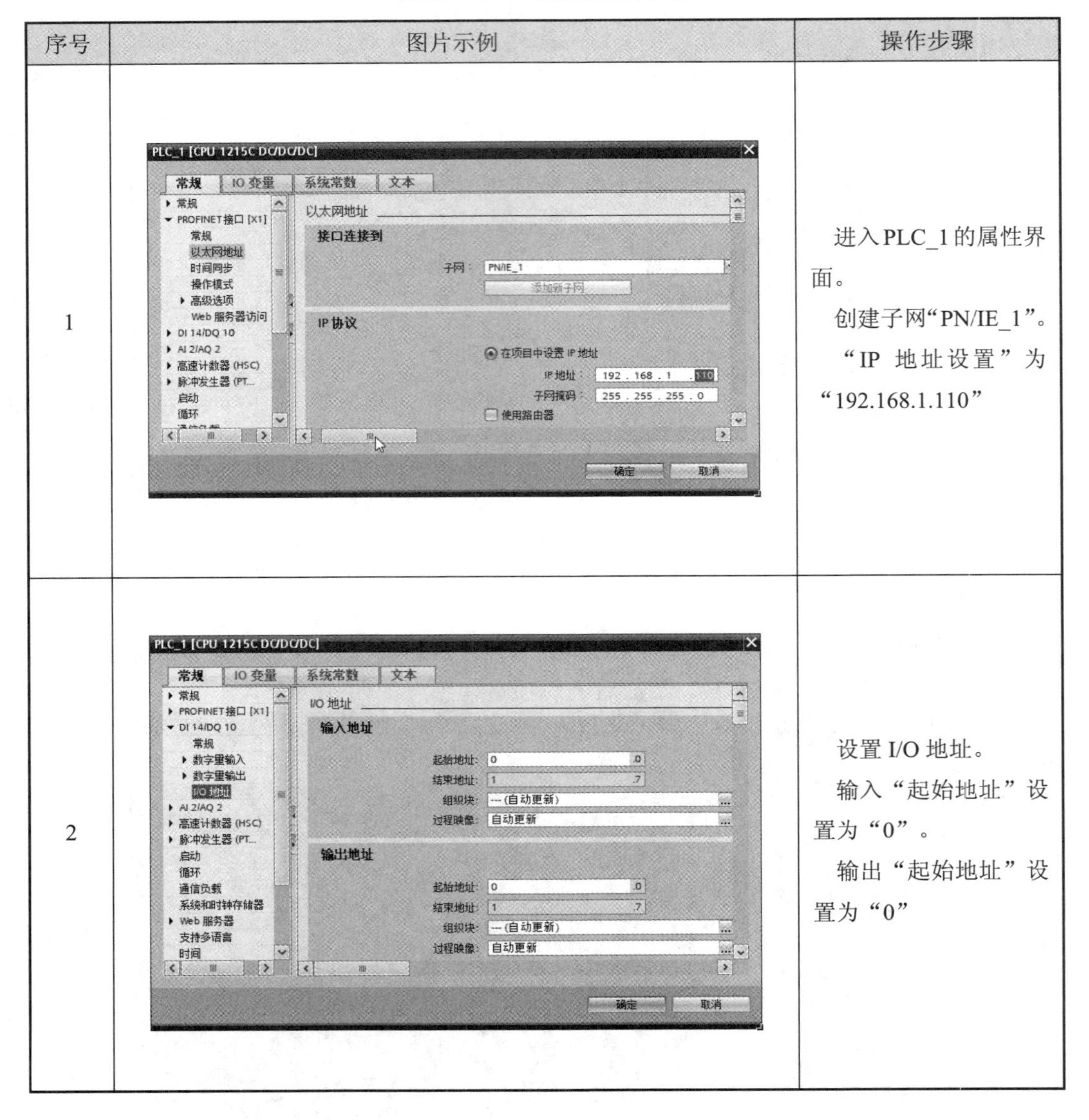

序号	图片示例	操作步骤
1		进入 PLC_1 的属性界面。 创建子网“PN/IE_1”。 “IP 地址设置”为“192.168.1.110”
2		设置 I/O 地址。 输入“起始地址”设置为“0”。 输出“起始地址”设置为“0”

4. 添加块

本项目需要添加一个函数块（FB），函数块的名称为“智能液位控制”，并添加块接口。具体步骤见表 6.6。

表 6.6　添加函数块步骤

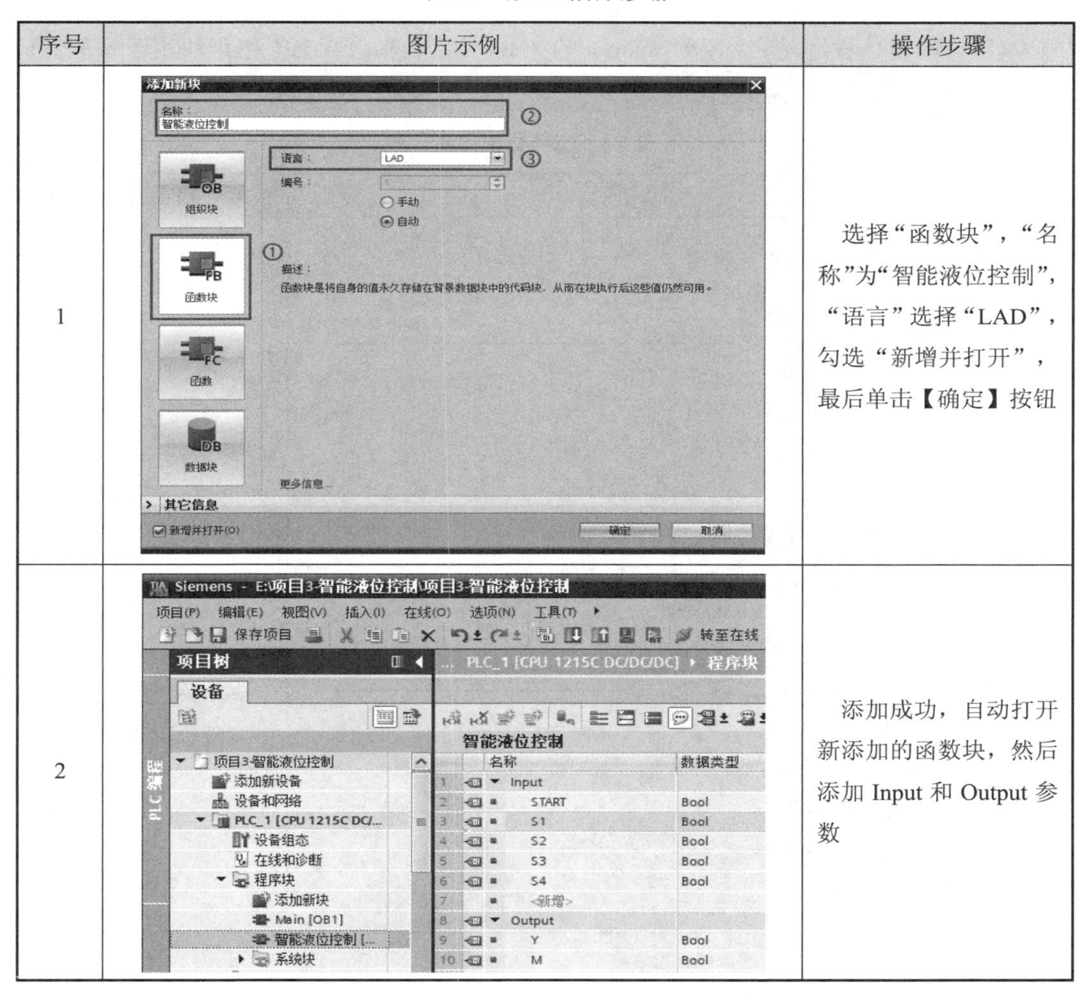

序号	图片示例	操作步骤
1		选择“函数块”，“名称”为“智能液位控制”，“语言”选择“LAD”，勾选“新增并打开”，最后单击【确定】按钮
2		添加成功，自动打开新添加的函数块，然后添加 Input 和 Output 参数

5. 变量表配置

PLC 的变量表配置见表 6.7。

表 6.7　变量表配置

变量名称	PLC 输入	变量名称	PLC 输出	变量名称	内部存储器
ON	I0.0	Y	Q0.0	启动标志	M11.0
OFF	I1.0	M	Q0.1		
S1	I0.1				
S2	I0.2				
S3	I0.3				
S4	I0.4				

6.4.3 主体程序设计

本项目的主体程序是名称为“main”的 OB1 组织块。“main”组织块用于智能液位控制启动程序，主体程序内容见表 6.8。

表 6.8 主体程序内容

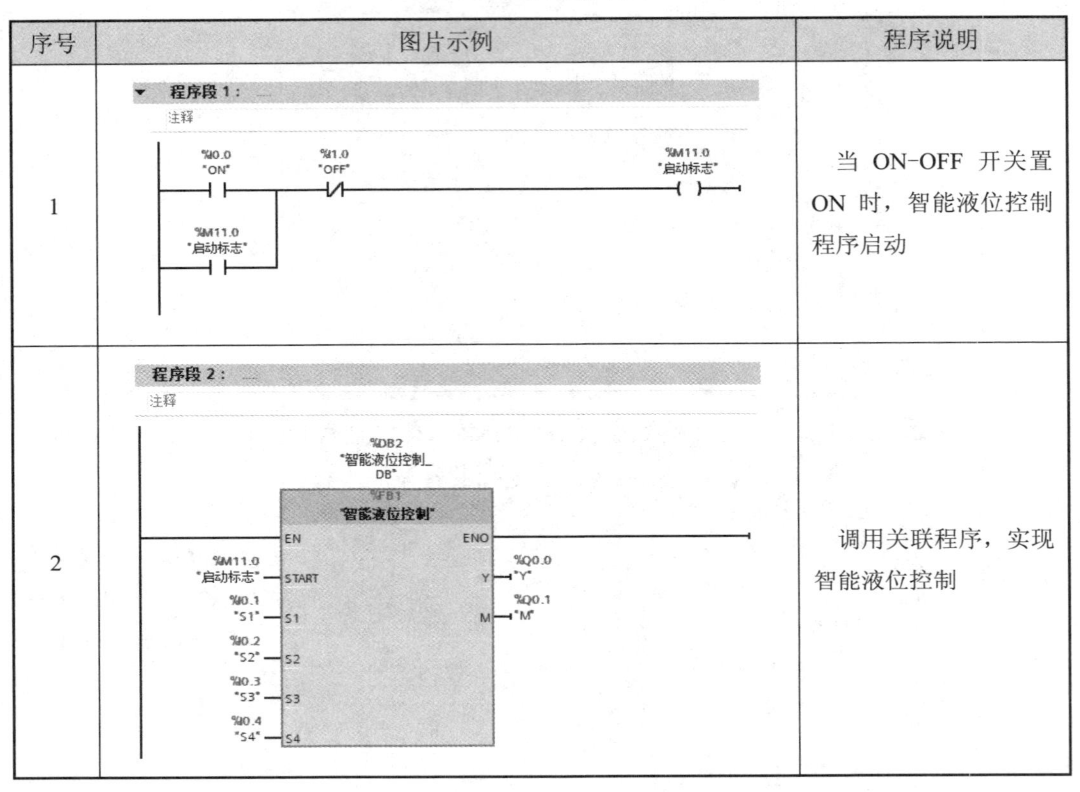

序号	图片示例	程序说明
1		当 ON-OFF 开关置 ON 时，智能液位控制程序启动
2		调用关联程序，实现智能液位控制

6.4.4 关联程序设计

本项目的关联程序是名称为“智能液位控制”的函数块。根据项目要求编写控制程序，关联程序设计内容见表 6.9。

表 6.9 关联程序设计内容

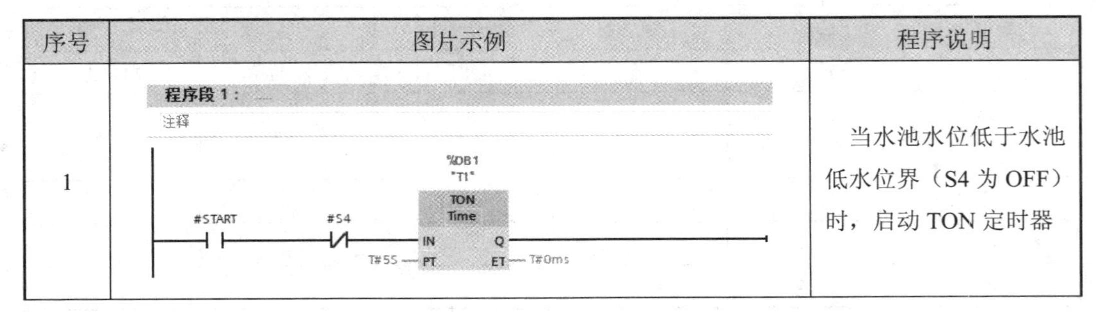

序号	图片示例	程序说明
1		当水池水位低于水池低水位界（S4 为 OFF）时，启动 TON 定时器

续表 6.9

序号	图片示例	程序说明
2	程序段 2：…… 注释 #S4　"T1".Q　#START　#Y "T1".Q　%M0.5 "Clock_1Hz" #S4　#S3	程序段 2 用于控制阀 Y 指示灯的点亮，包含加水状态、超时报警状态下的控制程序
3	程序段 3：…… 注释 #S4　#S2　#START　#M #S2　#S4　#S1	程序段 3 用于抽水泵指示灯 M 的点亮

6.4.5　项目程序调试

通过强制表和监控表调试程序，调试步骤见表 6.10。

表 6.10　程序调试步骤

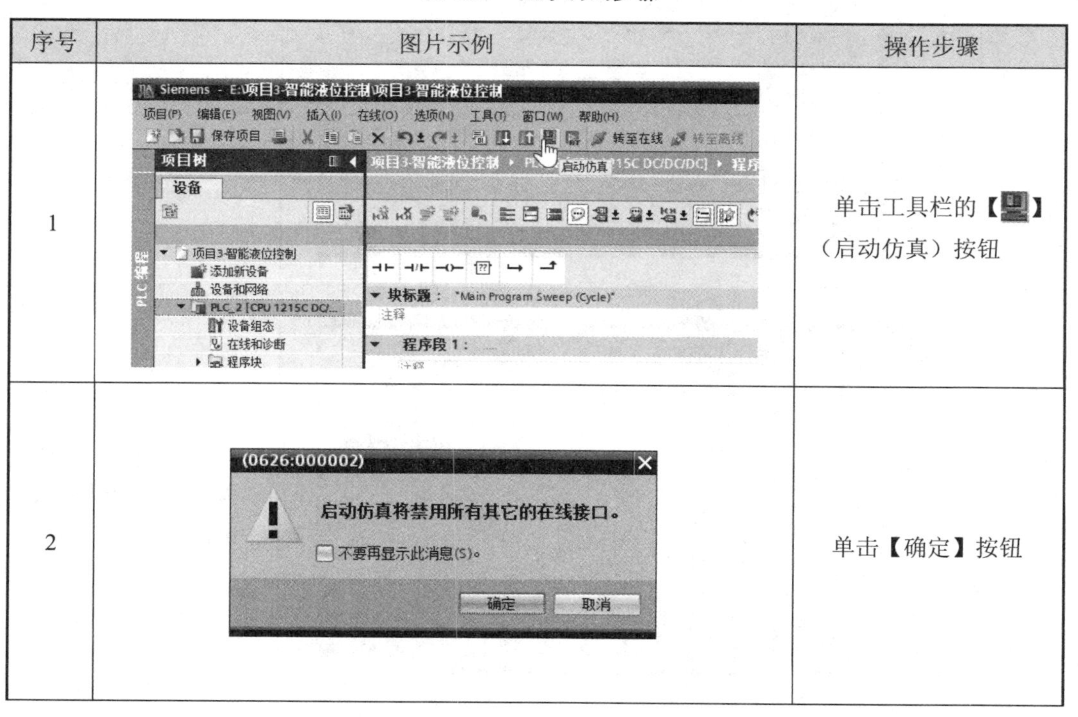

序号	图片示例	操作步骤
1		单击工具栏的【】（启动仿真）按钮
2		单击【确定】按钮

续表 6.10

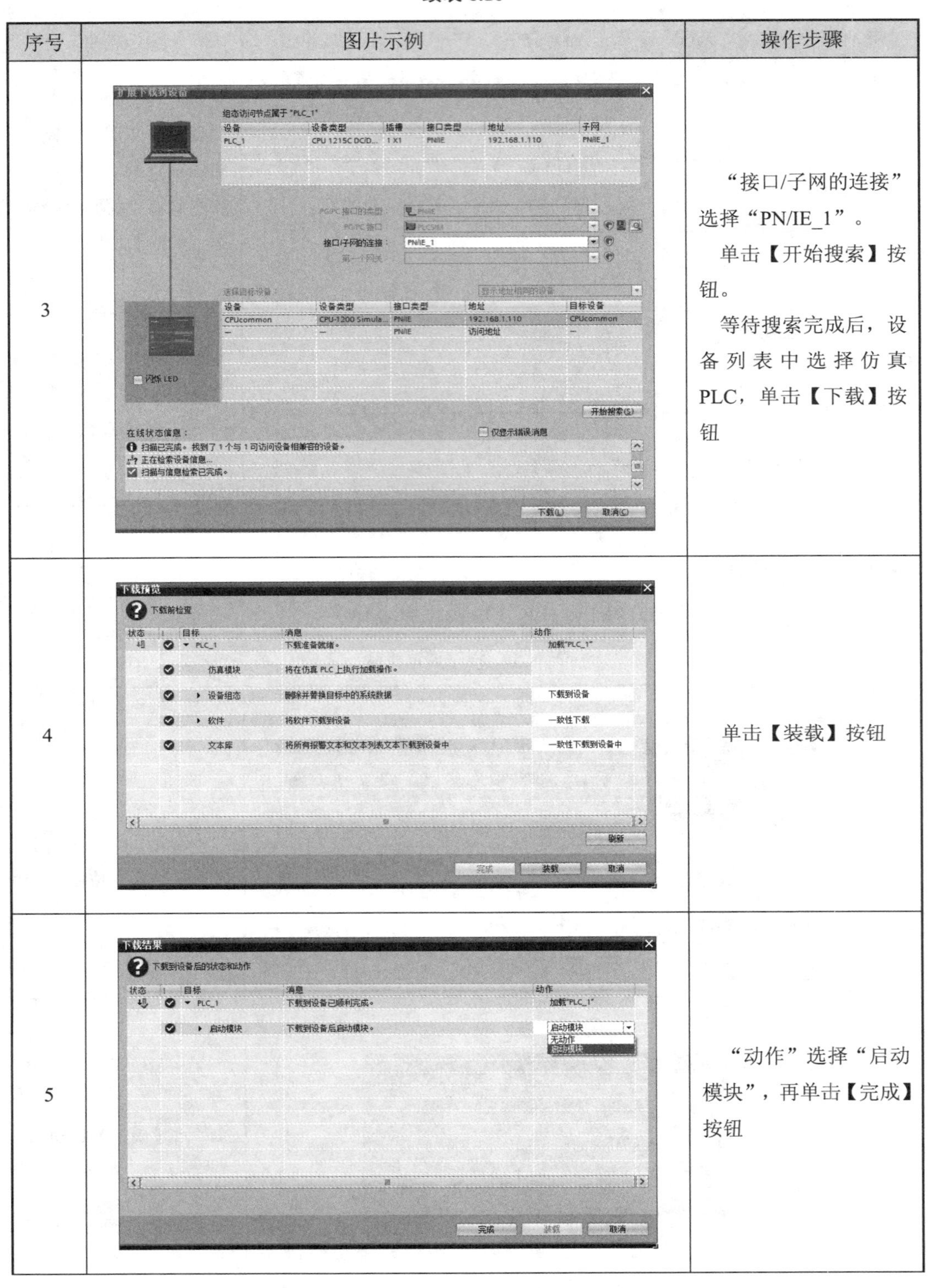

序号	图片示例	操作步骤
3		“接口/子网的连接”选择“PN/IE_1”。 单击【开始搜索】按钮。 等待搜索完成后，设备列表中选择仿真PLC，单击【下载】按钮
4		单击【装载】按钮
5		“动作”选择“启动模块”，再单击【完成】按钮

续表 6.10

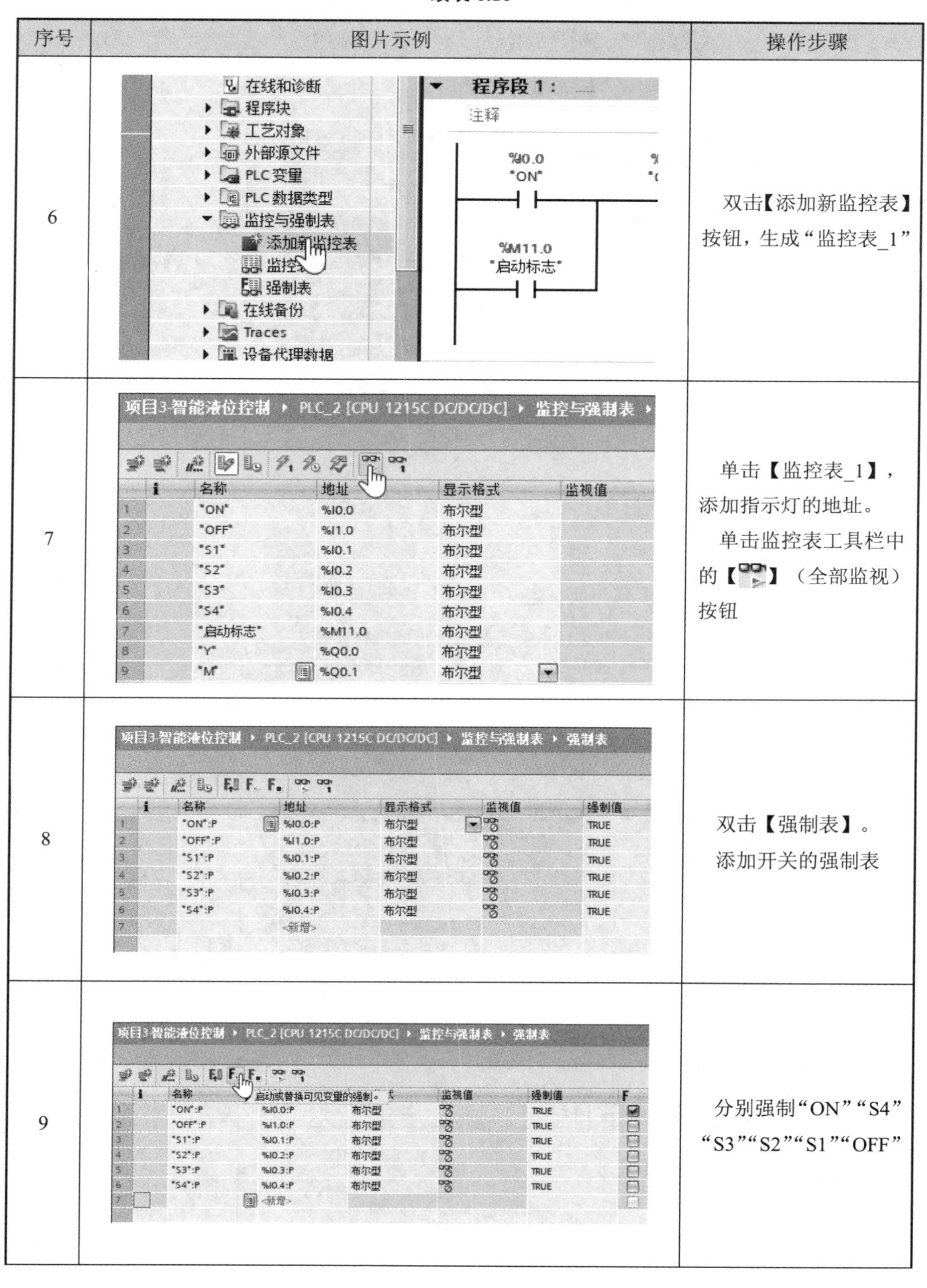

序号	图片示例	操作步骤
6		双击【添加新监控表】按钮，生成“监控表_1”
7		单击【监控表_1】，添加指示灯的地址。 单击监控表工具栏中的【 】（全部监视）按钮
8		双击【强制表】。添加开关的强制表
9		分别强制“ON”“S4”“S3”“S2”“S1”“OFF”

续表 6.10

序号	图片示例	操作步骤
10	项目3-智能液位控制 ▸ PLC_2 [CPU 1215C DC/DC/DC] ▸ 监控与强制表 ▸ 监	观察监控表状态

	i	名称	地址	显示格式	监视值
1		"ON"	%I0.0	布尔型	TRUE
2		"OFF"	%I1.0	布尔型	FALSE
3		"S1"	%I0.1	布尔型	FALSE
4		"S2"	%I0.2	布尔型	FALSE
5		"S3"	%I0.3	布尔型	FALSE
6		"S4"	%I0.4	布尔型	TRUE
7		"启动标志"	%M11.0	布尔型	TRUE
8		"Y"	%Q0.0	布尔型	TRUE
9		"M"	%Q0.1	布尔型	TRUE

6.4.6 项目总体运行

项目总体运行的操作步骤见表 6.11。

表 6.11 项目总体运行的操作步骤

序号	图片示例	操作步骤
1	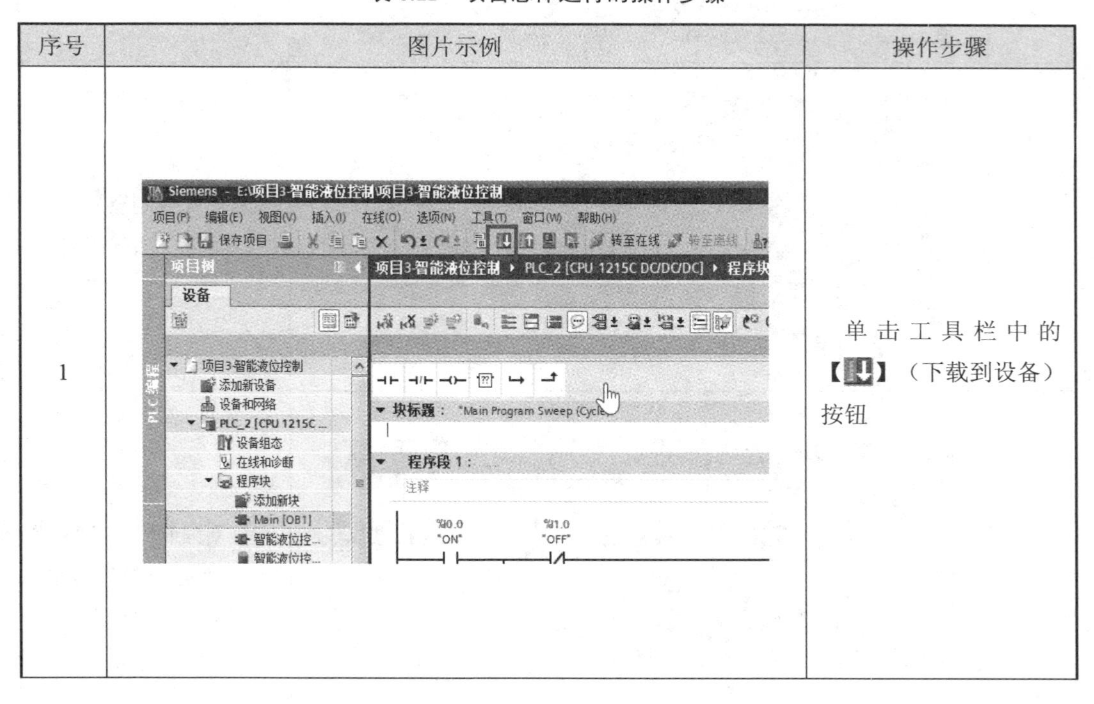	单击工具栏中的【⬇】（下载到设备）按钮

续表 6.11

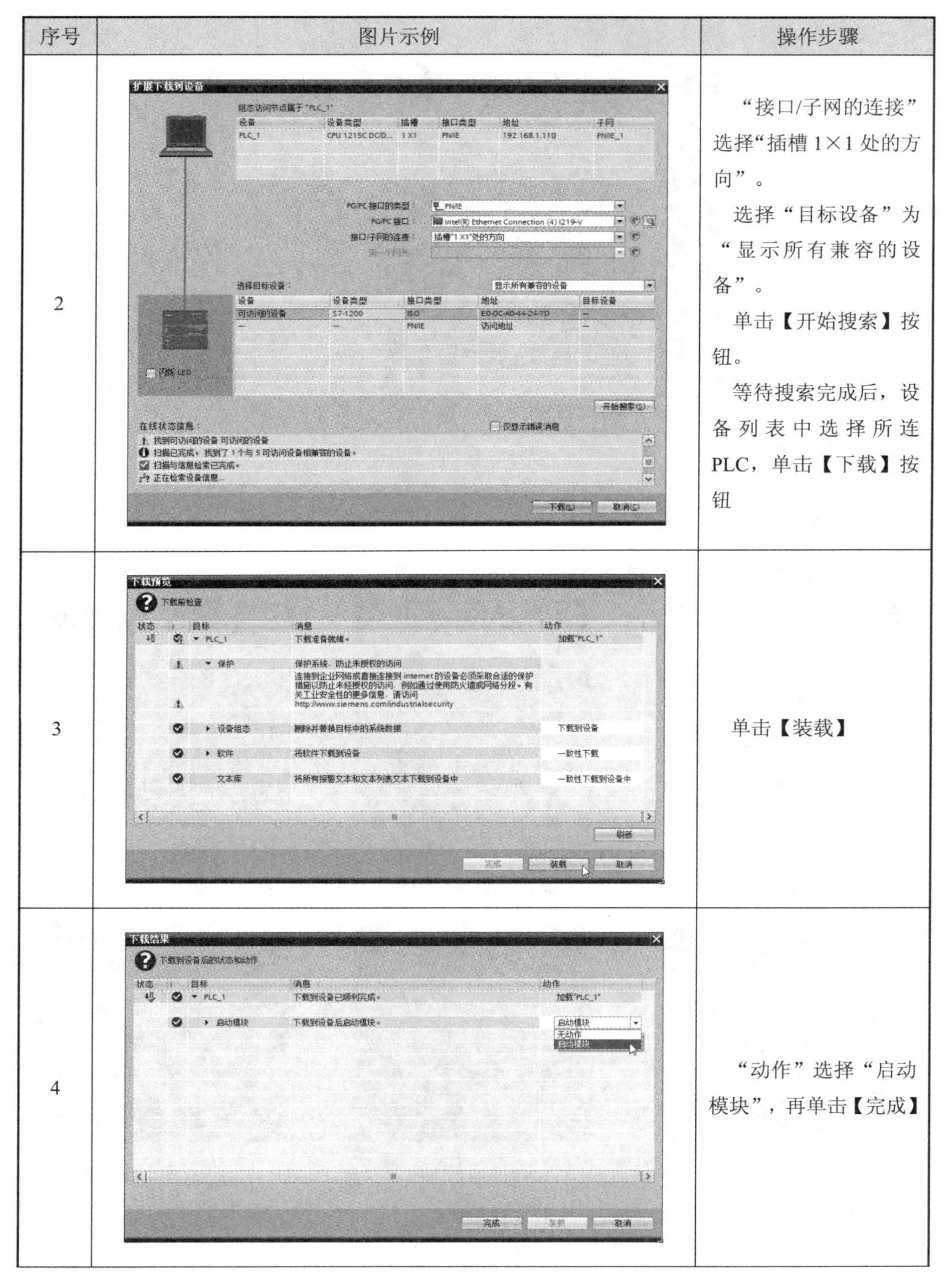

序号	图片示例	操作步骤
2		“接口/子网的连接”选择“插槽 1×1 处的方向”。 选择“目标设备”为“显示所有兼容的设备”。 单击【开始搜索】按钮。 等待搜索完成后，设备列表中选择所连 PLC，单击【下载】按钮
3		单击【装载】
4		“动作”选择“启动模块”，再单击【完成】

续表 6.11

序号	图片示例	操作步骤
5		可通过 ON、S4、S3、S2、S1、OFF 开关验证程序运行效果

6.5　项目验证

6.5.1　效果验证

设备运行的效果如图 6.14 所示。

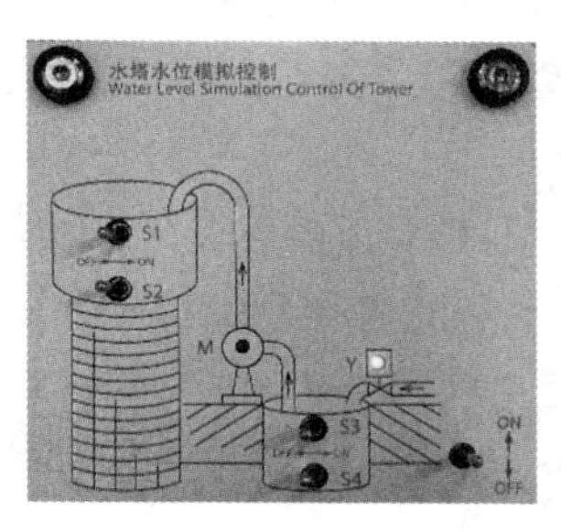

（a）ON-OFF 开关置 ON，阀 Y 打开进水

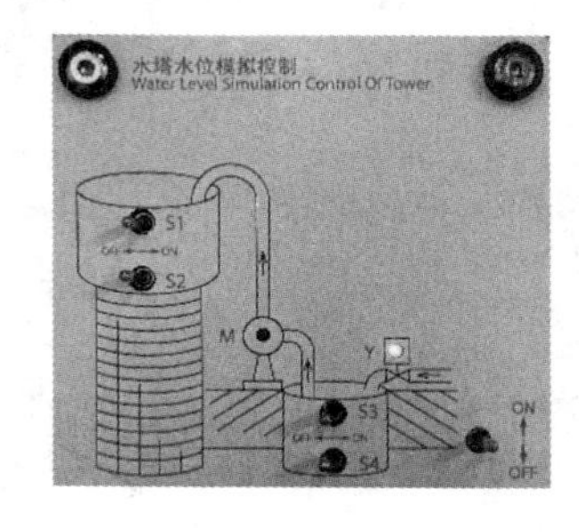

（b）5 s 后若 S4 不为 ON，则阀 Y 信号灯闪烁

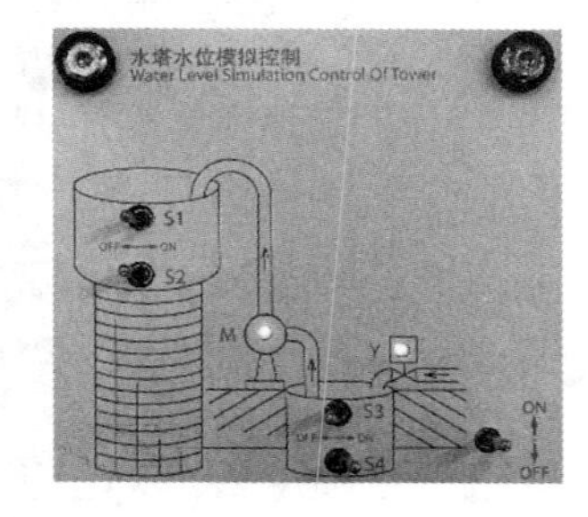

（c）若 S4 为 ON，则阀 Y 进水，抽水泵 M 抽水

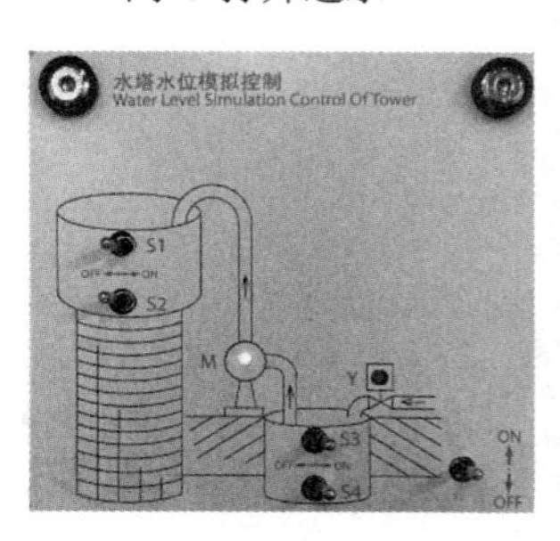

（d）若 S3 为 ON，则阀 Y 关闭，抽水泵 M 抽水

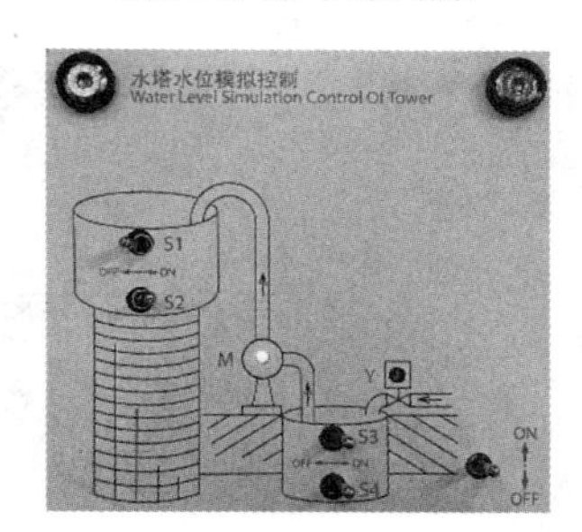

（c）若 S2 为 ON，则阀 Y 关闭，抽水泵 M 抽水

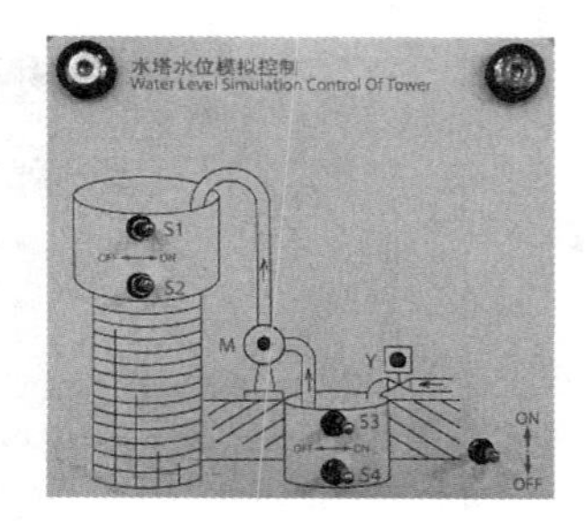

（d）若 S1 为 ON，则阀 Y 关闭，抽水泵 M 关闭

图 6.14　运行的效果

6.5.2　数据验证

用户可以通过监控表验证数据，监控表的数据如图 6.15 所示。

项目3-智能液位控制 ▸ PLC_2 [CPU 1215C DC/DC/DC] ▸ 监控与强制表

	i	名称	地址	显示格式	监视值
1		"ON"	%I0.0	布尔型	TRUE
2		"OFF"	%I1.0	布尔型	FALSE
3		"S1"	%I0.1	布尔型	FALSE
4		"S2"	%I0.2	布尔型	FALSE
5		"S3"	%I0.3	布尔型	FALSE
6		"S4"	%I0.4	布尔型	FALSE
7		"Y"	%Q0.0	布尔型	TRUE
8		"M"	%Q0.1	布尔型	FALSE

（a）ON-OFF 开关置 ON，阀 Y 指示灯亮

项目3-智能液位控制 ▸ PLC_2 [CPU 1215C DC/DC/DC] ▸ 监控与强制表

	i	名称	地址	显示格式	监视值
1		"ON"	%I0.0	布尔型	TRUE
2		"OFF"	%I1.0	布尔型	FALSE
3		"S1"	%I0.1	布尔型	FALSE
4		"S2"	%I0.2	布尔型	FALSE
5		"S3"	%I0.3	布尔型	FALSE
6		"S4"	%I0.4	布尔型	TRUE
7		"Y"	%Q0.0	布尔型	TRUE
8		"M"	%Q0.1	布尔型	TRUE

（b）若 S4 为 ON，则阀 Y 和抽水泵 M 指示灯亮

	i	名称	地址	显示格式	监视值
1		"ON"	%I0.0	布尔型	TRUE
2		"OFF"	%I1.0	布尔型	FALSE
3		"S1"	%I0.1	布尔型	FALSE
4		"S2"	%I0.2	布尔型	FALSE
5		"S3"	%I0.3	布尔型	TRUE
6		"S4"	%I0.4	布尔型	TRUE
7		"Y"	%Q0.0	布尔型	FALSE
8		"M"	%Q0.1	布尔型	TRUE

（c）若 S3 为 ON，则阀 Y 指示灯关闭

	i	名称	地址	显示格式	监视值
1		"ON"	%I0.0	布尔型	TRUE
2		"OFF"	%I1.0	布尔型	FALSE
3		"S1"	%I0.1	布尔型	FALSE
4		"S2"	%I0.2	布尔型	TRUE
5		"S3"	%I0.3	布尔型	TRUE
6		"S4"	%I0.4	布尔型	TRUE
7		"Y"	%Q0.0	布尔型	FALSE
8		"M"	%Q0.1	布尔型	TRUE

（d）若 S2 为 ON，则指示灯保持

	i	名称	地址	显示格式	监视值
1		"ON"	%I0.0	布尔型	TRUE
2		"OFF"	%I1.0	布尔型	FALSE
3		"S1"	%I0.1	布尔型	TRUE
4		"S2"	%I0.2	布尔型	TRUE
5		"S3"	%I0.3	布尔型	TRUE
6		"S4"	%I0.4	布尔型	TRUE
7		"Y"	%Q0.0	布尔型	FALSE
8		"M"	%Q0.1	布尔型	FALSE

（e）若 S1 为 ON，则阀 Y 关闭，抽水泵 M 关闭

	i	名称	地址	显示格式	监视值
1		"ON"	%I0.0	布尔型	FALSE
2		"OFF"	%I1.0	布尔型	TRUE
3		"S1"	%I0.1	布尔型	FALSE
4		"S2"	%I0.2	布尔型	FALSE
5		"S3"	%I0.3	布尔型	FALSE
6		"S4"	%I0.4	布尔型	FALSE
7		"Y"	%Q0.0	布尔型	FALSE
8		"M"	%Q0.1	布尔型	FALSE

（f）ON-OFF 开关置 OFF，指示灯关闭

图 6.15　监控表的数据

6.6　项目总结

6.6.1　项目评价

读者完成训练项目后，填写表 6.12 所示的评价表，包括自评、互评和完成情况说明。

表 6.12 评价表

项目指标		分值	自评	互评	完成情况说明
项目分析	1. 硬件架构分析	8			
	2. 软件架构分析	8			
	3. 项目流程分析	8			
项目要点	1. 函数块参数	8			
	2. 系统和时钟存储位	8			
项目步骤	1. 应用系统连接	8			
	2. 应用系统配置	8			
	3. 主体程序设计	8			
	4. 关联程序设计	8			
	5. 项目程序调试	8			
	6. 项目运行调试	8			
项目验证	1. 效果验证	6			
	2. 数据验证	6			
合计		100			

6.6.2 项目拓展

本拓展项目的内容为利用机电一体化产教应用系统，实现通过触摸屏启动液位控制程序，当系统处于超时报警时，控制阀 Y 的指示灯以 2 Hz 的频率闪烁。

第7章　异步电机变频控制系统

7.1　项目概况

※ 变频控制项目目的

7.1.1　项目背景

异步电机的变频调速因为其具有精度高、转矩大、功能强、高可靠、高功率等优点，成为电气传动的主要方式，如图7.1展示的是风机的异步电机控制系统，其中的变频器可以起到节约能源的作用。本项目的异步电机变频控制系统是由PLC、变频器和异步电机组成，PLC通过数字量和模拟量对变频器进行控制，进而对异步电机的运动方向、运动速度进行控制。

图7.1　风机的异步电机控制系统

7.1.2　项目需求

本项目需要使用异步电机模块、变频器模块与PLC模块，异步电机模块如图7.2所示。通过开关启动和停止步进电机，本项目实现的功能为通过PLC控制异步电机的转速。本项目的初始状态为所有开关均位于OFF；当启动开关拨到ON时，启动运行标志；当停止开关拨至ON时，则取消运行标志；当启动开关拨到ON时，电机以20 r/min开始运动，20 s后电机按60 r/min的转速转动。

图 7.2　异步电机模块

7.1.3　项目目的

通过对异步电机变频控制项目的学习，可以实现以下学习目标。

（1）了解变频器的原理和控制方法。

（2）学习变频器控制软件 STARTER 的控制方法。

7.2　项目分析

7.2.1　项目构架

本项目为异步电机变频控制系统，需要使用机电一体化产教应用系统中的开关电源、PLC 模块（包含开关和指示灯）、变频器和异步电机电机模块，开关电源为系统提供 24 V 电源，项目构架如图 7.3 所示。

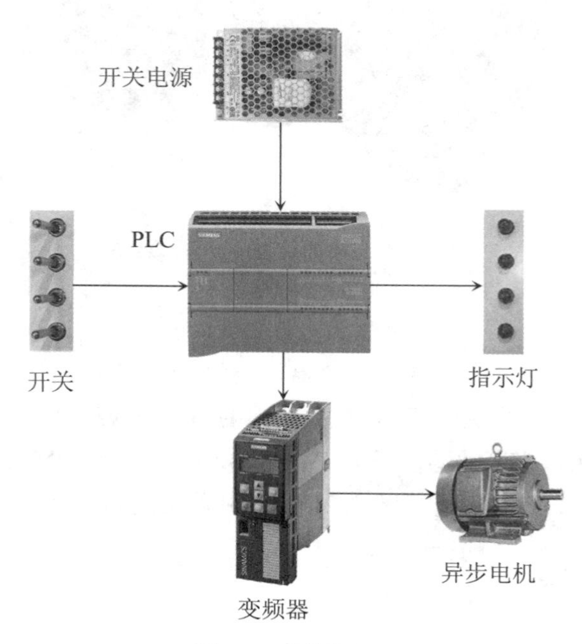

图 7.3　项目构架

7.2.2　项目流程

本项目实施流程如图 7.4 所示。

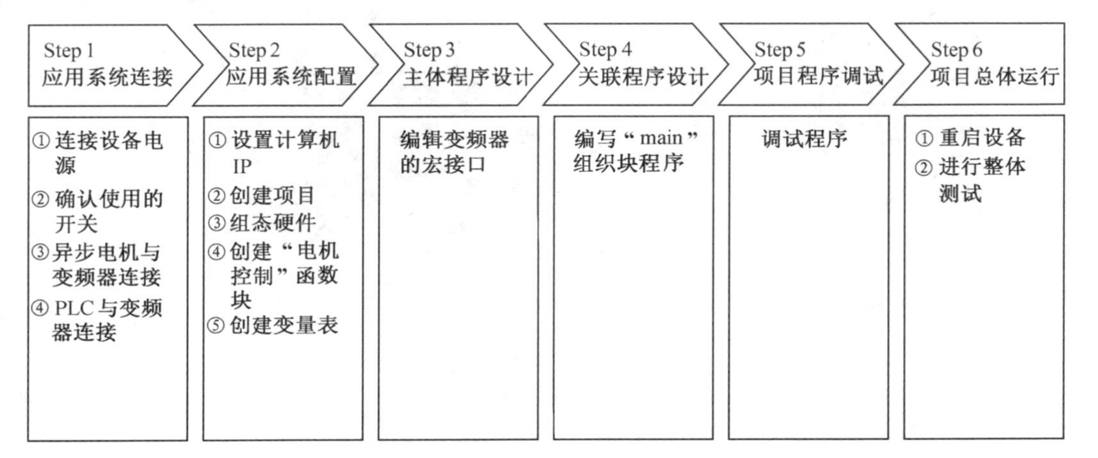

图 7.4　实施流程

7.3　项目要点

※ 变频控制项目要点

7.3.1　变频器基础设置

本项目使用 SINAMICS G120 系列变频器与异步电机模块，其中异步电机模块如图 7.5 所示。

图 7.5　异步电机模块

SINAMICS G120 系列变频器是一个模块化的变频器，SINAMICS G120 示意图如图 7.6 所示，主要包括 3 个部分：操作面板、控制单元和功率模块，SINAMICS G120 组成图如图 7.7 所示。本项目选用的控制单元型号为 CU240E-2DP，相关参数如表所示；选用的功率模块型号为 PM240-2，订货号为 6SL3210-1PE11-8UL1，即输入电压为 3 相 400～480 V、输出功率为 0.55 kW；选用的操作面板为 BOP-2。

图 7.6 SINAMICS G120 示意图

图 7.7 SINAMICS G120 组成图

表 7.1 控制单元参数

控制单元型号	CU240E-2 DP
工作电压	变频器自身提供或者外接 DC 24 V
最大的负荷电流	由外部 DC24 V 供电最大 1 A
数字量输入-标准	6
数字量输入-安全	1（2×DI）
数字量输出	3
	2 继电器输出 1 晶体管输出
模拟量输入	2
	-10…+10 V，0/2…+10 V，0/4…20 mA 所有的模拟量输入可以作为附加的数字量输入
模拟量输出	2
	可以通过参数设置模拟量输出类型 0…10 V，0/4…20 mA 电压模式：10 V，最小负载 10 kΩ 电流模式：20 mA，最大负载 500 Ω
总线接口	PROFIBUS DP
编码器接口	无
PTC/KTY 接口	有
MMC/SD 卡插槽	有
操作面板	BOP-2 或 IOP
USB 接口	有

设置变频器前需要先完成功率单元和控制单元的接线，然后通过操作面板进行设置。

1. 功率单元接口说明

功率单元的接口位于功率模块底部，功率单元接口说明如图 7.8 所示。

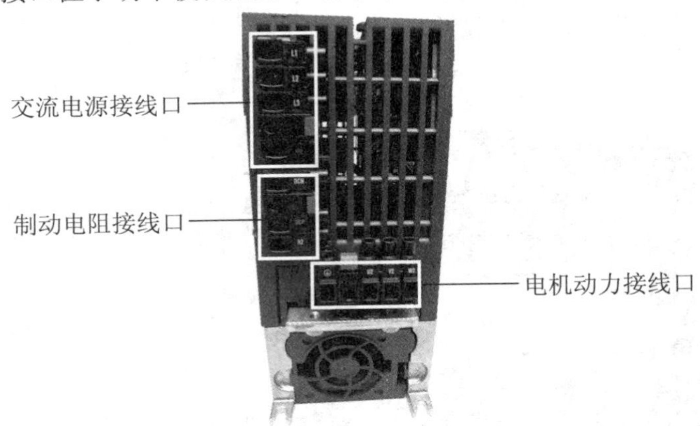

图 7.8　功率单元接口说明

2. 控制单元接口说明

打开控制单元的盖板，就可以看到相应的接口。控制单元接口说明如图 7.9 所示。

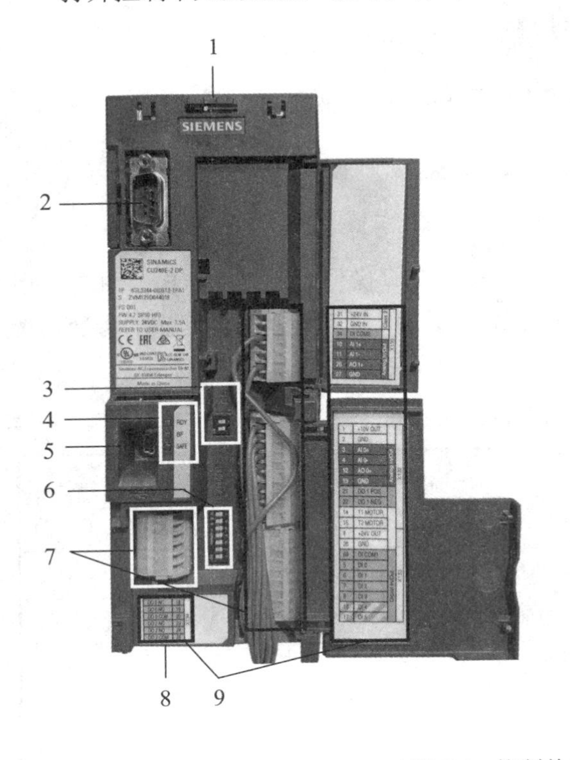

序号	说　　明
1	存储卡插槽
2	操作面板接口
3	用于设置 AI0 和 AI1 的 DIP 开关 AI1 AI0 电流　电压
4	状态 LED RDY BF SAFE
5	用于连接 PC 的 USB 接口
6	用于设置现场总线地址 Bit 6 (64) Bit 5 (32) Bit 4 (16) Bit 3 (8) Bit 2 (4) Bit 1 (2) Bit 0 (1) On　Off
7	端子排
8	PROFIBUS-DP 通信接口
9	端子说明

图 7.9　控制单元接口说明

注：由于本项目使用的 PLC 没有 PROFIBUS 通信模块，控制单元无法与 PLC 建立通信，控制单元的 BF 指示灯将闪烁报警，可以正常使用。

3. 操作面板介绍

（1）操作面板按钮介绍。

操作面板按钮介绍如图 7.10 所示。

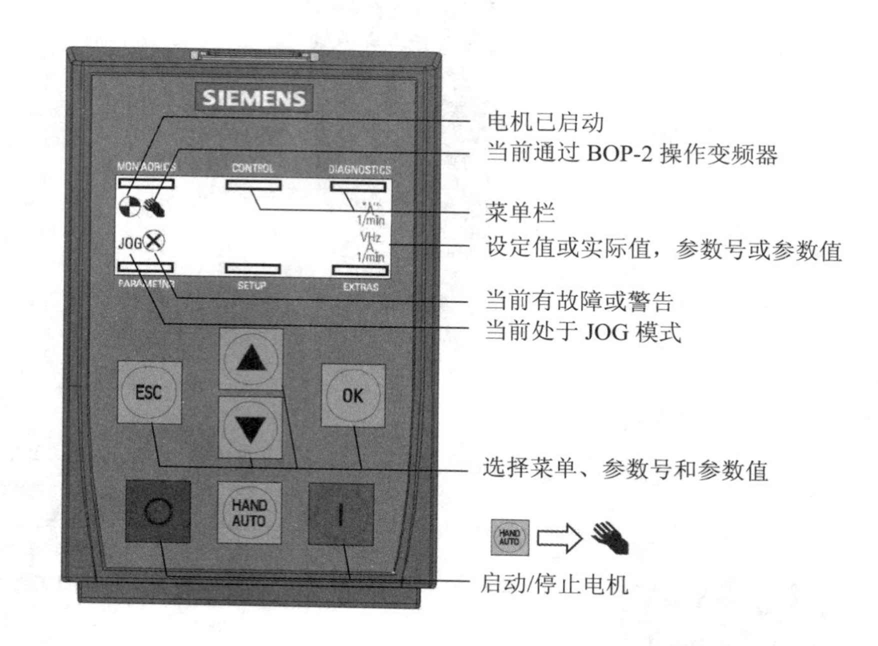

图 7.10　操作面板按钮介绍

（2）操作面板菜单介绍。

操作面板共有 6 个菜单，操作面板菜单介绍见表 7.2。操作面板菜单结构如图 7.11 所示。在操作面板中可以设置相关参数。由于参数众多，本项目只介绍使用到的参数，读者如果想了解所有参数，可以查阅相关手册。

表 7.2　操作面板菜单介绍

菜单	功能描述
MONITOR	监视菜单：运行速度（SP）、电压（VOLT OUT）和电流值显示（CURR OUT）
CONTROL	控制菜单：使用 BOP-2 面板控制变频器
DIAGNOS	诊断菜单：故障报警和控制字、状态字的显示
PARAMS	参数菜单：查看或修改参数
SETUP	调试向导：快速调试
EXTRAS	附加菜单：设备的工厂复位和数据备份

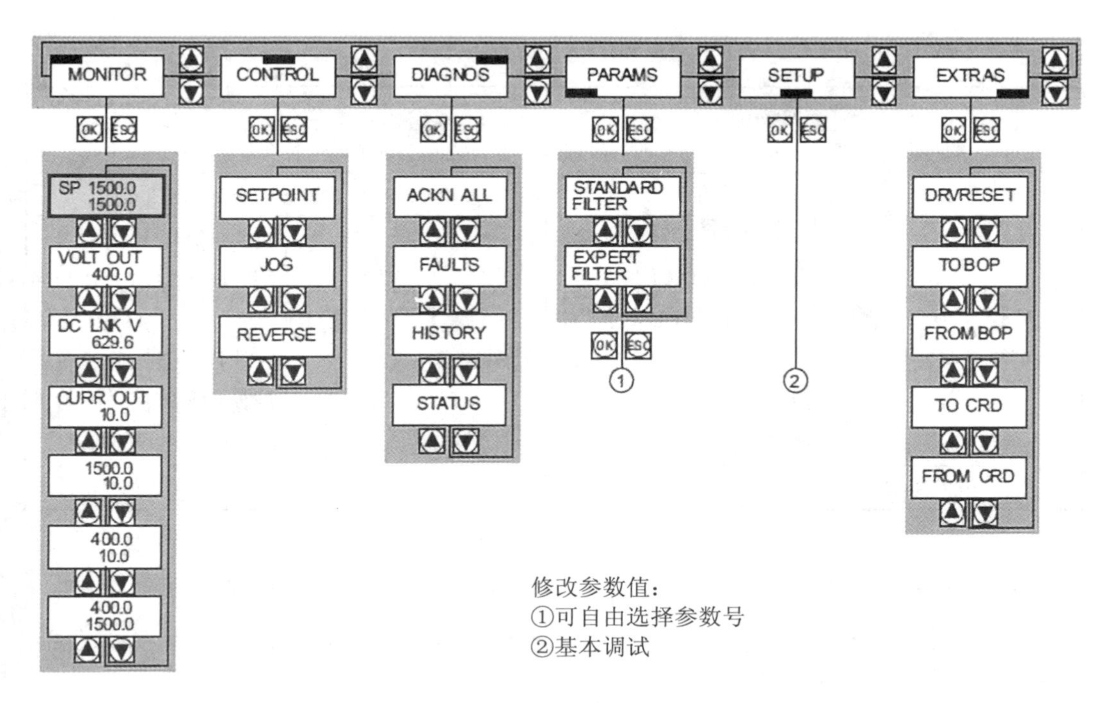

图 7.11　操作面板菜单结构

变频器拥有众多参数，通过操作面板寻找参数和修改参数值的方法有 2 种，参数修改界面如图 7.12 所示，参数修改步骤见表 7.3。在修改电机数据或转速控制器参数后，为防止参数丢失，需要在装置断电前，进入“EXTRA”菜单，选择“RAM→ROM”功能，将 RAM 中的参数拷贝到 ROM 中。

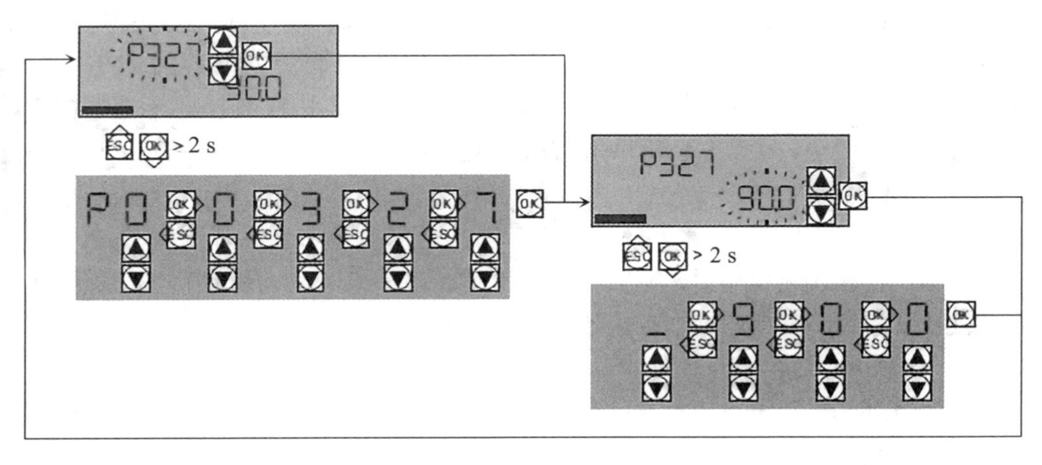

图 7.12　参数修改界面

表 7.3　参数修改步骤

选择参数号		修改参数值	
当 BOP-2 的参数号闪烁时，有 2 种方法修改参数号		当 BOP-2 的参数值闪烁时，有 2 种方法修改参数值	
方法 1	方法 2	方法 1	方法 2
用【▲】或者【▼】，查找所需的参数号	按住【OK】，保持 2 s，通过单击【OK】切换至下一位，单击【ESC】切换到上一位，通过单击【▲】或者【▼】，修改参数号的每一位的值	用【▲】或者【▼】，修改参数值	按住【OK】，保持 2 s，通过单击【OK】切换至下一位，单击【ESC】切换到上一位，通过单击【▲】或者【▼】，修改参数值的每一位的值
按下【OK】，确定相应的参数号		按下【OK】，确定相应的参数值	

4. 基本调试步骤

熟悉操作面板的设置后，可以进行基本调试。通常 1 台新变频器一般需要经过如图 7.13 所示 3 个基本调试步骤进行调试。

图 7.13　基本调试步骤

（1）参数复位。

参数复位：将变频器参数恢复到出厂设置。一般在变频器出厂和参数出现混乱的时候进行此操作。通过“EXTRA”菜单可完成参数复位，操作步骤为单击【ESC】，进入菜单选择；通过按【▲】或者【▼】，选择“EXTRA”菜单，单击【OK】；然后通过按【▲】或者【▼】，选择“DRVRESET”，再单击【OK】；最后屏幕出现“ESC/OK”时，单击【OK】，等待状态由 BUSY 变为 DONE。

（2）基本调试。

基本调试：输入电机相关的参数和一些基本驱动控制参数，并根据需要进行电机识别，使变频器可以良好地驱动电机运转。一般在参数复位操作后或更换电机后需要进行此操作。

通过“SETUP”菜单可设置电机相关的参数和一些基本驱动控制参数，本项目需要设置的电机参数见表 7.4。

表 7.4　电机参数

参数号	参数值	说明
P96	1（STANDRAD）	设置优化应用级别，本例使用标准控制方式
P100	0（KW 50 Hz）	设置电机标准，本例使用 KW 50 Hz
P133[0].0	0（STAR）	设置电机连接方式，本例为星型（默认值）
P133[0].1（87 Hz）	0（no）	设置是否启用 87 Hz，星型连接默认为 0，即不启用
P210	400 V	设置输入电压，本例选择 400 V
P300	1（Induction）	设置电机类型，本例为异步电机（Induction Motor）
P304	380 V	根据电机铭牌，设置电机额定电压，本例为 380 V
P305	0.50 A	根据电机铭牌，设置电机额定电流，本例为 0.50 A
P307	0.18 kW	根据电机铭牌，设置电机额定功率，本例为 0.18 kW
P310	50 Hz	根据电机铭牌，设置电机频率，本例为 50 Hz
P311	1 400 r/min	根据电机铭牌，设置电机额定转速，本例为 1 400 r/min
P335	0（SELF）	根据电机类型，设置电机冷却方式，本例为自然冷却
P15	2（CON SAFE）	设置控制电机的宏，本例选择宏编号为 2
P1080	0	设置最低转速，本例为 0 r/min
P1082	1 500 r/min	设置最高转速，本例为 1 500 r/min
P1120	10 s	设置电机加速时间，本例选择 10 s
P1121	10 s	设置电机减速时间，本例选择 10 s
P1900	1	设置电机数据识别和旋转测量，本例选择 1，识别电动机数据并优化速度控制器

（3）功能调试。

功能调试：按照具体生产工艺需要进行参数设置。这一部分的调试工作比较复杂，常常需要在现场多次调试。功能调试主要是设置 BICO 功能和预定义接口宏。

①BICO 功能。

BICO 功能是一种把变频器内部输入和输出功能联系在一起的设置方法，是西门子变频器特有的功能，可以方便客户根据实际工艺要求来灵活定义端口。在 SINAMICS G120 的调试过程中会大量使用 BICO 功能。在参数表中有些参数名称的前面冠有以下字样：“BI：”“BO：”“CI：”“CO：”“CO/BO：”，它们就是 BICO 参数。

②预定义接口宏。

在功能调试中，通常会使用到预定义接口宏，SINAMICS G120 为满足不同的接口定义提供了多种预定义接口宏，利用预定义接口宏可以方便地设置变频器的命令源和设定值源；可以通过参数 P0015 修改宏。CU240E-2 定义了 18 种宏，宏功能说明见表 7.5，其中 CU240E-2 DP 支持的宏用“√”表示。

表 7.5　宏功能说明

宏编号	宏功能	CU240E-2 DP
1	双线制控制，有 2 个固定转速	√
2	单方向 2 个固定转速，带安全功能	√
3	单方向 4 个固定转速	√
4	现场总线 PROFIBUS	√
5	现场总线 PROFIBUS，带安全功能	√
6	现场总线 PROFIBUS，带 2 项安全功能	—
7	现场总线 PROFIBUS 和点动之间切换	√（默认）
8	电动电位器（MOP），带安全功能	√
9	电动电位器（MOP）	√
10	端子启动模拟量给定，带安全功能	√
11	现场总线和电动电位器（MOP）切换	√
12	模拟给定和电动电位器（MOP）切换	√
13	双线制控制 1，模拟量调速	√
14	双线制控制 2，模拟量调速	√
15	双线制控制 3，模拟量调速	√
16	三线制控制 1，模拟量调速	√
17	三线制控制 2，模拟量调速	√
18	现场总线 USS 通信	—

本项目使用 2 号宏，即单方向 2 个固定转速，带安全功能。接下来介绍 2 号宏的接线与参数设置。2 号宏的接线如图 7.14 所示。

a. 2 号宏的功能。

起停控制：电机的起停通过数字量输入 DI0 控制。

转速调节：转速通过数字量输入选择，可以设置 2 个固定转速，数字量输入 DI0 接通时选择固定转速 1，数字量输入 DI1 接通时选择固定转速 2。多个 DI 同时接通将多个固定转速相加。P1001 参数设置固定转速 1，P1002 参数设置固定转速 2。DI4 和 DI5 预留用于安全功能。

注意：DI0 同时作为起停命令和固定转速 1 选择命令，也就是任何时刻固定转速 1 都会被选择。

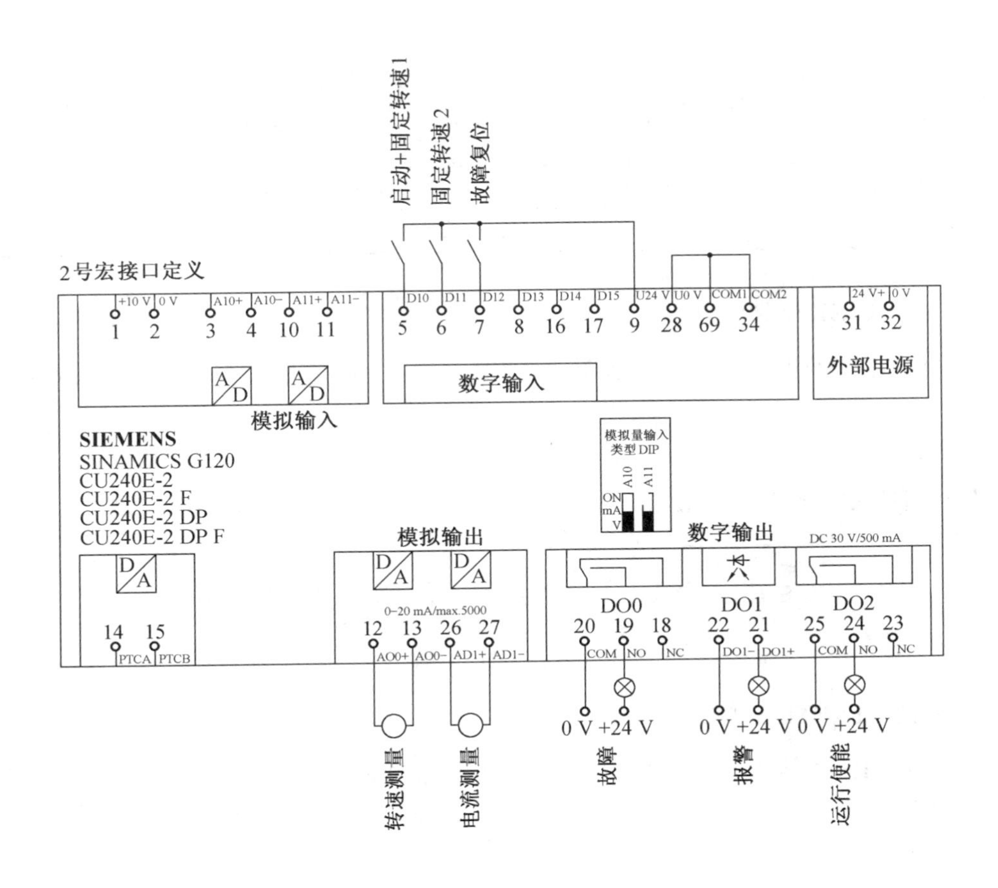

图 7.14　2 号宏的接线

b. 2 号宏的参数。

2 号宏自动设置的参数见表 7.6。

表 7.6　自动设置的参数

参数号	参数值	说　　明	参数组
P840[0]	r722.0	数字量输入 DI0 作为启动命令	CDS0
P1020[0]	r722.0	数字量输入 DI0 作为固定转速 1 选择	CDS0
P1021[0]	r722.1	数字量输入 DI1 作为固定转速 2 选择	CDS0
P2103[0]	r722.2	数字量输入 DI2 作为故障复位命令	CDS0
P1070[0]	r1024	转速固定设定值作为主设定值	CDS0

需要手动设置的参数为固定转速设置与输出 DO1 功能设置，见表 7.7。电机启动后会以固定转速 1 运行，当固定转速 2 启用后，速度变为 60 r/min，如果出现故障，DO1 的状态变为 1。

表 7.7　手动设置的参数

参数号	设置值	说　明	单位
P1001[0]	20	固定转速 1	r/min
P1002[0]	40	固定转速 2	r/min
P0731	r0052.3	DO1 设为故障信号输出	—

7.3.2　STARTER 软件设置

STARTER 软件是西门子变频器调试、诊断工具。西门子官方网站提供 STARTER 软件下载。

STARTER 软件安装环境请参考安装文件中包含的 Readme 文件（自述文件）。

使用 STARTER 调试 SINAMICS G120 可以参照步骤图 7.15 所示调试步骤。

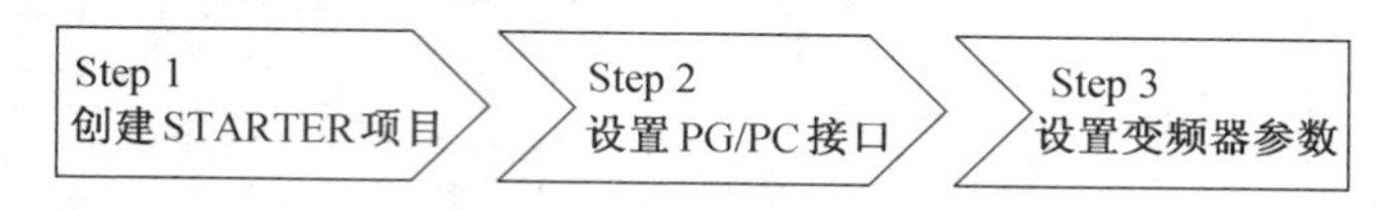

图 7.15　调试步骤

1. 创建 STARTER 项目

打开 STARTER 软件，会弹出工程向导（Project Wizard），如图 7.16 所示，可以通过向导创建项目。

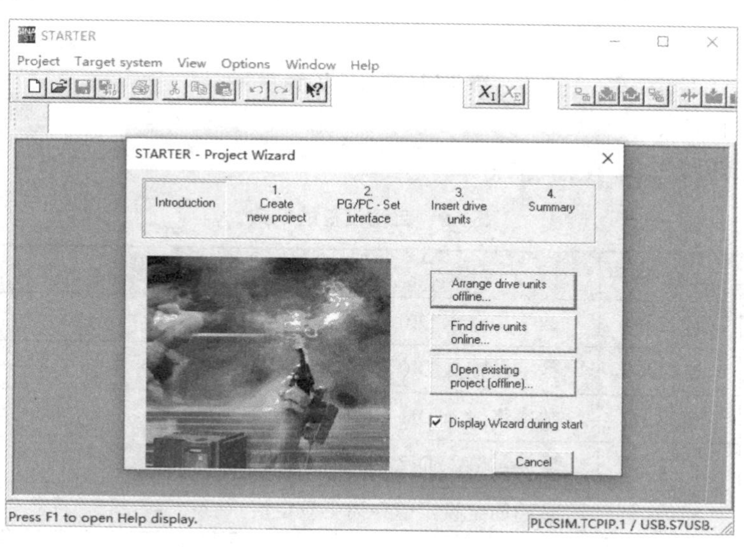

图 7.16　工程向导

工程向导有 3 种打开项目的方法：

（1）Arrange drive units offline：通过离线方式，选择驱动单元并新建项目。

（2）Find drive units online：通过在线方式，根据所连接设置的驱动单元，新建项目。

（3）Open existing project（offline）：打开以前的项目。

本系统的驱动单元为 SINAMICS G120 中的 G120-CU240E_2_DP，在完成驱动单元选择并创建项目后，需要配置驱动单元，打开配置的按钮【Configure drive unit】，驱动单元的配置如图 7.17 所示；通过依次单击【G120_CU240E_2_DP】→【Configure drive unit】，打开配置窗口，功率单元的选择窗口如图 7.18 所示。根据实际的功率单元型号，进行选择，本系统使用 6SL3210-1PE11-8ULx。

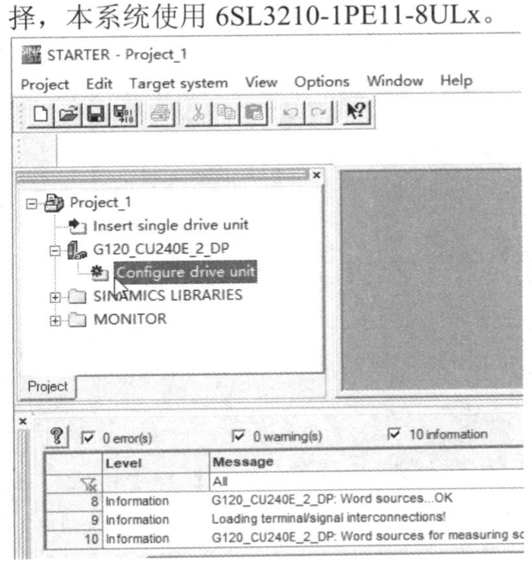

图 7.17　驱动单元的配置

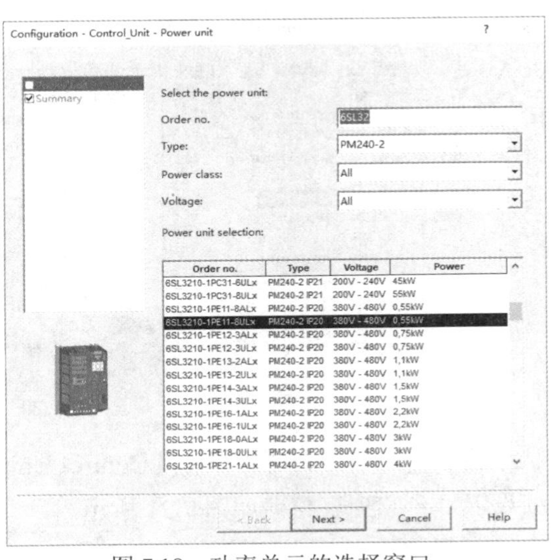

图 7.18　功率单元的选择窗口

2. 设置 PG/PC 接口

在菜单栏中找到设置界面，在 STARTER 软件中，依次单击菜单栏【Option】→【Set PG/PC Interface】，打开接口设置，并设置 PG/PC 接口为“USB.S7USB.1”编程接口设置如图 7.19 所示。

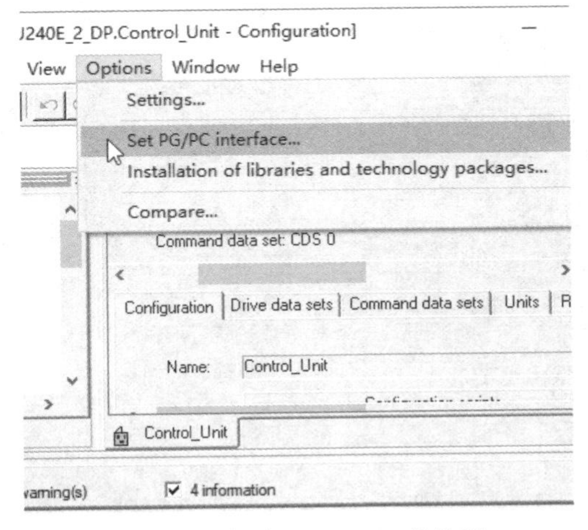

（a）选项（Option）菜单栏

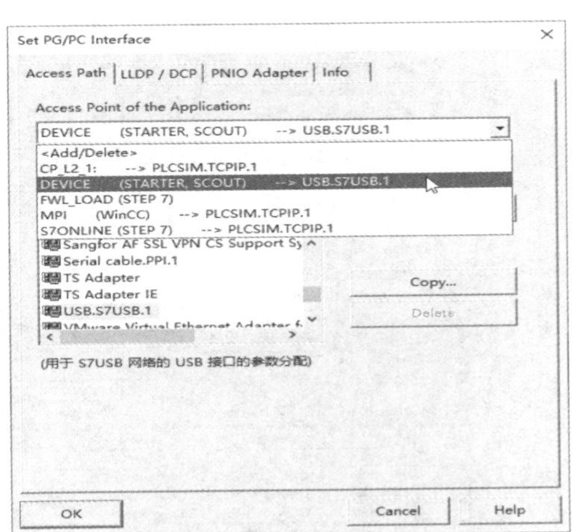

（b）PG/PC 接口设置界面

图 7.19　编程接口设置

3. 设置变频器参数

STARTER 中提供调试向导，可通过向导一步一步调试变频器，在软件左侧项目树中，依次单击【Control_Unit】→【Configuration】→【Wizard】，可以打开调试向导，如图 7.20 所示，进行基本调试。

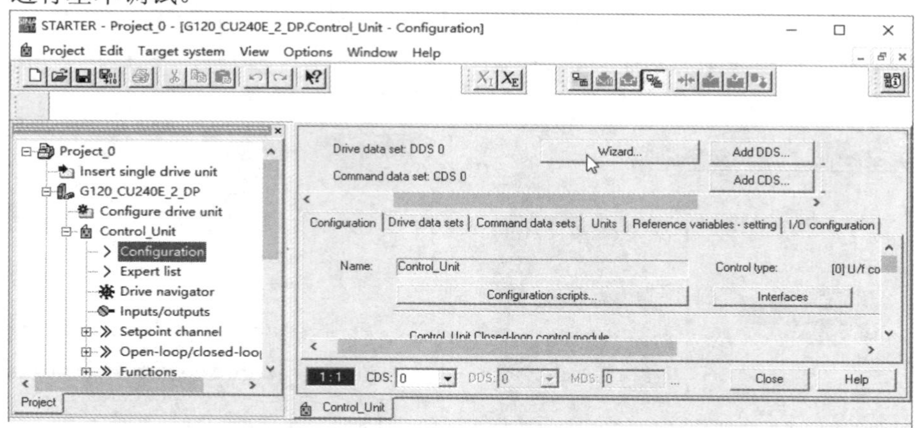

图 7.20 调试向导

除了使用向导，还可以在【Control Unit】中的【Export list】（专家）栏目下，进行详细设置，专家列表窗口如图 7.21 所示。

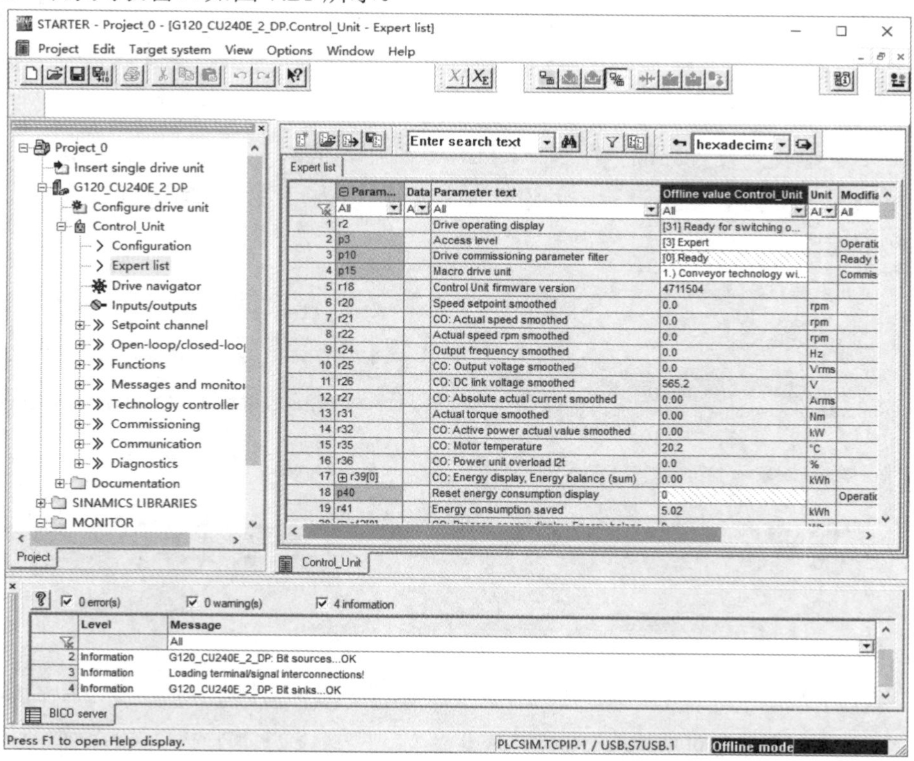

图 7.21 专家列表窗口

7.4　项目步骤

7.4.1　应用系统连接

※ 变频控制项目步骤

本项目基于机电一体化产教应用系统开展，PLC 模块内部电路已完成连接，PLC 数字 IO 部分的电气原理图如图 7.22 所示，实物接线图如图 7.23 所示，其中异步电机采用星形接法，变频器的 DI COM1 和 DI COM2 已连接在一起，只需要寻找名称为“COM”的标签。

注：PLC 模块 0 V 必须与变频器 GND 相连。本项目使用 DO1（晶体管输出）作为变频器故障输出。

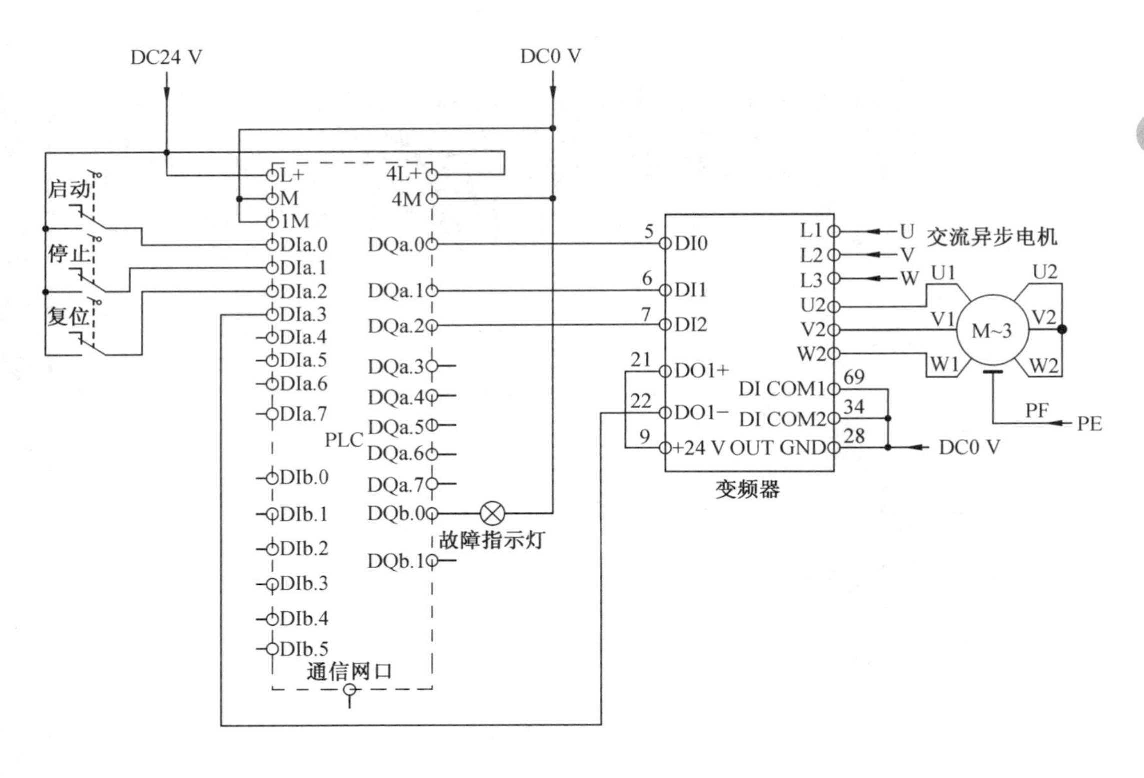

图 7.22　电气原理图

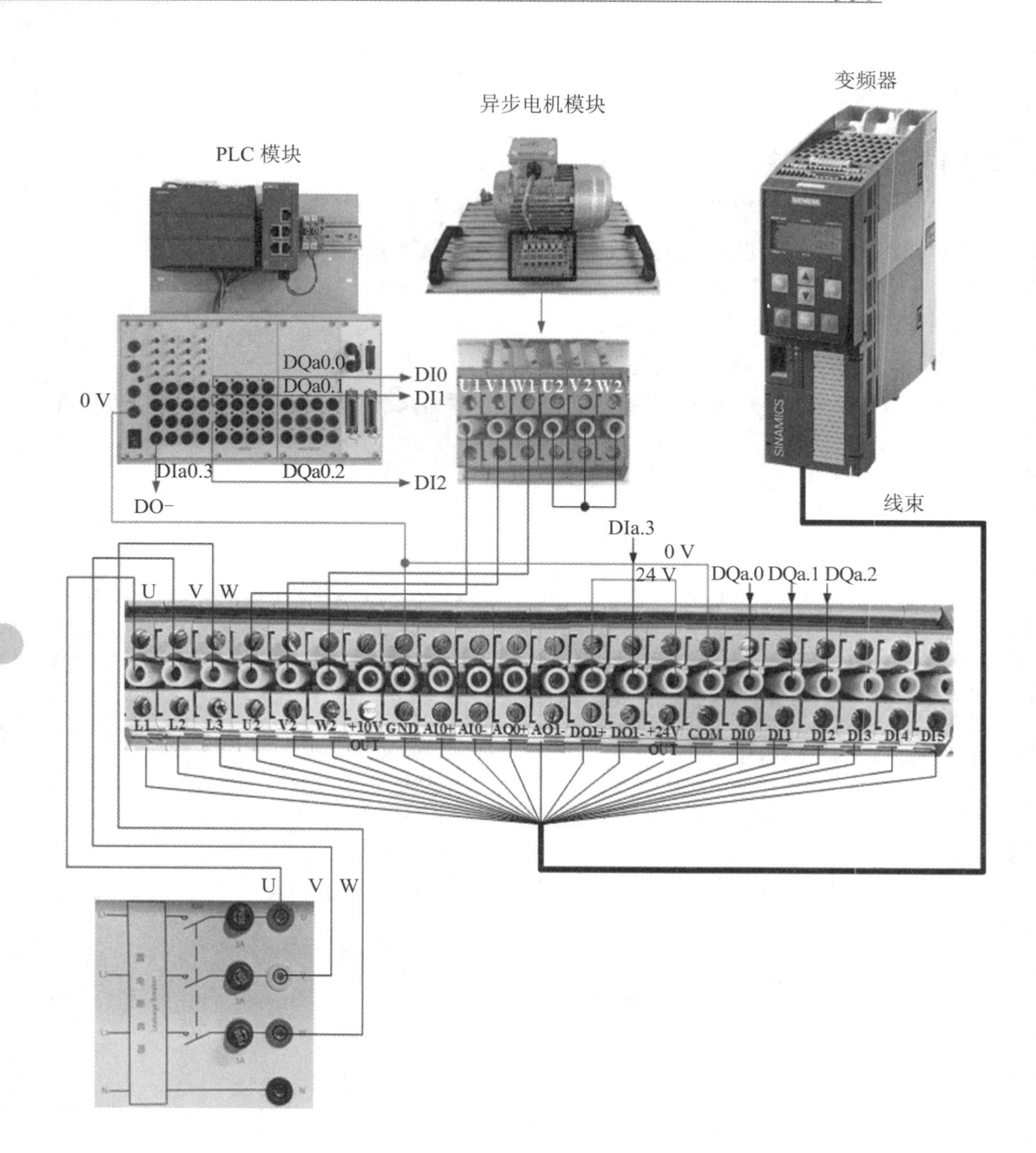

图 7.23　实物接线图

7.4.2　应用系统配置

1. 设置计算机 IP

本项目所有网络设备设置在 192.168.1.1～192.168.1.254 网段，因此将计算机网卡的 IP 地址改为 192.168.1.200，计算机 IP 设置如图 7.24 所示。

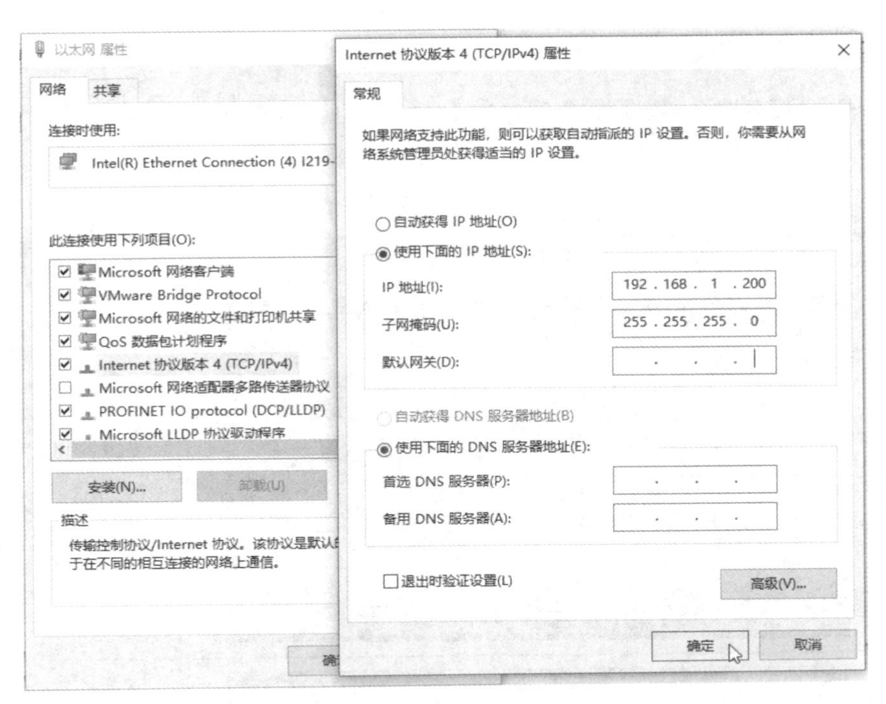

图 7.24　计算机 IP 设置

2. 项目创建

创建名称为“项目 4”的项目，添加硬件 CPU 1215C DC/DC/DC（订货号：6ES7 215-1AG40-0XB0）。添加后进入项目视图，如图 7.25 所示。

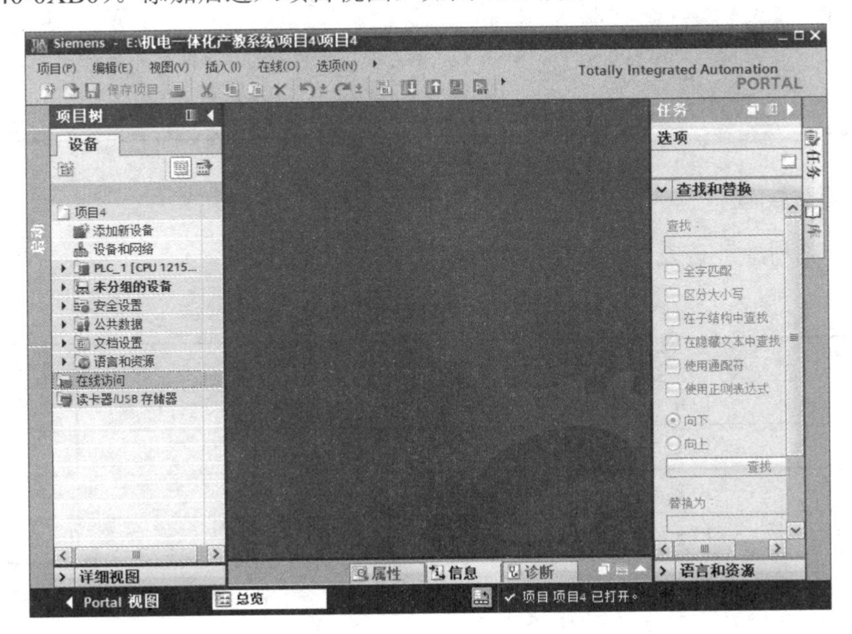

图 7.25　项目视图

3. PLC 的属性设置

在完成项目创建后，需要设置 PLC 的 I/O 起始地址和 IP 地址，创建子网“PN/IE_1”以及触摸屏的 IP 地址。属性设置的操作步骤见表 7.8。

表 7.8　属性设置的操作步骤

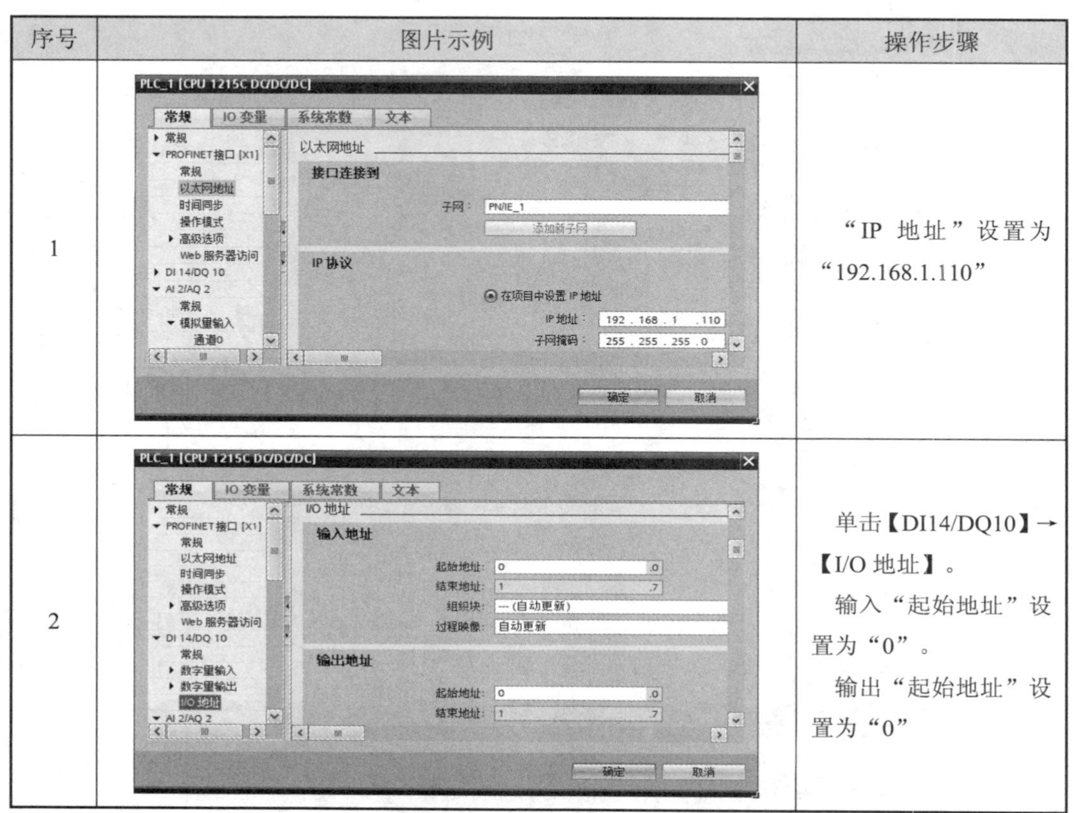

序号	图片示例	操作步骤
1		“IP 地址”设置为“192.168.1.110”
2		单击【DI14/DQ10】→【I/O 地址】。 输入“起始地址”设置为“0”。 输出“起始地址”设置为“0”

4. 变量表配置

变量名称与地址见表 7.9 所示变量表配置。

表 7.9　变量表配置

变量名称	PLC 输入	变量名称	PLC 输出	变量名称	内部存储器
启动	I0.0	电机启动	Q0.0	运行标志	M0.0
停止	I0.1	启动速度 2	Q0.1		
复位	I0.2	故障复位	Q0.2		
故障信号	I0.3	故障指示灯	Q1.0		

根据 I/O 表，在项目 4 中创建“变量表_1”，如图 7.26 所示。

默认变量表

	名称	数据类型	地址 ▲	保持	可从 ...	从 H...	在 H...
1	启动	Bool	%I0.0	☐	☑	☑	☑
2	停止	Bool	%I0.1	☐	☑	☑	☑
3	复位	Bool	%I0.2	☐	☑	☑	☑
4	故障	Bool	%I0.3	☐	☑	☑	☑
5	启动电机	Bool	%Q0.0	☐	☑	☑	☑
6	启动速度2	Bool	%Q0.1	☐	☑	☑	☑
7	故障复位	Bool	%Q0.2	☐	☑	☑	☑
8	故障指示灯	Bool	%Q1.0	☐	☑	☑	☑
9	运行标志	Bool	%M0.0	☐	☑	☑	☑

图 7.26　变量表

5. 变频器的设置

（1）参数复位。

参数复位的操作步骤见表 7.10。

表 7.10　参数复位的操作步骤

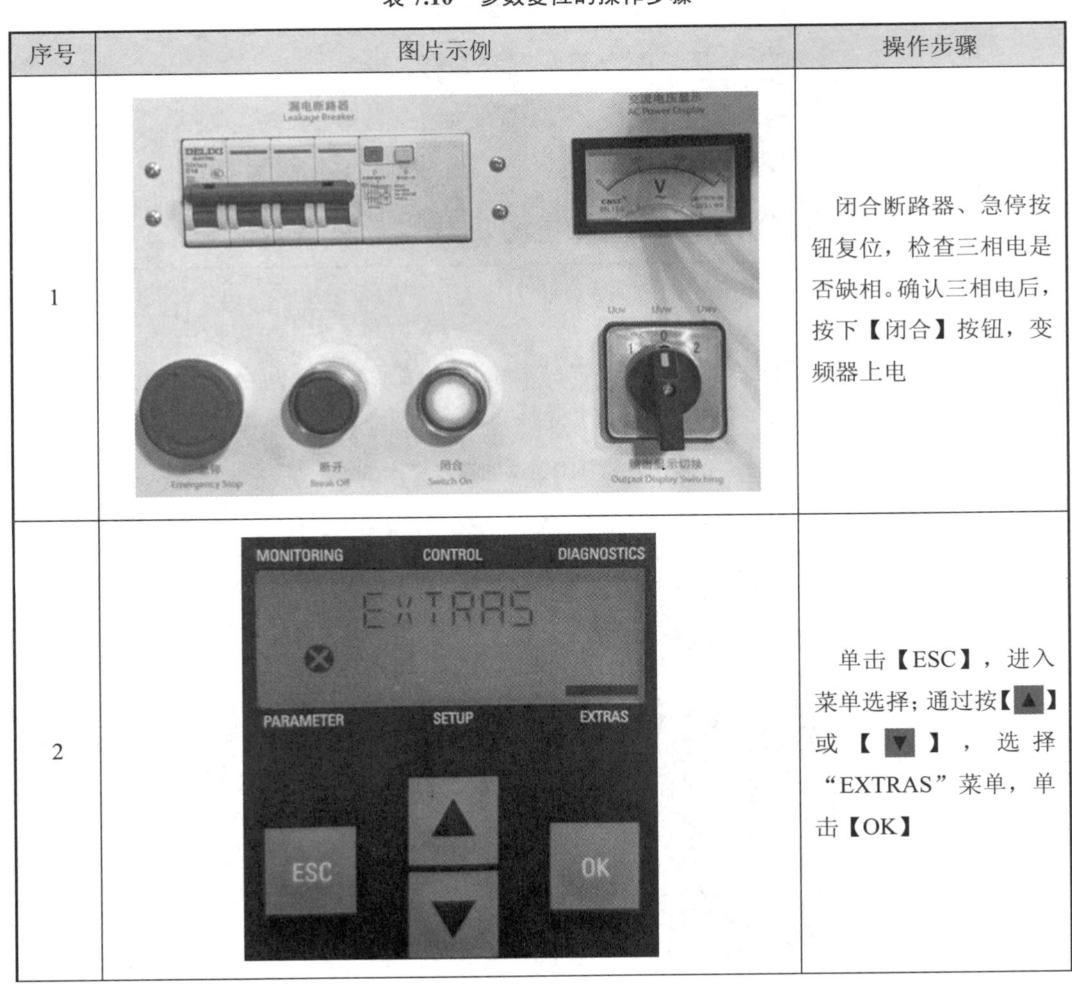

序号	图片示例	操作步骤
1		闭合断路器、急停按钮复位，检查三相电是否缺相。确认三相电后，按下【闭合】按钮，变频器上电
2		单击【ESC】，进入菜单选择；通过按【▲】或【▼】，选择“EXTRAS”菜单，单击【OK】

续表 7.10

序号	图片示例	操作步骤
3		通过按【▲】或【▼】，选择“DRVRESET”，再单击【OK】
4		当屏幕出现“ESC/OK”时，单击【OK】，等待状态由“BUSY”变为“DONE”
5		状态变为“DONE”，参数复位完成

（2）基本调试。

完成变频器的参数复位后，可以设置异步电机的基本参数，进行基本调试，默认使用星型连接，基本调试的操作步骤见表 7.11。

表 7.11　基本调试的操作步骤

序号	图片示例	操作步骤
1	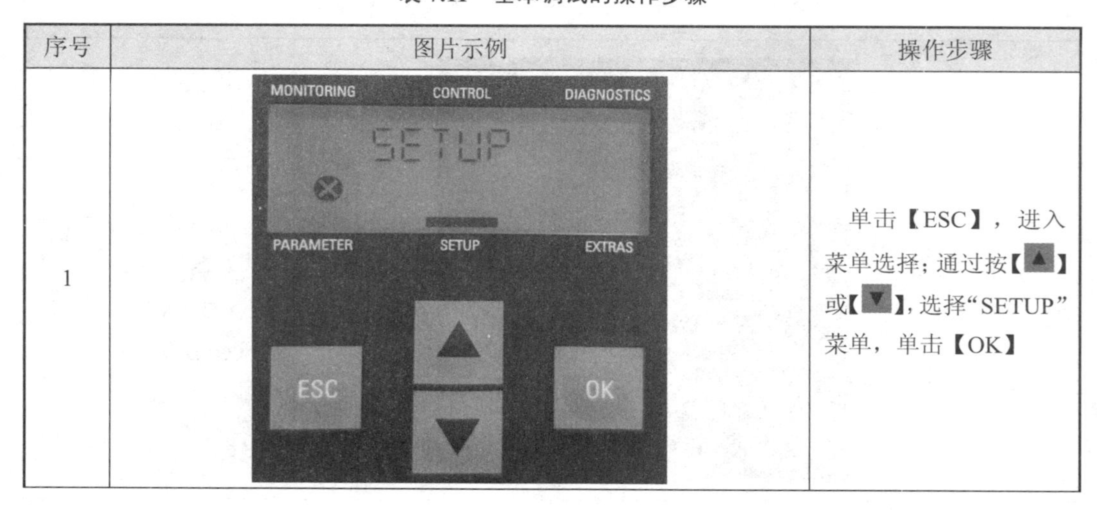	单击【ESC】，进入菜单选择；通过按【▲】或【▼】，选择“SETUP”菜单，单击【OK】

续表 7.11

序号	图片示例	操作步骤
2	MONITORING CONTROL DIAGNOSTICS DRV APPL P96 PARAMETER SETUP EXTRAS	通过按【▲】或【▼】，选择“P96”，单击【OK】，设置优化应用等级
3	MONITORING CONTROL DIAGNOSTICS STANDARD 1 PARAMETER SETUP EXTRAS	进入“P96”设置，按【▲】或【▼】，选择“STANDARD”，进入标准控制，单击【OK】
4	MONITORING CONTROL DIAGNOSTICS EUR/USA P100 PARAMETER SETUP EXTRAS	通过按【▲】或【▼】，选择“P100”，单击【OK】，根据所选电机，设置电机标准
5	MONITORING CONTROL DIAGNOSTICS KW 50 HZ 0 PARAMETER SETUP EXTRAS	使用【▲】或【▼】，修改参数，本例选择“KW 50 Hz”。单击【OK】
6	MONITORING CONTROL DIAGNOSTICS INV VOLT P210 PARAMETER SETUP EXTRAS	通过按【▲】或【▼】，选择“P210”，单击【OK】，根据输入电压，设置参数
7	MONITORING CONTROL DIAGNOSTICS INV VOLT 400 V PARAMETER SETUP EXTRAS	使用【▲】或【▼】，修改参数，本例选择“400 V”。单击【OK】

续表 7.11

序号	图片示例	操作步骤
8	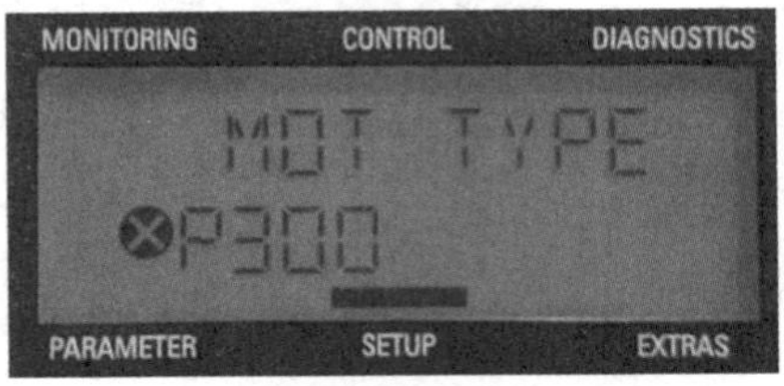 MONITORING CONTROL DIAGNOSTICS MOT TYPE P300 PARAMETER SETUP EXTRAS	通过按【▲】或【▼】，选择“P300”，单击【OK】，设置电机类型
9	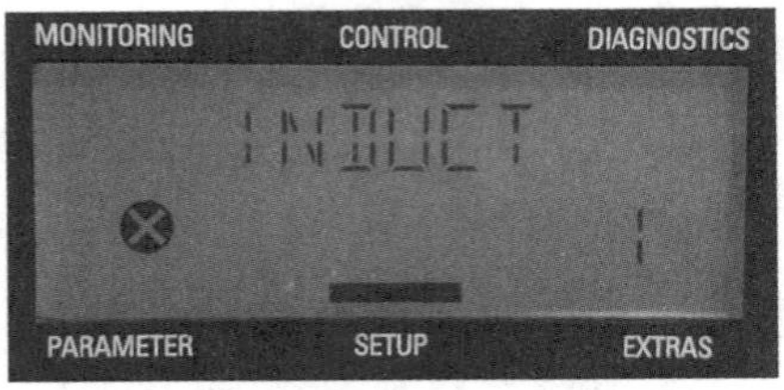 MONITORING CONTROL DIAGNOSTICS INDUCT 1 PARAMETER SETUP EXTRAS	通过按【▲】或【▼】，选择“INDUCT”，设为异步电机
10	 MONITORING CONTROL DIAGNOSTICS MOT VOLT P304 PARAMETER SETUP EXTRAS	通过按【▲】或【▼】，选择“P304”，单击【OK】，设置电机额定电压
11	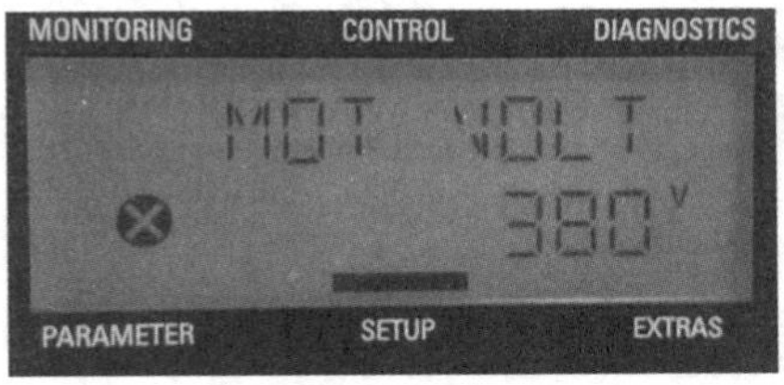 MONITORING CONTROL DIAGNOSTICS MOT VOLT 380 V PARAMETER SETUP EXTRAS	使用【▲】或【▼】，修改参数，本例选择“380”。单击【OK】
12	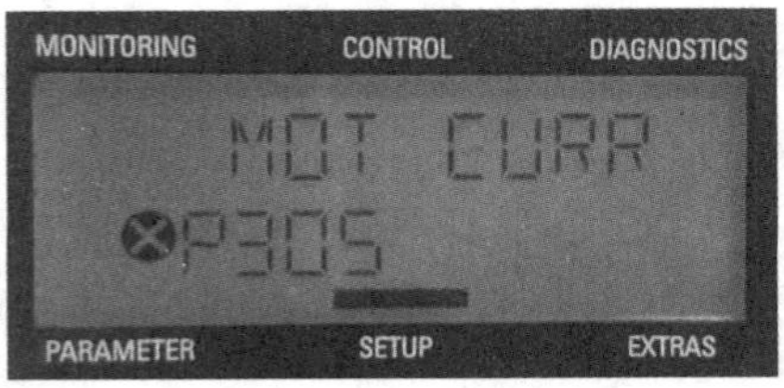 MONITORING CONTROL DIAGNOSTICS MOT CURR P305 PARAMETER SETUP EXTRAS	通过按【▲】或【▼】，选择“P305”，单击【OK】，设置电机额定电流
13	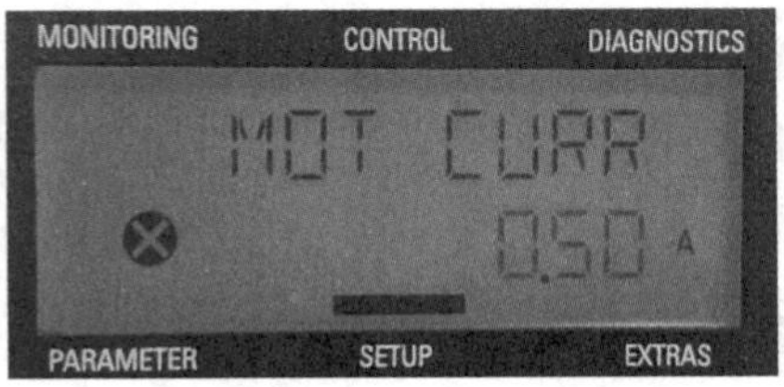 MONITORING CONTROL DIAGNOSTICS MOT CURR 0.50 A PARAMETER SETUP EXTRAS	使用【▲】或【▼】，修改参数，本例电流选择“0.50 A”。单击【OK】

续表 7.11

序号	图片示例	操作步骤
14	MONITORING CONTROL DIAGNOSTICS MOT POW P307 PARAMETER SETUP EXTRAS	通过按【▲】或【▼】，选择“P307”，单击【OK】，设置电机额定功率
15	MONITORING CONTROL DIAGNOSTICS MOT POW 0.18 PARAMETER SETUP EXTRAS	使用【▲】或【▼】，修改参数，本例功率选择“0.18”。单击【OK】
16	MONITORING CONTROL DIAGNOSTICS MOT FREQ P310 PARAMETER SETUP EXTRAS	通过按【▲】或【▼】，选择“P310”，单击【OK】，设置电机额定频率
17	MONITORING CONTROL DIAGNOSTICS MOT FREQ 50.00 Hz PARAMETER SETUP EXTRAS	使用【▲】或【▼】，修改参数，本例频率选择“50.00 Hz”。单击【OK】
18	MONITORING CONTROL DIAGNOSTICS MOT RPM P311 PARAMETER SETUP EXTRAS	通过按【▲】或【▼】，选择“P311”，单击【OK】，设置电机额定转速
19	MONITORING CONTROL DIAGNOSTICS MOT RPM 1400.0 U/min PARAMETER SETUP EXTRAS	使用【▲】或【▼】，修改参数，本例额定转速选择“1 400.0 r/min”。单击【OK】

续表 7.11

序号	图片示例	操作步骤
20	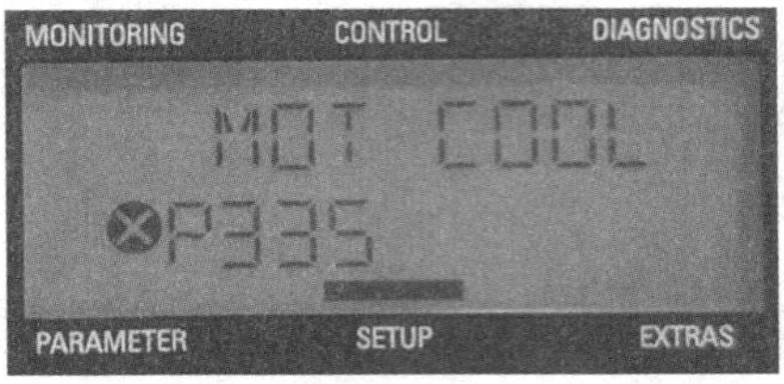 MONITORING CONTROL DIAGNOSTICS MOT COOL P335 PARAMETER SETUP EXTRAS	通过按【▲】或【▼】，选择“P335”，单击【OK】，设置电机冷却方式
21	 MONITORING CONTROL DIAGNOSTICS SELF 0 PARAMETER SETUP EXTRAS	使用【▲】或【▼】，修改参数，本例冷却方式选择“SELF”。单击【OK】
22	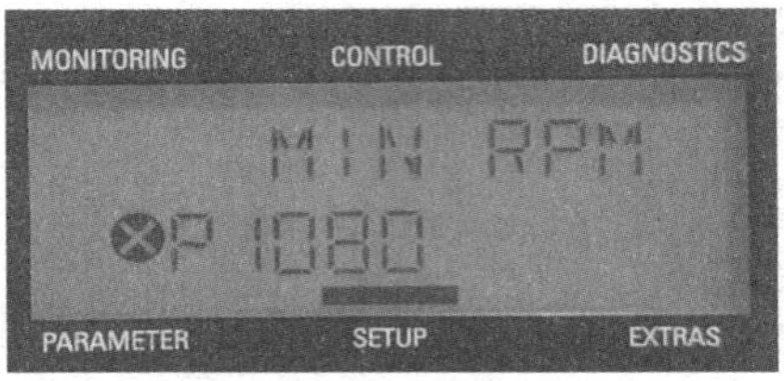 MONITORING CONTROL DIAGNOSTICS MIN RPM P1080 PARAMETER SETUP EXTRAS	通过按【▲】或【▼】，选择“P1080”，单击【OK】，设置电机最小转速
23	 MONITORING CONTROL DIAGNOSTICS MIN RPM 0.000 1/min PARAMETER SETUP EXTRAS	使用【▲】或【▼】，修改参数，本例最小转速选择“0.000 r/min”。单击【OK】
24	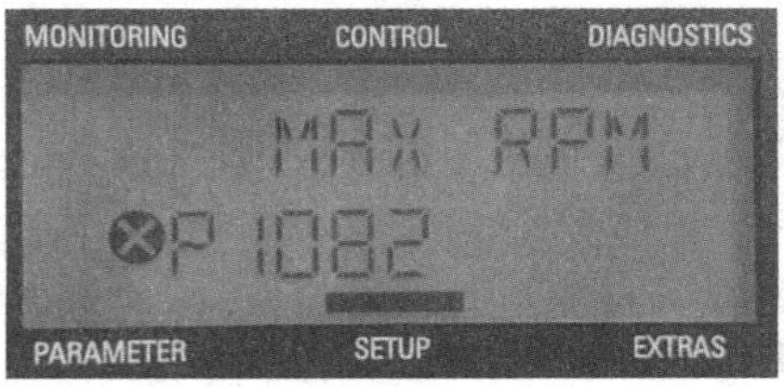 MONITORING CONTROL DIAGNOSTICS MAX RPM P1082 PARAMETER SETUP EXTRAS	通过按【▲】或【▼】，选择“P1082”，单击【OK】，设置电机最大转速
25	 MONITORING CONTROL DIAGNOSTICS MAX RPM 1500.000 1/min PARAMETER SETUP EXTRAS	使用【▲】或【▼】，修改参数，本例最大转速选择“1 500.000 r/min”。单击【OK】

续表 7.11

序号	图片示例	操作步骤
26	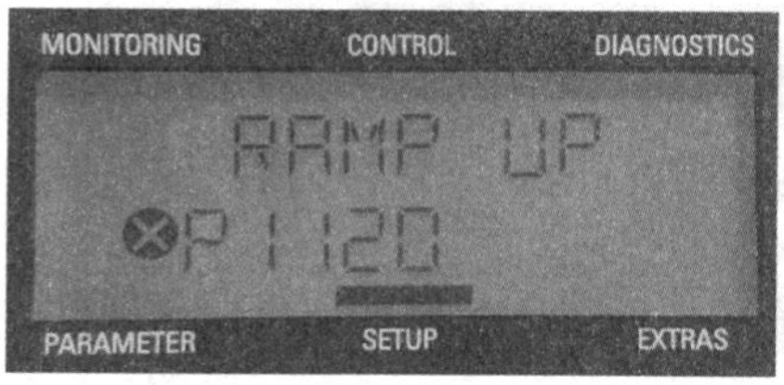 MONITORING CONTROL DIAGNOSTICS RAMP UP P1120 PARAMETER SETUP EXTRAS	通过按【▲】或【▼】，选择“P1120”，单击【OK】，设置电机加速时间
27	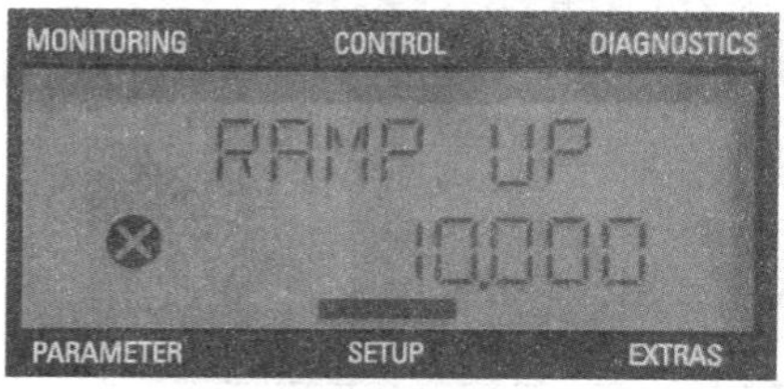 MONITORING CONTROL DIAGNOSTICS RAMP UP 10.000 PARAMETER SETUP EXTRAS	使用【▲】或【▼】，修改参数，本例加速时间选择“10.000”。单击【OK】
28	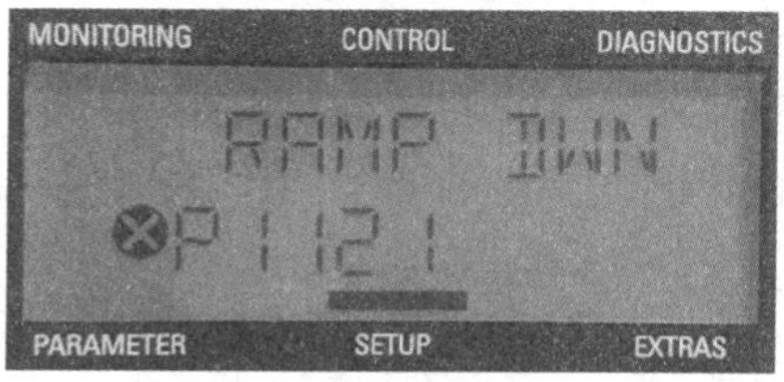 MONITORING CONTROL DIAGNOSTICS RAMP DWN P1121 PARAMETER SETUP EXTRAS	通过按【▲】或【▼】，选择“P1121”，单击【OK】，设置电机减速时间
29	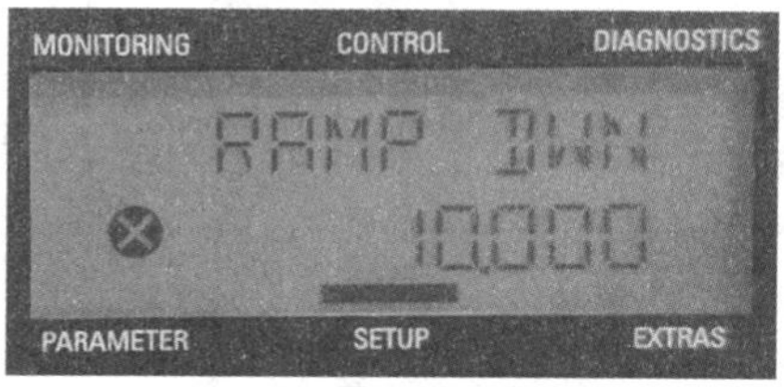 MONITORING CONTROL DIAGNOSTICS RAMP DWN 10.000 PARAMETER SETUP EXTRAS	使用【▲】或【▼】，修改参数，本例减速时间选择“10.000”。单击【OK】
30	 MONITORING CONTROL DIAGNOSTICS MOT ID P1900 PARAMETER SETUP EXTRAS	通过按【▲】或者【▼】，选择“P1900”，单击【OK】，设置电机数据识别
31	 MONITORING CONTROL DIAGNOSTICS STIL ROT 1 PARAMETER SETUP EXTRAS	使用【▲】或【▼】，修改参数，本例电机数据识别选择“STIL ROT”。单击【OK】

续表 7.11

序号	图片示例	操作步骤
32	MONITORING CONTROL DIAGNOSTICS FINISH PARAMETER SETUP EXTRAS	通过按【▲】或【▼】，选择“FINISH”，单击【OK】
33	MONITORING CONTROL DIAGNOSTICS FINISH YES PARAMETER SETUP EXTRAS	使用【▲】或【▼】，修改参数，选择“YES”。单击【OK】，完成设置

7.4.3 主体程序设计

本项目的主体程序是PLC中名称为“main”的OB1组织块，主体程序内容见表7.12。

表 7.12 主体程序内容

序号	图片示例	程序说明
1	程序段1： 注释 %I0.0 "启动" %I0.1 "停止" %I0.3 "故障" %M0.0 "运行标志" %M0.0 "运行标志"	将启动开关拨至ON，且没有故障，启动运行标志
2	程序段2： 注释 %I0.3 "故障" %Q1.0 "故障指示灯"	有故障，点亮故障指示灯
3	程序段3： 注释 %I0.2 "复位" %I0.3 "故障" %Q0.2 "故障复位"	当变频器处于故障状态时，将复位开关拨至ON，复位故障报警

续表 7.12

序号	图片示例	程序说明
4	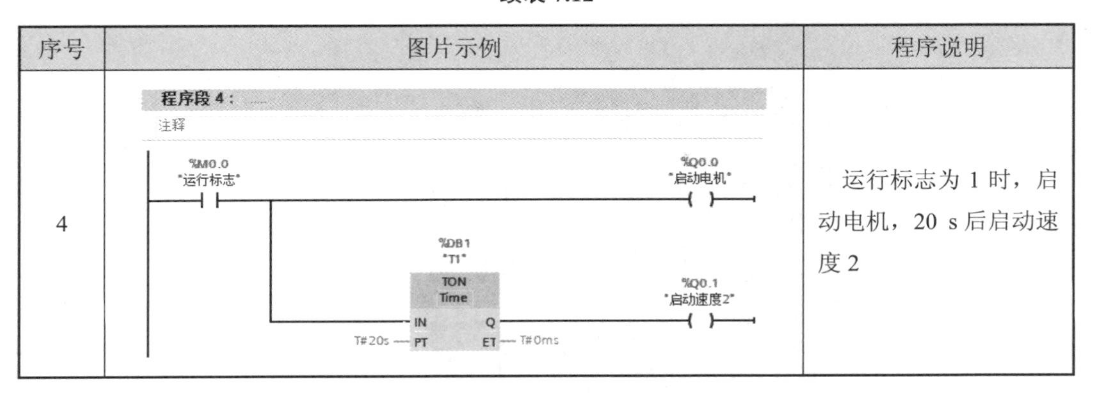	运行标志为 1 时，启动电机，20 s 后启动速度 2

7.4.4 关联程序设计

本项目关联程序是变频器的宏程序。需要手动设置的宏参数见表 7.13，参数设置的操作步骤见表 7.14。

表 7.13 手动设置的宏参数

参数号	设置值	说　明
P15	2（CON SAFE）	设置控制电机的宏，本例选择宏编号为 2
P1001[0]	20	固定转速 1
P1002[0]	40	固定转速 2
P0731	r0052.3	出现故障时，DO1 状态变为 1

表 7.14 参数设置的操作步骤

序号	图片示例	操作步骤
1		单击【ESC】，进入菜单选择；通过按【▲】或【▼】，选择“PAREMS”菜单，单击【OK】

续表 7.14

序号	图片示例	操作步骤
2	 MONITORING CONTROL DIAGNOSTICS EXPERT FILtEr PARAMETER SETUP EXTRAS	通过按【▲】或【▼】，选择“EXPERT”，单击【OK】
3	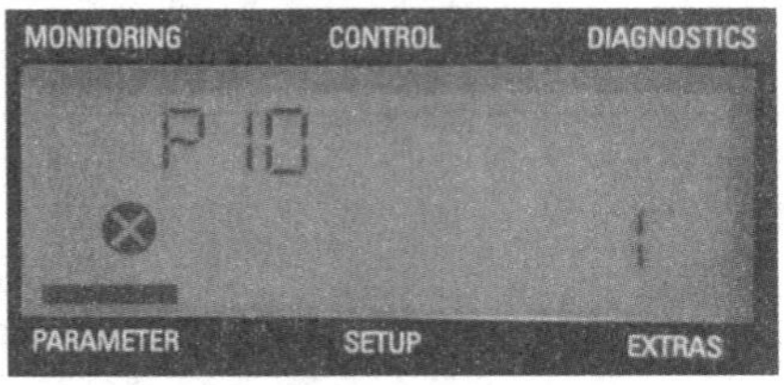 MONITORING CONTROL DIAGNOSTICS P10 1 PARAMETER SETUP EXTRAS	通过按【▲】或【▼】，选择“P10”，单击【OK】，设置值为 1，开始参数设置
4	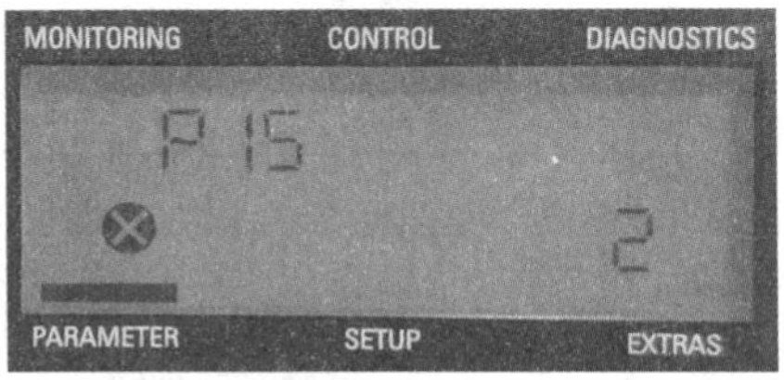 MONITORING CONTROL DIAGNOSTICS P15 2 PARAMETER SETUP EXTRAS	通过按【▲】或【▼】，选择“P15”，单击【OK】，设置宏编号，值为 2，单击【OK】完成设置
5	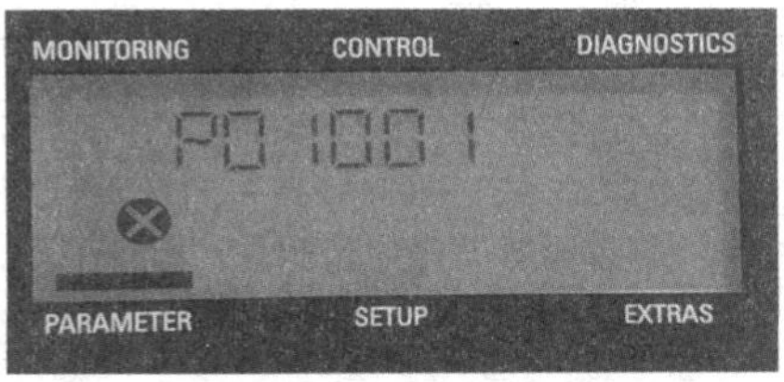 MONITORING CONTROL DIAGNOSTICS P01001 PARAMETER SETUP EXTRAS	长按【OK】，进入参数选择界面，设置参数为 P01001，单击【OK】
6	 MONITORING CONTROL DIAGNOSTICS P1001 20.000 1/min PARAMETER SETUP EXTRAS	设置参数为 P1001 的值为 20，单击【OK】，完成设置
7	 MONITORING CONTROL DIAGNOSTICS P1002 40.000 1/min PARAMETER SETUP EXTRAS	通过按【▲】或【▼】，选择“P1002”，单击【OK】，设置值为“40.000 r/min”，单击【OK】完成设置

续表 7.14

序号	图片示例	操作步骤
8		长按【OK】，进入参数选择界面，设置参数为 P00731，单击【OK】
9		通过按【▲】或【▼】，设置参数 P731 的值为“r52.3”，单击【OK】，完成设置
10	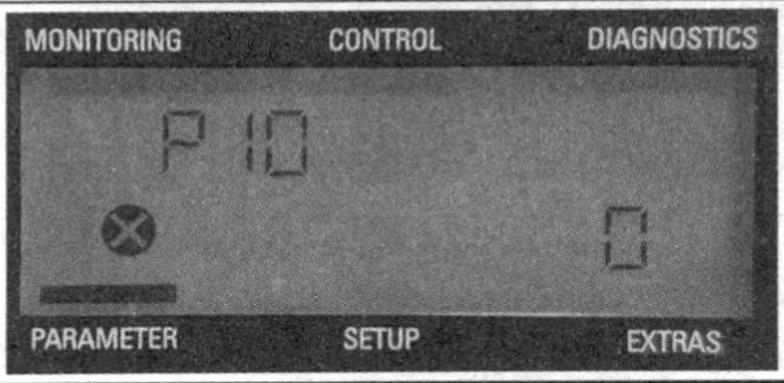	设置参数为 P10 的值为“0”，单击【OK】，完成所有参数设置

7.4.5　项目程序调试

本项目通过变频器的手动控制方法调试异步电机，使变频器优化电机参数，调试操作步骤见表 7.15。

表 7.15　调试的操作步骤

序号	图片示例	操作步骤
1		单击【ESC】，进入菜单选择；通过按【▲】或【▼】，选择“CONTROL”菜单，单击【OK】

续表 7.15

序号	图片示例	操作步骤
2	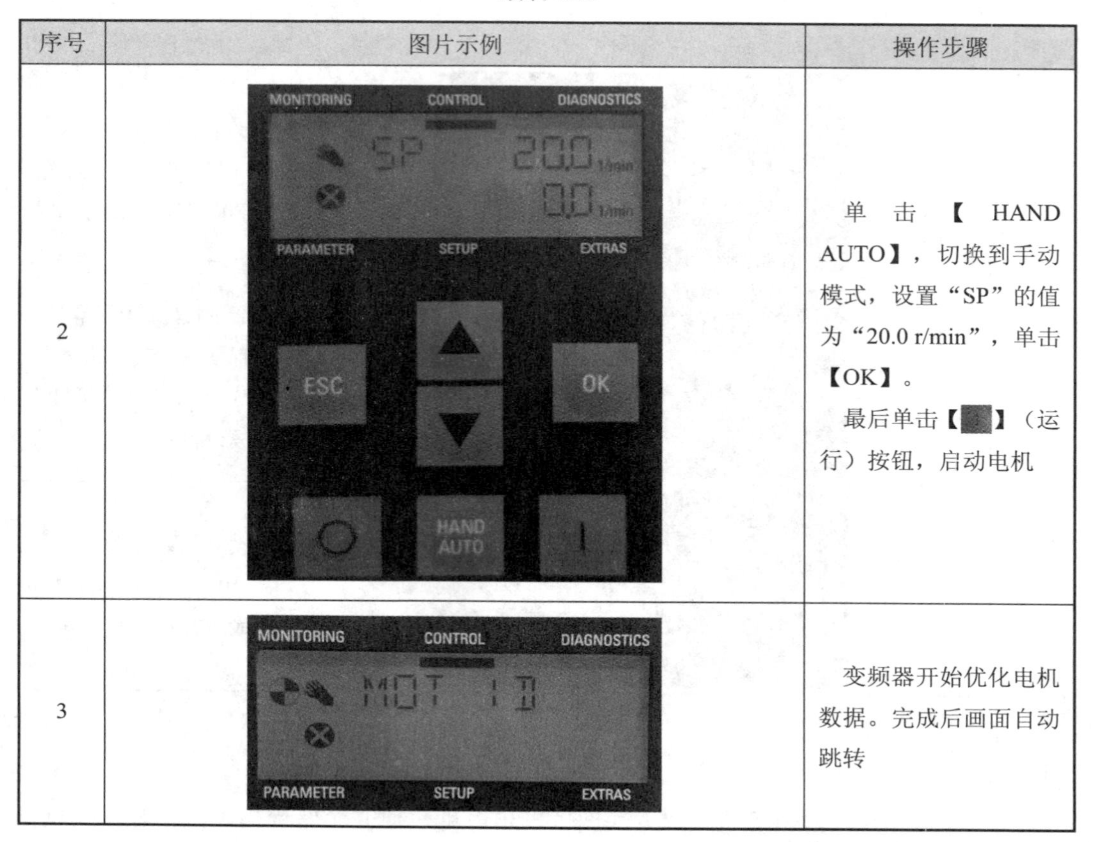	单击【HAND AUTO】，切换到手动模式，设置“SP”的值为“20.0 r/min”，单击【OK】。 最后单击【 】（运行）按钮，启动电机
3		变频器开始优化电机数据。完成后画面自动跳转

7.4.6 项目总体运行

项目总体运行的操作步骤见表 7.16。

表 7.16 项目总体运行的操作步骤

序号	图片示例	操作步骤
1	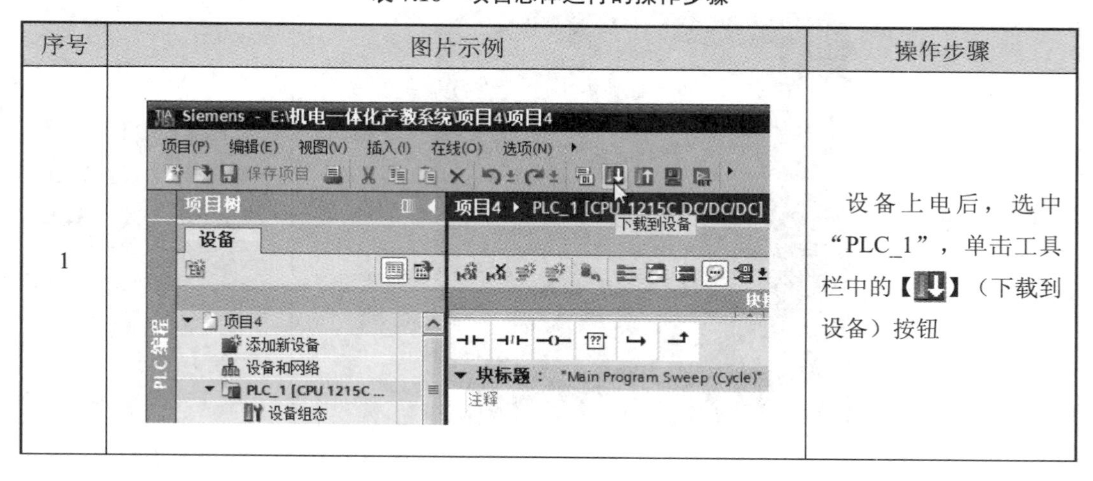	设备上电后，选中“PLC_1”，单击工具栏中的【 】（下载到设备）按钮

续表 7.16

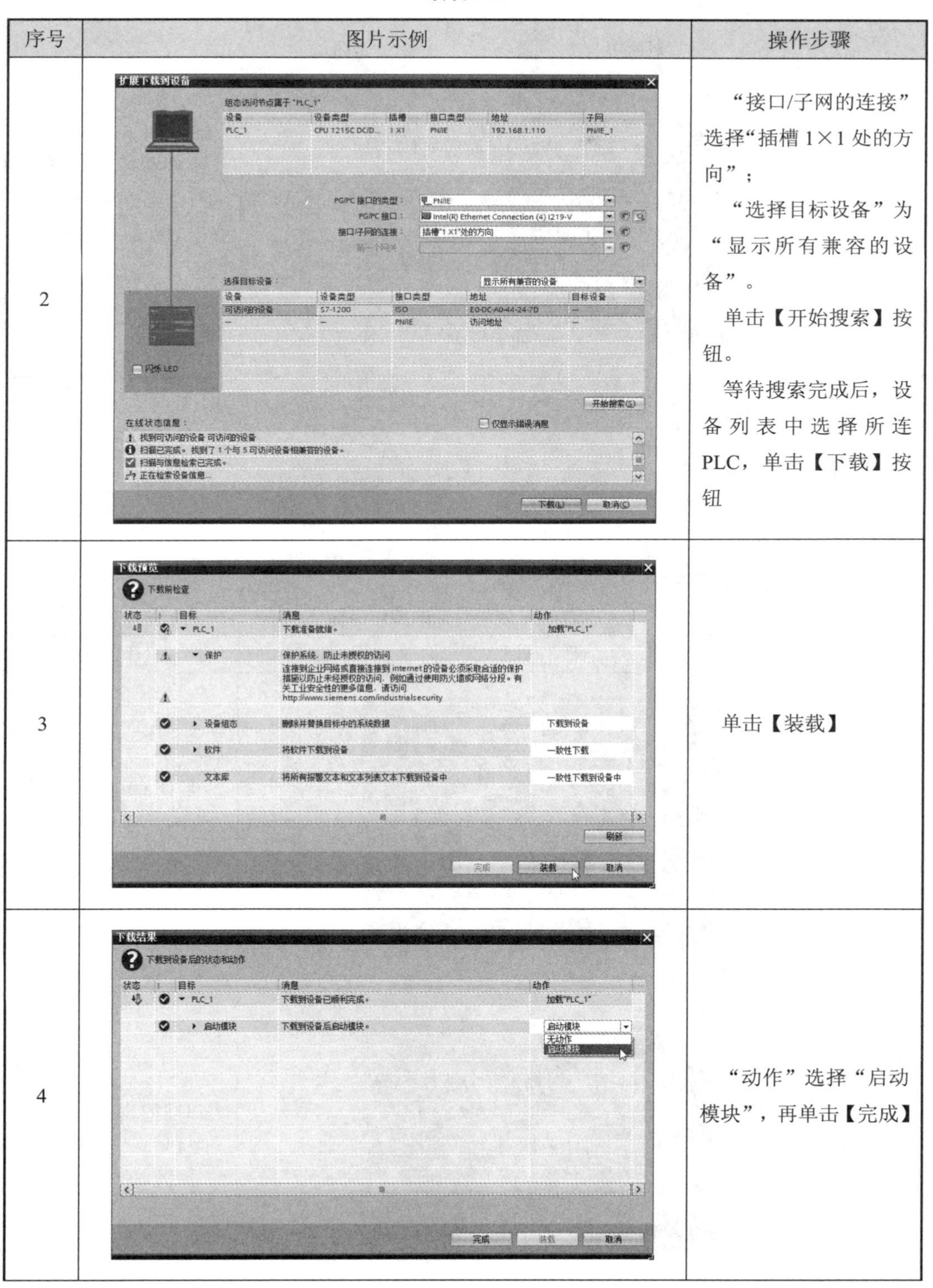

序号	图片示例	操作步骤
2		“接口/子网的连接”选择“插槽 1×1 处的方向”； “选择目标设备”为“显示所有兼容的设备”。 单击【开始搜索】按钮。 等待搜索完成后，设备列表中选择所连 PLC，单击【下载】按钮
3		单击【装载】
4		“动作”选择“启动模块”，再单击【完成】

续表 7.16

序号	图片示例	操作步骤
5		将 PLC 模块的 DIa.0 的开关先拨至 ON，再拨回 OFF，观察电机运动

7.5 项目验证

7.5.1 效果验证

设备运行效果验证的操作步骤见表 7.17。

表 7.17 效果验证的操作步骤

序号	图片示例	操作步骤
1		将 DIa.0 的开关先拨至 ON，再拨回 OFF，电机启动
2		PLC 的 DQa.0 接口输出 24 V

续表 7.17

序号	图片示例	操作步骤
3		观察电机转动
4		20 s 后，DQa.1 接口输出 24 V，电机加速
5		将 DIa.1 的开关先拨至 ON，再拨回 OFF。电机停止

7.5.2 数据验证

通过观察变频器的监视功能可验证数据。

（1）I0.0 的开关先拨至 ON，电机启动，启动速度如图 7.27 所示。

（2）20 s 后速度 2 启动，速度变为 60 r/min，加速后的速度如图 7.28 所示。

图 7.27 启动速度

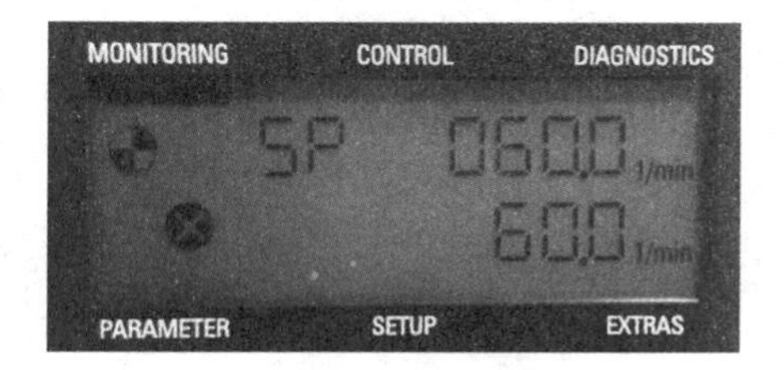

图 7.28 加速后的速度

7.6 项目总结

7.6.1 项目评价

读者完成训练项目后，填写表 7.18 所示评价表，包括自评、互评和完成情况说明。

表 7.18 项目评价表

项目指标		分值	自评	互评	完成情况说明
项目分析	1. 硬件架构分析	8			
	2. 软件架构分析	8			
	3. 项目流程分析	8			
项目要点	1. 变频器基础设置	8			
	2. STARTER 软件设置	8			
项目步骤	1. 应用系统连接	8			
	2. 应用系统配置	8			
	3. 主体程序设计	8			
	4. 关联程序设计	8			
	5. 项目程序调试	8			
	6. 项目运行调试	8			
项目验证	1. 效果验证	6			
	2. 数据验证	6			
合计		100			

7.6.2 项目拓展

本拓展项目的内容为利用机电一体化产教应用系统，使用编号为 1 的宏，并通过对触摸屏的操控，实现异步电机的正反转控制。

第 8 章　步进电机脉冲控制系统

8.1　项目概况

※ 步进电机控制项目目的

8.1.1　项目背景

步进电机适合要求运行平稳、噪音低、响应快、使用寿命长、高输出扭矩的应用场合，广泛应用于 ATM 机、喷绘机、刻字机、写真机、喷涂设备、医疗仪器及设备、计算机外设及海量存储设备、精密仪器、工业控制系统等领域。步进电机应用的典型产品——载物台中的步进电机如图 8.1 所示。

图 8.1　载物台中的步进电机

步进电机的控制系统由控制器、步进驱动器和步进电机组成。基于 PLC 的步进电机运动控制系统，如图 8.2 所示，步进电机的运动控制是指 PLC 通过输出脉冲对步进电机的运动方向、运动速度和运动距离进行控制，实现对步进电机动作的准确定位。

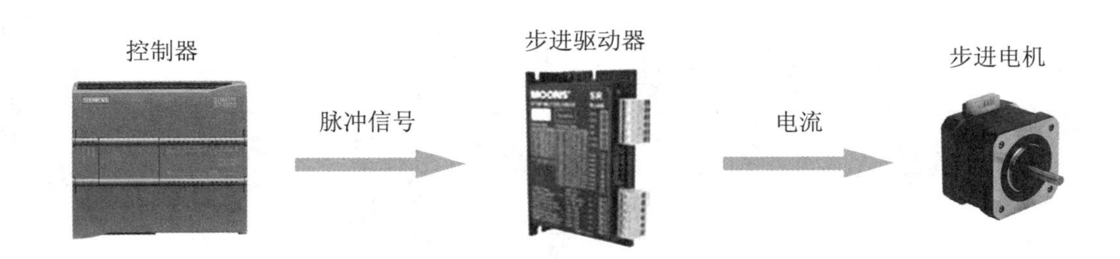

图 8.2　步进电机运动控制系统

8.1.2 项目需求

本项目需要使用电源、PLC 模块和步进电机模块，步进电机模块如图 8.3 所示。通过 PLC 模块中的开关启动和停止步进电机。本项目实现的功能为通过 PLC 内部工艺对象控制步进电机运动，实现负载端移动 10 mm。

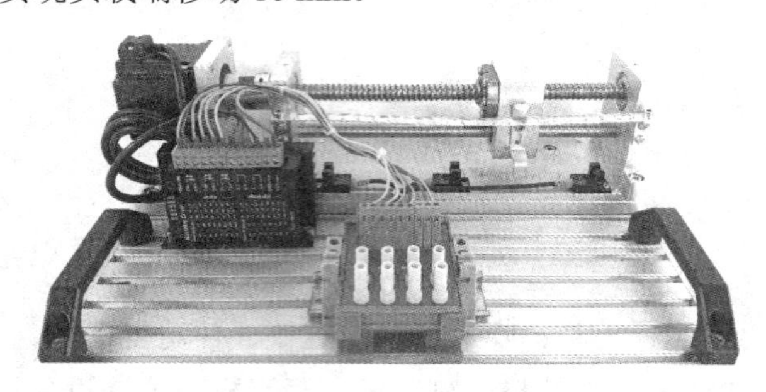

图 8.3 步进电机模块

8.1.3 项目目的

通过对步进电机定位项目的学习，可以实现以下学习目标。

（1）了解步进电机的原理和控制方法。

（2）学习 S7-1200 工艺对象的控制方法与指令。

8.2 项目分析

8.2.1 项目构架

本项目为基于脉冲控制的步进定位项目，需要使用机电一体化产教应用系统中的开关电源模块、PLC 模块、开关、指示灯、步进电机驱动器和步进电机模块，开关电源为系统提供 24 V 电源，项目构架如图 8.4 所示。

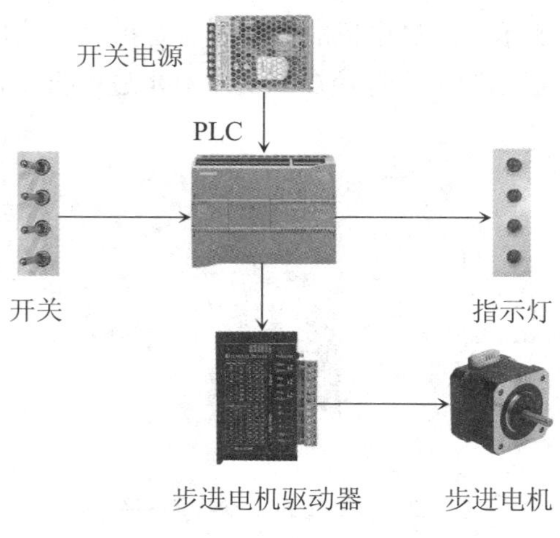

图 8.4 项目构架

8.2.2　项目流程

本项目实施流程如图 8.5 所示。

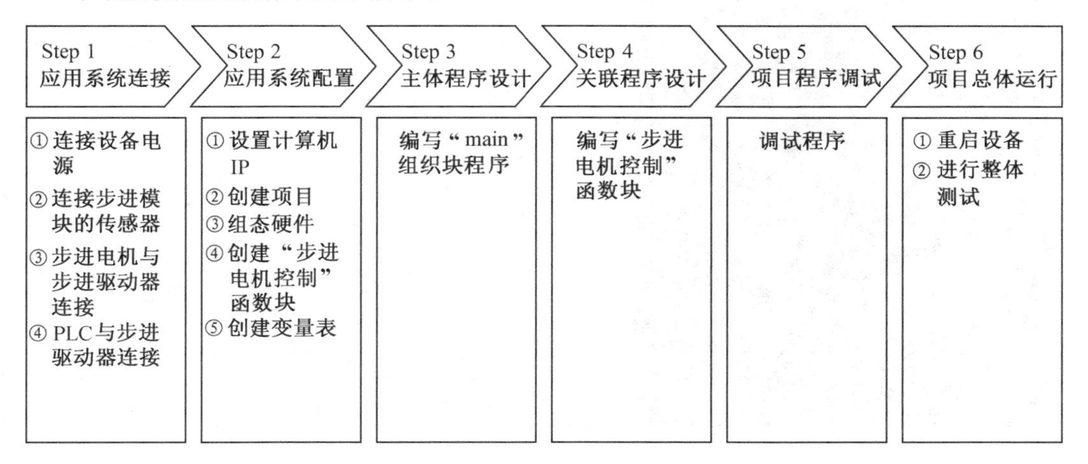

图 8.5　实施流程

8.3　项目要点

8.3.1　步进系统设置

※ 步进电机控制项目要点

步进系统由控制器、步进驱动器和步进电机 3 部分组成。步进系统的设置分为步进驱动器的参数设置和机械系统的识别。本项目使用的步进电机模块如图 8.6 所示。

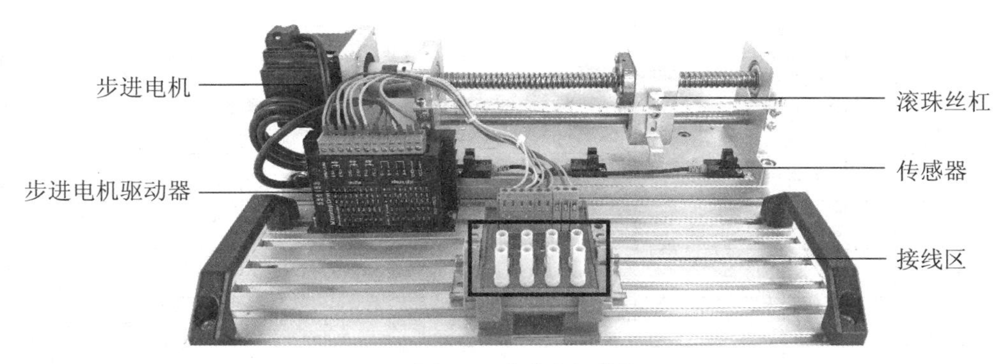

图 8.6　步进电机模块

1. 步进驱动器的参数设置

本项目使用细分型两相混合式步进电机驱动器，电流设定范围 0.5～3.5 A，细分设定范围 200～6 400，拥有 6 个拨码开关，其中 SW1～SW3 为驱动器上的细分拨码开关，SW4～SW6 为电流拨码开关。步进驱动器的外形及接口说明如图 8.7 所示。

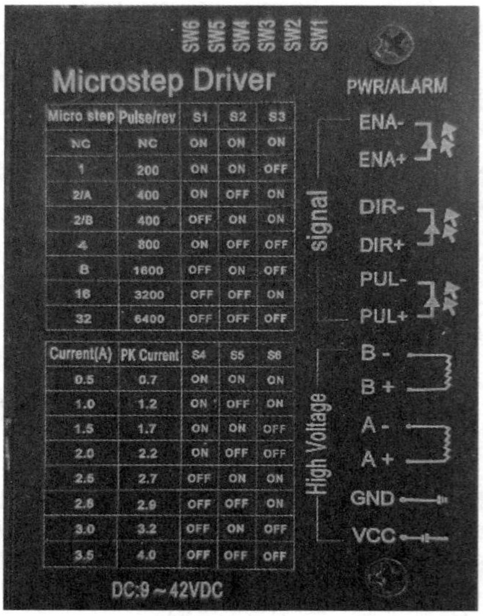

接口	说　　明
ENA−/ENA+	使能信号，信号为 1 时，电机释放
DIR−	方向信号，用于改变电机转向
DIR+	
PUL−	脉冲信号
PUL+	
B−/B+	电机 B 相
A−/A+	电机 A 相
DC−/DC+	驱动器电源 DC24 V
SW1～SW3	细分设置（拨码开关）
SW4～SW6	电流设置（拨码开关）

图 8.7　步进驱动器的外形及接口说明

该款步进驱动器支持的电机电流技术参数见表 8.1，通过电流拨码开关 SW1～SW4 的不同组合，可以选择所需要的电机电流。本项目的步进电机额定电流为 3.0 A，即选择 Current=3.0 A。

表 8.1　电流技术参数

电流（Current）/A	峰值电流（PK Current）/A	SW4	SW5	SW6
0.5	0.7	ON	ON	ON
1.0	1.2	ON	OFF	ON
1.5	1.7	ON	ON	OFF
2.0	2.2	ON	OFF	OFF
2.5	2.7	OFF	ON	ON
2.8	2.9	OFF	OFF	ON
3.0	3.2	OFF	ON	OFF
3.5	4.0	OFF	OFF	OFF

该步进驱动器支持的细分技术参数见表 8.2，细分表示电机转 1 圈，驱动器输出的脉冲数。其中 SW4～SW6 为驱动器上的细分拨码开关，pulse/rev 为每转脉冲数。本项目使用 1 600 pulse/rev。

表 8.2　细分技术参数

细分数	pulse/rev	SW1	SW2	SW3
NC	NC	ON	ON	ON
1	200	OFF	ON	ON
2/A	400	ON	OFF	ON
2/B	400	OFF	OFF	ON
4	800	ON	ON	OFF
8	1600	OFF	ON	OFF
16	3200	ON	OFF	OFF
32	6400	OFF	OFF	OFF

2. 机械系统识别

在设置 PLC 组态前，为了确认系统位移量，需了解负载侧的机械结构和步进电机的基础步进角，以及步进电机驱动器的细分数。下面举例 2 种机械结构的位移量设置，假设步进电机的基础步进角为 1.8°，选择细分脉冲数为 2 000 pulse/rev。位移量的设置见表 8.3。

表 8.3　位移量的设置

序号	描述	机械系统	
		滚珠丝杠	圆盘
1	机械系统示意图	负载轴　工件　滚珠丝杠的螺距：4 mm	负载轴　电机
2	识别机械系统	滚珠丝杠的节距：4 mm 减速比：1∶1（联轴器）	旋转角度：360° 减速比：3∶1
3	负载轴每转的位移量	4 mm	360°
4	电机每转负载的位移量	4 mm /1 = 4 mm	360° /3 = 120°
5	一个脉冲负载的位移量	$\frac{\frac{4\ \text{mm}}{1}}{2\,000} = 0.002\ \text{mm}$	$\frac{\frac{360^\circ}{3}}{2\,000} = 0.06^\circ$

本项目使用滚珠丝杠机械结构，由于丝杠通过联轴器直接安装在电机轴上，因此减速比为 1∶1。本项目的步进电机步进角为 1.8°，电流为 3.0 A，细分脉冲为 1 600 pulse/rev，拨码开关设置如图 8.8 所示。根据上述条件可知，本项目一个脉冲负载侧转动的距离为 0.002 5 mm。

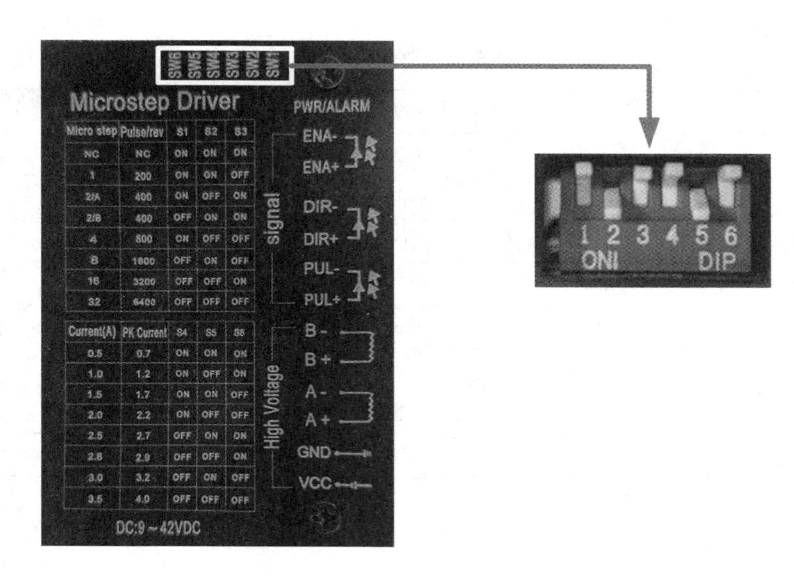

Micro step	Pulse/rev	S1	S2	S3
NC	NC	ON	ON	ON
1	200	ON	ON	OFF
2/A	400	ON	OFF	ON
2/B	400	OFF	ON	ON
4	800	ON	OFF	OFF
8	1600	OFF	ON	OFF
16	3200	OFF	OFF	ON
32	6400	OFF	OFF	OFF

Current(A)	PK Current	S4	S5	S6
0.5	0.7	ON	ON	ON
1.0	1.2	ON	OFF	ON
1.5	1.7	ON	ON	OFF
2.0	2.2	ON	OFF	OFF
2.5	2.7	OFF	ON	ON
2.8	2.9	OFF	OFF	ON
3.0	3.2	OFF	ON	OFF
3.5	4.0	OFF	OFF	OFF

图 8.8　拨码开关设置

8.3.2　工艺对象设置

工艺对象主要是指运动控制、PID（比例-积分-微分控制器）、SIMATIC ident（读码器系统）3 种对象，本项目介绍运动控制工艺对象。

1. 运动控制工艺对象

运动控制工艺对象用于添加“TO_PositioningAxis”（定位轴）和“TO_CommandTable”（命令表）。本项目使用“TO_PositioningAxis”，工艺对象添加窗口如图 8.9 所示。

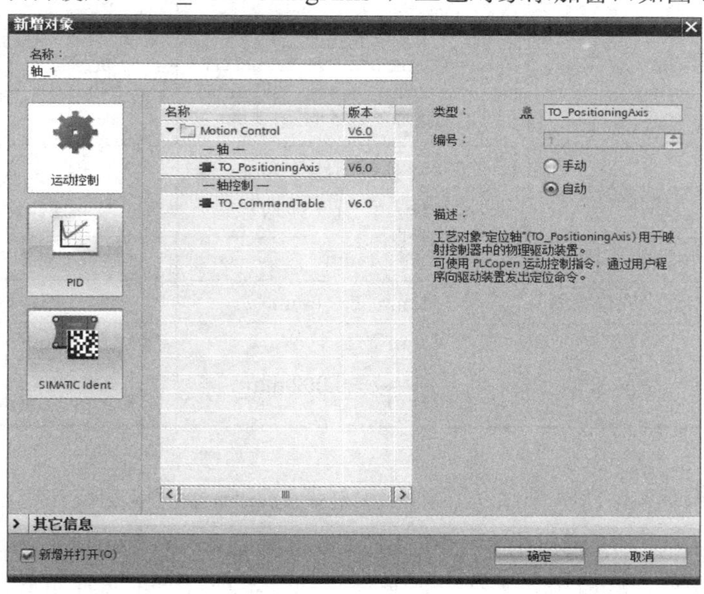

图 8.9　工艺对象添加窗口

2. 组态设置

下面介绍组态设置中驱动器选择、测量单元的选择和脉冲发生器的选择。

（1）驱动器的选择。

轴对象有 3 种驱动器可供选择：

- ➢ PTO（Pulse Train Output，脉冲列输出）。
- ➢ 模拟驱动装置接口（表示由模拟量控制）。
- ➢ PROFIdrive（表示由通信控制）。

步进电机通过脉冲驱动，因此驱动器选择 PTO 形式，驱动器的选择界面如图 8.10 所示。

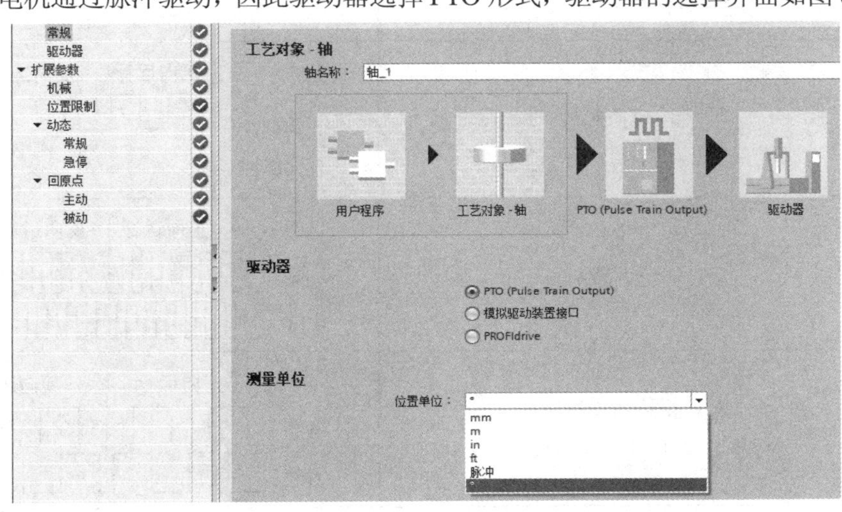

图 8.10　驱动器的选择界面

（2）测量单位的选择。

运动控制支持多种位置单位：mm（毫米）、m（米）、in（英寸）、ft（英尺）、°（度）、脉冲，如图 8.10 所示。本项目使用 mm 作为测量单位。

（3）脉冲发生器的选择。

S7-1200 系列 PLC 拥有 4 个脉冲发生器（Pulse_1～Pulse_4），设备支持的脉冲频率见表 8.4，本项目使用 Pulse_1 脉冲发生器。

表 8.4　脉冲频率

设备		输出通道	脉冲频率
CPU	CPU 1215C（DC/DC/DC）	DQa.0～DQa.3	100 kHz
		DQa.4～DQa.7	30 kHz
		DQb.0～DQb.1	30 kHz
信号板	SB1222 200 kHz	DIe.0～DIe.3	200 kHz
	SB1223 200 kHz	DIe.0～DIe.1	200 kHz
	SB1223	DIe.0～DIe.1	20 kHz

脉冲发生器有 5 种信号类型：PWM、脉冲 A+方向 B、正/反向脉冲（脉冲上升沿 A/下降沿 B）、A/B 相移脉冲、A/B 相移四倍频脉冲，其中运动控制可以使用的有 4 种，见表 8.5。

注："脉冲 A+方向 B"模式下可以不激活方向输出，变成单脉冲模式。

表 8.5　运动控制的脉冲模式

序号	信号类型	输出效果
1	脉冲 A+方向 B	正向运行　反向运行 脉冲 方向
2	正/反向脉冲	正向运行　反向运行 正向脉冲 反向脉冲
3	A/B 相移脉冲	正向运行　反向运行 A 相 B 相
4	A/B 相移四倍频脉冲 （频率会减小到 A/B 相移的 1/4）	正向运行　反向运行 A 相 B 相

步进电机的驱动需要脉冲信号和方向信号，因此选择"信号类型"为"PTO（脉冲 A 和方向 B）"，如图 8.11 所示。

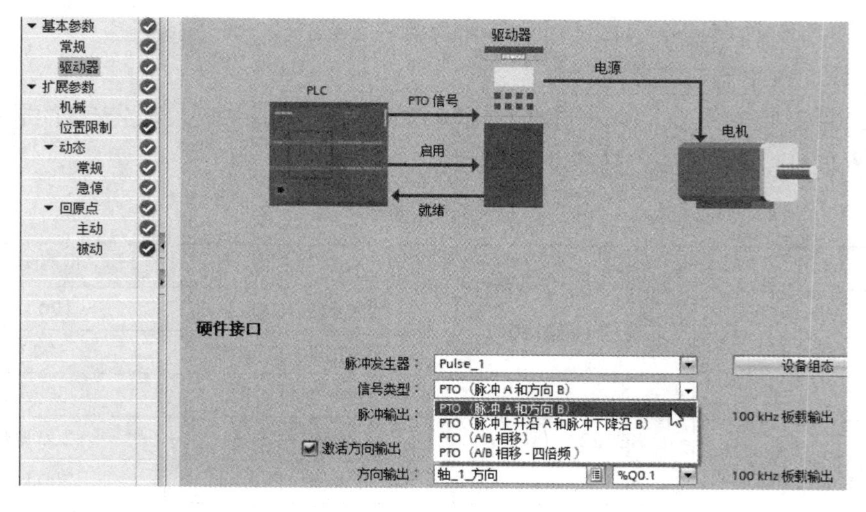

图 8.11　脉冲发生器

（4）硬限位设置。

由于本项目的机械系统为滚珠丝杠，因此需要设置硬限位，该设置位于【扩展参数】下的【位置限制】界面中。按照电路图可设置限位开关的地址和电平。硬限位设置如图 8.12 所示。

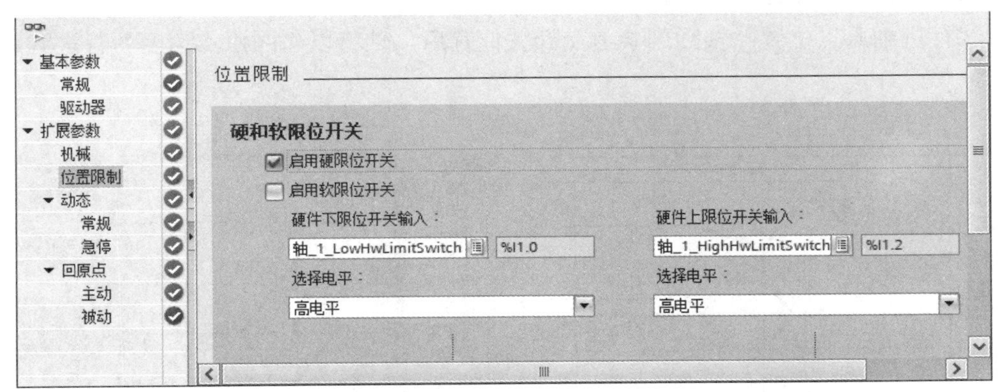

图 8.12　硬限位设置

（5）回原点设置。

“原点”也可以叫做“参考点”，“回原点”或“寻找参考点”的作用是：把轴实际的机械位置和 PLC 程序中轴的位置坐标统一。“回原点”分成“主动”和“被动”2 部分参数，其中“主动”就是传统意义上的回原点或寻找参考点。本项目通过运动控制的主动回原点功能实现步进电机的回原点。

本项目使用 U 型光电开关 EE-SX674P-WR 检测原点挡块。该传感器为 PNP 型传感器，默认输出为高电平，即检测到原点挡块时输出 24 V，传感器连线说明如图 8.13 所示。

工艺对象组态选择主动回原点设置，根据硬件连线和传感器输出特点选择原点开关地址和电平，本项目选择原点开关的地址为“I1.1”，“选择电平”设置为“高电平”，如图 8.14 所示。

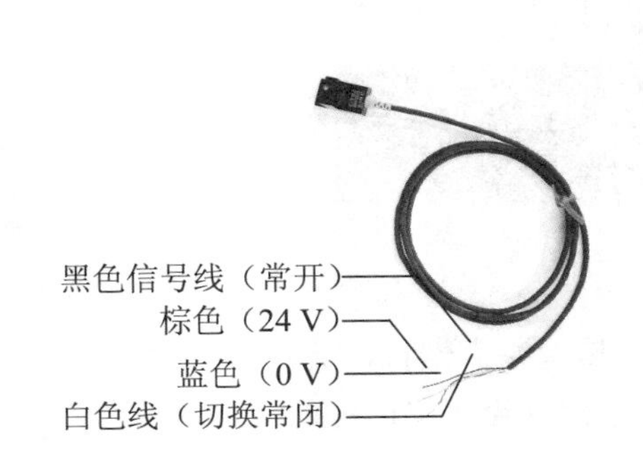

图 8.13　传感器连线说明

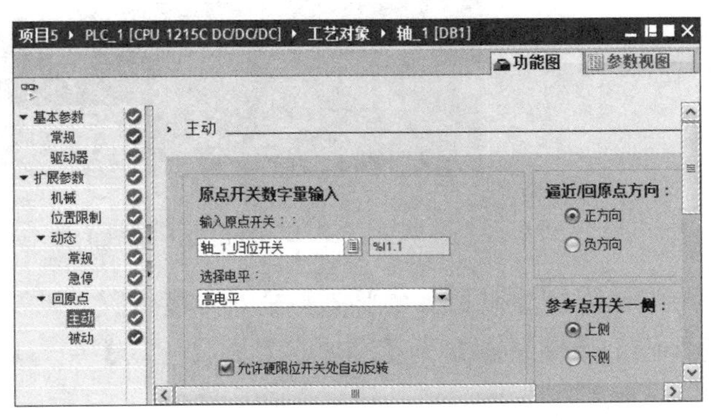

图 8.14　回原点设置

主动回原点的顺序有 3 个阶段（①～③），归位的速度特性曲线如图 8.15 所示。

①搜索阶段：根据“回原点方向”的设置，轴加速到逼近速度并搜索原点开关，速度设置如图 8.16 所示。

②原点逼近：检测到原点开关时，轴将制动并反向，以“回原点速度”靠近原点位置，速度设置如图 8.16 所示。

③行进到原点位置：轴回到参考点开关位置后，轴将以“回原点速度”行进到原点坐标。

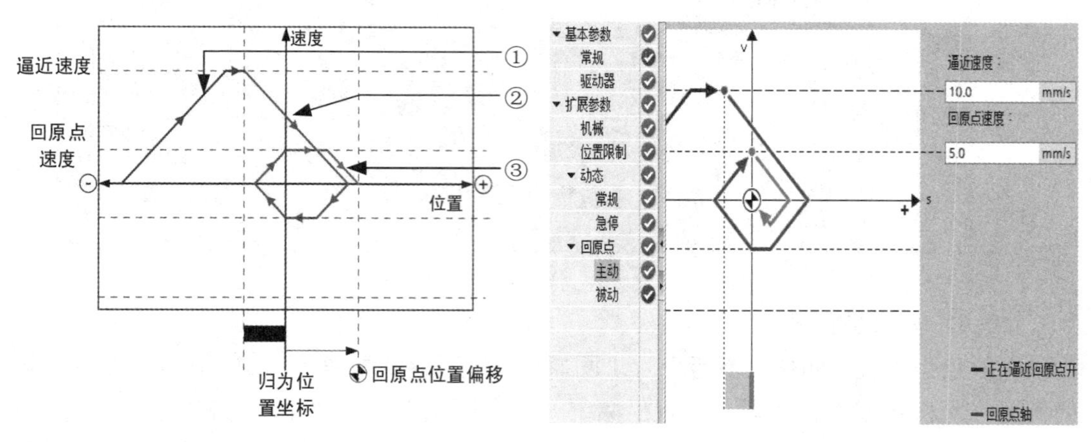

图 8.15　归位的速度特性曲线

图 8.16　速度设置

在使用主动回原点指令后，电机会回到原点，但如果初始上电位置不是正确的原点位置，需要设置原点偏移。本项目正确的原点位置应为 0 刻度位置，如图 8.17 所示。

图 8.17　正确的原点位置

如果发现主动回原点后，不是 0 刻度位置，则需要设置原点偏移，“起始位置偏移量”设置位于【轴组态】→【回原点】→【主动】中，原点偏移设置界面如图 8.18 所示。

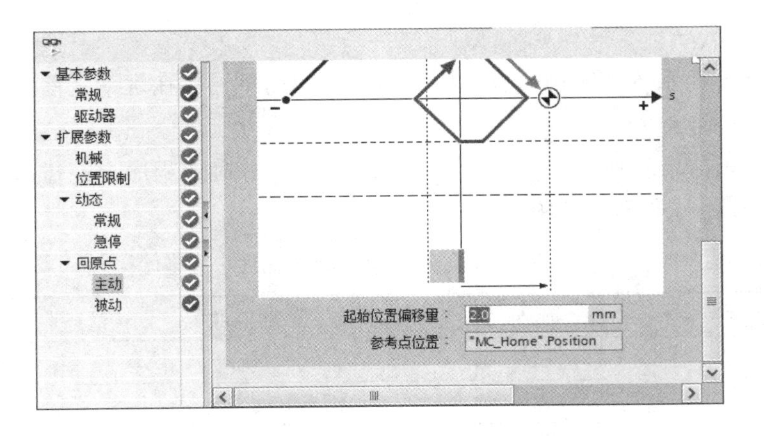

图 8.18　原点偏移设置界面

3. 轴对象中的参数

在项目应用中，可以通过读取轴对象 DB 数据块中的参数，获取实时数据。通过右击【轴_1】，再单击【打开 DB 编辑器】，可以查看所有参数，轴对象的参数如图 8.19 所示。

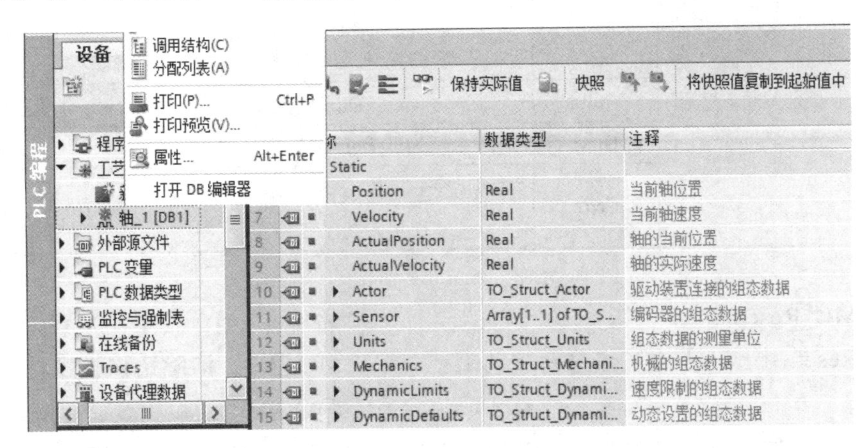

图 8.19　轴对象的参数

以读取轴的位置和速度变量（数据类型为浮点型 Real）为例，可以使用以下形式读取：

- <轴名称>.Position：轴的位置设定值。
- <轴名称>.ActualPosition：轴的实际位置。
- <轴名称>.Velocity：轴的速度设定值。
- <轴名称>.ActualVelocity：轴的实际速度。

8.3.3　运动控制指令

运动控制向导设置完成后，可以在 PLC 程序中调用相关运动控制指令，其中常用的为 MC_Power、MC_Reset、MC_Home、MC_MoveRelative 等。

（1）MC_Power。

MC_Power 为系统使能指令块，用于启用或禁用轴，轴在运动之前，必须使能此指令块。

在项目中只需要对每个运动轴使用此指令一次，并确保程序会在每次扫描时调用此指令。MC_Power 子例程见表 8.6。

表 8.6　MC_Power 子例程

例程	参数	功能说明	数据类型
MC_Power EN ENO Axis Status Enable Busy StartMode Error StopMode ErrorID ErrorInfo	EN	使能	BOOL
	Axis	已组态好的工艺对象名称	TO_Axis
	Enable	为 1 时，轴使能；为 0 时，轴停止	BOOL
	StartMode	0：启动位置不受控的定位轴 1：启动位置受控的定位轴 使用 PTO 驱动器的定位轴时忽略该参数	INT
	StopMode	0：紧急停止 1：立即停止 2：带有加速度变化率控制的紧急停止	INT
	Status	轴的使能状态	BOOL
	Busy	MC_Power 处于活动状态	BOOL
	Error	运动指令轴 MC_Power 或相关工艺对方发生错位	BOOL

（2）MC_Reset。

MC_Reset 用于确认故障并重新启动工艺对象，MC_Reset 清除错误指令块见表 8.7。

表 8.7　MC_Reset 清除错误指令块

例程	参数	功能说明	数据类型
MC_Reset EN ENO Axis Done Execute Busy Restart Error ErrorID ErrorInfo	EN	使能	BOOL
	Axis	已组态好的工艺对象名称	TO_Axis
	Execute	上升沿时启动命令	BOOL
	Restart	TRUE：将轴组态从装载存储器下载到工作存储器。仅可在禁用轴后，才能执行该命令 FALSE：确认待决的错误	BOOL
	Done	错误已确认	BOOL
	Busy	MC_Reset 处于活动状态	BOOL
	Error	执行命令期间出错	BOOL

(3) MC_Home。

MC_Home 用于设置参考点，用来将轴坐标与实际的机械位置进行匹配，MC_Home 回参考点指令块见表 8.8。

注：当 Mode 为 6 或 7 时，仅用于带模拟驱动接口的驱动器和 PROFIdrive 驱动器。

表 8.8　MC_Home 回参考点指令块

例程	参数	功能说明	数据类型
MC_Home EN　ENO Axis　Done Execute　Error Position Mode	EN	使能	BOOL
	Axis	已组态好的工艺对象名称	TO_Axis
	Execute	上升沿启动命令	BOOL
	Position	Mode=0、2 和 3：完成回远点操作之后，轴的绝对位置 Mode=1：对当前轴位置的修正值	REAL
	Mode	0：绝对式直接归位 1：相对式直接归位 2：被动回原点 3：主动回原点 6：绝对编码器调节（相对） 7：绝对编码器调节（绝对）	INT

(4) MC_MoveRelative。

MC_MoveRelative 用于启动相对于起始位置的定位运动，MC_MoveRelative 子例程见表 8.9。

表 8.9　MC_MoveRelative 子例程

例程	参数	功能说明	数据类型
MC_MoveRelative EN　ENO Axis Done Busy Execute　CommandAborted Distance Velocity　Error ErrorID ErrorInfo	EN	使能	BOOL
	Axis	已组态好的工艺对象名称	TO_PositioningAxis
	Execute	上升沿启动命令	BOOL
	Distance	定位操作的移动距离	REAL
	Velocity	轴的速度，由于所组态的加速度和减速度以及要途经的距离等原因，不会始终保持这一速度	REAL

（5）MC_MoveAbsolute。

绝对运动指令名称为 MC_MoveAbsolute，用于将轴移动到某个绝对位置，MC_MoveAbsolute 子例程见表 8.10。

注：用户使用 MC_MoveAbsolute 指令之前必须执行回原点指令。

表 8.10　MC_MoveAbsolute 子例程

例程	参数	功能说明	数据类型
MC_MoveAbsolute EN　ENO Axis　Done Execute　Busy Position　CommandAborted Velocity　Error Direction　ErrorID ErrorInfo	Axis	已组态好的工艺对象名称	TO_PositioningAxis
	Execute	上升沿启动命令	BOOL
	Position	定位操作的移动距离	REAL
	Velocity	轴的速度，由于所组态的加速度和减速度以及要途经的距离等原因，不会始终保持这一速度	REAL
	Direction	轴的运动方向 0：速度的符号 1：正方向 2：负方向 3：最近距离	INT

8.4　项目步骤

8.4.1　应用系统连接

本项目基于 PLC 产教应用系统开展，系统内部电路已完成连接，PLC 数字 I/O 部分的电气原理图如图 8.20 所示，实物接线图如图 8.21 所示。

注：在 PUL+、DIR+接口与对应的 PLC 接口之间需要串联 2 kΩ电阻，本项目模块的接线电路板中已加入所需电阻。

※ 步进电机控制项目步骤

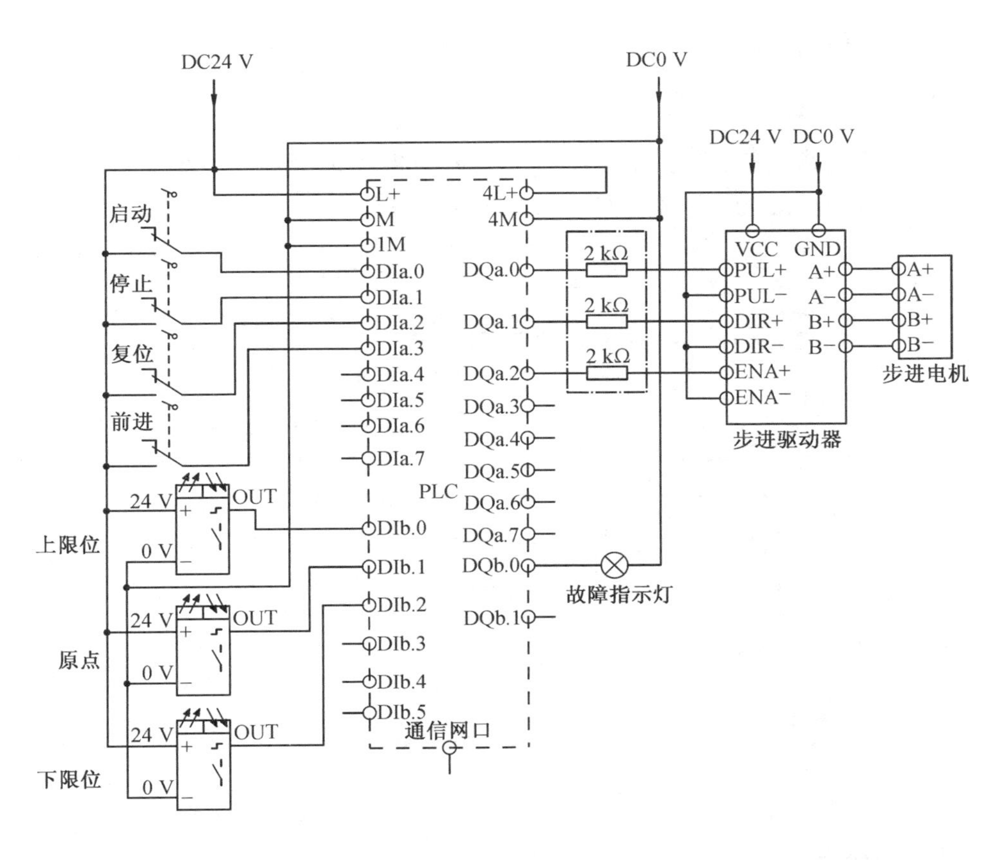

图 8.20　电气原理图

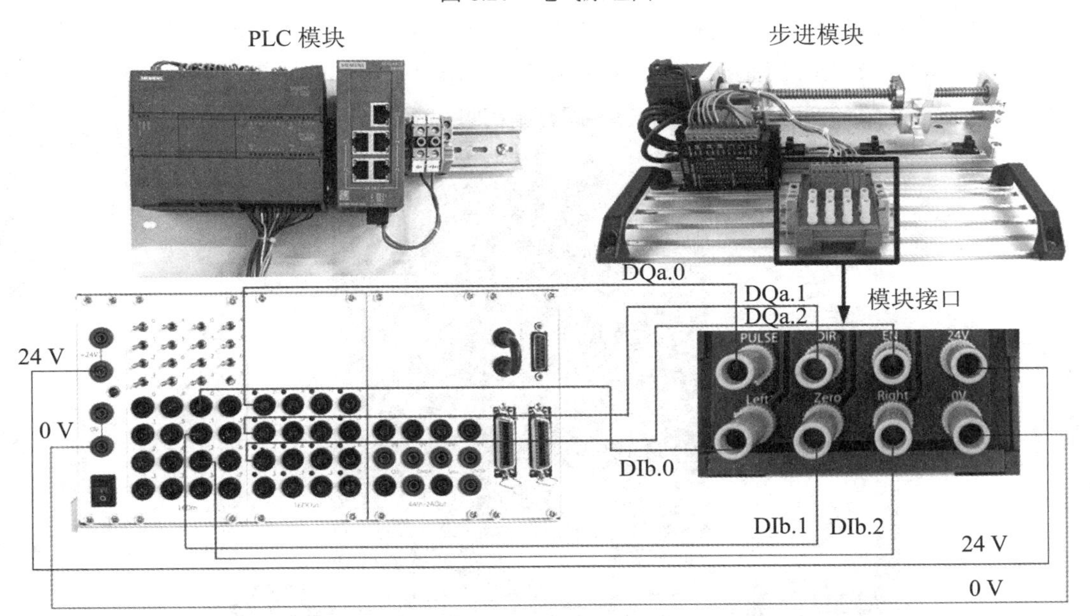

图 8.21　实物接线图

8.4.2 应用系统配置

1. 设置计算机 IP

本项目所有网络设备设置在 192.168.1.1～192.168.1.254 网段，因此将计算机网卡的 IP 地址改为 192.168.1.200，计算机 IP 设置如图 8.22 所示。

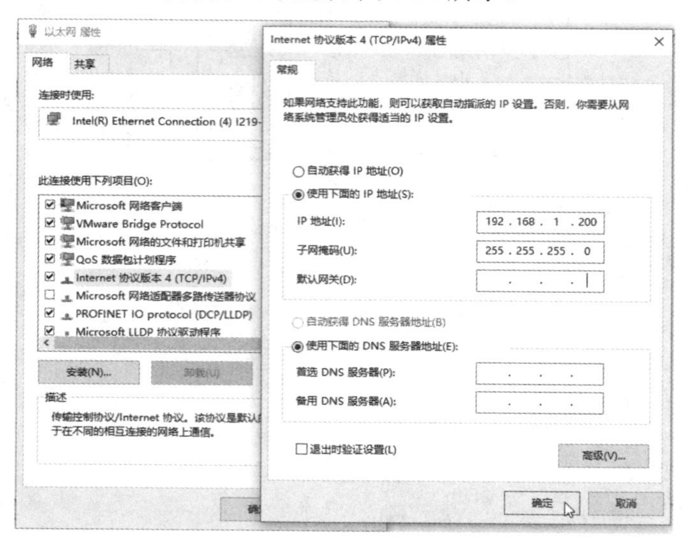

图 8.22　计算机 IP 设置

2. 项目创建

读者需要创建名称为“项目 5”的项目，添加硬件 CPU 1215 C DC/DC/DC（订货号：6ES7 215-1AG40-0XB0）。添加后进入项目视图，如图 8.23 所示。

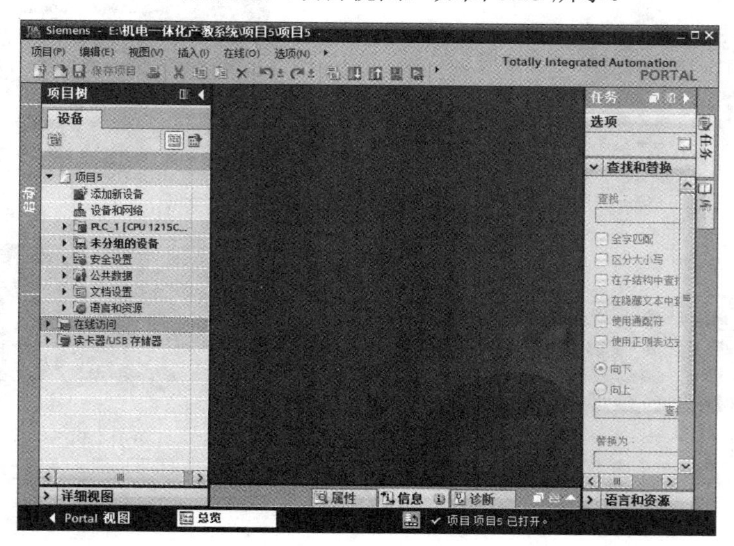

图 8.23　项目视图

3. PLC 与触摸屏的属性设置

在完成项目创建后，需要设置 PLC 的 I/O 起始地址和 IP 地址，创建子网“PN/IE_1”以及触摸屏的 IP 地址。具体设置内容见表 8.11。

表 8.11　属性设置内容

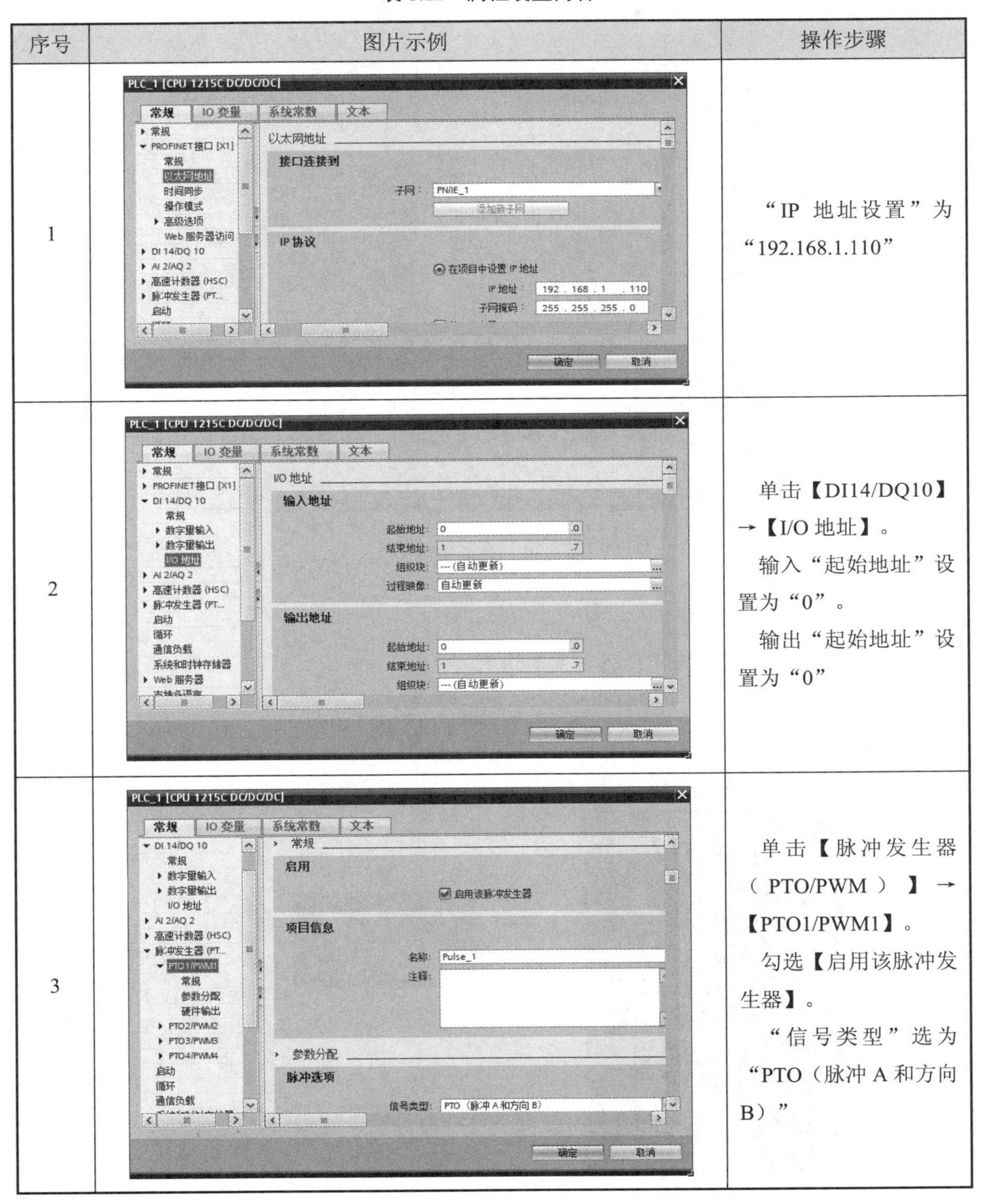

序号	图片示例	操作步骤
1		“IP 地址设置”为“192.168.1.110”
2		单击【DI14/DQ10】→【I/O 地址】。 输入“起始地址”设置为“0”。 输出“起始地址”设置为“0”
3		单击【脉冲发生器（PTO/PWM）】→【PTO1/PWM1】。 勾选【启用该脉冲发生器】。 “信号类型”选为“PTO（脉冲 A 和方向 B）”

4. 添加块

本项目需要添一个加函数块（FB），函数块的名称为“步进电机控制”，如图 8.24 所示。

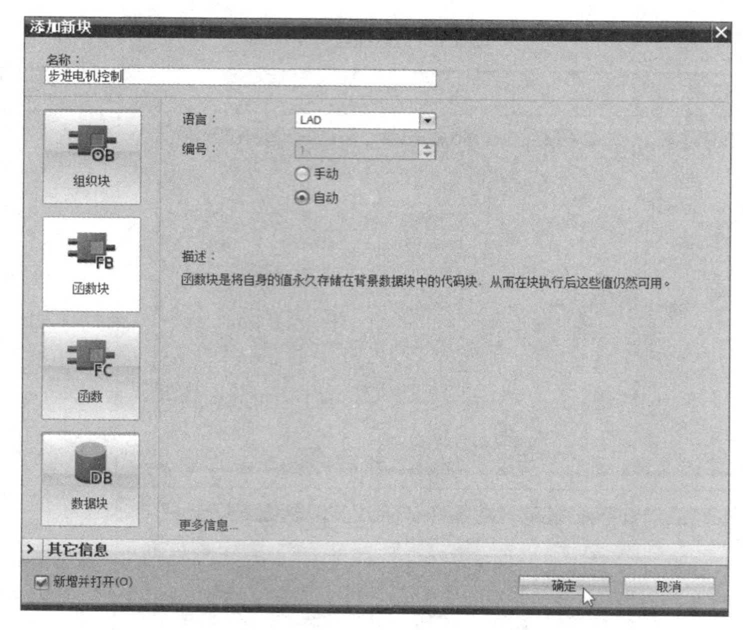

图 8.24　添加函数块

5. 添加工艺对象

运动控制向导设置的操作步骤，见表 8.12。

表 8.12　运动控制向导设置的操作步骤

序号	图片示例	操作步骤
1		设置步进驱动器的拨码开关。本例 SW2 和 SW5 的状态为 ON

续表 8.12

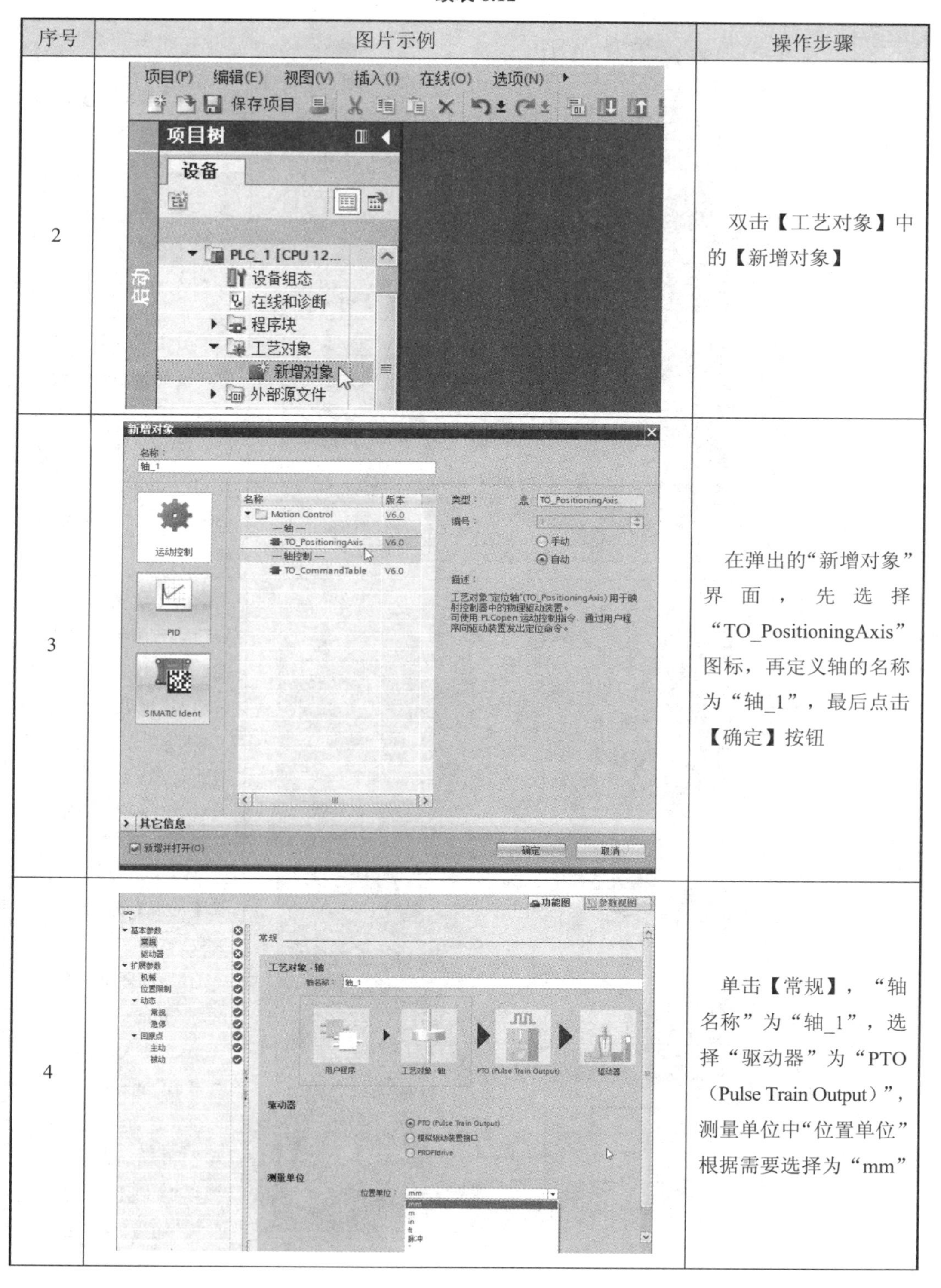

序号	图片示例	操作步骤
2		双击【工艺对象】中的【新增对象】
3		在弹出的“新增对象”界面，先选择“TO_PositioningAxis”图标，再定义轴的名称为“轴_1”，最后点击【确定】按钮
4		单击【常规】，“轴名称”为“轴_1”，选择“驱动器”为“PTO（Pulse Train Output）”，测量单位中“位置单位”根据需要选择为“mm”

续表 8.12

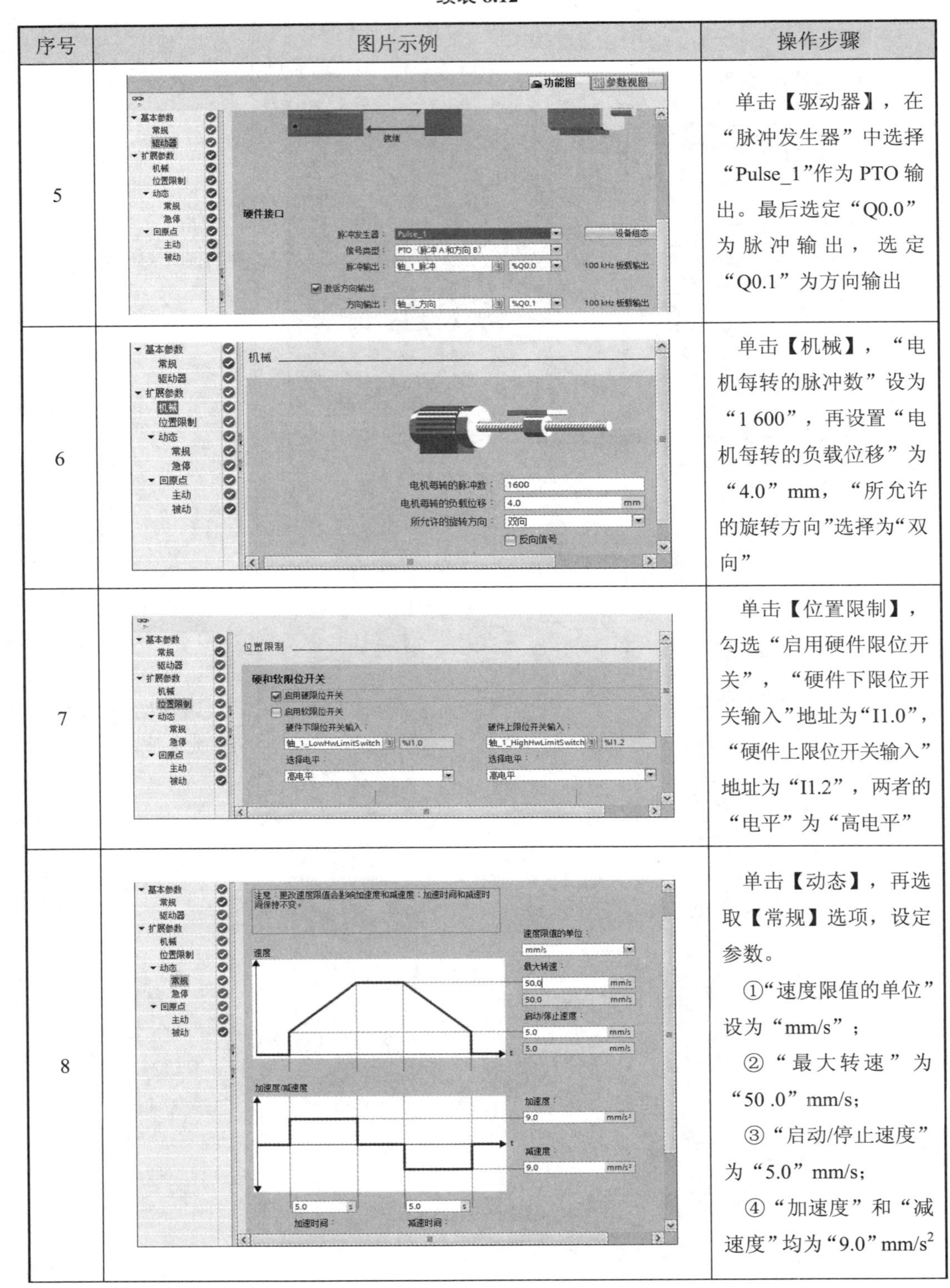

序号	图片示例	操作步骤
5		单击【驱动器】，在“脉冲发生器”中选择“Pulse_1”作为 PTO 输出。最后选定“Q0.0”为脉冲输出，选定“Q0.1”为方向输出
6		单击【机械】，“电机每转的脉冲数”设为“1 600”，再设置“电机每转的负载位移”为“4.0” mm，“所允许的旋转方向”选择为“双向”
7		单击【位置限制】，勾选“启用硬件限位开关”，“硬件下限位开关输入”地址为“I1.0”，“硬件上限位开关输入”地址为“I1.2”，两者的“电平”为“高电平”
8		单击【动态】，再选取【常规】选项，设定参数。 ①“速度限值的单位”设为“mm/s”； ②“最大转速”为“50 .0” mm/s; ③“启动/停止速度”为“5.0” mm/s; ④“加速度”和“减速度”均为“9.0” mm/s^2

续表 8.12

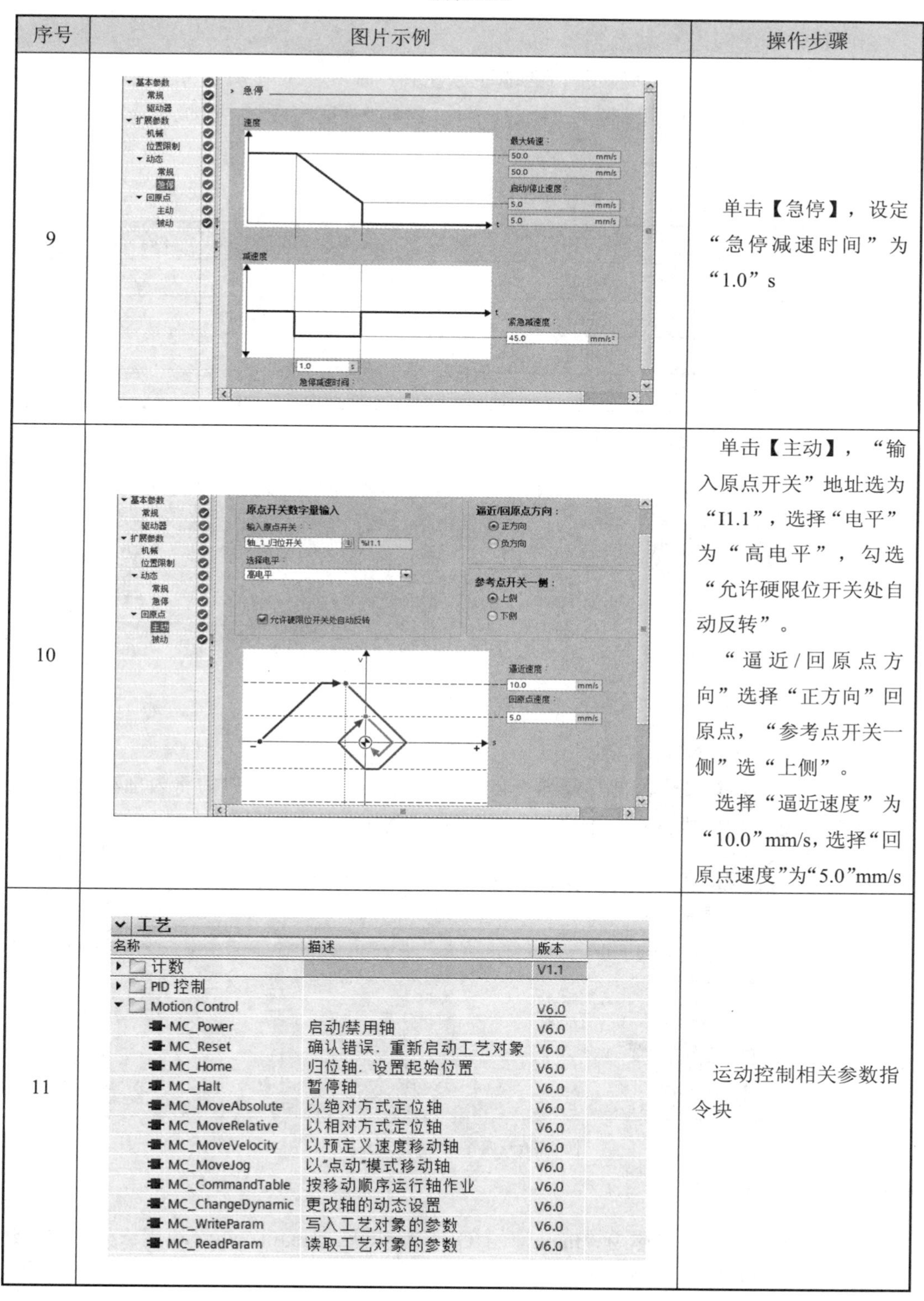

序号	图片示例	操作步骤
9		单击【急停】，设定“急停减速时间”为“1.0”s
10		单击【主动】，“输入原点开关”地址选为“I1.1”，选择“电平”为“高电平”，勾选“允许硬限位开关处自动反转”。 “逼近/回原点方向”选择“正方向”回原点，“参考点开关一侧”选“上侧”。 选择“逼近速度”为“10.0”mm/s，选择“回原点速度”为“5.0”mm/s
11		运动控制相关参数指令块

6. 变量表配置

（1）I/O 表配置。

开关、指示灯以及电机脱机信号的地址与变量名称见表 8.13 所示 I/O 地址表。其中电机脱机信号为步进电机驱动器的 ENA+，即当 ENA+为高电平时，电机被释放，可以手动旋转。

表 8.13　I/O 地址表

变量名称	PLC 输入	变量名称	PLC 输出
启动	I0.0	电机脱机	Q0.2
停止	I0.1	故障指示灯	Q1.0
复位	I0.2		
前进	I0.3		

根据 I/O 表，在项目 5 中创建“变量表_1”，如图 8.25 所示。

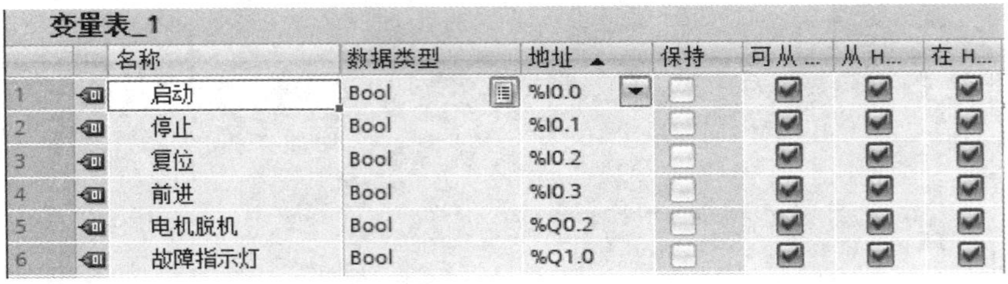

变量表_1

	名称	数据类型	地址 ▲	保持	可从 ...	从 H...	在 H...
1	启动	Bool	%I0.0	☐	☑	☑	☑
2	停止	Bool	%I0.1	☐	☑	☑	☑
3	复位	Bool	%I0.2	☐	☑	☑	☑
4	前进	Bool	%I0.3	☐	☑	☑	☑
5	电机脱机	Bool	%Q0.2	☐	☑	☑	☑
6	故障指示灯	Bool	%Q1.0	☐	☑	☑	☑

图 8.25　变量表_1

（2）内部存储器配置。

程序运行需要有多个内部存储器变量，因此需要在编写主程序前将内部存储器变量添加到变量表_1 中，内部存储器变量表如图 8.26 所示。

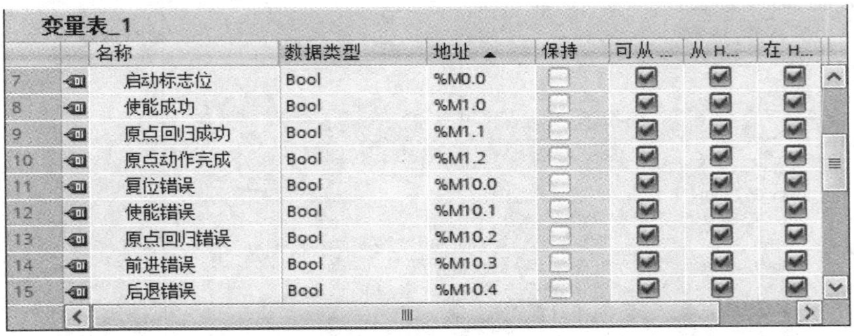

变量表_1

	名称	数据类型	地址 ▲	保持	可从 ...	从 H...	在 H...
7	启动标志位	Bool	%M0.0	☐	☑	☑	☑
8	使能成功	Bool	%M1.0	☐	☑	☑	☑
9	原点回归成功	Bool	%M1.1	☐	☑	☑	☑
10	原点动作完成	Bool	%M1.2	☐	☑	☑	☑
11	复位错误	Bool	%M10.0	☐	☑	☑	☑
12	使能错误	Bool	%M10.1	☐	☑	☑	☑
13	原点回归错误	Bool	%M10.2	☐	☑	☑	☑
14	前进错误	Bool	%M10.3	☐	☑	☑	☑
15	后退错误	Bool	%M10.4	☐	☑	☑	☑

图 8.26　内部存储器变量表

8.4.3　主体程序设计

本项目主体程序为名称为“main”的 OB1 组织块。“main”组织块用于处理控制运行标志和调用“步进电机控制”函数块。

主体程序内容见表 8.14。完成程序编写后，需要单击工具栏上【】，进行编译。

表 8.14　主体程序内容

序号	图片示例	程序说明
1	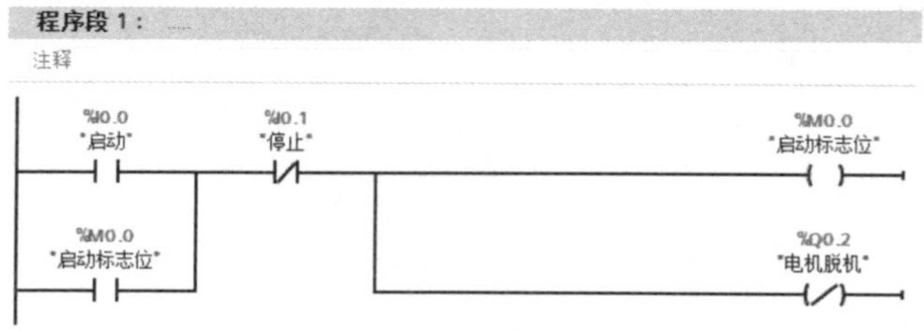 程序段 1：…… 注释 %I0.0 "启动" %I0.1 "停止" %M0.0 "启动标志位" %M0.0 "启动标志位" %Q0.2 "电机脱机"	启动开关拨至 ON，运行标志变为 1，且电机脱机信号为 0
2	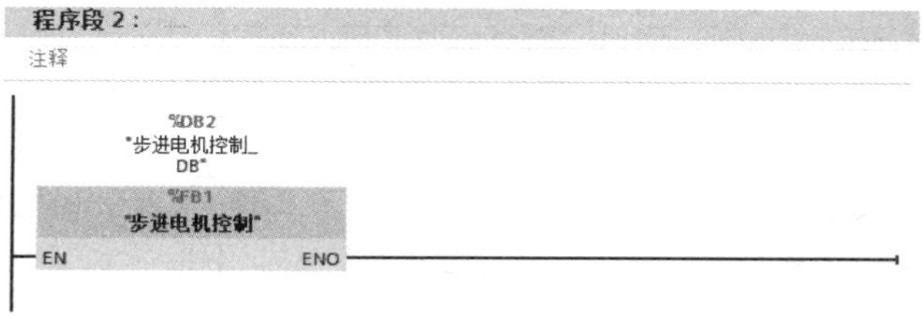 程序段 2：…… 注释 %DB2 "步进电机控制_DB" %FB1 "步进电机控制" EN　ENO	调用“步进电机控制”函数块

8. 4. 4　关联程序设计

本项目的关联程序为“步进电机控制”函数块，用于控制电机运动。关联程序内容见表 8.15。完成程序编写后，需要单击工具栏上【】，进行编译。

表 8.15　关联程序内容

序号	图片示例	程序说明
1	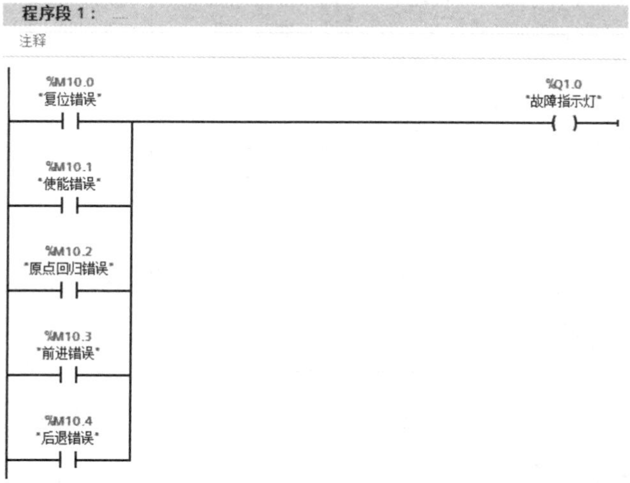 程序段 1：…… 注释 %M10.0 "复位错误" %Q1.0 "故障指示灯" %M10.1 "使能错误" %M10.2 "原点回归错误" %M10.3 "前进错误" %M10.4 "后退错误"	出现故障，故障指示灯亮

续表 8.15

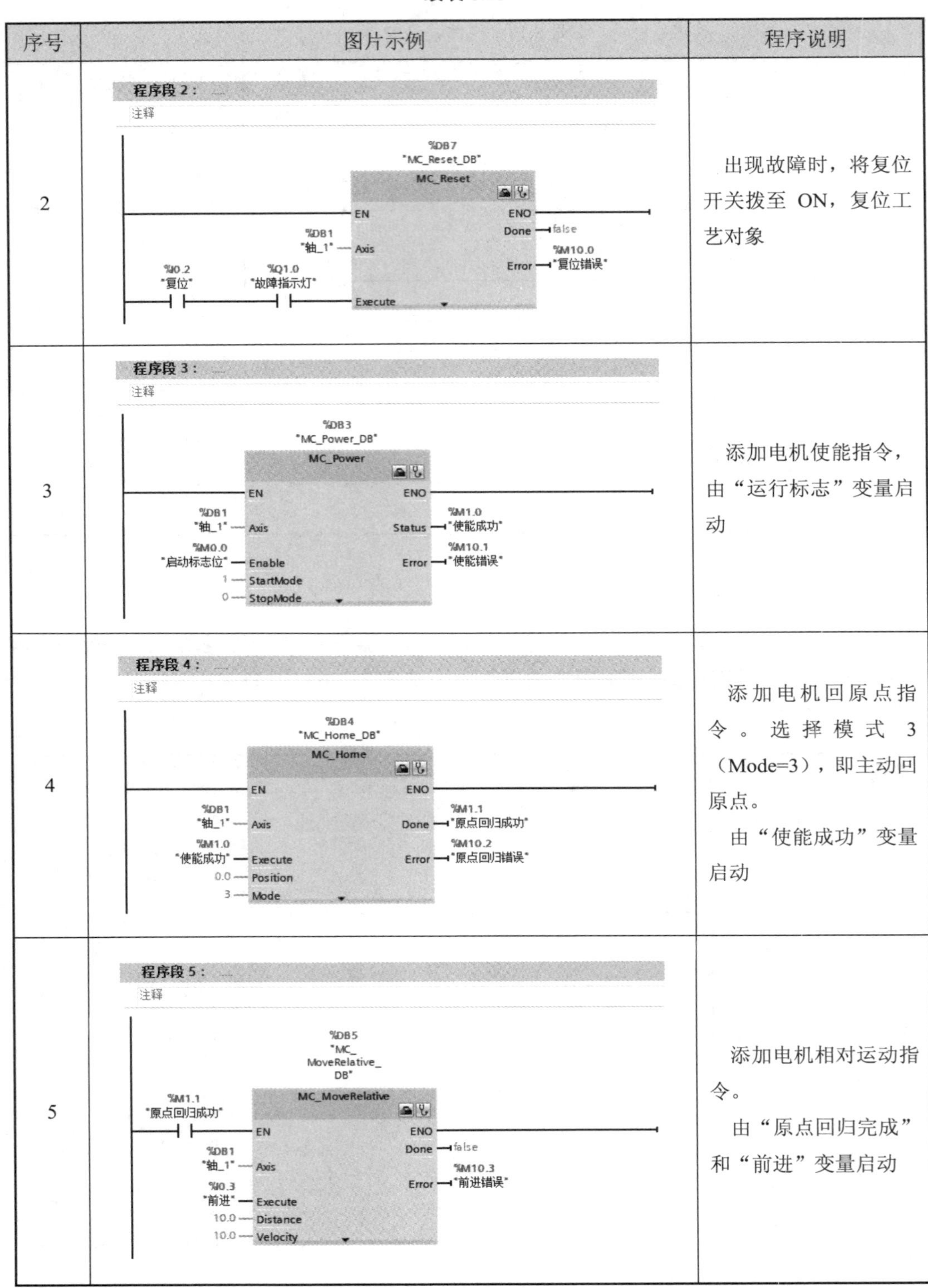

序号	图片示例	程序说明
2	程序段 2： 注释 %DB7 "MC_Reset_DB" MC_Reset EN ENO %DB1 "轴_1" — Axis Done — false %M10.0 Error — "复位错误" %I0.2 "复位" %Q1.0 "故障指示灯" — Execute	出现故障时，将复位开关拨至 ON，复位工艺对象
3	程序段 3： 注释 %DB3 "MC_Power_DB" MC_Power EN ENO %DB1 "轴_1" — Axis %M1.0 Status — "使能成功" %M0.0 "启动标志位" — Enable %M10.1 Error — "使能错误" 1 — StartMode 0 — StopMode	添加电机使能指令，由“运行标志”变量启动
4	程序段 4： 注释 %DB4 "MC_Home_DB" MC_Home EN ENO %DB1 "轴_1" — Axis %M1.1 Done — "原点回归成功" %M1.0 "使能成功" — Execute %M10.2 Error — "原点回归错误" 0.0 — Position 3 — Mode	添加电机回原点指令。选择模式 3（Mode=3），即主动回原点。 由“使能成功”变量启动
5	程序段 5： 注释 %DB5 "MC_MoveRelative_DB" MC_MoveRelative %M1.1 "原点回归成功" — EN ENO %DB1 "轴_1" — Axis Done — false %M10.3 Error — "前进错误" %I0.3 "前进" — Execute 10.0 — Distance 10.0 — Velocity	添加电机相对运动指令。 由“原点回归完成”和“前进”变量启动

8.4.5　项目程序调试

本项目通过工艺对象的调试模式调试电机控制程序，调试的操作步骤见表 8.16。

表 8.16　调试的操作步骤

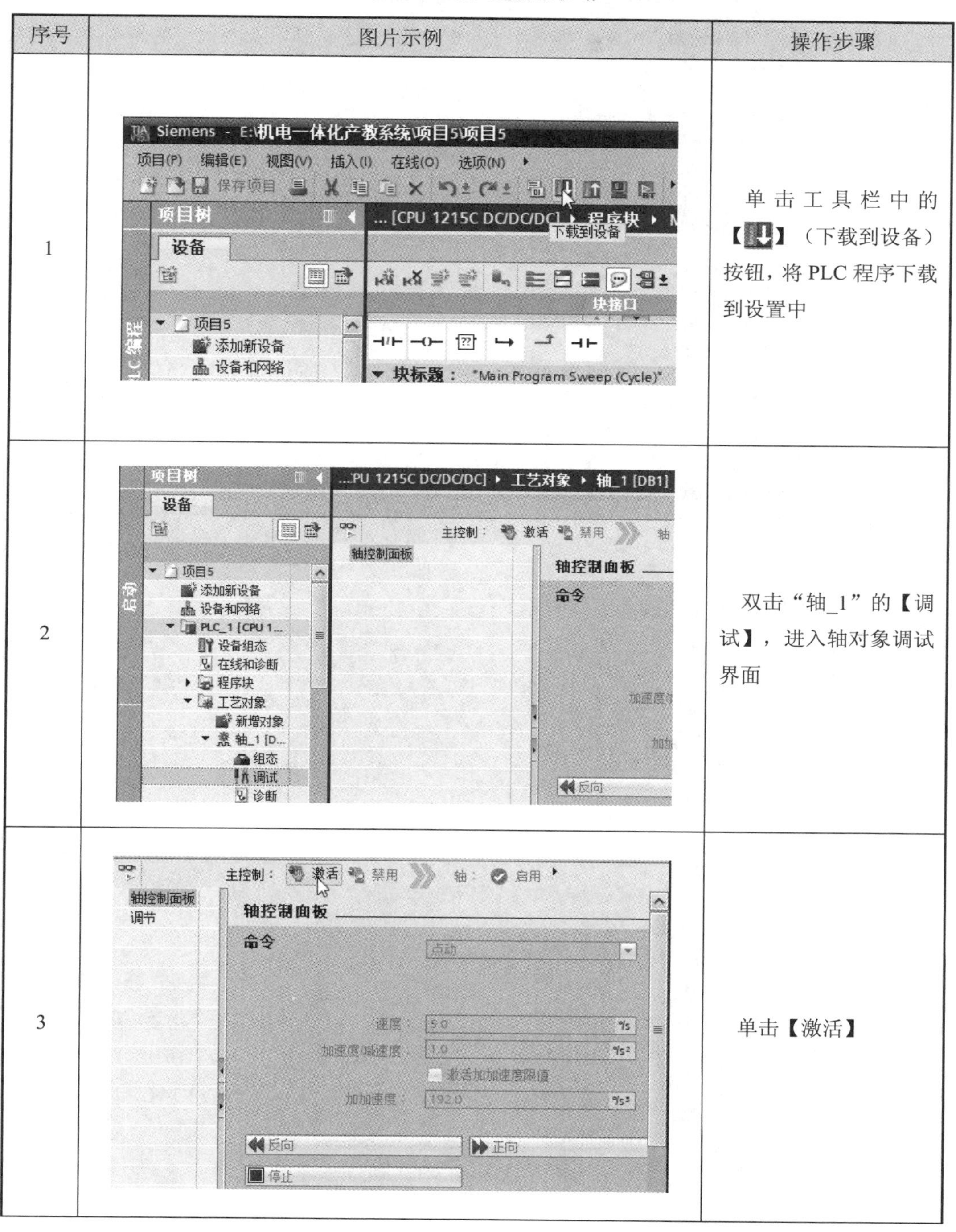

序号	图片示例	操作步骤
1		单击工具栏中的【 】（下载到设备）按钮，将 PLC 程序下载到设置中
2		双击"轴_1"的【调试】，进入轴对象调试界面
3		单击【激活】

续表 8.16

序号	图片示例	操作步骤
4	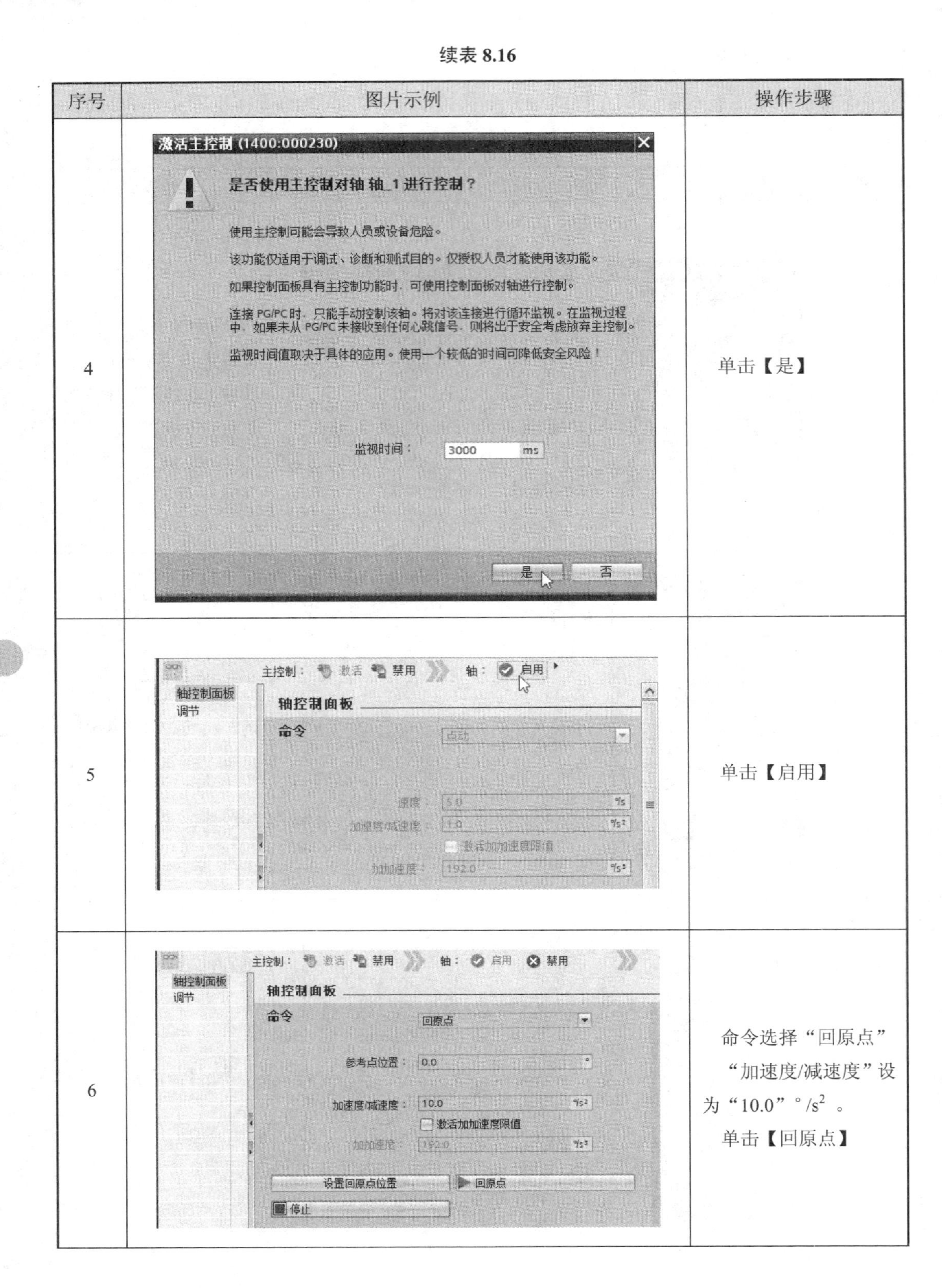	单击【是】
5		单击【启用】
6		命令选择“回原点” “加速度/减速度”设为“10.0”°/s^2 。 单击【回原点】

续表 8.16

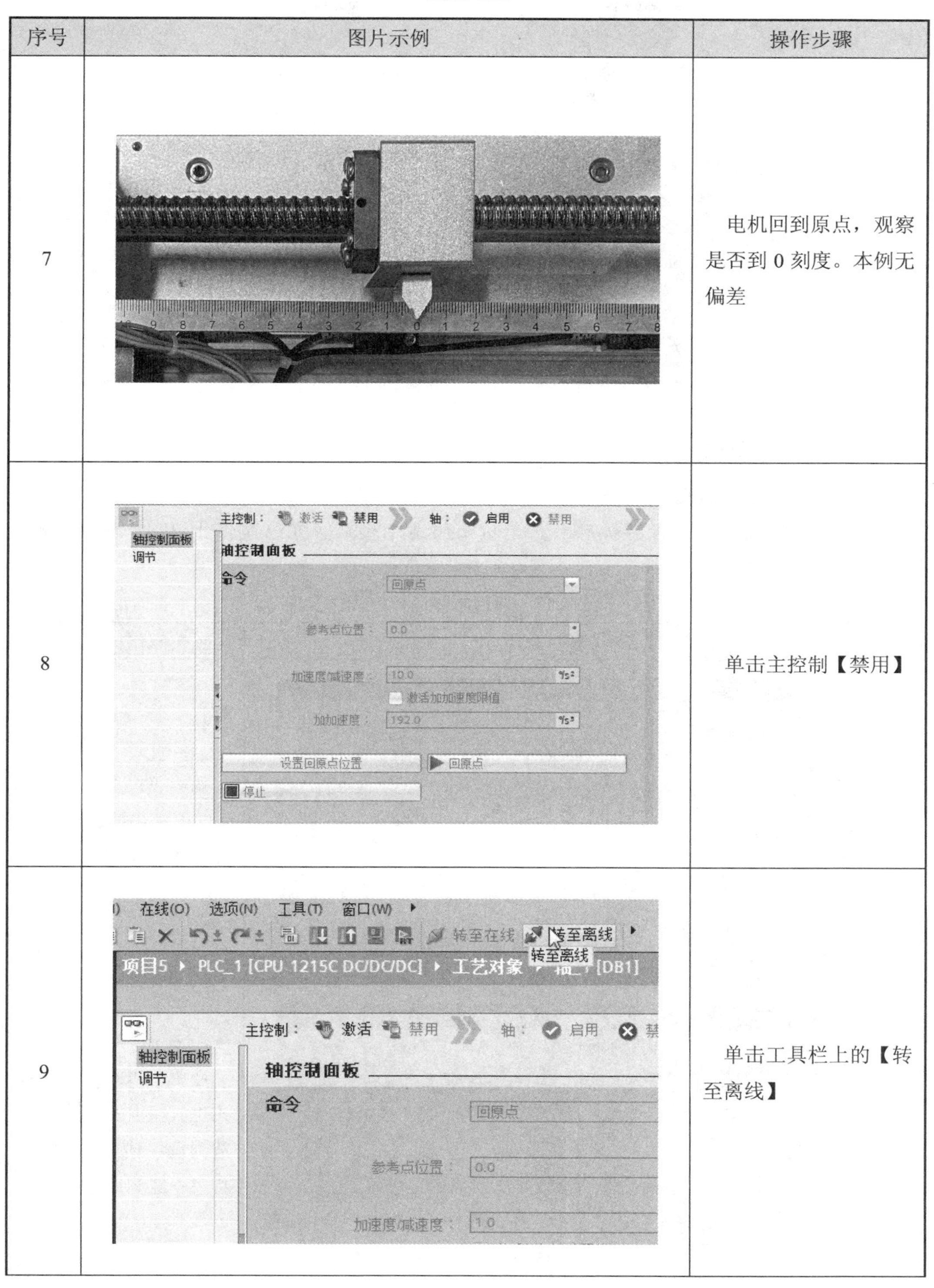

序号	图片示例	操作步骤
7		电机回到原点，观察是否到 0 刻度。本例无偏差
8		单击主控制【禁用】
9		单击工具栏上的【转至离线】

续表 8.16

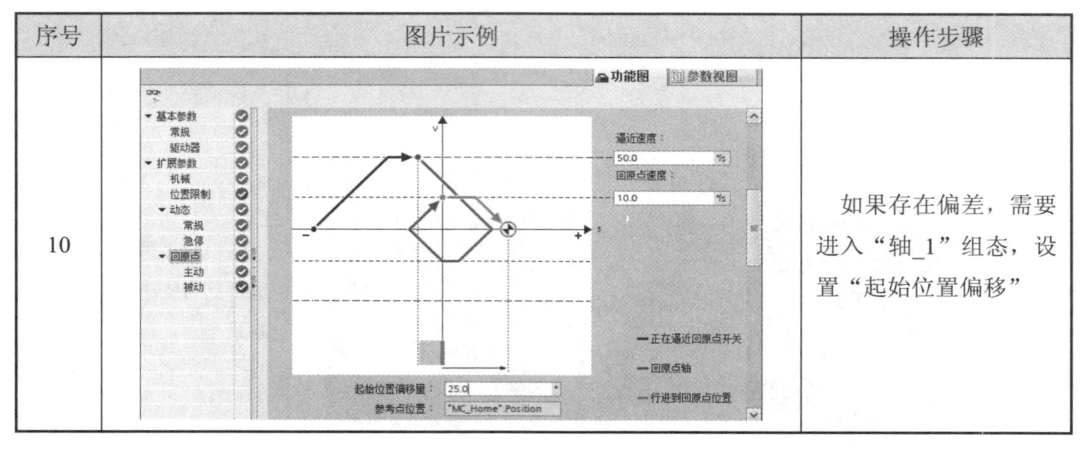

序号	图片示例	操作步骤
10		如果存在偏差，需要进入“轴_1”组态，设置“起始位置偏移”

8.4.6 项目总体运行

项目总体运行的操作步骤见表 8.17。

注：如果修改了起始位置偏移量，为防止组态不生效，可以先停止 PLC，再将修改后的程序下载到 PLC 中。

表 8.17 项目总体运行的操作步骤

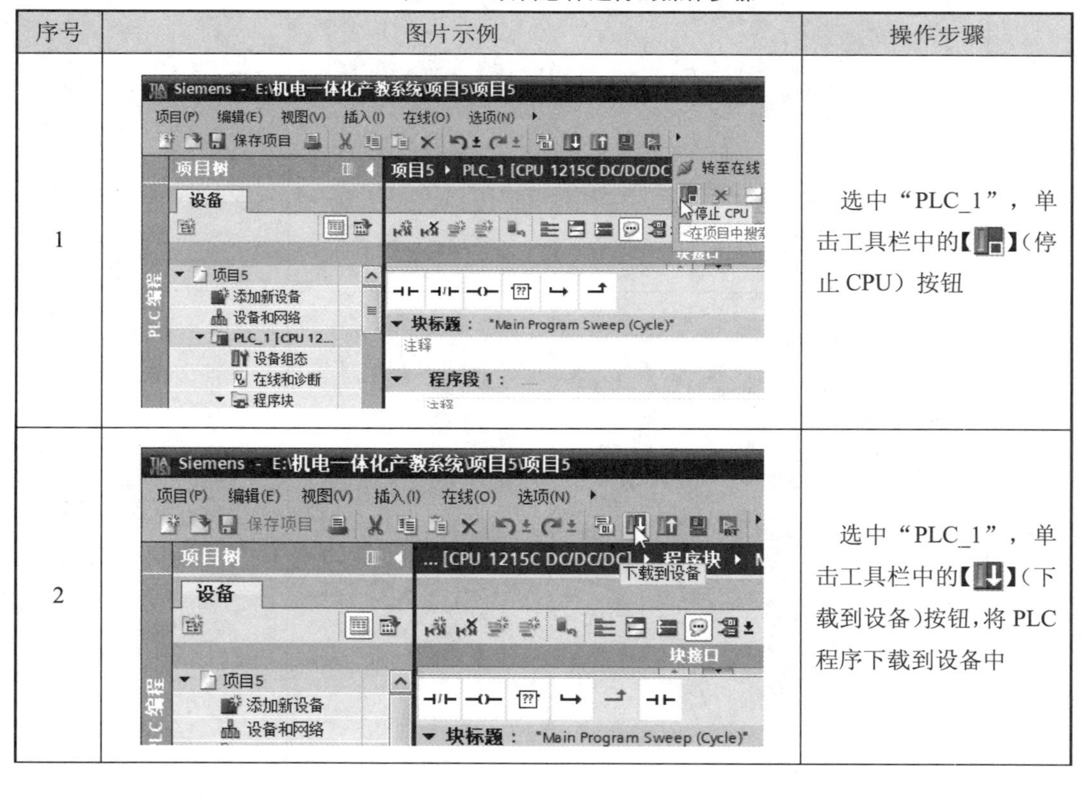

序号	图片示例	操作步骤
1		选中“PLC_1”，单击工具栏中的【 】（停止 CPU）按钮
2		选中“PLC_1”，单击工具栏中的【 】（下载到设备）按钮，将 PLC 程序下载到设备中

续表 8.17

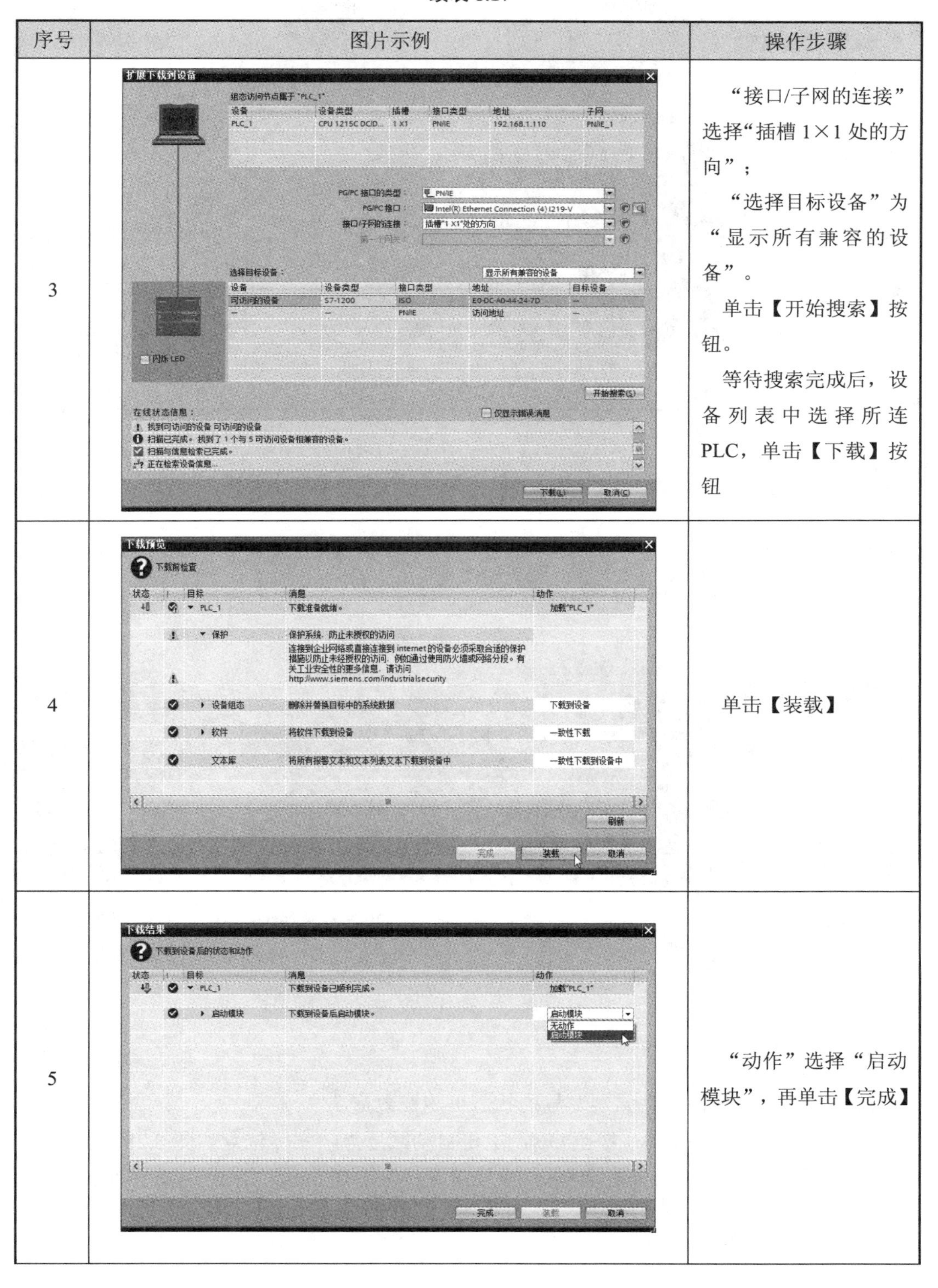

序号	图片示例	操作步骤
3		“接口/子网的连接”选择“插槽 1×1 处的方向”； “选择目标设备”为“显示所有兼容的设备”。 单击【开始搜索】按钮。 等待搜索完成后，设备列表中选择所连 PLC，单击【下载】按钮
4		单击【装载】
5		“动作”选择“启动模块”，再单击【完成】

续表 8.17

序号	图片示例	操作步骤
6		将 PLC 模块的开关 DIa.0 先拨至 ON，再拨回 OFF，观察电机运动

8. 5　项目验证

8. 5. 1　效果验证

设备运行的效果如图 8.27 所示。

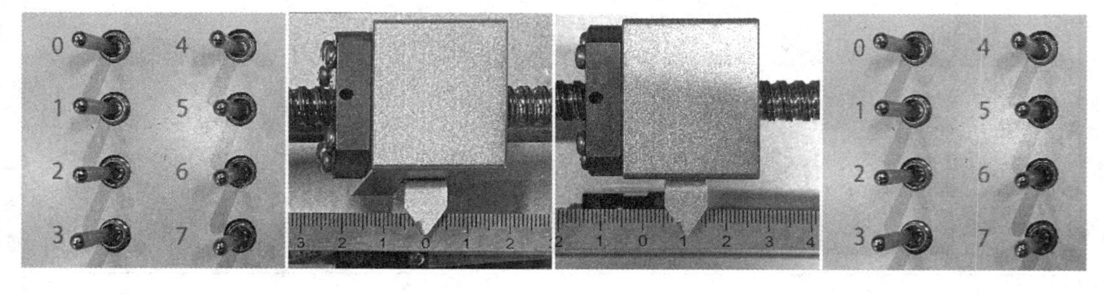

（a）将 DIa.0 开关先拨至 ON，再拨回 OFF　（b）电机开始回原点　（c）将 DIa.3 开关拨至 ON，电机前进 10 mm　（d）将 DIa.1 开关先拨至 ON，再拨回 OFF，设备停止

图 8.27　运行的效果

8. 5. 2　数据验证

通过观察监控表内部存储器变量的状态可验证数据。

（1）将启动开关（I0.0）拨至 ON，电机自动回原点，实际位置如图 8.28 所示。

（2）将前进开关（I0.1）拨至 ON，丝杠向前移动到 10 mm，实际位置如图 8.29 所示。

图 8.28　电机自动回原点的实际位置

图 8.29　丝杠移动到 10 mm 的实际位置

8.6　项目总结

8.6.1　项目评价

读者完成训练项目后，填写表 8.18 所示的评价表，包括自评、互评和完成情况说明。

表 8.18　项目评价表

项目指标		分值	自评	互评	完成情况说明
项目分析	1. 硬件架构分析	6			
	2. 软件架构分析	6			
	3. 项目流程分析	6			
项目要点	1. 步进系统设置	8			
	2. 工艺对象	8			
	3. 运动控制指令	8			
项目步骤	1. 应用系统连接	8			
	2. 应用系统配置	8			
	3. 主体程序设计	8			
	4. 关联程序设计	8			
	5. 项目程序调试	8			
	6. 项目运行调试	8			
项目验证	1. 效果验证	5			
	2. 数据验证	5			
合计		100			

8.6.2 项目拓展

本拓展项目的内容为利用机电一体化产教应用系统，通过对触摸屏的操控，实现按钮 1 控制电机正转、按钮 2 控制电机反转的功能。控制电机反转的方法是将 MC_MoveRelative 指令块的 Distance 接口参数改为负数，例如实现反转 10 mm 的功能，则 Distance 接口参数值为-10。

第9章　伺服电机运动控制系统

9.1　项目概况

❋ 伺服运动控制项目目的

9.1.1　项目背景

随着近代控制技术的发展，伺服电动机及其伺服控制系统被大量应用于检测设备、数控铣床、钻床及加工中心。这些设备中的各运动轴大多采用伺服驱动，实现高精度定位控制，多轴伺服运动控制系统如图9.1所示。

图9.1　多轴伺服运动控制系统

工业中常见的伺服控制系统由PLC、伺服驱动器和伺服电机组成，如图9.2所示，由于伺服电机带有编码器，可以实现闭环控制。西门子SINAMICS V90 PTI伺服电机的运动控制是指PLC使用脉冲对伺服电机的运动方向、运动速度和运动距离进行控制，实现伺服电机的精确定位。

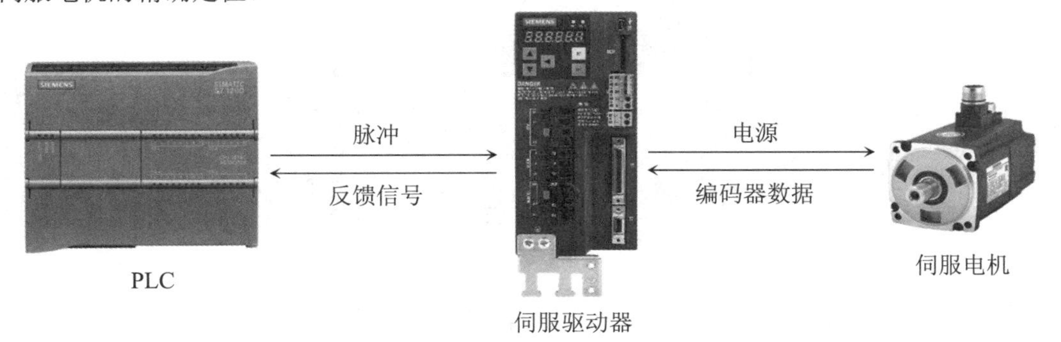

图9.2　伺服控制系统

9.1.2 项目需求

本项目需要使用电源、PLC 模块、伺服电机驱动器和伺服电机模块，伺服电机模块如图 9.3 所示。通过 PLC 模块中的开关启动和停止伺服电机。本项目实现的功能为使用一个开关控制伺服电机运动，实现负载端前往+3 cm 刻度，另一个开关实现负载端前往−3 cm 刻度。

图 9.3 伺服电机模块

9.1.3 项目目的

通过对本项目的学习，可以实现以下学习目标。

（1）了解 SINAMICS V90 伺服系统的位置控制。

（2）了解 V90 设置软件 V-ASSISTANT 的使用。

9.2 项目分析

9.2.1 项目构架

本项目由开关电源、PLC、开关、指示灯和伺服系统（伺服驱动器和伺服电机）组成，项目构架如图 9.4 所示。

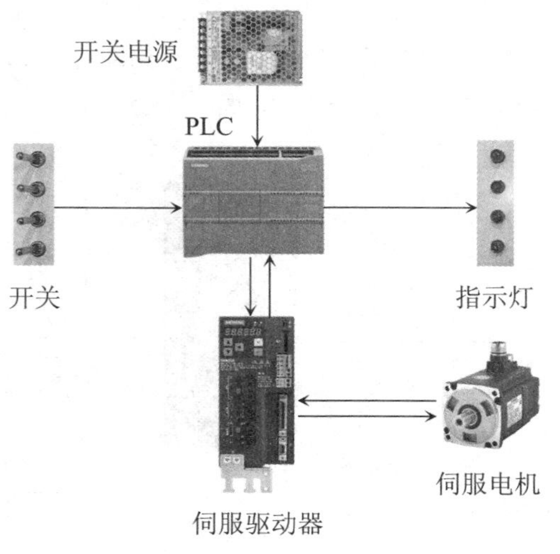

图 9.4 项目构架

9.2.2　项目流程

本项目实施流程如图 9.5 所示。

Step 1 应用系统连接	Step 2 应用系统配置	Step 3 主体程序设计	Step 4 关联程序设计	Step 5 项目程序调试	Step 6 项目总体运行
① 连接设备电源 ② 连接伺服模块的传感器 ③ 伺服电机与步进驱动器连接 ④ PLC与伺服驱动器连接	① 设置计算机 IP ② 创建项目 ③ 组态硬件 ④ 创建“伺服电机控制”函数块 ⑤ 创建变量表	编写“main”组织块程序	编写“伺服电机控制”函数块	调试程序	① 重启设备 ② 进行整体测试

图 9.5　实施流程

9.3　项目要点

※ 伺服运动控制项目要点

9.3.1　伺服系统设置

本项目使用西门子的 SINAMICS V90 PTI 系列伺服系统。该系统与各传感器组成一个整体的伺服电机模块，如图 9.6 所示。SINAMICS V90 PTI 版本支持 9 种控制方式，具体见表 9.1。

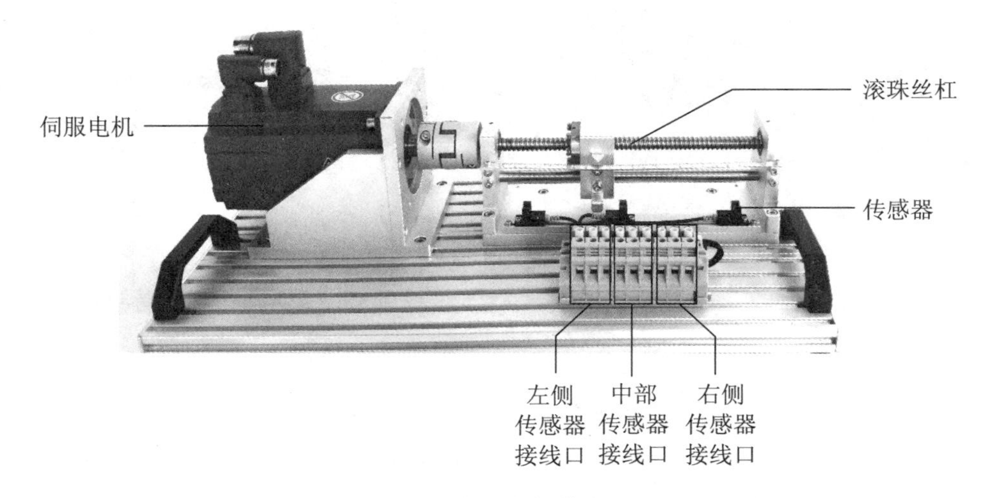

图 9.6　伺服电机模块

表 9.1　SINAMICS V90 PTI 控制方式

控制模式	
基本控制模式	外部脉冲位置控制模式（PTI）
	内部设定值位置控制模式（IPos）
	速度控制模式（S）
	扭矩控制模式（T）
复合控制模式	控制更改模式：①PTI/S
	控制更改模式：IPos/S
	控制更改模式：PTI/T
	控制更改模式：IPos/T
	控制更改模式：S/T

注：①“：”表示将模式设置为“：”后面的模式。

本项目使用外部脉冲位置控制模式，即通过 PLC 发出脉冲，控制电机的速度、方向和移动距离。驱动模式设定需要在伺服软件中或通过控制面板进行设置，本项目主要介绍在软件中的设置，如果读者想了解控制面板的设置，可查阅相关手册。

1. 模式设置软件

SINAMICS V90 PTI 使用 V-ASSISTANT 软件进行调试和诊断，V-ASSISTANT 软件图标与界面如图 9.7 所示。

（a）软件图标

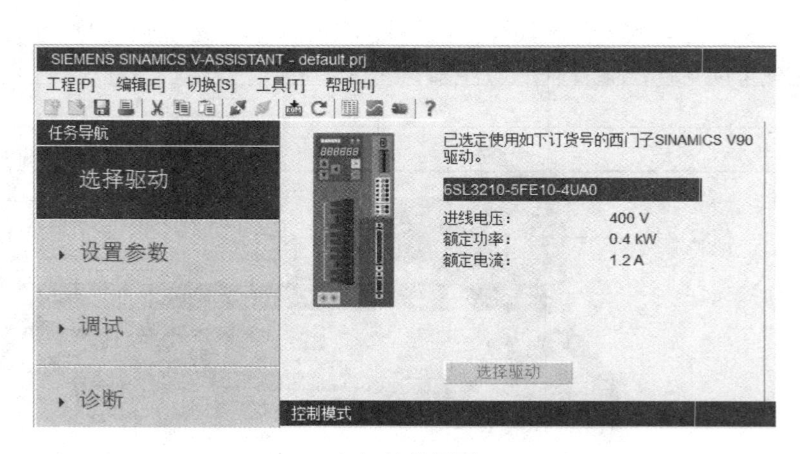

（b）软件界面

图 9.7　V-ASSISTANT 软件

V-ASSISTANT 软件可以对 SINAMICS V90 PTI 伺服驱动的控制模式和参数设置进行编辑。本项目主要讲解基本配置，即电子齿轮比和脉冲参数设置，设置界面如图 9.8 所示。

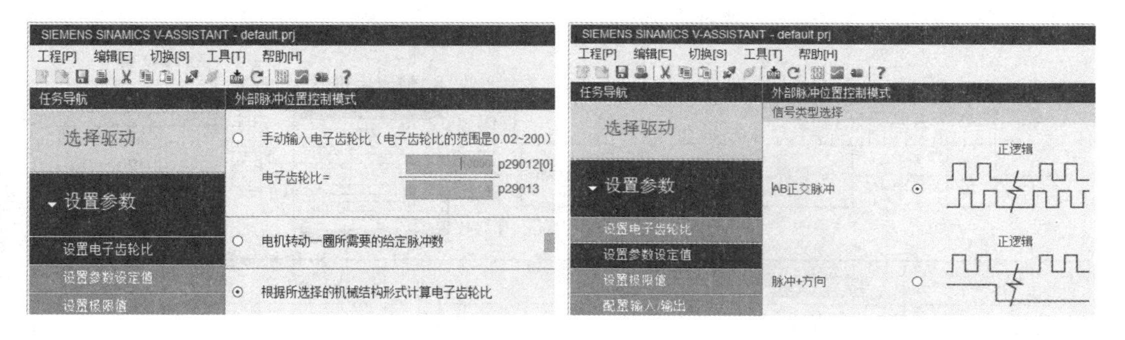

（a）电子齿轮比设置　　　　（b）脉冲参数设置

图 9.8　设置界面

2. 电子齿轮比

电子齿轮比用来放大或缩小从上级控制器所获得的脉冲频率。电子齿轮比的分子是电机编码器转一圈的脉冲数，其分母是使电机转一圈通过上级控制器所发出的脉冲数。

（1）电子齿轮比优点。

通过表 9.2 中所示的脉冲数对比表，可以发现电子齿轮比可以有效减少脉冲数。其中带电子齿轮的情况下，设置一个脉冲的移动距离为 1 μm。

表 9.2　脉冲数对比表

移动距离	移动工件 10 mm	
机械系统	工件 编码器分辨率：2 500 pulse/rev　滚珠丝杠的螺距：4 mm	
控制方式	不带电子齿轮	带电子齿轮
所需脉冲数	2 500 pulse/rev ×4×（10 mm/4 mm）= 25 000	（10 mm×1 000）/ 1 μm = 10 000

（2）电子齿轮比设置。

伺服电机的电子齿轮工作原理如图 9.9 所示。其中，$\frac{a}{b}$ 是电子齿轮比；LU 是最小长度单位，指 PLC 发出一个脉冲时，丝杠移动的直线距离或旋转轴转动的度数，也是控制系统所能控制的最小距离。LU 值越小，经各种补偿后越容易得到更高的加工精度和表面质量。当进给速度满足要求的情况下，可以设定较小的长度单位，也称作“脉冲当量”。

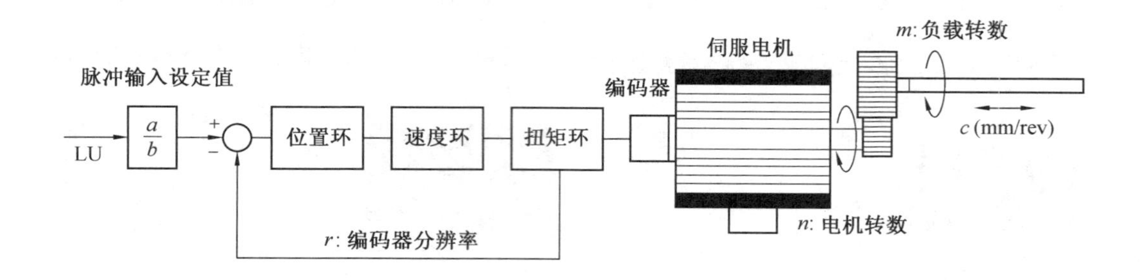

图 9.9　电子齿轮工作原理

在设计设备前，需了解负载侧的机械结构和伺服电机的参数，确认系统移动精度，表 9.3 列举了两种机械结构的设置。

注：电子齿轮比的范围为 0.02～200。

表 9.3　机械结构的设置

序号	描述	机械系统	
		滚珠丝杠	圆盘
1	机械系统示意图	负载轴　工件　滚珠丝杠的螺距：4 mm	负载轴　电机
2	识别机械系统	滚珠丝杠的节距：4 mm 减速比：1∶1（联轴器）	旋转角度：360° 减速比：3∶1
3	识别编码器分辨率	10 000	10 000
4	定义 LU	1 LU=0.001 mm	1 LU=0.01°
5	负载轴每转的运行距离	4/0.001=4 000 LU	360° /0.01° =36 000 LU
6	计算电子齿轮比	（1/4 000）×（1/1）×10 000 = 10 000/4 000	（1/36 000）×（3/1）×10 000 = 10 000/12 000
7	设置参数　p29012/p29013	1 0000/4 000	10 000/12 000

本项目使用滚珠丝杠，螺距为 4 mm，由于丝杠通过联轴器直接安装在电机轴上，减速比为 1∶1，负载轴每转的运行距离为 4 000 LU，电机每转的脉冲量为 4 000。

3. 数字量输入

数字量输入支持“高电平有效”（PNP）和“低电平有效”（NPN）2 种接线方式，如图 9.10 所示。本项目使用“高电平有效”（PNP）方式接线。

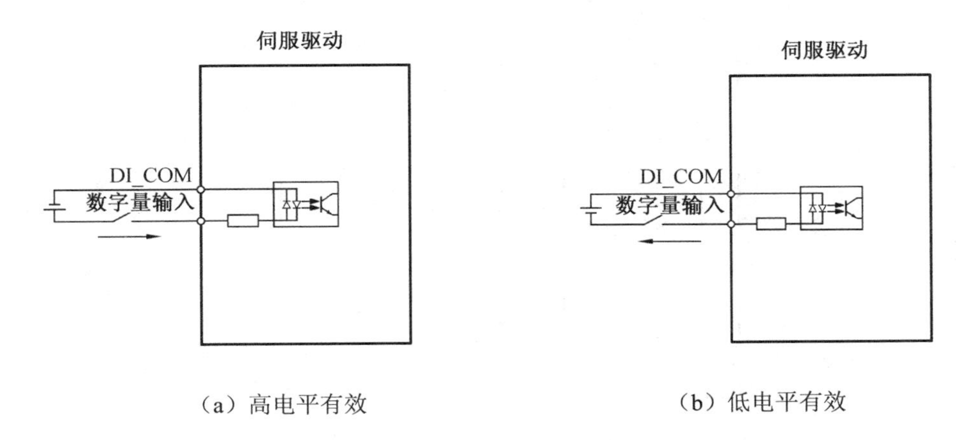

（a）高电平有效　　（b）低电平有效

图 9.10　数字量输入接线方式

在 V-ASSISANT 软件中可以设置各输入信号对应的端口，以及是否强制为 1。本项目使用 SON（伺服使能）、RESET（复位报警）。由于本项目中无急停开关，并且限位传感器接入 PLC，读者需要将 CWL（正限位）、CCWL（负限位）和 EMGS（急停）强制为 1。

导航
选择驱动
设置参数
设置电子齿轮比
设置参数设定值
设置极限值
配置输入/输出
设置编码器脉冲输出
查看所有参数
调试

外部脉冲位置控制模式

数字量输入　数字量输出　模拟量输出

端口	DI 1	DI 2	DI 3	DI 4	DI 5	DI 6	DI 7	DI 8	DI 9	DI 10	强制置1
SON	分配										☐
RESET		分配									
CWL			分配								☑
CCWL				分配							☑
G_CH...					分配						
CLR							分配				
EGEA...											
EGEA...											
TLIM1								分配			☐
TLIM2											
SLIM1											
SLIM2											
EMGS									分配		☑
C_MO...										分配	

图 9.11　输入信号配置

4. 数字量输出

数字量输出仅支持“低电平有效”（NPN）接线方式，输出接线方式如图 9.12 所示。由于本项目使用的 PLC 数字量输入接口使用高电平有效接线方式，故需要使用继电器进行转换。

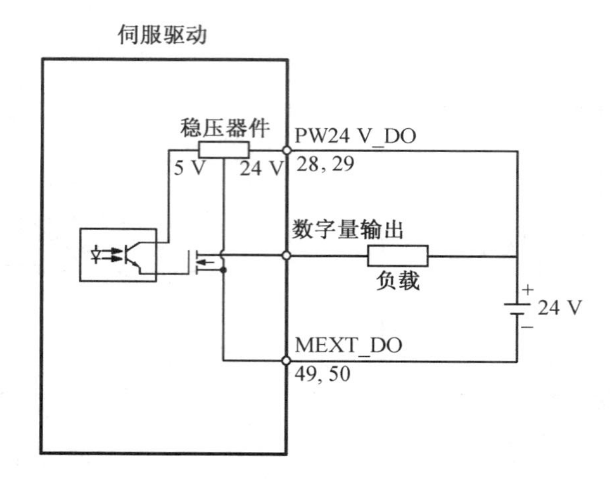

图 9.12　输出接线方式

在 V-ASSISANT 软件中可以设置各输出信号对应的端口。本项目使用 RDY（伺服准备就绪）、FAULT（故障）。如图 9.13 所示。

导航 | 外部脉冲位置控制模式

选择驱动

设置参数

设置电子齿轮比

设置参数设定值

设置极限值

配置输入/输出

设置编码器脉冲输出

查看所有参数

调试

数字量输入　数字量输出　模拟量输出

端口	DO 1	DO 2	DO 3	DO 4	DO 5	DO 6
RDY	分配					
FAULT		分配				
INP			分配			
ZSP						
TLR					分配	
SPLR						
MBR						分配
OLL						
WARNING1						
WARNING2						
CM_STA						
RDY_ON						
STO_EP						

图 9.13　输出信号配置

9.3.2　工艺对象设置

完成伺服驱动器的设置后，可以在博途软件中创建工艺对象。创建过程与步进电机类似。

1. 基本参数设置

SINAMICS V90 PTI 伺服驱动支持的脉冲有“AB 正交脉冲”和“脉冲+方向”2 种形式，每种形式又可分为正逻辑和负逻辑，脉冲设置界面如图 9.14 所示。本项目使用 AB 正交脉冲。

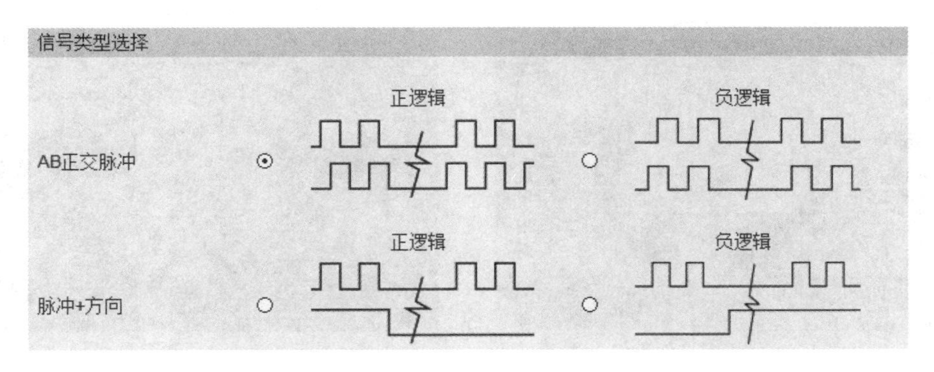

图 9.14　脉冲设置界面

下面介绍组态设置中驱动器选择和脉冲发生器的选择。

（1）驱动器形式：PTO（Pulse Train Output，脉冲列输出）。

（2）测量单位：mm。

（3）脉冲发生器：Pulse_1 脉冲发生器（AB 相移）。

2. 回原点设置

本项目与步进控制项目相同，也是通过运动控制的主动回原点功能实现伺服电机的回原点。

本项目使用 U 型光电开关 EE-SX674P-WR 检测原点挡块。该传感器为 PNP 型传感器，默认输出为高电平，即检测到原点挡块时输出 24 V，传感器连线说明如图 9.15 所示。

工艺对象组态选择主动回原点设置，根据硬件连线和传感器输出特点选择原点开关地址和电平，本项目“输入原点开关”的地址为“I0.0”，“选择电平”设置为“低电平”，如图 9.16 所示。

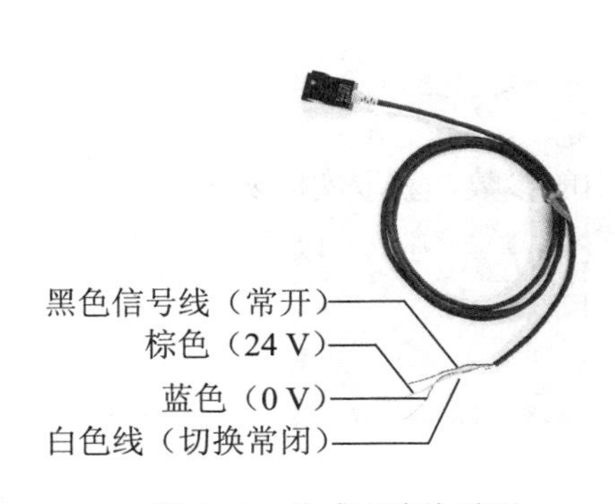

图 9.15　传感器连线说明

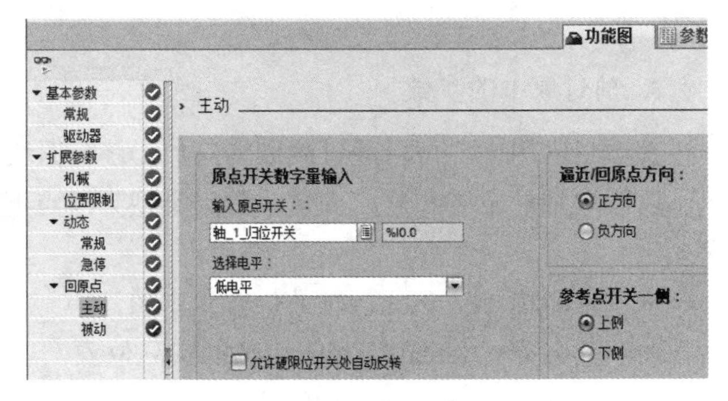

图 9.16　回原点设置

在完成组态设置后，使用调试模式测试电机的原点位置，如果初始上电位置不是正确的原点位置，需要设置原点偏移。本项目电机的默认初始上电位置如图 9.17（a）所示，正确的原点位置应为分度盘 0 刻度位置（9.17（b））。

（a）默认初始上电位置

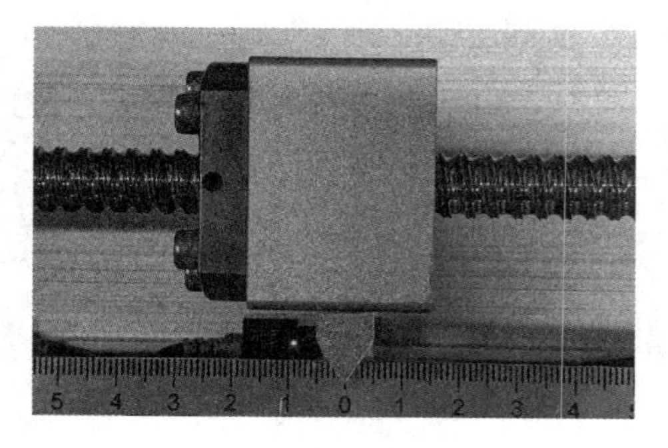

（b）正确的原点位置

图 9.17　原点位置

此时需要设置原点偏移，“起始位置偏移量”设置位于【轴组态】→【回原点】→【主动】中，如图 9.18 所示。

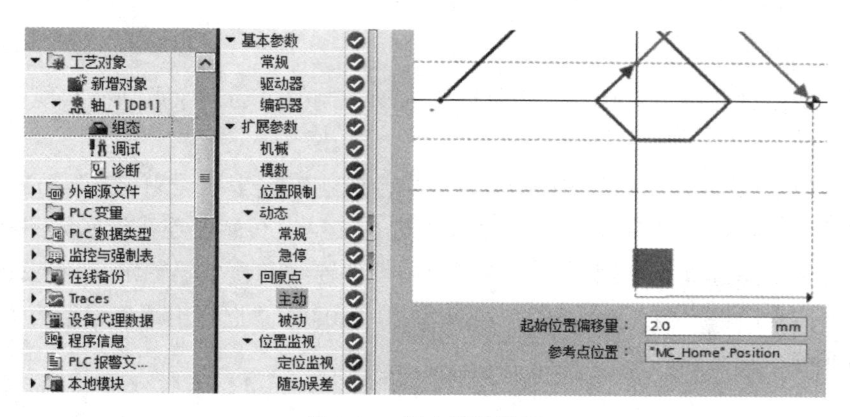

图 9.18　原点偏移设置

3. 轴对象中的参数

在项目应用中，可以通过读取轴对象 DB 数据块中的参数，获取实时数据。

以读取轴的位置和速度变量（数据类型为浮点型 Real）为例，可以使用以下形式读取：

- <轴名称>.Position：轴的位置设定值。
- <轴名称>.ActualPosition：轴的实际位置。
- <轴名称>.Velocity：轴的速度设定值。
- <轴名称>.ActualVelocity：轴的实际速度。

9.4　项目步骤

※ 伺服运动控制项目步骤

9.4.1　应用系统连接

本项目基于机电一体化产教应用系统开展，系统内部电路已完成连接，PLC 数字 I/O 部分的电气原理图如图 9.19 所示，实物接线图如图 9.20 所示，其中 PLC 模块上的拨动开关内部接线已完成。

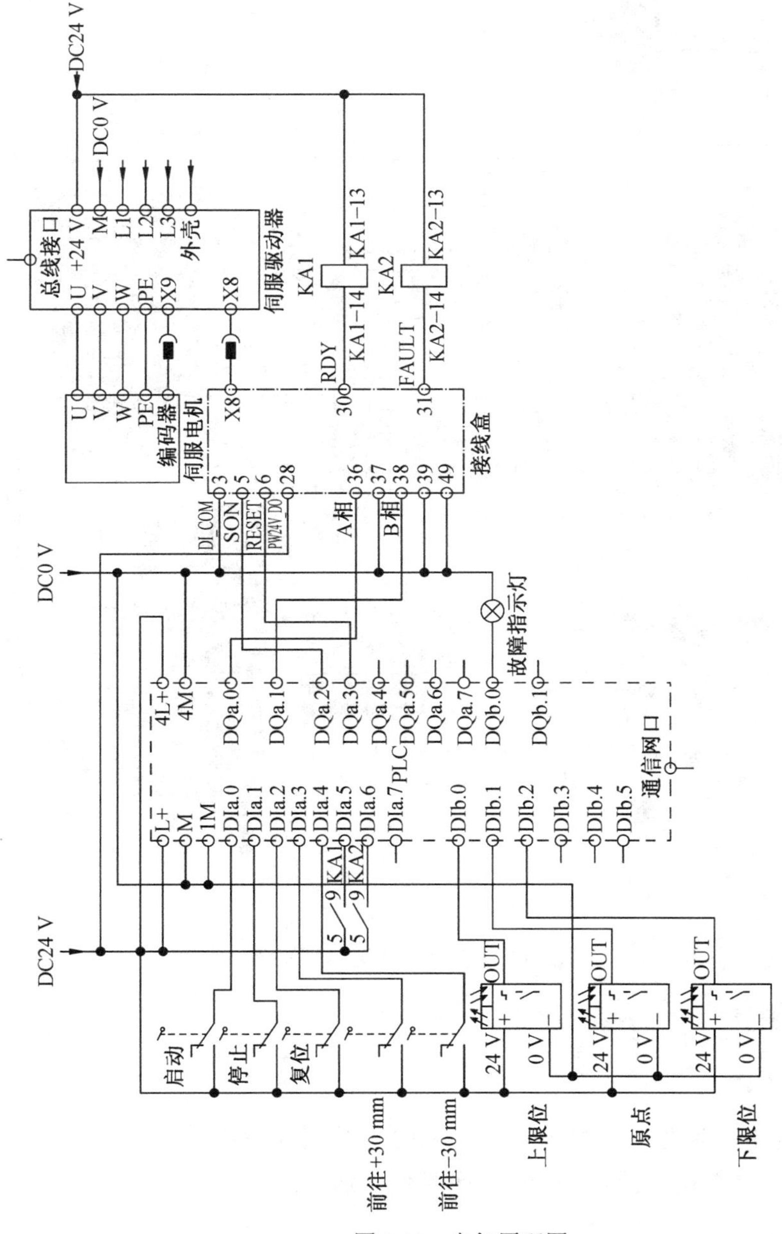

图 9.19　电气原理图

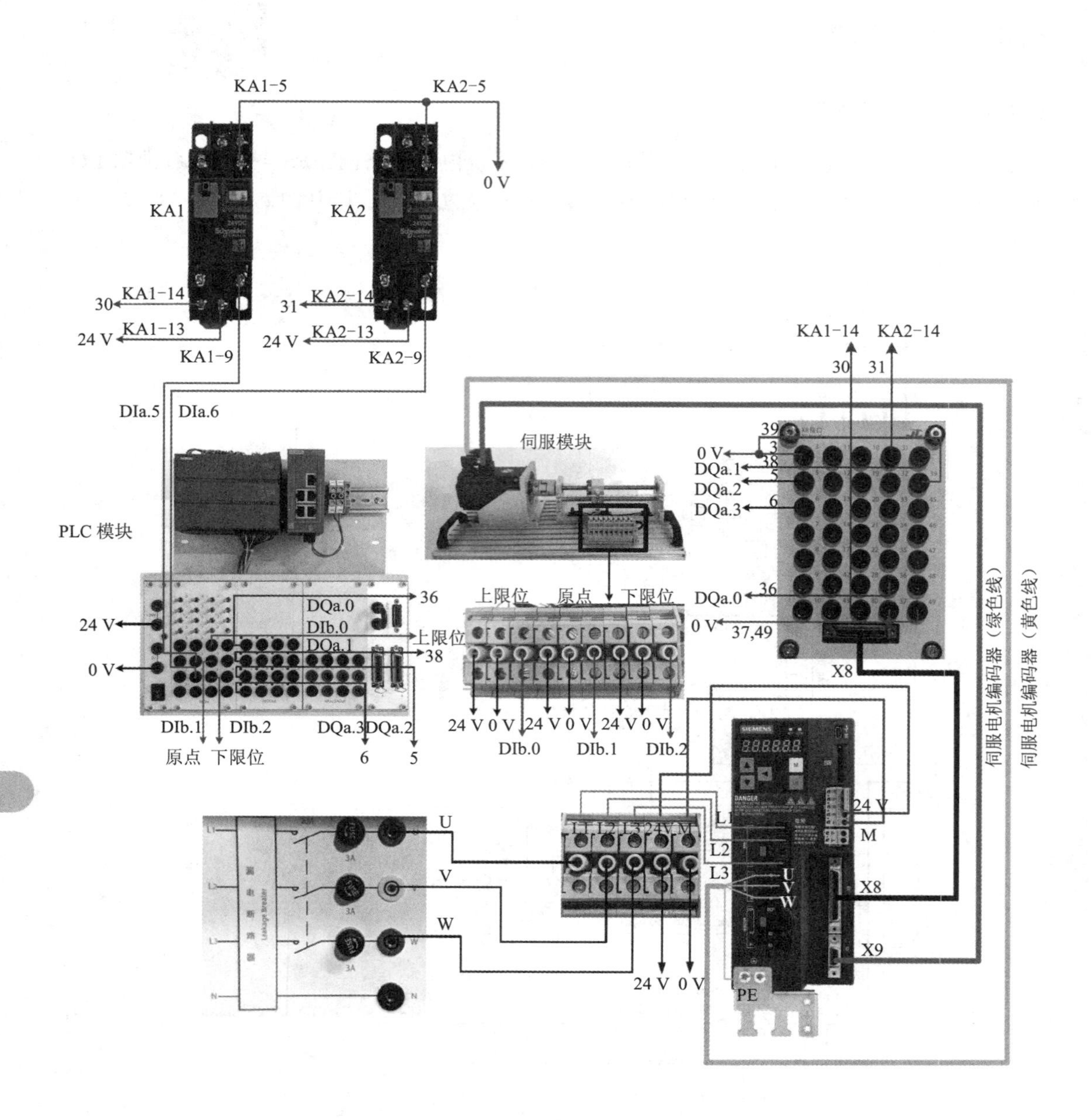

图 9.20　实物接线图

9. 4. 2　应用系统配置

1. 设置计算机 IP

本项目所有网络设备设置在 192.168.1.1～192.168.1.254 网段，因此将计算机网卡的 IP 地址改为 192.168.1.200，计算机 IP 设置如图 9.21 所示。

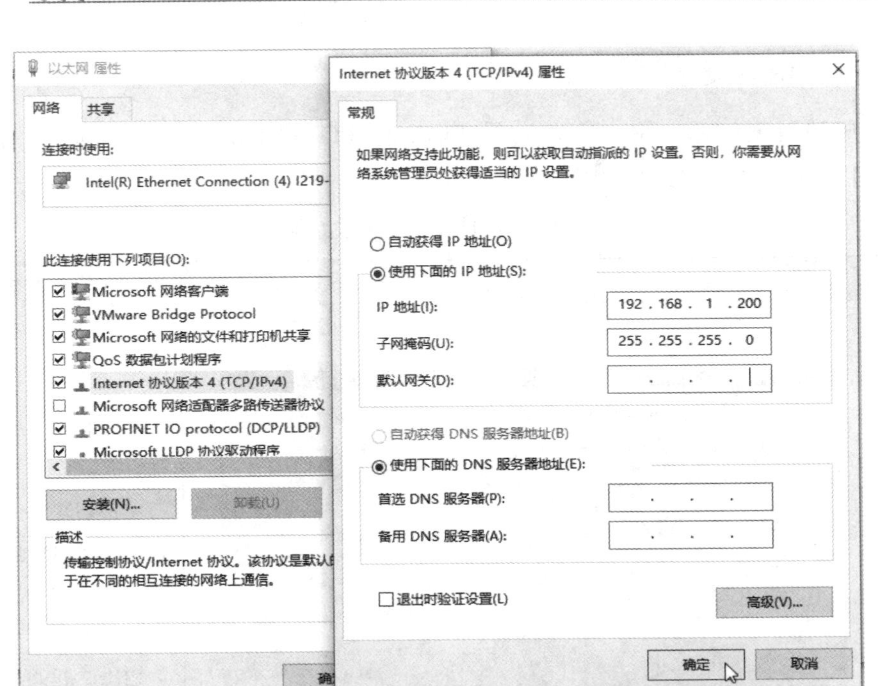

图 9.21　计算机 IP 设置

2. 项目创建

本项目需要创建名称为“项目 6”的项目文件，添加硬件 CPU 1215C DC/DC/DC（以订货号：6ES7 215-1AG40-0XB0 为例）。添加后进入项目视图，如图 9.22 所示。

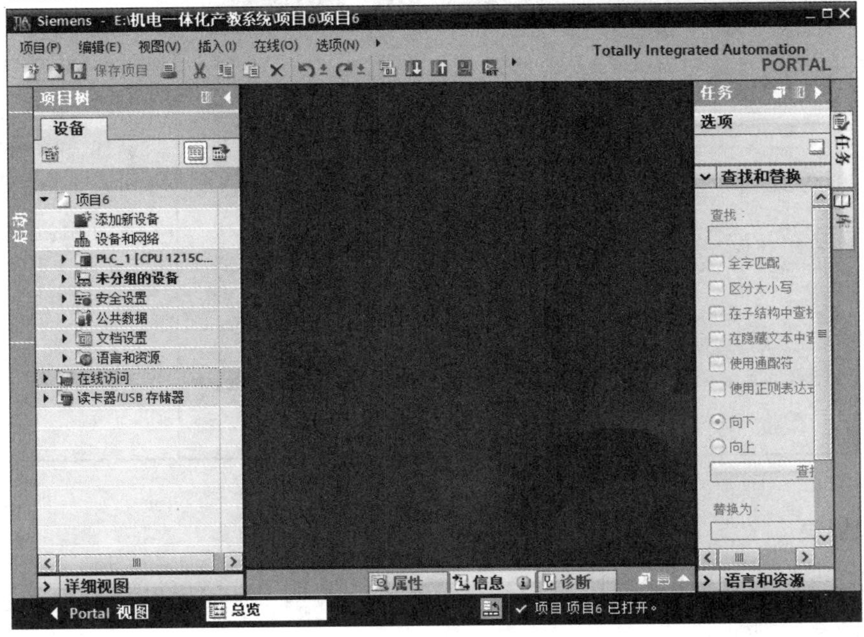

图 9.22　项目视图

3. PLC 的属性设置

在完成项目创建后，用户需要设置 PLC 的 I/O 起始地址和 IP 地址，创建子网“PN/IE_1”。属性设置的操作步骤见表 9.4。

表 9.4　属性设置的操作步骤

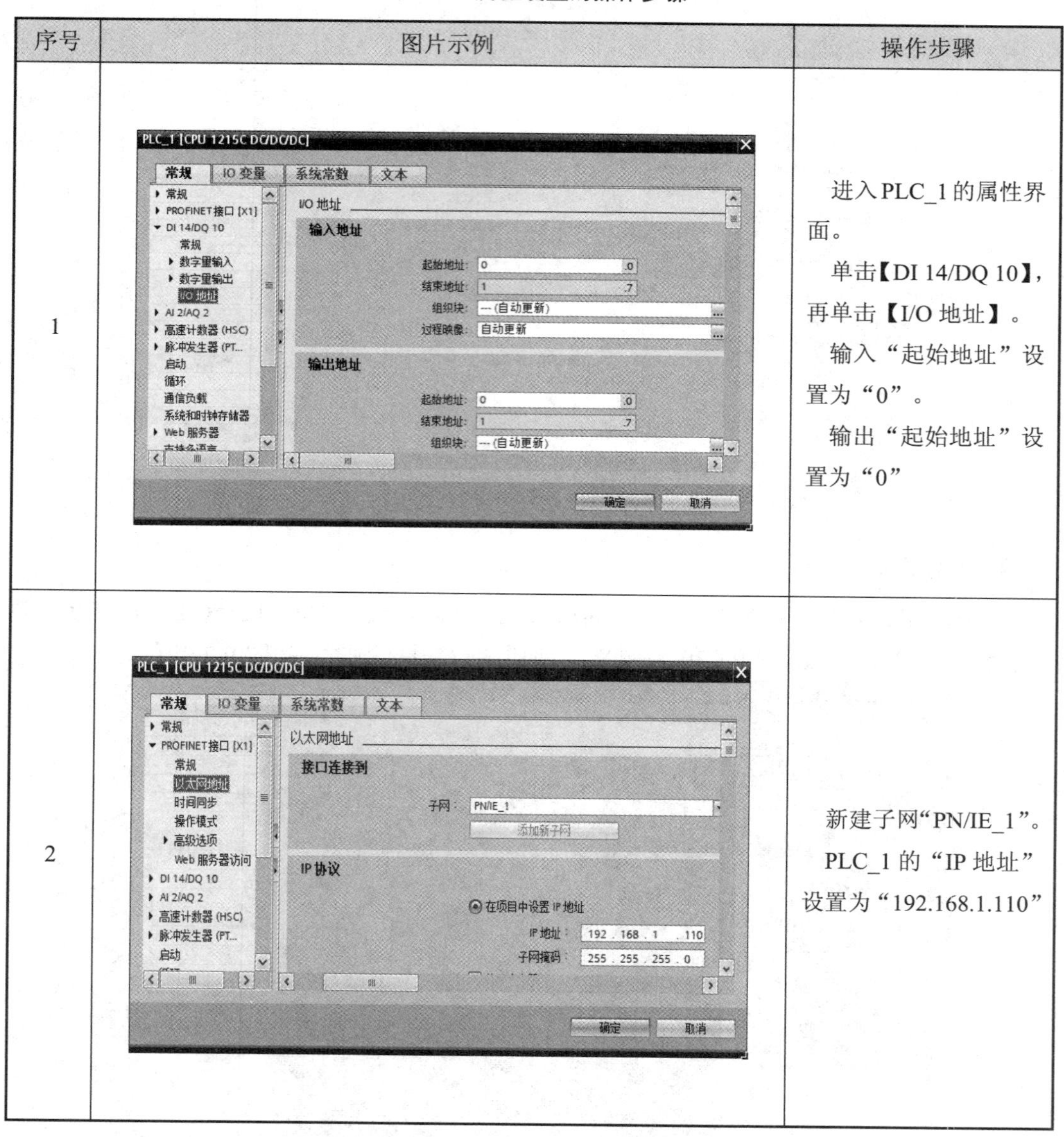

序号	图片示例	操作步骤
1		进入 PLC_1 的属性界面。 单击【DI 14/DQ 10】，再单击【I/O 地址】。 输入“起始地址”设置为“0”。 输出“起始地址”设置为“0”
2		新建子网“PN/IE_1”。 PLC_1 的“IP 地址”设置为“192.168.1.110”

4. 添加块

本项目需要添加一个函数块（FB），函数块的名称为“伺服电机控制”，添加函数模块界面如图 9.23 所示。

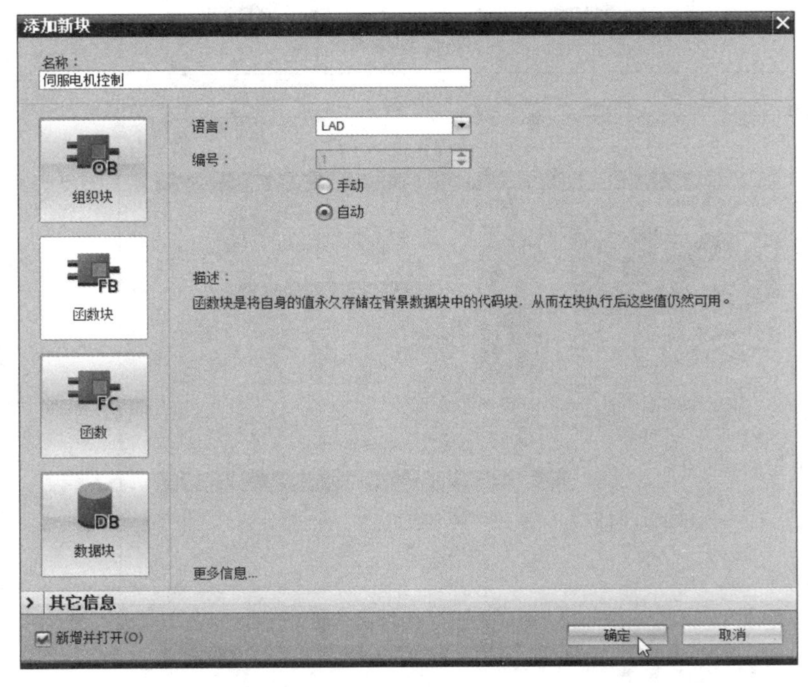

图 9.23 添加函数块界面

5. V90 PTI 伺服驱动器设置

V90 PTI 伺服驱动器设置的操作步骤见表 9.5。

表 9.5 伺服驱动器设置的操作步骤

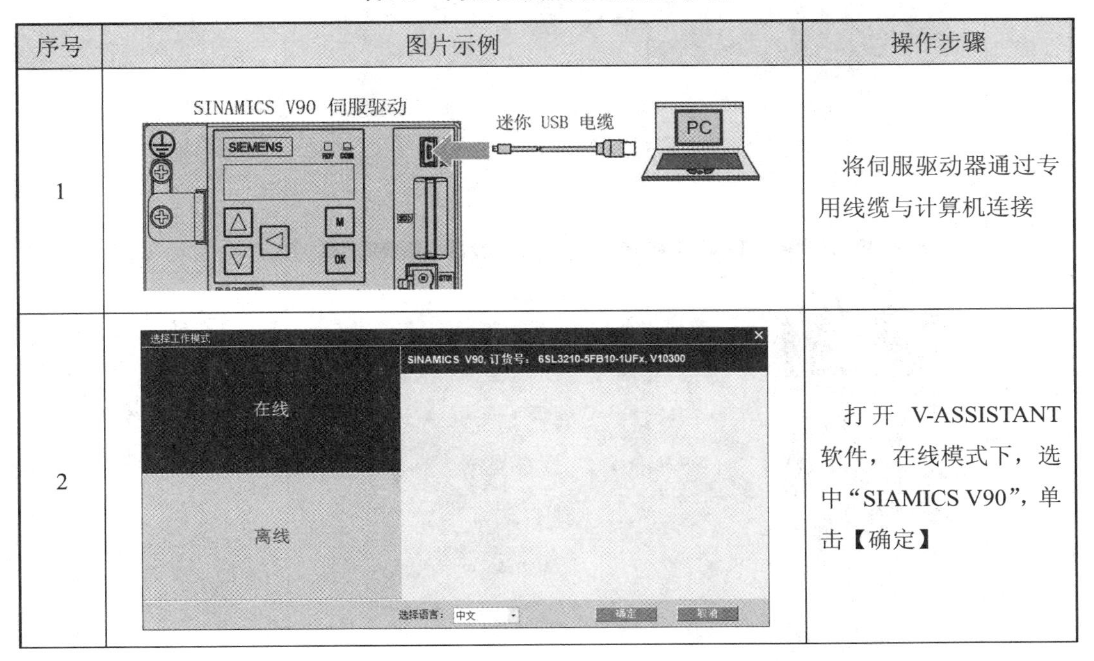

序号	图片示例	操作步骤
1	SINAMICS V90 伺服驱动 SIEMENS 迷你 USB 电缆 PC	将伺服驱动器通过专用线缆与计算机连接
2	选择工作模式 在线 离线 SINAMICS V90，订货号：6SL3210-5FB10-1UFx, V10300 选择语言：中文 确定 取消	打开 V-ASSISTANT 软件，在线模式下，选中“SIAMICS V90”，单击【确定】

续表 9.5

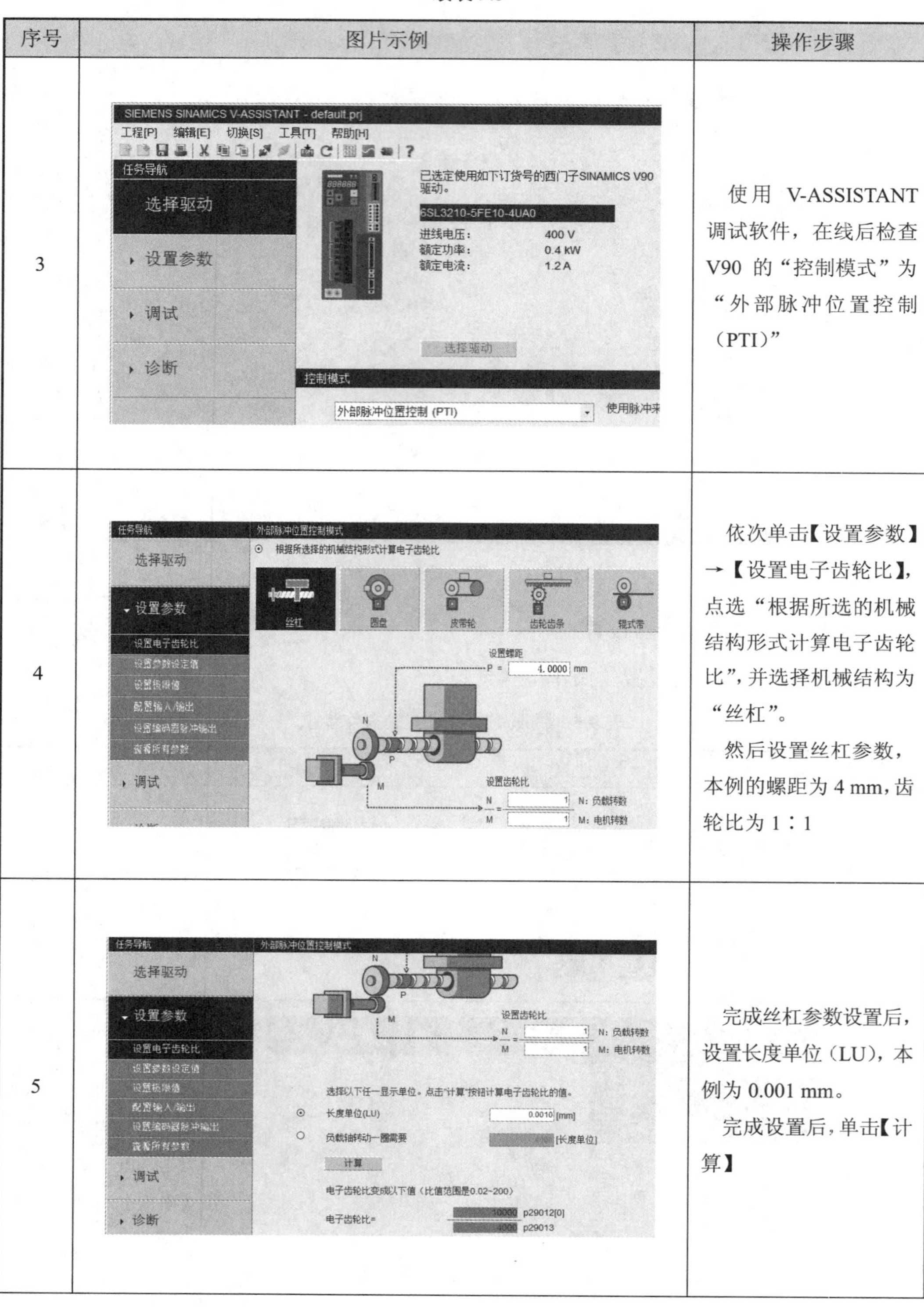

序号	图片示例	操作步骤
3		使用 V-ASSISTANT 调试软件，在线后检查 V90 的“控制模式”为“外部脉冲位置控制（PTI）”
4		依次单击【设置参数】→【设置电子齿轮比】，点选“根据所选的机械结构形式计算电子齿轮比”，并选择机械结构为“丝杠”。 然后设置丝杠参数，本例的螺距为 4 mm，齿轮比为 1∶1
5		完成丝杠参数设置后，设置长度单位（LU），本例为 0.001 mm。 完成设置后，单击【计算】

续表 9.5

序号	图片示例	操作步骤
6		单击【设置参数设定值】，设置信号类型为“AB 正交脉冲”（正逻辑）。信号电平选择 24 V 单端
7		依次单击【配置输入/输出】→【数字量输入】，将 SON（伺服 ON）分配给 DI1，RESET（伺服复位）分配给 DI2，其他保持默认。 其中 CWL、CCWL 和 EMGS 需要勾选“强制 1”
8		单击【数字量输出】，将 RDY（准备完成）分配给 DO1，将 FAULT（伺服故障）分配给 DO2
9		单击【工具】→【保存参数到 ROM】

续表 9.5

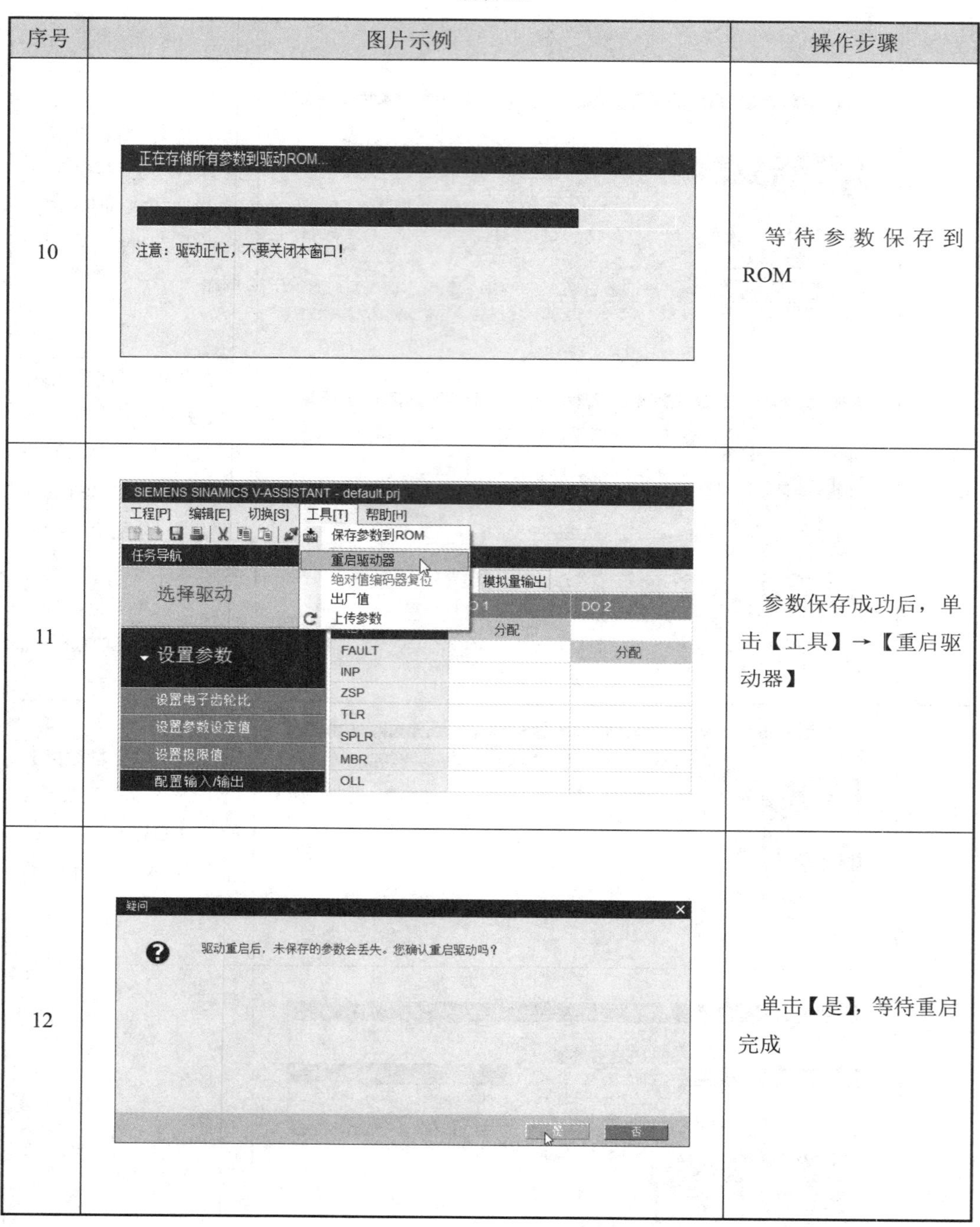

序号	图片示例	操作步骤
10		等待参数保存到 ROM
11		参数保存成功后，单击【工具】→【重启驱动器】
12		单击【是】，等待重启完成

6. 添加工艺对象

本例需添加的工艺对象为运动控制向导，运动控制向导设置的操作步骤见表 9.6。

表 9.6　运动控制向导设置过程的操作步骤

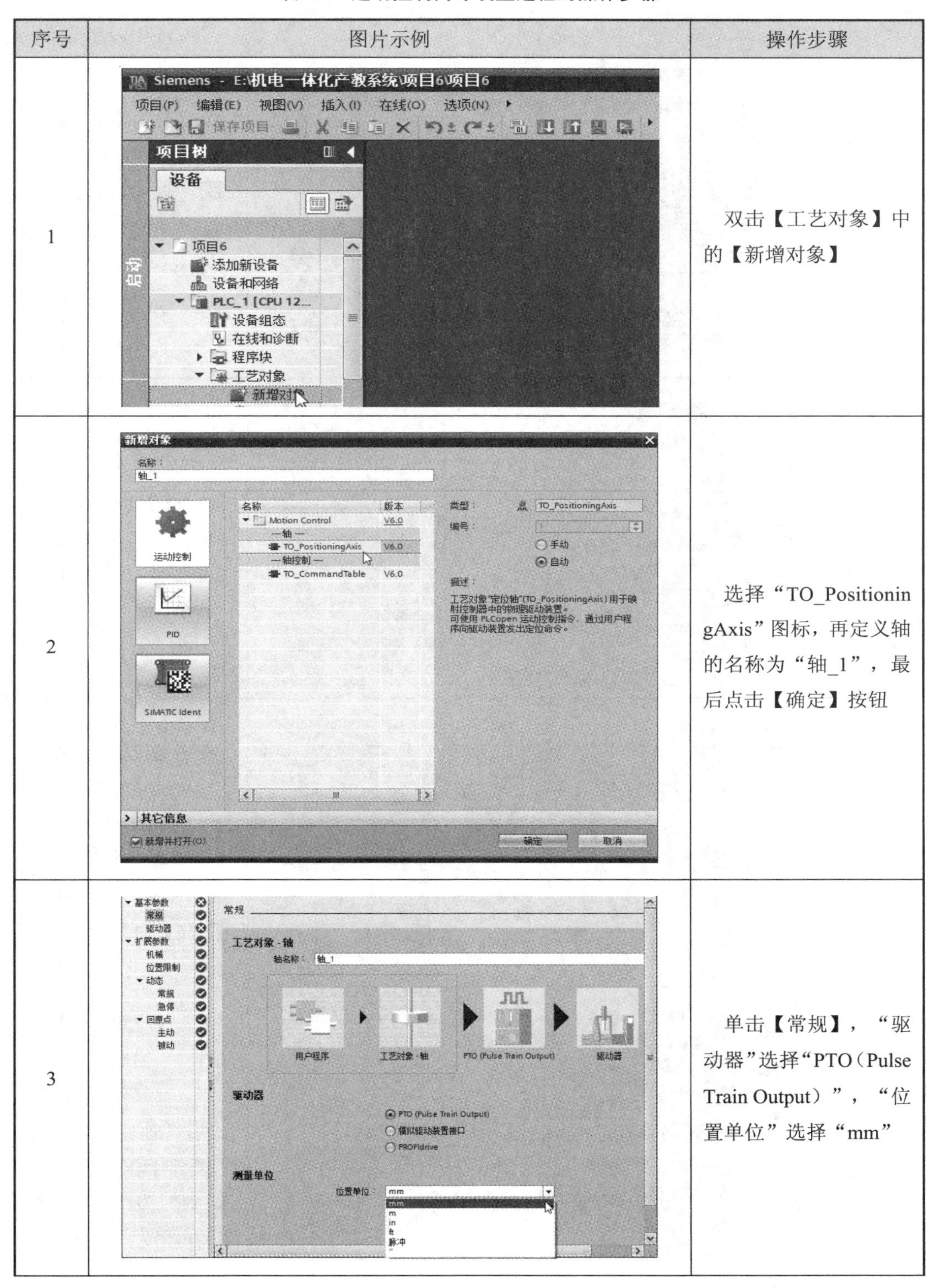

序号	图片示例	操作步骤
1		双击【工艺对象】中的【新增对象】
2		选择“TO_PositioningAxis”图标，再定义轴的名称为“轴_1”，最后点击【确定】按钮
3		单击【常规】，“驱动器”选择“PTO（Pulse Train Output）”，“位置单位”选择“mm”

续表 9.6

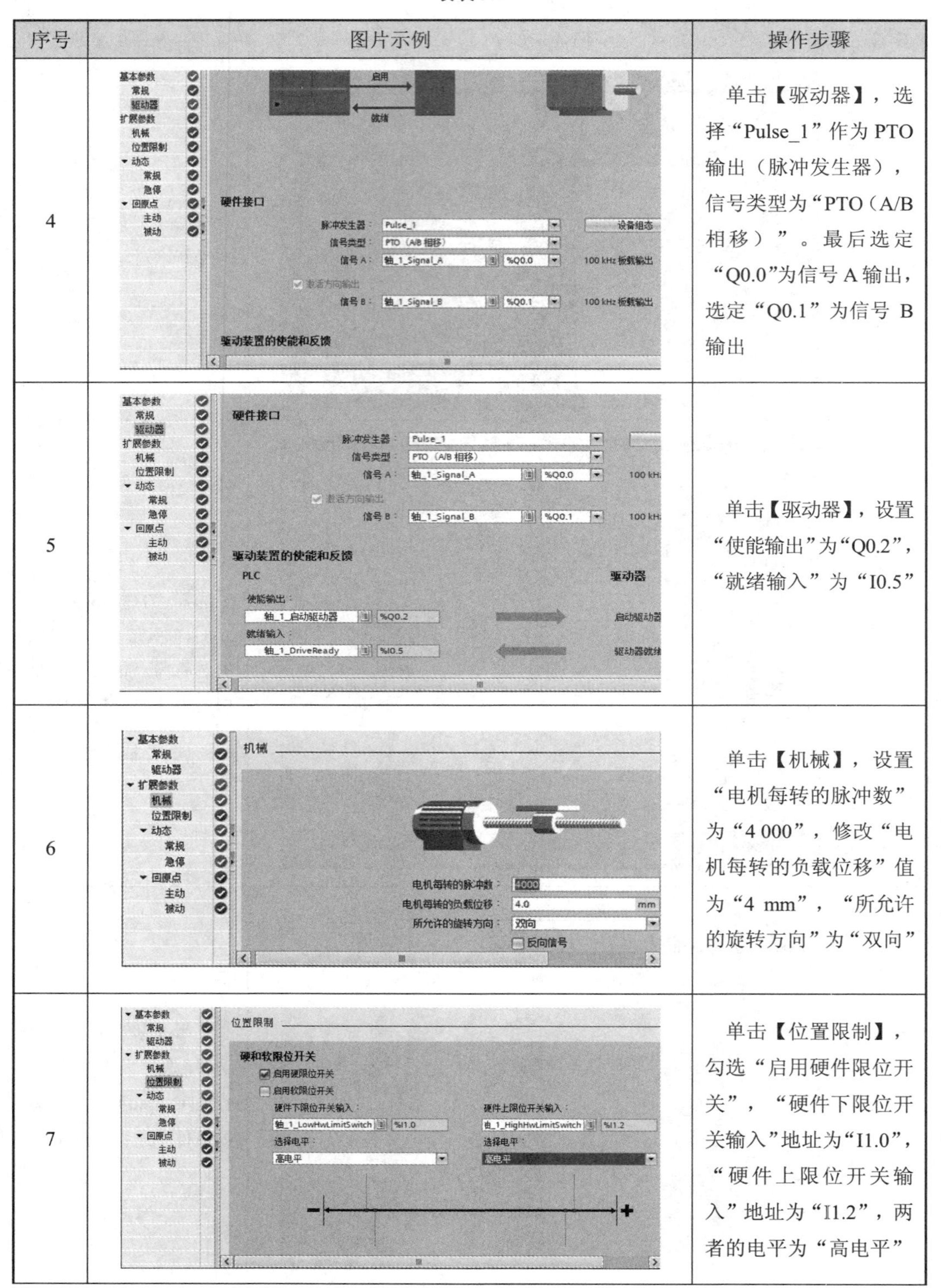

序号	图片示例	操作步骤
4		单击【驱动器】，选择“Pulse_1”作为 PTO 输出（脉冲发生器），信号类型为“PTO（A/B 相移）”。最后选定“Q0.0”为信号 A 输出，选定“Q0.1”为信号 B 输出
5		单击【驱动器】，设置“使能输出”为“Q0.2”，“就绪输入”为“I0.5”
6		单击【机械】，设置“电机每转的脉冲数”为“4 000”，修改“电机每转的负载位移”值为“4 mm”，“所允许的旋转方向”为“双向”
7		单击【位置限制】，勾选“启用硬件限位开关”，“硬件下限位开关输入”地址为“I1.0”，“硬件上限位开关输入”地址为“I1.2”，两者的电平为“高电平”

续表 9.6

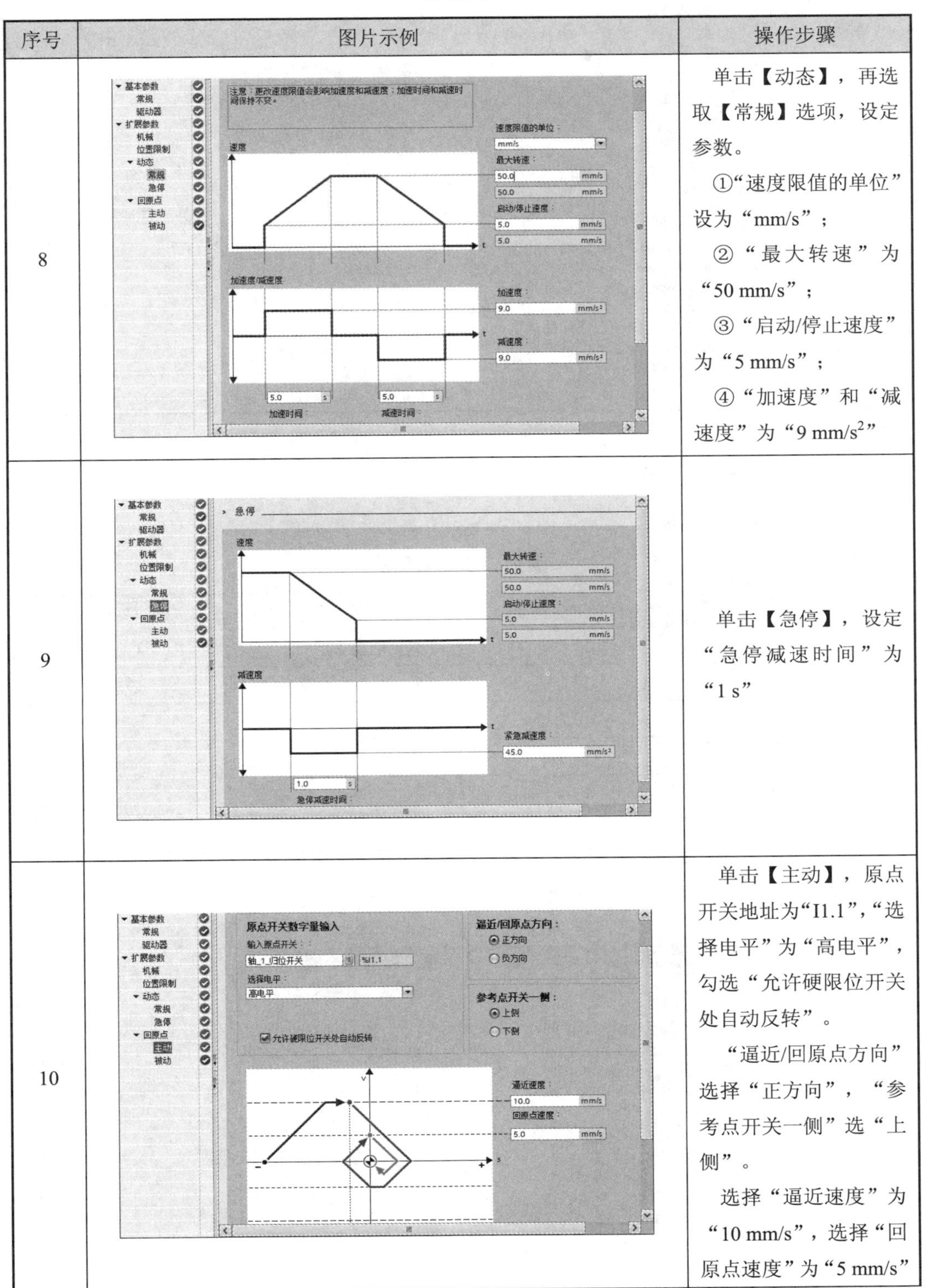

序号	图片示例	操作步骤
8		单击【动态】，再选取【常规】选项，设定参数。 ①“速度限值的单位”设为“mm/s”； ②“最大转速”为“50 mm/s”； ③“启动/停止速度”为“5 mm/s”； ④“加速度”和“减速度”为“9 mm/s^2”
9		单击【急停】，设定“急停减速时间”为“1 s”
10		单击【主动】，原点开关地址为“I1.1”，“选择电平”为“高电平”，勾选“允许硬限位开关处自动反转”。 “逼近/回原点方向”选择“正方向”，“参考点开关一侧”选“上侧”。 选择“逼近速度”为“10 mm/s”，选择“回原点速度”为“5 mm/s”

续表 9.6

序号	图片示例	操作步骤
11	工艺 名称 | 描述 | 版本 计数 | | V1.1 PID 控制 Motion Control | | V6.0 MC_Power | 启动/禁用轴 | V6.0 MC_Reset | 确认错误，重新启动工艺对象 | V6.0 MC_Home | 归位轴，设置起始位置 | V6.0 MC_Halt | 暂停轴 | V6.0 MC_MoveAbsolute | 以绝对方式定位轴 | V6.0 MC_MoveRelative | 以相对方式定位轴 | V6.0 MC_MoveVelocity | 以预定义速度移动轴 | V6.0 MC_MoveJog | 以“点动”模式移动轴 | V6.0 MC_CommandTable | 按移动顺序运行轴作业 | V6.0 MC_ChangeDynamic | 更改轴的动态设置 | V6.0 MC_WriteParam | 写入工艺对象的参数 | V6.0 MC_ReadParam | 读取工艺对象的参数 | V6.0	运动控制相关参数指令块

7. 变量表配置

按钮和指示灯的地址与变量名称见表 9.7 所示的变量表配置。

表 9.7　变量表配置

变量名称	PLC 输入	变量名称	PLC 输出
启动	I0.0	伺服复位	Q0.3
停止	I0.1	故障指示灯	Q1.4
复位	I0.2		
前进+30 mm	I0.3		
前往-30 mm	I0.4		
电机故障	I0.6		

根据表 9.7，在项目 6 中创建 I/O 变量表，如图 9.24 所示。

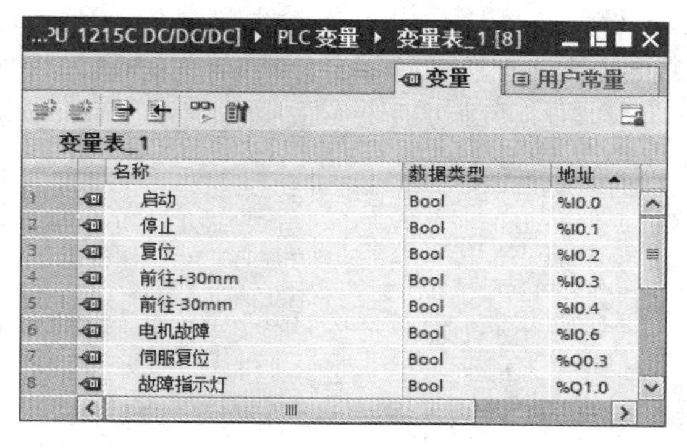

	名称	数据类型	地址
1	启动	Bool	%I0.0
2	停止	Bool	%I0.1
3	复位	Bool	%I0.2
4	前往+30mm	Bool	%I0.3
5	前往-30mm	Bool	%I0.4
6	电机故障	Bool	%I0.6
7	伺服复位	Bool	%Q0.3
8	故障指示灯	Bool	%Q1.0

图 9.24　I/O 变量表

8. 内部存储器变量表配置

本项目需要使用多个内部存储器变量，内部存储器变量地址见表 9.8。需要在编写程序前选择内部存储器变量，并在变量表中设置名称，变量表_1 中添加的内部存储器变量如图 9.25 所示。

表 9.8　内部存储器变量地址

地址	数据类型	说明	地址	数据类型	说明
M0.0	BOOL	启动标志	M10.1	BOOL	原点回归错误
M1.0	BOOL	伺服使能完成	M10.2	BOOL	前往+30 mm错误
M1.1	BOOL	原点回归完成	M10.3	BOOL	前往-30 mm错误
M10.0	BOOL	使能错误	MD100	Real	轴的当前位置

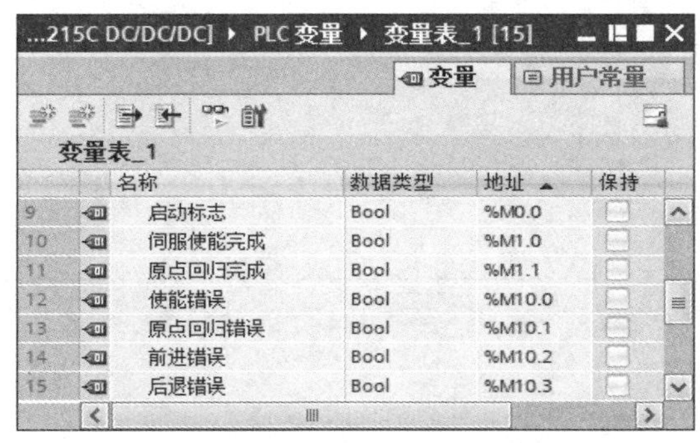

图 9.25　内部存储器变量表

9.4.3 主体程序设计

本项目主体程序是名称为“main”的 OB1 组织块。主体程序内容见表 9.9。

表 9.9　主体程序内容

序号	图片示例	程序说明
1	程序段 1： 注释 %I0.0 "启动"　%I0.1 "停止"　%I0.6 "电机故障"　%M0.0 "启动标志" %M0.0 "启动标志"	将启动开关拨到 ON，启动标志变为 1
2	程序段 2： 注释 %DB9 "伺服电机控制_DB" %FB1 "伺服电机控制" EN　ENO	调用“伺服电机控制”函数块

9.4.4 关联程序设计

本项目关联程序是名称为“伺服电机控制”的函数块。关联程序内容见表 9.10。

表 9.10 关联程序内容

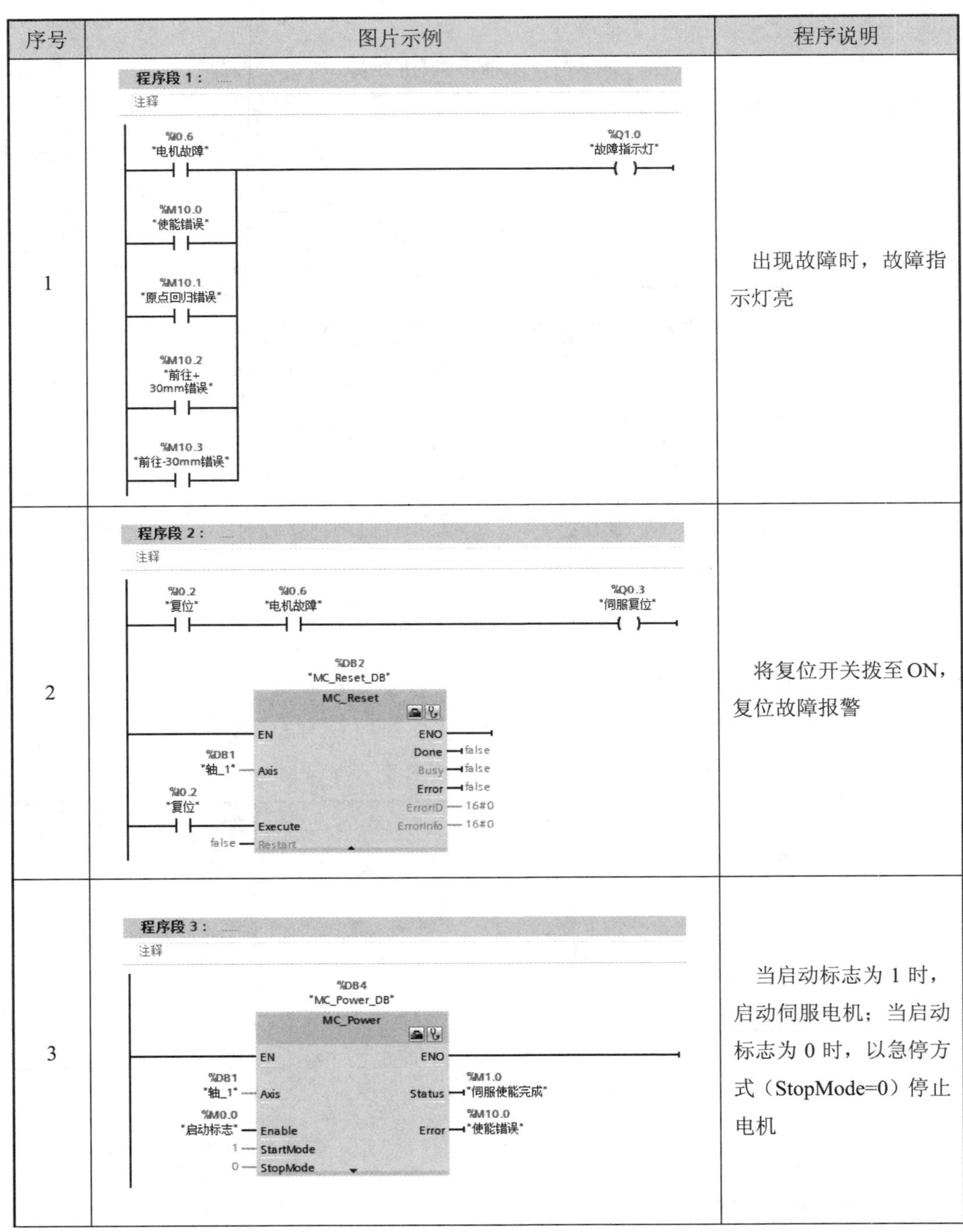

序号	图片示例	程序说明
1	程序段 1： …… 注释 %I0.6 "电机故障" %M10.0 "使能错误" %M10.1 "原点回归错误" %M10.2 "前往+30mm错误" %M10.3 "前往-30mm错误" %Q1.0 "故障指示灯"	出现故障时，故障指示灯亮
2	程序段 2： …… 注释 %I0.2 "复位" %I0.6 "电机故障" %Q0.3 "伺服复位" %DB2 "MC_Reset_DB" MC_Reset EN ENO %DB1 "轴_1" — Axis Done — false Busy — false Error — false ErrorID — 16#0 ErrorInfo — 16#0 %I0.2 "复位" — Execute false — Restart	将复位开关拨至 ON，复位故障报警
3	程序段 3： …… 注释 %DB4 "MC_Power_DB" MC_Power EN ENO %DB1 "轴_1" — Axis Status — %M1.0 "伺服使能完成" %M0.0 "启动标志" — Enable Error — %M10.0 "使能错误" 1 — StartMode 0 — StopMode	当启动标志为 1 时，启动伺服电机；当启动标志为 0 时，以急停方式（StopMode=0）停止电机

续表 9.10

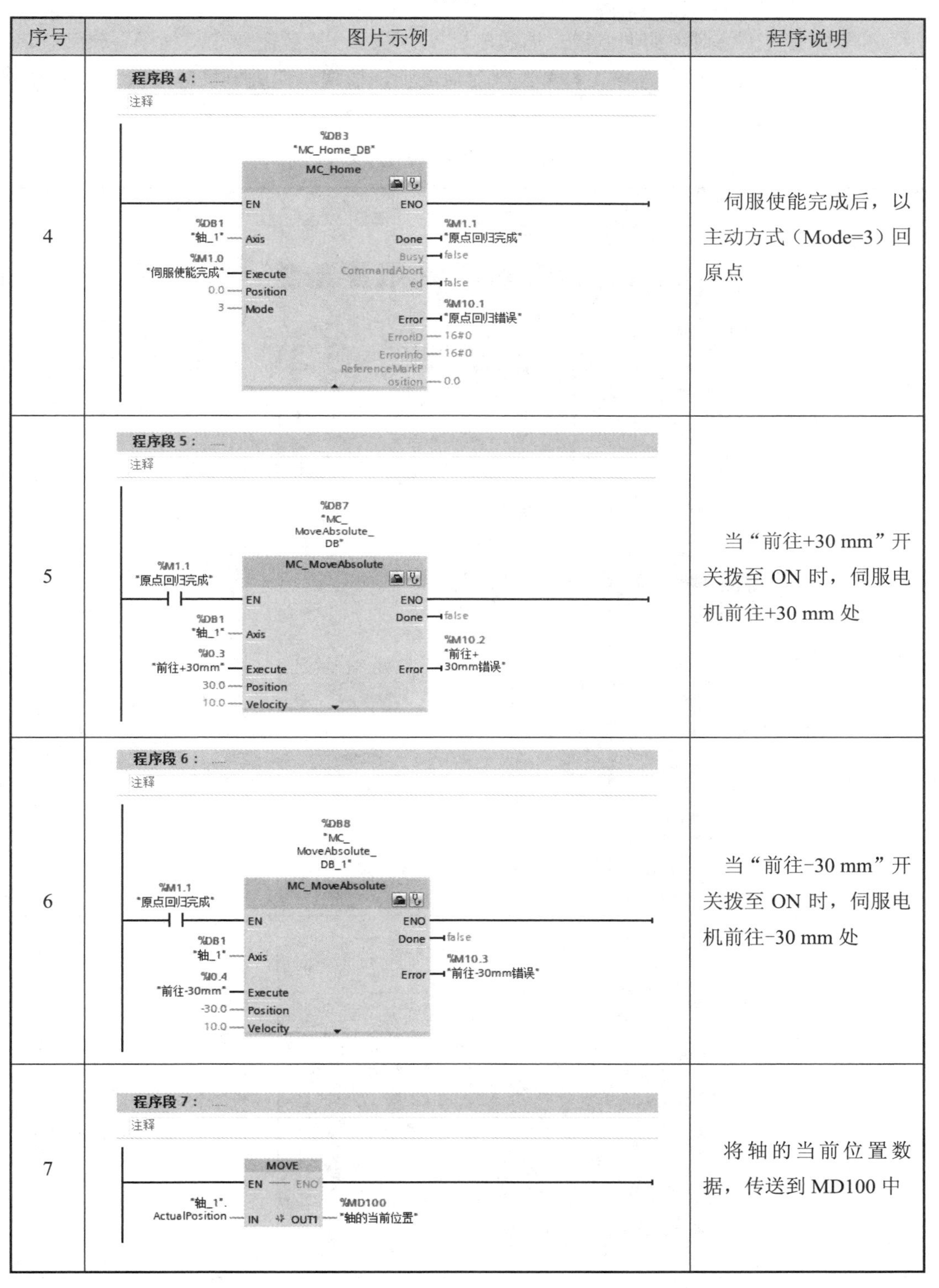

序号	图片示例	程序说明
4	程序段 4：……	伺服使能完成后，以主动方式（Mode=3）回原点
5	程序段 5：……	当“前往+30 mm”开关拨至 ON 时，伺服电机前往+30 mm 处
6	程序段 6：……	当“前往-30 mm”开关拨至 ON 时，伺服电机前往-30 mm 处
7	程序段 7：……	将轴的当前位置数据，传送到 MD100 中

9.4.5 项目程序调试

本项目通过工艺对象的调试模式调试电机控制程序，读者需要先将程序下载到 PLC 中，并保持与 PLC 的网络连接，打开工艺对象的调试模式，完成电机的调试，调试的操作步骤见表 9.11。

表 9.11 调试的操作步骤

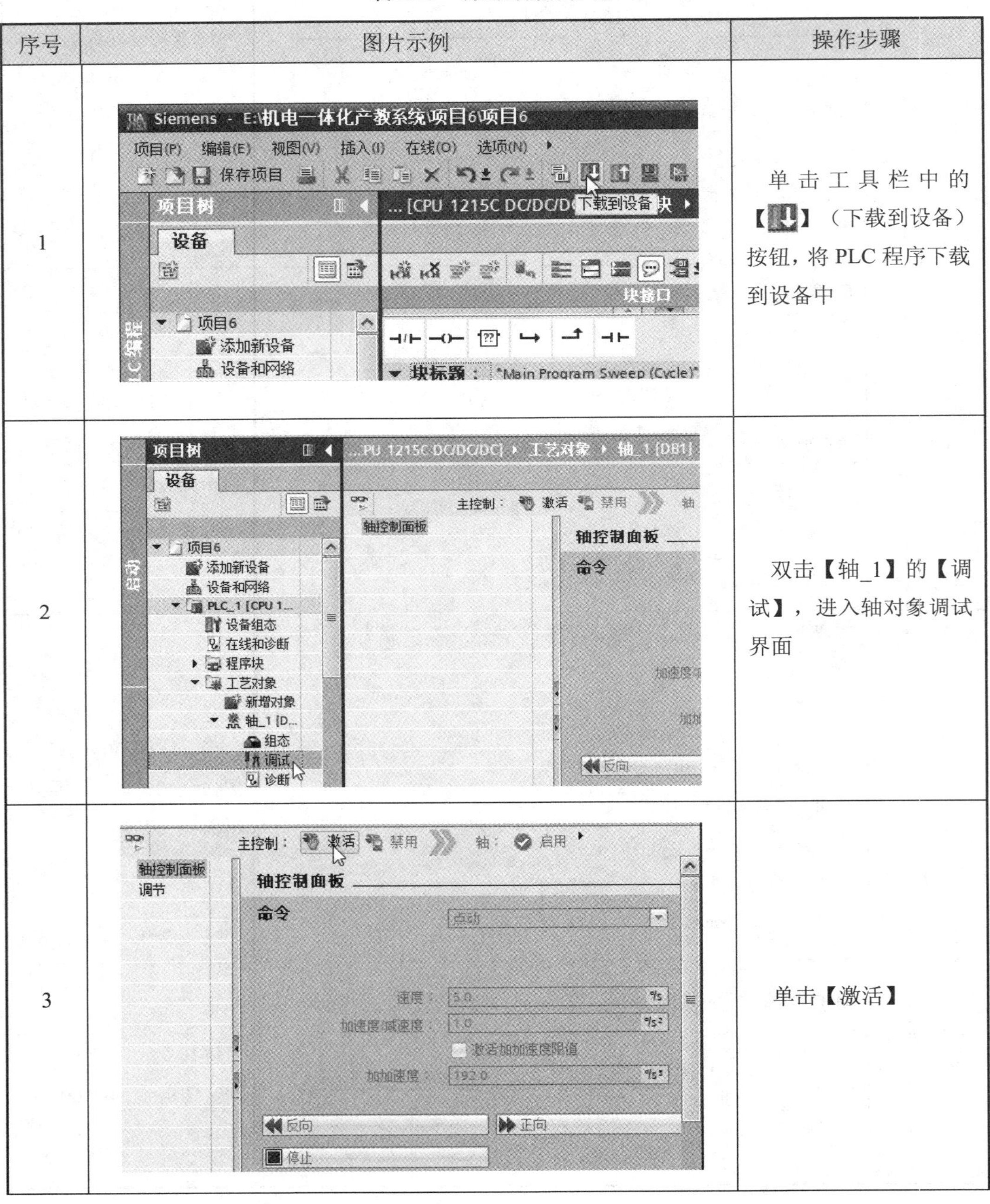

序号	图片示例	操作步骤
1		单击工具栏中的【⬇】（下载到设备）按钮，将 PLC 程序下载到设备中
2		双击【轴_1】的【调试】，进入轴对象调试界面
3		单击【激活】

续表 9.11

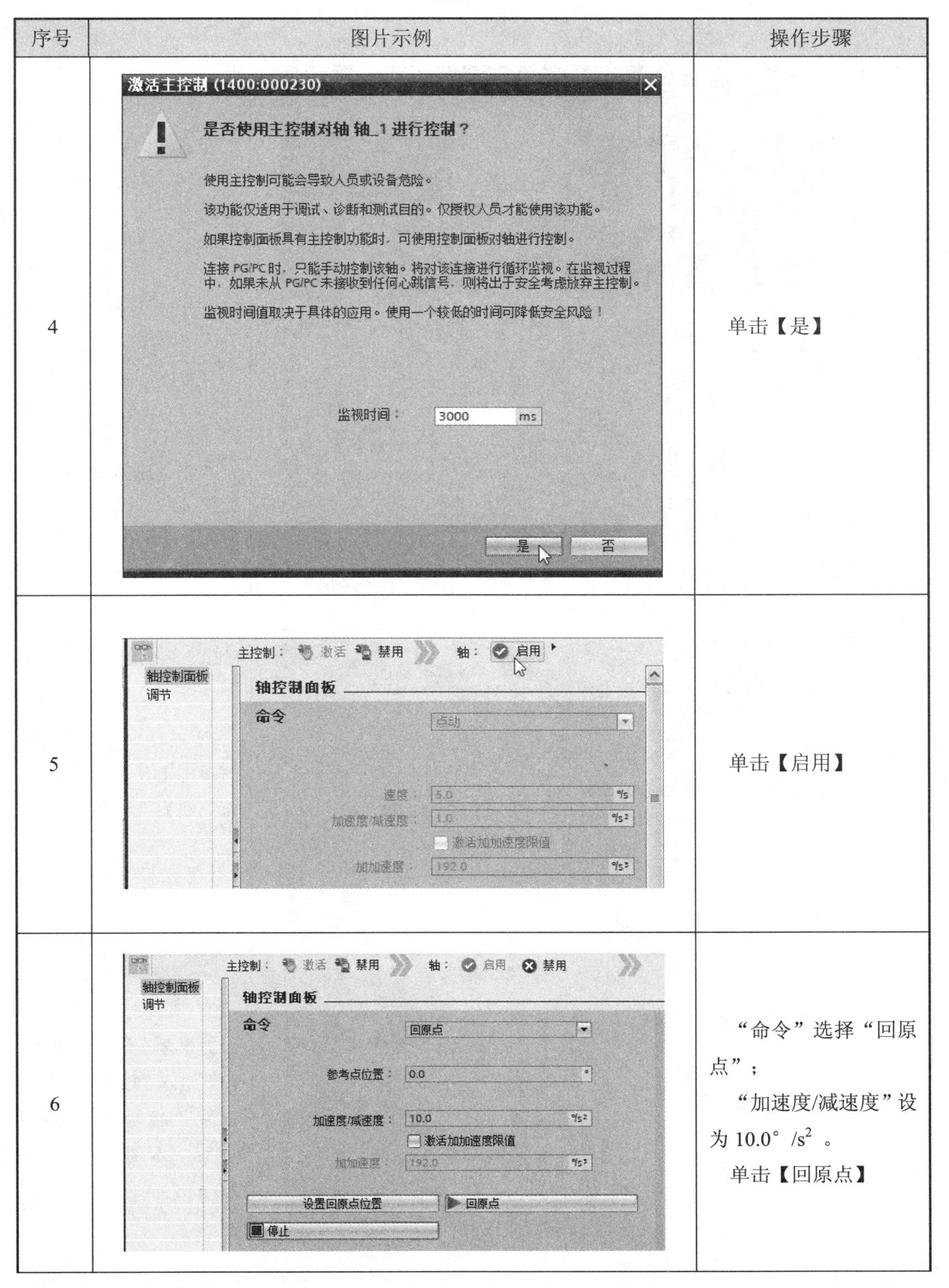

序号	图片示例	操作步骤
4		单击【是】
5		单击【启用】
6		“命令”选择“回原点”； “加速度/减速度”设为 10.0°/s^2。 单击【回原点】

续表 9.11

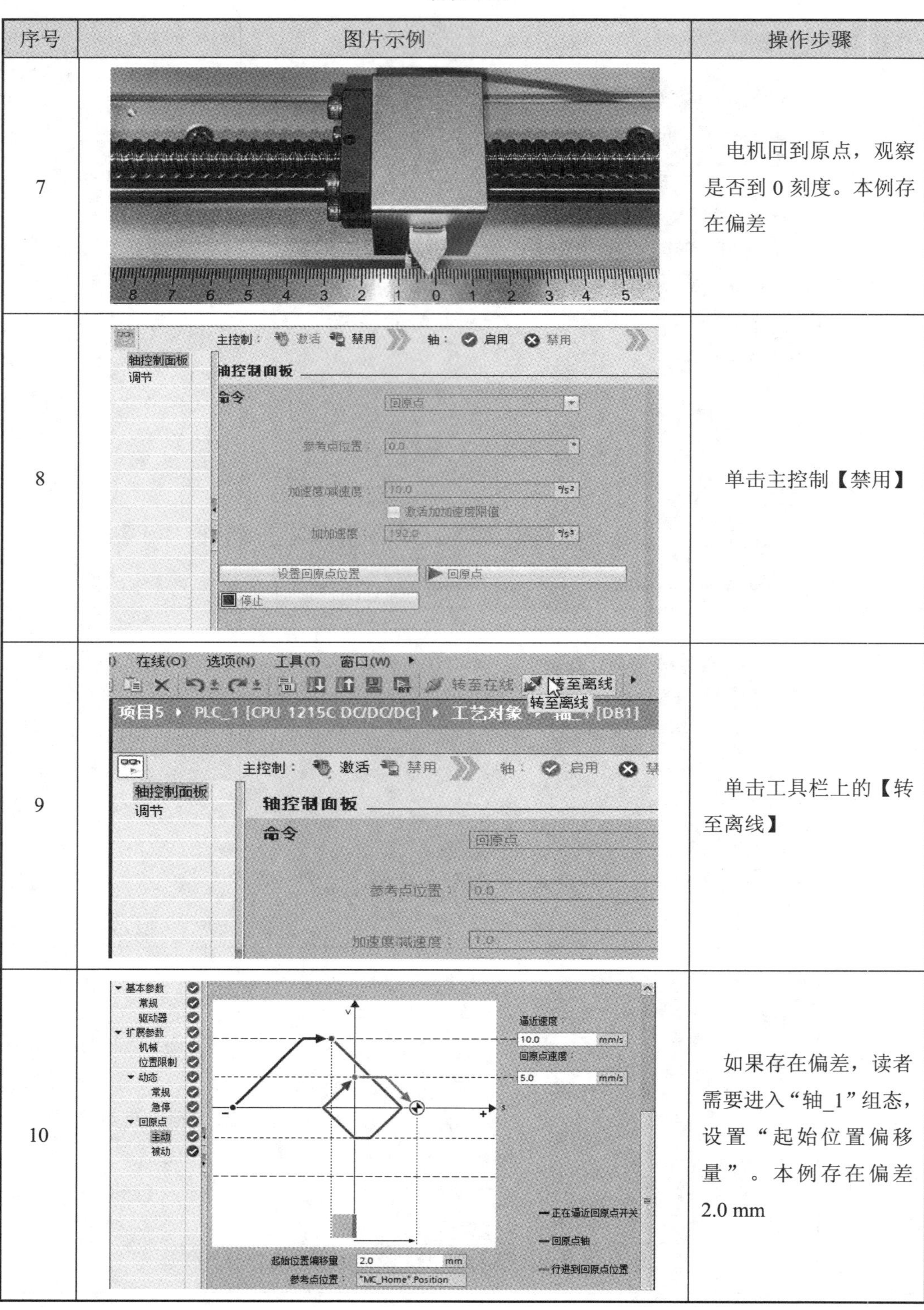

序号	图片示例	操作步骤
7		电机回到原点，观察是否到 0 刻度。本例存在偏差
8		单击主控制【禁用】
9		单击工具栏上的【转至离线】
10		如果存在偏差，读者需要进入“轴_1”组态，设置“起始位置偏移量”。本例存在偏差 2.0 mm

9.4.6　项目总体运行

项目总体运行的操作步骤见表 9.12。由于修改了起始位置偏移量，为了防止组态不生效，可以先停止 PLC，再将修改后的程序下载到 PLC 中。

表 9.12　总体运行的操作步骤

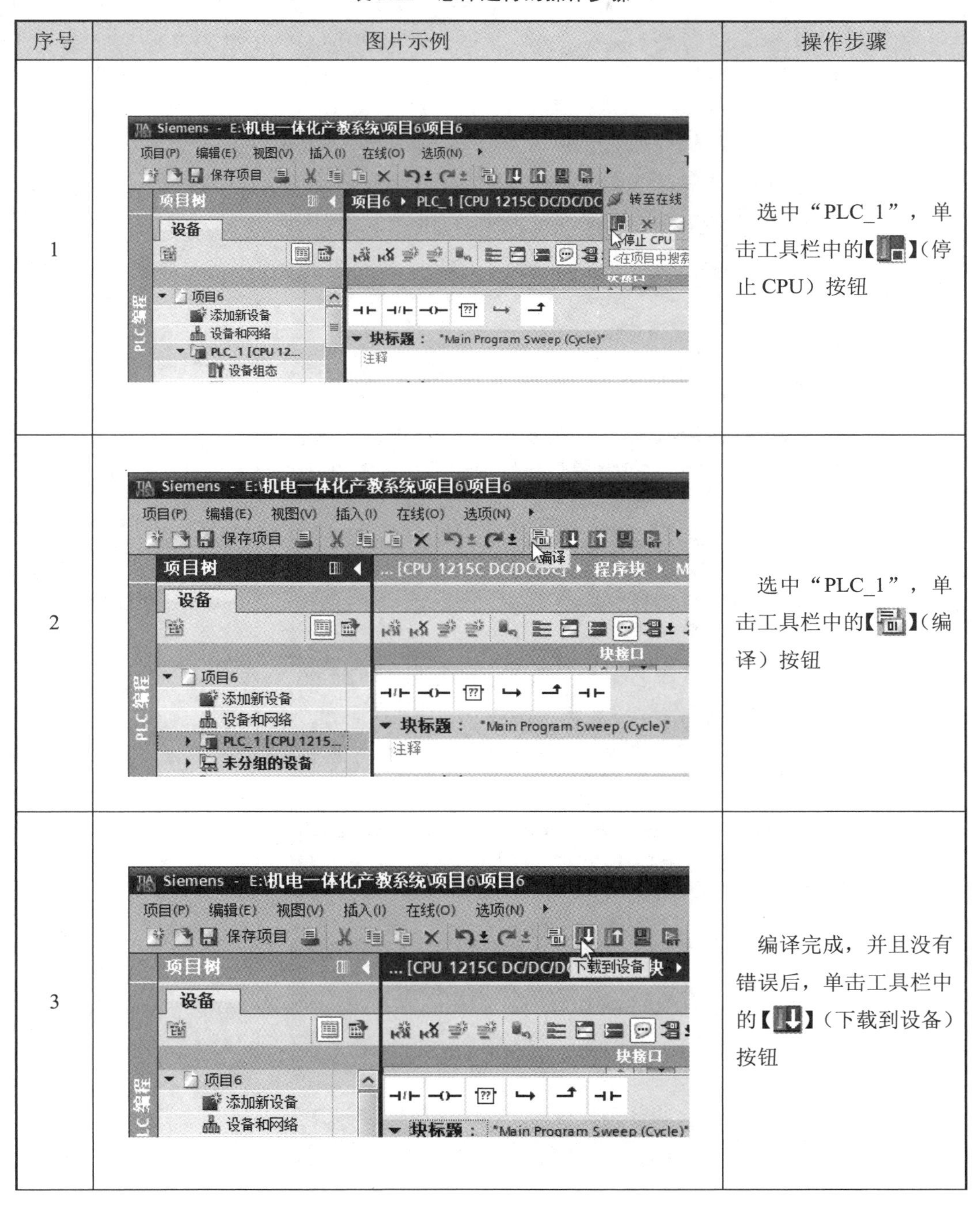

序号	图片示例	操作步骤
1		选中“PLC_1”，单击工具栏中的【】(停止 CPU）按钮
2		选中“PLC_1”，单击工具栏中的【】(编译）按钮
3		编译完成，并且没有错误后，单击工具栏中的【】(下载到设备）按钮

续表 9.12

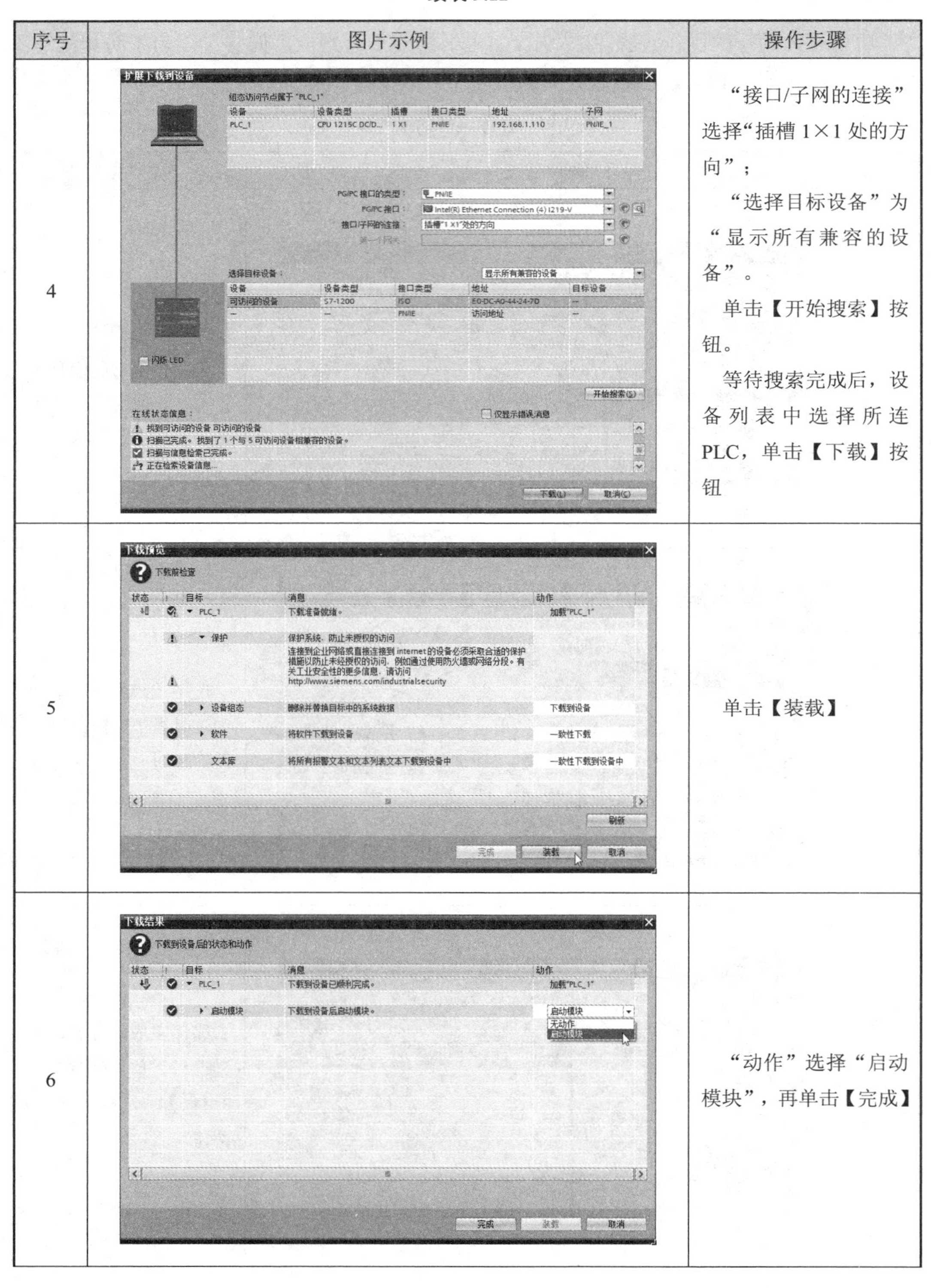

序号	图片示例	操作步骤
4		“接口/子网的连接”选择“插槽 1×1 处的方向”； “选择目标设备”为“显示所有兼容的设备”。 单击【开始搜索】按钮。 等待搜索完成后，设备列表中选择所连 PLC，单击【下载】按钮
5		单击【装载】
6		“动作”选择“启动模块”，再单击【完成】

续表 9.12

序号	图片示例	操作步骤
7	.0 .4 .0 .4 .1 .5 .1 .5 .2 .6 .2 .6 .3 .7 .3 .7	将PLC模块上的开关DIa.0先拨至ON，再拨回OFF，观察电机运动

9.5　项目验证

9.5.1　效果验证

设备运行的效果如图 9.26 所示。

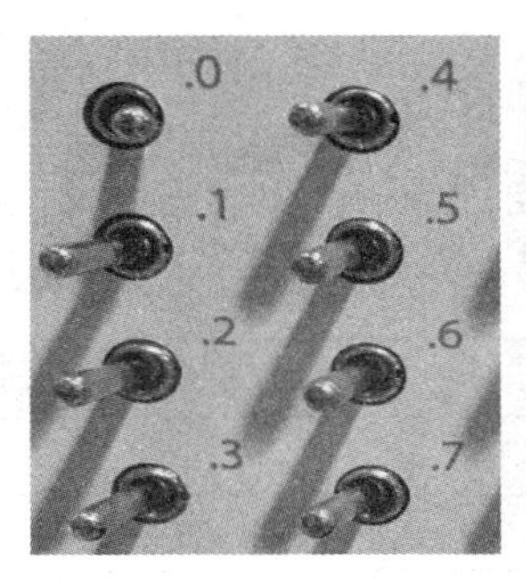

（a）启动开关（I0.0）先拨至 ON

（b）电机回到原点

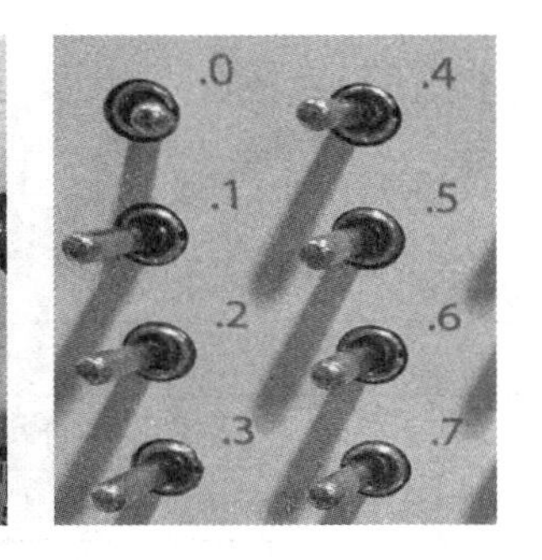

（c）“前往+30 mm”开关（I0.3）先拨至 ON

（d）电机前往+30 mm 处

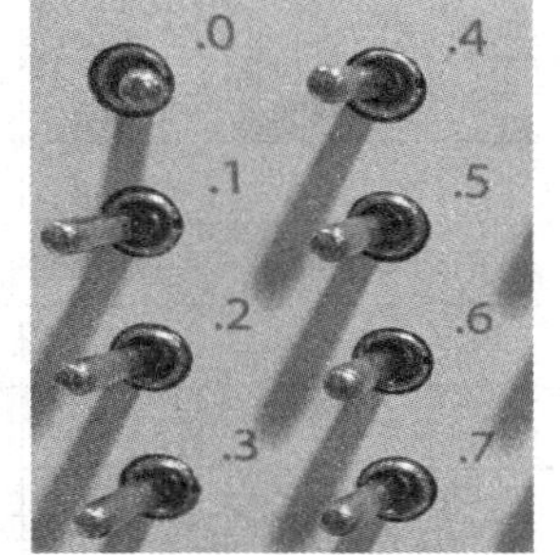

（e）“前往-30 mm”开关（I0.4）先拨至 ON

（f）电机前往-30 mm 处

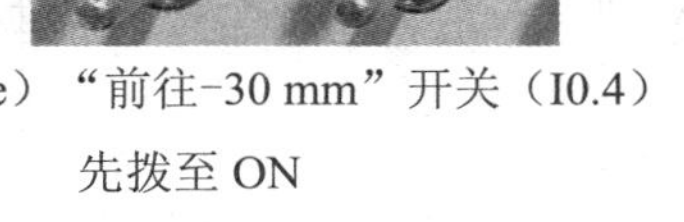

图 9.26　运行的效果

9.5.2 数据验证

读者可以通过观察监控表内部存储器变量的状态，验证数据。

（1）当“前往+30 mm”开关变为 ON，电机前往+30 mm 刻度处，数据如图 9.27 所示。

（2）当“前往-30 mm”开关变为 ON，电机前往-30 mm 刻度处，数据如图 9.28 所示。

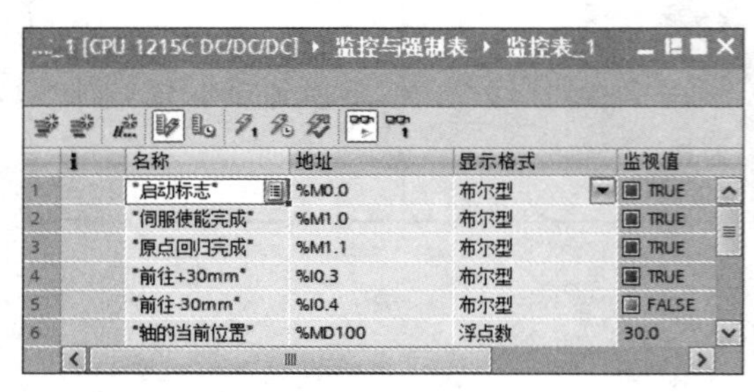

图 9.27 前往+30 mm 的数据

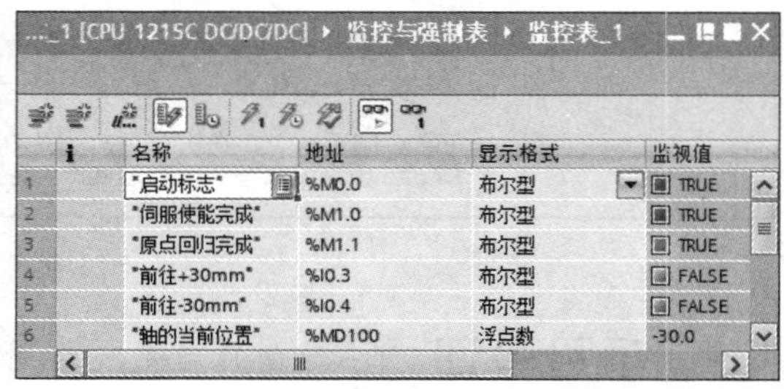

图 9.28 前往-30 mm 的数据

9.6 项目总结

9.6.1 项目评价

读者完成训练项目后，填写表 9.13 所示的评价表，包括自评、互评和成完情况说明。

表 9.13 评价表

项目指标		分值	自评	互评	完成情况说明
项目分析	1. 硬件架构分析	8			
	2. 软件架构分析	8			
	3. 项目流程分析	8			
项目要点	1. 伺服系统的设置	10			
	2. 工艺对象设置	6			
项目步骤	1. 应用系统连接	8			
	2. 应用系统配置	8			
	3. 主体程序设计	8			
	4. 关联程序设计	8			
	5. 项目程序调试	8			
	6. 项目运行调试	8			
项目验证	1. 效果验证	6			
	2. 数据验证	6			
合计		100			

9.6.2　项目拓展

本拓展项目的内容为利用机电一体化产教应用系统和伺服模块，通过对触摸屏的操控，实现伺服电机在±30 mm 之间自动往返的功能。

注：使用定时器的输出控制绝对运动指令块。

参考文献

[1] 张明文. 工业机器人技术基础及应用[M]. 哈尔滨：哈尔滨工业大学出版社，2017.

[2] 张明文，王璐欢. 智能制造与机器人应用技术[M]. 北京：机械工业出版社，2020.

[3] 王璐欢，冯建栋. 智能制造与机电一体化技术应用初级教程[M]. 哈尔滨：哈尔滨工业大学出版社，2020.

[4] 王璐欢，石中林. 智能运动控制技术应用初级教程（翠欧）[M]. 哈尔滨：哈尔滨工业大学出版社，2020.

[5] 王璐欢，王伟. PLC 编程技术应用初级教程（西门子）[M]. 哈尔滨：哈尔滨工业大学出版社，2020.

观看教学视频

步骤一

登录“技皆知网”

www.jijiezhi.com

步骤二

搜索教程对应课程

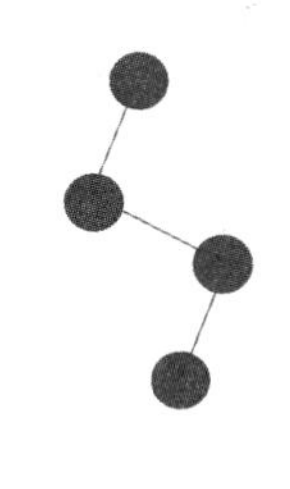

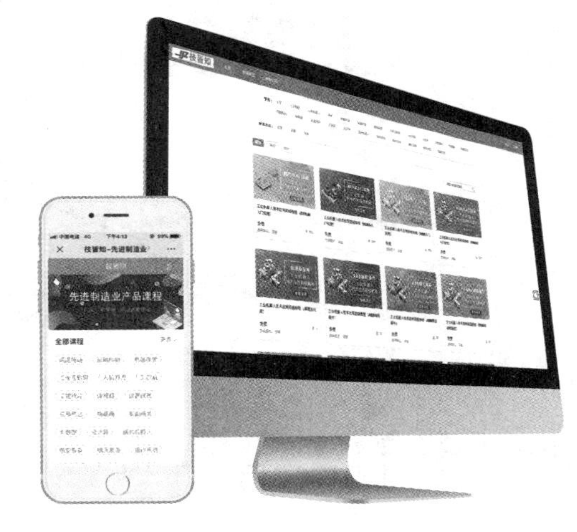

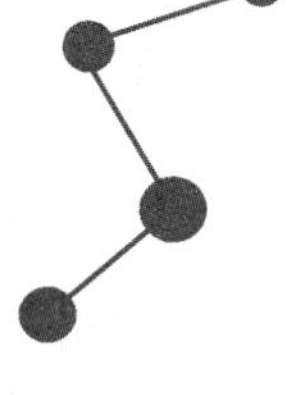

咨询与反馈

尊敬的读者：

感谢您选用我们的教程！

本书有丰富的配套教学资源，凡使用本书作为教程的教师可咨询有关实训装备事宜。在使用过程中，如有任何疑问或建议，可通过电子邮箱（market@jijiezhi.com）或扫描右侧二维码，提交咨询信息。

（书籍购买及反馈表）